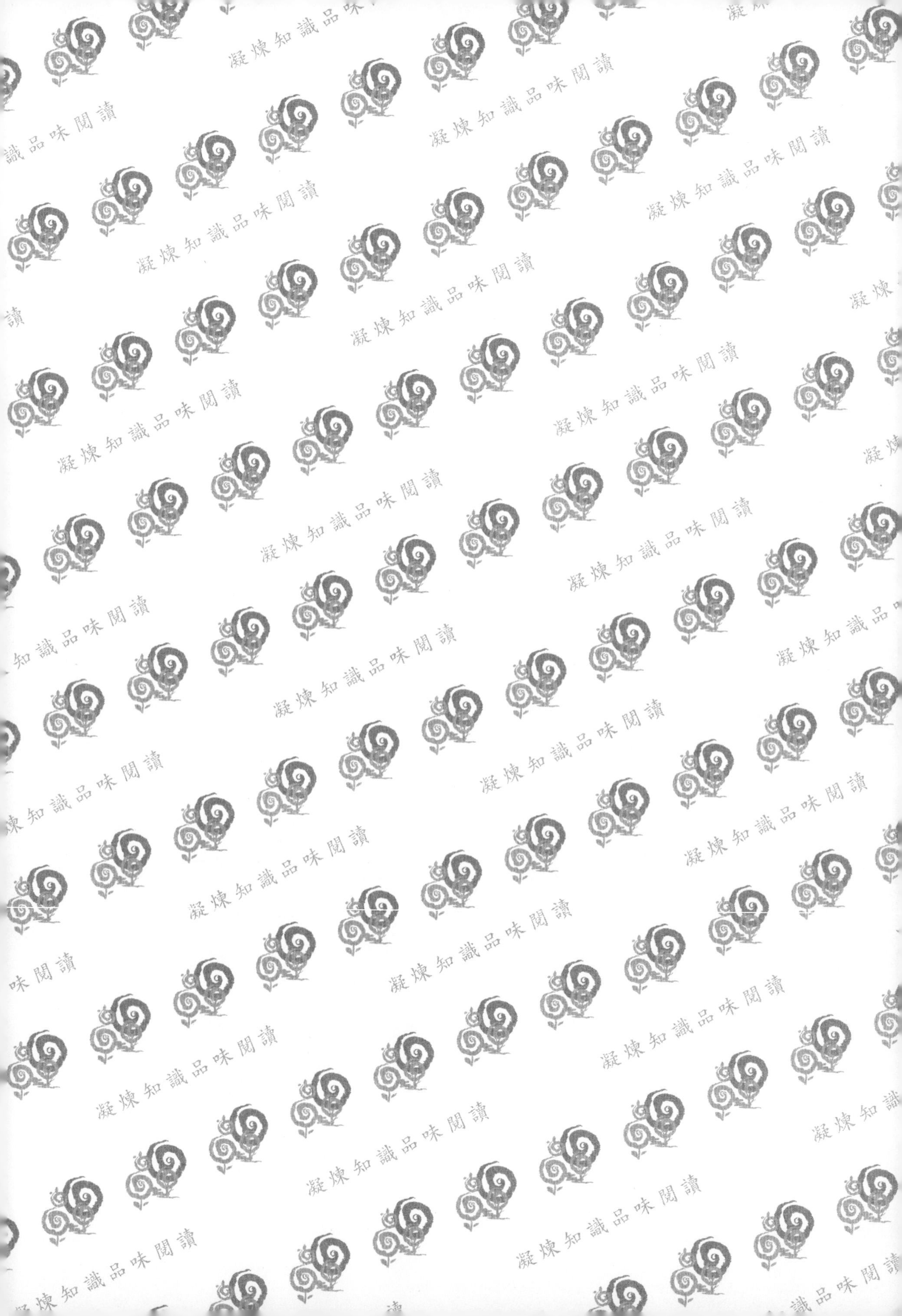

凝煉知識品味閱讀

Customer Relationship Management

顧客關係管理

精華理論與實務案例

• 戴國良 博士 著 •

五南圖書出版公司 印行

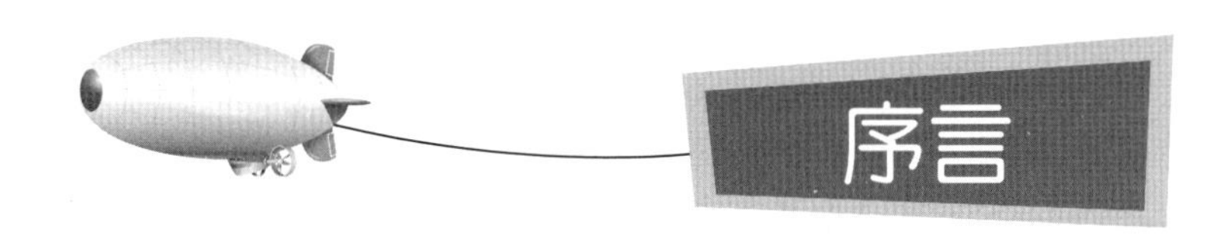

CRM日益重要

在日益競爭的企業商戰中，如何爭取、如何鞏固、如何善待及如何維繫住主顧客，並提高顧客忠誠度，創造顧客最高價值，已是當今企業在行銷策略上非常重要的主軸核心點了。

「顧客關係管理」（Customer Relationship Management, CRM）即是在這樣的背景中躍然崛起，並成為很多商管學院的選修課程。顧客關係管理，亦可以視為「顧客」+「關係管理」兩者的組合體。更深一層看，CRM其實就是「企業的顧客戰略」，亦即將「顧客」視為企業最核心的戰略問題看待。CRM中的IT資訊科技應用，其實只是戰術問題，而真正的戰略問題是在「顧客」與「行銷」身上。CRM最終的目的，就是要做到精準行銷並鞏固顧客的忠誠度目標。

傳統行銷上強調4P組合，即產品（Product）、定價（Price）、通路（Place）、推廣（Promotion）等4P力量的組合；後來服務業普及，又增加服務S（Service），成為4P/1S組合。如今，由於CRM成為行銷戰略上的一把利劍，故又增加1C（CRM）；故今日現代行銷組合應該強調為4P/1S/1C的六項有力組合，才能在市場上行銷致勝。最近，又有Big Data大數據觀念與應用的快速崛起，它的整體框架與運用，又比CRM大很多，成為建立在CRM之上的總體觀。

本書特色

本書具有以下兩點特色：

第一：理論與應用案例並重

本書在第9章及第10章，提供有關CRM行銷面、資訊技術面與經營面之實際案例，從這些案例中，我們可以觀察到如何將理論與實務結合在一起。

第二：參考資料多元、豐富

本書參考了不少國內外有關CRM各領域專家學者的專業論述、精闢見解及觀點，再融合作者本人的分析，終而形成本書，可謂多元且豐富。

祝福與感恩

祝福各位讀者能走一趟快樂、幸福、成長、進步、滿足、平安、健康、平凡但美麗的人生旅途。沒有各位的鼓勵支持，就沒有這本書的誕生。在這歡喜收割的日子，榮耀歸於大家的無私奉獻。再次由衷感謝大家，深深感恩，再感恩。

戴國良

敬上

taikuo@mail.shu.edu.tw

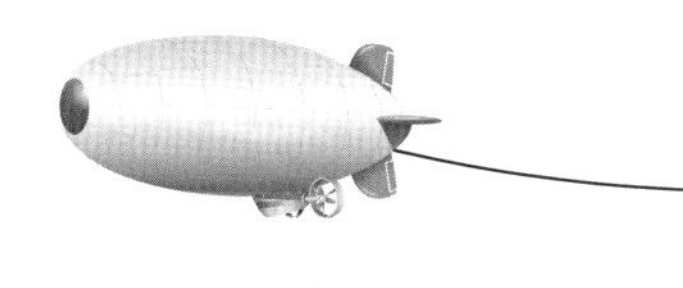

本書架構圖

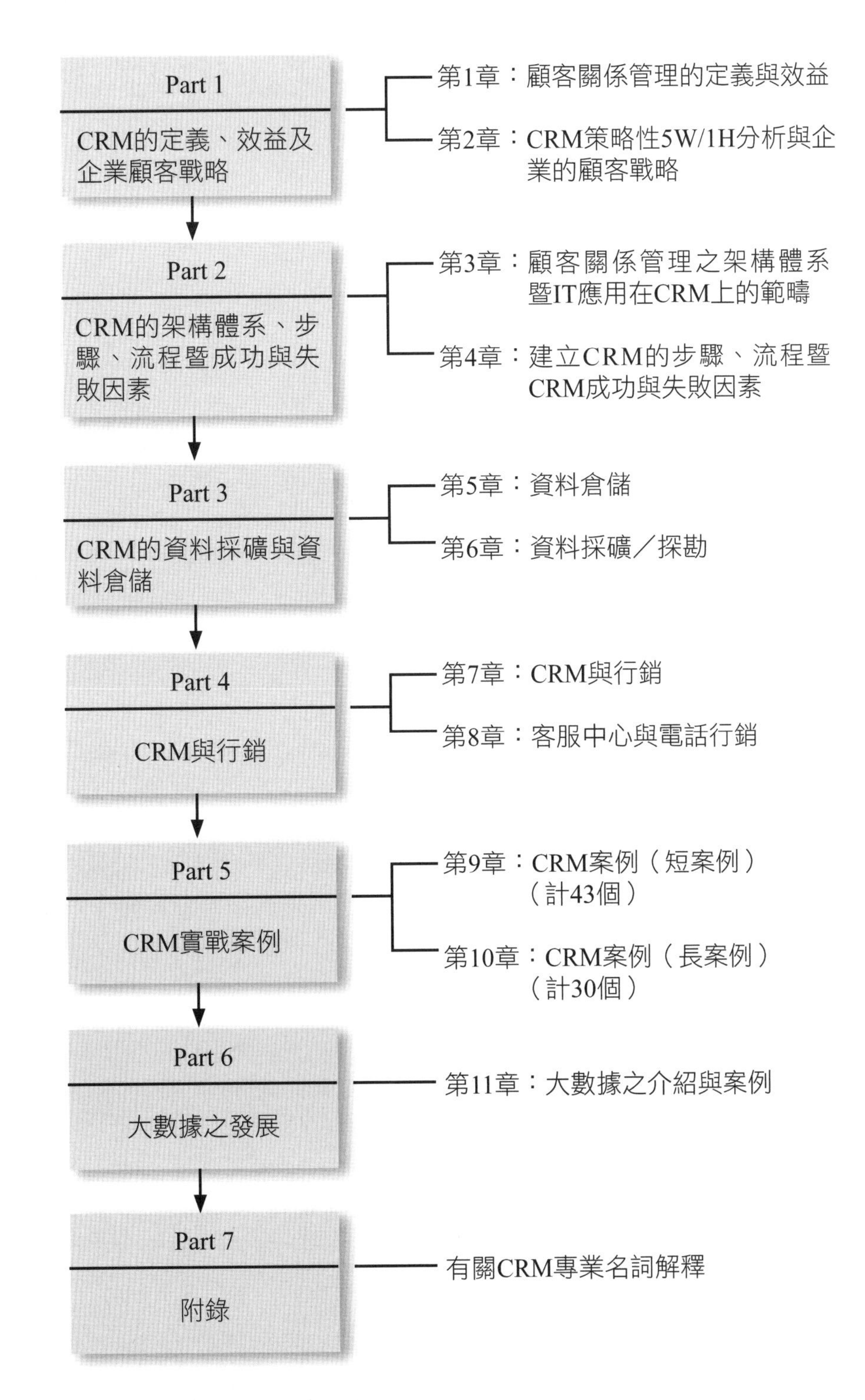
Part 1
CRM的定義、效益及企業顧客戰略
第1章：顧客關係管理的定義與效益
第2章：CRM策略性5W/1H分析與企業的顧客戰略
Part 2
CRM的架構體系、步驟、流程暨成功與失敗因素
第3章：顧客關係管理之架構體系暨IT應用在CRM上的範疇
第4章：建立CRM的步驟、流程暨CRM成功與失敗因素
Part 3
CRM的資料採礦與資料倉儲
第5章：資料倉儲
第6章：資料採礦／探勘
Part 4
CRM與行銷
第7章：CRM與行銷
第8章：客服中心與電話行銷
Part 5
CRM實戰案例
第9章：CRM案例（短案例）（計43個）
第10章：CRM案例（長案例）（計30個）
Part 6
大數據之發展
第11章：大數據之介紹與案例
Part 7
附錄
有關CRM專業名詞解釋

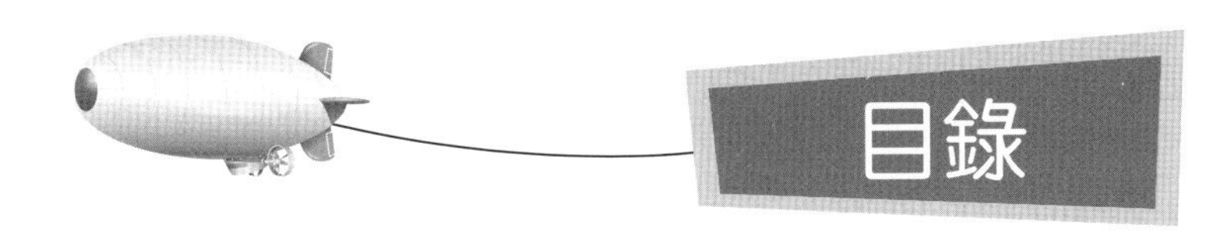
目錄

Part 1 CRM的定義、效益及企業顧客戰略

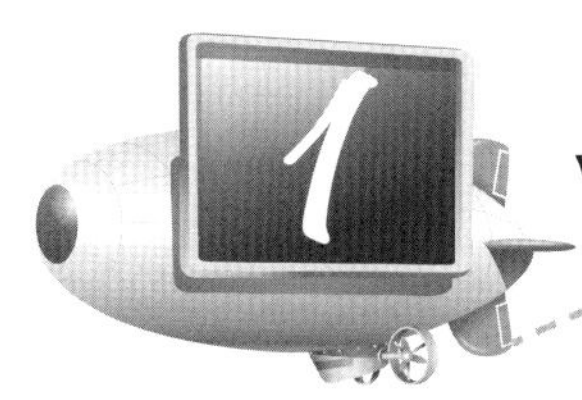

顧客關係管理的定義與效益

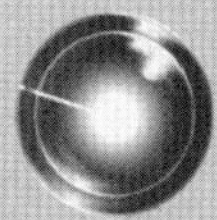

第一節　顧客關係管理的各種定義與內涵

一、顧客關係管理（CRM）定義之1

(一) 做好顧客服務品質，加強顧客滿意度，保持顧客忠誠度，增強顧客未來信任度

所謂「顧客關係管理」，從字面上的意思，是與顧客保持良好的關係，換言之就是：

1. 做好顧客服務品質。
2. 加強顧客滿意度（Customer Satisfaction）。
3. 保持顧客忠誠度（Customer Loyalty）。
4. 增加顧客未來信任度（Future Intention）。

因此，從初次了解顧客，到再次惠顧之顧客，進而推及於終生顧客，這個概念逐漸形成。目的是經由有意義的溝通（communications）、了解及影響顧客行為，去改善顧客的獲取（acquisition）、保留（retention）、忠誠度（loyalty）和利潤（profitability），以長期維繫忠心的顧客，因此，顧客關係管理（Customer Relationship Management, CRM）已然成為重要的課題，並藉由資訊科技技術的運用注入新的契機。

(二) 擷取顧客資料，掌握顧客需求

顧客關係管理可提供顧客優良的服務品質，並且更有效率地獲取、開發並留住企業最重要的資產、潛在客源——顧客。所以如能擷取顧客每一階段「接觸點」（touch point）的資料，把顧客的「使用習慣型樣」（usage pattern）儲存起來並加以分析，就能了解我們的顧客需要的是什麼？期待的是什麼？最在乎什麼？在和顧客接觸的過程中，我們想要跟顧客建立什麼樣的關係？如何促進互動與共同合作？並針對個別的差異提供和其需求一致的服務，都是企業獲致成功的關鍵。

二、顧客關係管理定義之2

(一) 麥肯錫公司：CRM就是「持續性的關係行銷」

在管理顧問界享有盛名的麥肯錫公司（McKinsey & Co.），其公司董事John

Ott認為，所謂的顧客關係管理，應該是「持續性關係行銷」（Continuous Relationship Marketing, CRM）。其強調的重點是，尋找對企業最有價值的顧客，以微型區隔（Micro-Segmentation）的概念，界定出不同價值的顧客群。企業以不同的產品、不同的通路，滿足不同區隔顧客的個別需求，並在關鍵時刻持續與不同層次的顧客溝通，強化顧客的價值貢獻。同時還必須持續進行反覆測試，進而隨著顧客消費行為的改變調整銷售策略，甚至是更動組織結構。

(二) 經濟部商業司：CRM是將顧客資料轉為商業活動

經濟部商業司（2002）指出，「顧客關係管理」乃技術性之策略，將資料驅動決策（Data-Driven Decisions）轉變為商業行動，以回應並期待實際的顧客行為。從技術觀點來看，CRM代表必要的系統與基礎架構，以擷取、分析與共享所有企業與顧客間的關係。從策略的角度來看，CRM代表一個過程，用來評估分配組織的資源，給那些能帶來最大利益的顧客關係活動。

(三) 資策會：CRM是一種企業再造的業務管理流程

資策會（2002）對CRM的定義，指CRM是一種整合並支援企業提供給顧客相關服務的介面系統，不僅是一種套裝軟體，也是一種企業再造式的業務流程管理。此業務流程管理透過各種與顧客接觸的管道，分析市場上各種影響顧客行為的變數，期望以量化後的數據為基礎，達到行銷自動化、銷售自動化及顧客支援服務自動化的目的。

(四) Zablah、Bellenger及Johnson學者：五種觀點

Zablah、Bellenger及Johnson的研究（2004）整理，將CRM的定義分成五大類：

1. 流程觀點

CRM可視為一個流程，將很多子流程歸入其中，子流程包括機會確認和顧客知識創造等。

2. 策略觀點

強調資源預期在關係建立和維護的效益，這些預期的效益應該以顧客價值生命週期為基礎來分配資源。

3. 哲學觀點

以最有效的方式來達成顧客忠誠度，並與顧客建立和維持長期的關係。

4. 功能觀點

強調公司必須投資在發展和取得不同的資源，這些資源可使公司以個別顧客或是顧客群來調整公司的行為。

5. 科技觀點

CRM是幫助公司建立顧客關係的一種工具。

三、從企業營運活動看CRM

如果從企業營運活動看CRM，則可以把CRM的定義簡化為如下的圖示流程：

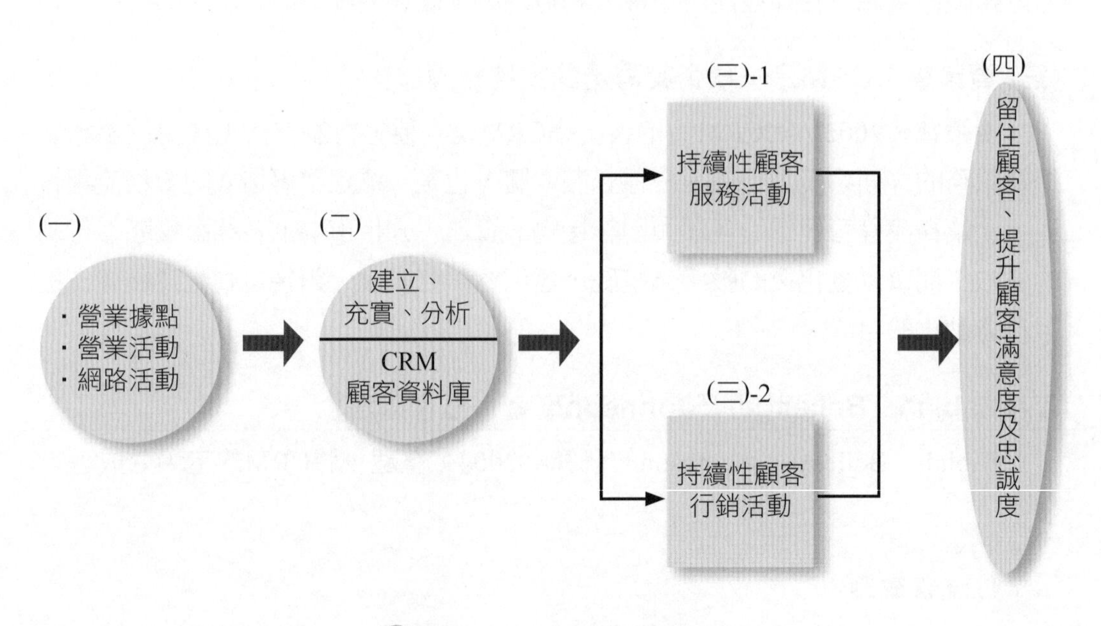

圖1-1　CRM定義圖示

四、小結：CRM是一種跨功能、跨部門，以顧客導向為主的企業策略

綜合以上論點，我們發現CRM為利用資料庫技術，可以讓企業蒐集所有客

戶相關資料，加以大量的轉換、載入和分析，並將這些資料整合加以分析和預測，以作為行銷策略制訂的參考，使其執行成功的機率提高，達到提高利潤及降低成本目的的系統。而且更深入的探討，CRM不只是一種連結市場、行銷及資訊科技的橋梁，即CRM除了可以透過IT幫助銷售及服務的功能外，更是企業重整再造的一種基礎、策略性的流程，它不僅影響市場行銷，同時對企業營運、銷售、顧客服務、人力資源、研究發展、財務金融及作業流程亦有深遠影響。簡單來說，CRM是一種跨功能、跨部門，以顧客導向為主的企業策略。

五、總結：CRM的意義（定義）

1. 顧客關係管理是幫助企業以最經濟的方式，與最能夠帶來利潤的顧客建立忠誠的關係。

   一旦使顧客更容易與企業往來、交易，企業便能夠輕易地擄獲人心，相對的，競爭者就無法進入，而顧客自然會逐漸提高與企業交易的數量及金額。

2. 顧客關係管理是以企業的整體努力來了解並影響顧客行為，透過持續的、相關的以及個人化的溝通去增進：
   - 顧客吸收率（Customer Acquisition）
   - 顧客保留率（Customer Retention）
   - 顧客利潤率（Customer Profitability）

3. 顧客關係管理源自於關係行銷的概念，一般來說，企業需藉由與顧客接觸的各種管道來蒐集相關的資訊，再由適當的分析工具進行區隔並找出有價值的顧客。

   經由不同的策略執行、透過互動和修改找出最佳的行銷手法，並經由蒐集與接觸來得到分析資訊，形成顧客關係管理的循環。

4. 顧客關係管理是指透過資訊科技，將行銷、客戶服務……等加以整合，找出最有價值的顧客與適當的行銷策略，進而提供為顧客量身訂製的服務，並增加顧客滿意度與忠誠度，以提升顧客服務品質，讓顧客願意持續到訪，一方面可提高企業蒐集資料的便利性，另一方面則可達成增加企業經營效益之目的。

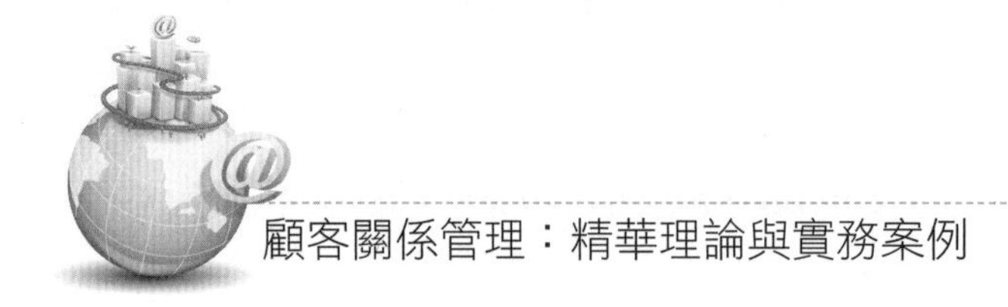

六、實踐「顧客主義」的「顧客關係管理主義」

起源於美國的顧客關係管理，是以資訊科技（IT）工具來實現「顧客主義」的目標。其背景是從行銷理論的角度，把「顧客主義」轉化為一對一行銷。從大量生產賣給多數大眾的大眾行銷，演化到鎖定市場的目標對象行銷，接著更細分顧客區隔的利基行銷。對每一位顧客而言，無論是一個人或一家公司，實踐這種一對一行銷是由所謂的顧客關係管理系統來執行，這也是過去的顧客關係管理的定義，是屬於資訊科技業界的邏輯與策略，CRM也成為繼企業資源規劃之後的熱門資訊科技軟體。但今後的顧客關係管理則不同，顧客關係管理已逐漸變成不只是資訊科技軟體界銷售的商品，而是漸漸昇華為企業經營的思想。

總結來說，我們提出如下的結語：

實踐CRM = 實踐顧客主義 = 實踐顧客導向

七、CRM≠資訊技術

顧客關係管理的先驅迪克・李（Dick Lee），在其著作《顧客關係管理規劃手冊》（*The Customer Relationship Management Planning Guide*）中指出，如果純以科技的觀點來推動顧客關係管理，它就很難會成功。

該書甚至認為，一些資訊科技廠商為了銷售相關軟硬體，而刻意讓一些企業認為顧客關係管理就是一種技術。這些企業因而只導入科技，卻忽略設計全新的策略與作業流程，因此釀成投資的災難。在只引進資訊科技的顧客關係管理個案中，有80%的投資是所費不貲又毫無成效的。

因此，要切記的是，資訊科技只是CRM的環節之一，是一種工具性功能，但絕非最核心的本質與操作目標。不過，資訊科技可以幫助CRM實現它的策略及目標，這是毫無疑問的。

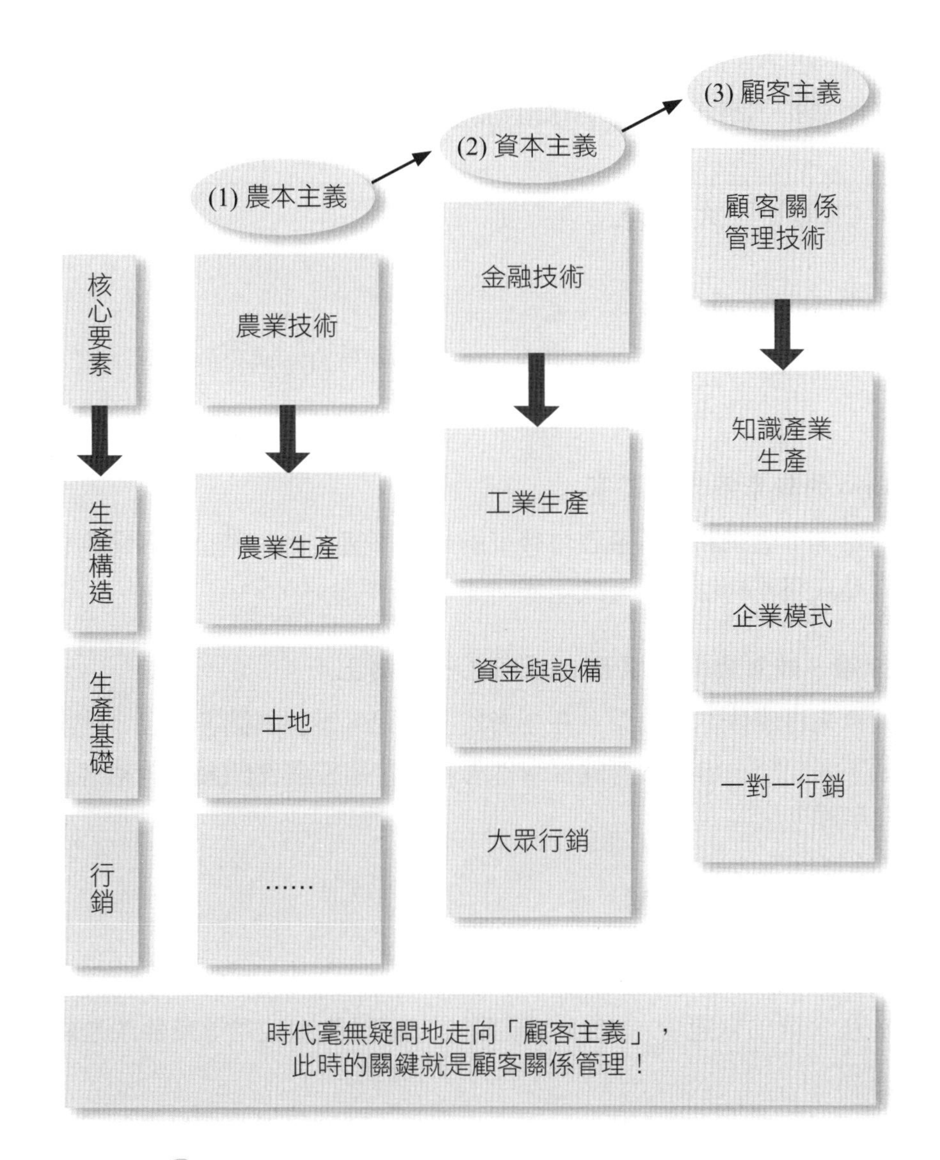

圖1-2　從農本主義、資本主義到顧客主義

資料來源：日本HR人力資源學院（2004），《顧客關係管理實踐指南》，頁13。

第二節　顧客關係管理的基本概念

一、CRM的三大真理

1. 銷售不等於關係

銷售只是企業與顧客關係的開始，這是一種有如婚姻般的關係，而不只是一夜情。

2. 關心的對象不只是買家

亦指企業不應只關心買東西付錢或刷卡的那個人，企業必須考慮到接觸到本身產品或服務的每一個人或組織。

3. 行銷、銷售與顧客服務必須同在一條船上

長久以來專業分工的結果，在企業體中行銷、銷售與顧客服務，一般都分屬三個不同部門，但在顧客關係管理思維下，這三個部門最好對顧客有一致的看法與作法。

二、企業無處不CRM

1. 80/20法則
    - 在企業的營運中，20%的顧客往往能創造80%的營業額或是80%的利潤。
    - 如何找尋出企業中那20%的菁英顧客，增加他們的交易次數，創造更高的企業營運效能，是企業主最關心的課題。
2. 《哈佛商業評論》提出，當顧客流失率降低5%，平均每位顧客的價值就能增加25%～100%以上。
3. 傳統的行銷模式中，企業的各式促銷活動，都是以「交易」為核心。
4. 執行顧客關係管理的企業是以「顧客」為中心。

三、CRM重要工作

(一) 蒐集資料

蒐集顧客資料、消費偏好、交易歷史資料及消費行為等儲存到顧客資料庫中，而且公司的不同部門所擁有的顧客資料，也應整合到單一的顧客資料庫中。

(二) 分類與建立模式

將顧客依各種不同變數分類，如此可預測在各種行銷活動情況下，各類顧客的反應。

(三) 規劃與設計行銷活動

根據第二步驟來設計適合的服務或行銷活動。

(四) 例行活動測試、執行與整合

利用網站造訪人次、電話頻率等方式來監控行銷活動的成效，並能即時做調整。

(五) 實行績效的分析與衡量

透過各種行銷活動、顧客服務與支援資料等分析，建立一套標準化的績效衡量模式，如圖1-3所示。

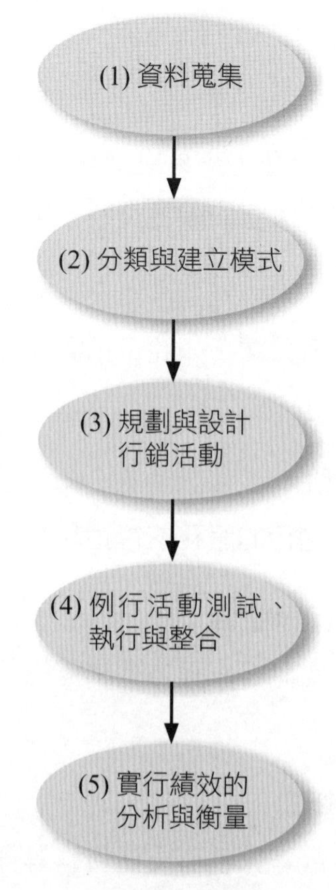

圖1-3 CRM的重要工作

四、CRM的目的——把顧客價值最大化

以溝通的角度來看，顧客關係管理的實踐步驟是：

1. 透過溝通，形成顧客關係。
2. 透過顧客關係深化，形成顧客忠誠度。
3. 透過顧客忠誠化深度，形成顧客價值。
4. 進一步深化顧客價值，形成顧客終生價值最大化。

顧客關係管理的目的是「顧客終生價值最大化」，但是若不知道如何衡量顧客價值，也就無法把它最大化。

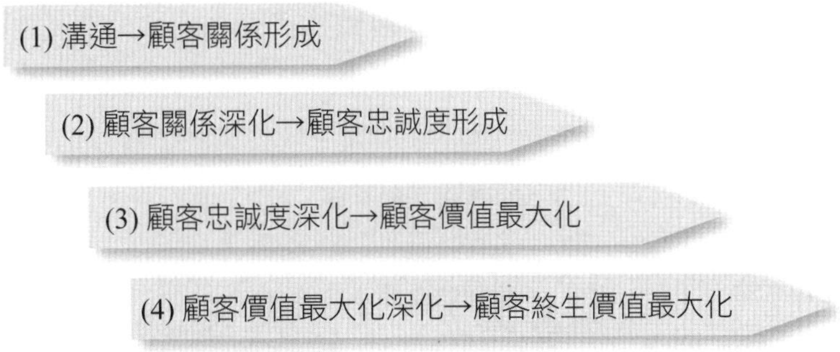

(1) 溝通→顧客關係形成
(2) 顧客關係深化→顧客忠誠度形成
(3) 顧客忠誠度深化→顧客價值最大化
(4) 顧客價值最大化深化→顧客終生價值最大化

圖1-4　CRM的目的

五、CRM的基本架構

簡單來說，CRM就是如下四個內容的簡化架構：

顧客
(1) 商品銷售管道／客服管道
(2) 資料倉儲
(3) 資料採礦
(4) 行銷策略制訂
企業
企業夥伴

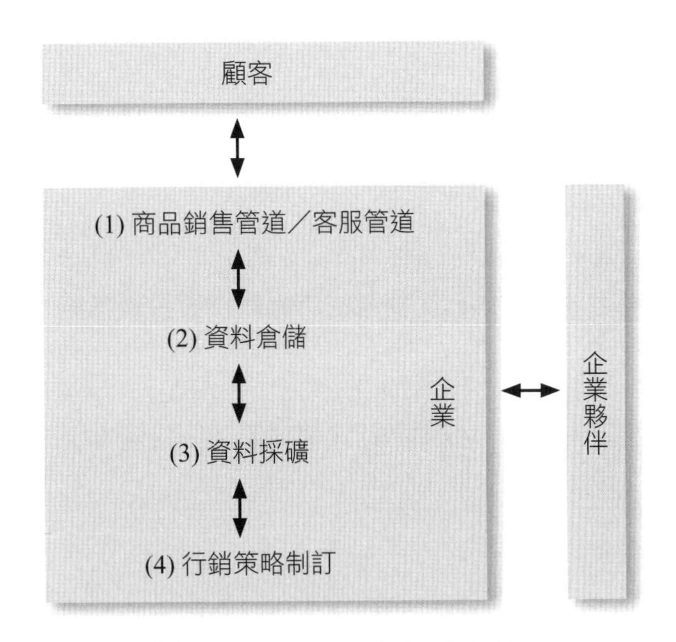

圖1-5　CRM的基本架構

六、CRM的循環

(一) CRM循環觀點之1

1. 顧客關係管理的最終目的是，讓企業與顧客互動的每一個接觸點隨時都能接收完整的顧客資訊。

2. 並且讓每一個接觸點都能主動與其他顧客接觸，分享完整的顧客情報。
3. 若執行正確，則能大大降低顧客流失率。

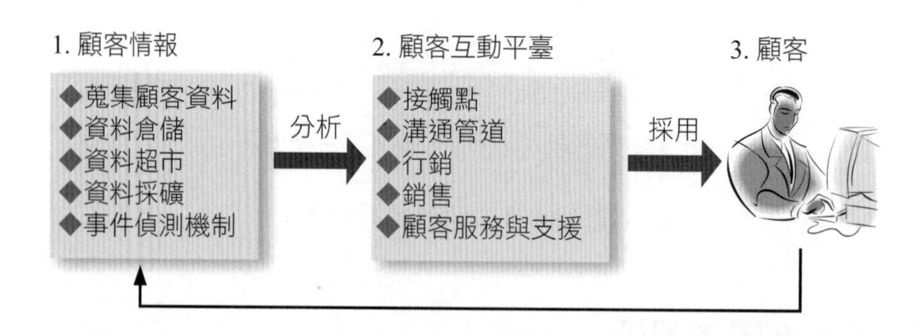

圖1-6　顧客關係管理的封閉迴路循環系統

(二) CRM循環觀點之2

顧客關係管理是一種反覆的過程，不斷地將新的、即時的顧客資訊轉化為顧客關係。

1. 知識發現

指的是分析顧客資訊，以確認特定的市場商機與投資策略。

2. 市場規劃

指的是定義特定的產品、提供通路（溝通管道與接觸點）、時程，以及從屬關係。

3. 顧客互動

指的是運用相關且即時的資訊和產品，透過各種互動管理和辦公室前端應用軟體（包括行銷自動化軟體、業務自動化軟體、顧客服務與支援應用軟體和顧客互動應用軟體等），以執行與管理企業和顧客間的溝通。

4. 分析與修正

係指利用來自顧客互動的資料，加以分析並持續學習，也就是以分析結果為基礎，持續修正顧客關係互動與管理的手法。

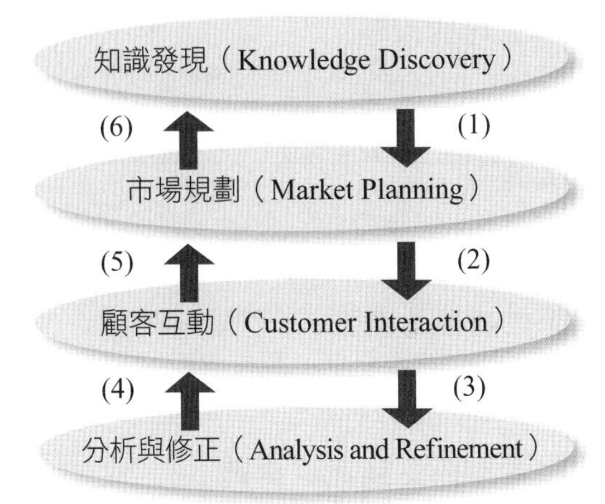

圖1-7　顧客關係管理的四大循環過程

七、CRM的七大步驟

步驟一：分析顧客關係管理的環境

其主要分析的環境有：

1. 總體環境

政治／法律、經濟、社會／文化、科技、人口統計等。

2. 產業環境

顧客、競爭者、供應商、替代品、潛在進入者等。

3. 內部環境

公司本身的優勢與劣勢。

步驟二：建構顧客關係管理的願景

主要可分為：

1. 重新界定事業領域。
2. 檢討顧客關係管理願景的選項。
3. 完成顧客關係管理的願景、使命、目標與目的。

步驟三：制訂顧客關係管理的策略

主要可分為：

1. 活動顧客分析工具

例如顧客滿意度調查、忠誠度調查……等。

2. 制訂顧客關係管理的策略體系

主要工作有經營模式、策略模式、策略選擇、操作模式、效益評估模式。

步驟四：展開顧客關係管理與企業流程再造

當顧客關係管理的策略制訂完成後要展開推行，企業勢必進行企業流程重整以配合策略的推展。

步驟五：建置顧客關係管理的系統

主要工作有：

1. 顧客關係管理資訊科技工具的檢討、評估與選擇。
2. 以顧客關係管理資訊科技雛形進行模擬。
3. 以顧客關係管理資訊科技正式運轉。

步驟六：運用顧客關係管理的資料、資訊、知識

主要工作有：

1. 分析既有顧客。
2. 分析潛在顧客與舊顧客。
3. 建立資料倉儲，並利用資料探勘工具來規則化與回饋化。

步驟七：利用顧客關係管理的知識來形成完整的執行週期

1. 建立顧客關係管理的合作架構。
2. 建構與活用顧客知識。
3. 建立以顧客關係管理為基礎的人力資源管理與發展體系。

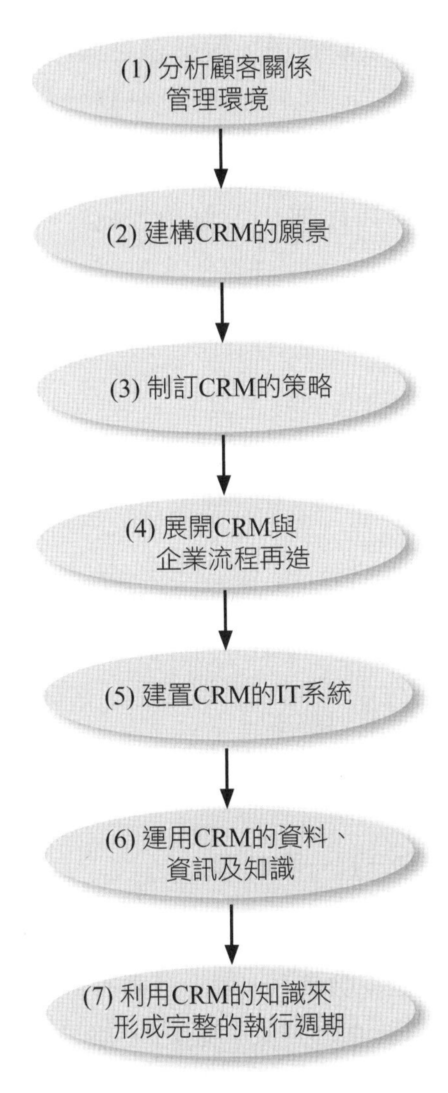

圖1-8　CRM的七大步驟

八、CRM的五大構成核心要素

要素一：顧客關係管理的主要相關者

主要指的是顧客，包括：

1. 外部顧客：最終顧客。
2. 外部顧客：企業夥伴。
3. 內部顧客：企業員工，有滿意的員工，才會有滿意的顧客。

要素二：顧客關係管理的接觸管道，等於是企業與顧客聯繫的窗口

可分為三大主軸：

1. 利用的工具：例如電話、傳真、郵寄、E-mail、簡訊等。
2. 利用的媒體：例如類比式（人聲、書寫……）、數位式（聲音、影像……）。
3. 利用的模式：例如完全自動化、半自動化……。

要素三：顧客關係管理的資訊科技工具

1. 電話客服中心。
2. 電腦電話整合。
3. 行動自動化。
4. 銷售力自動化。
5. 商務網站。
6. 資料庫、資料倉儲、資料超市。
7. 資料採礦與知識管理。

要素四：顧客關係管理的一對一資料庫

1. 顧客關係管理在不斷地擴充化與系統化之下，現今顧客關係管理不只是工具的集合體，而是象徵制訂一對一行銷的資訊科技解決方案。
2. 不論是資料庫、資料倉儲或資料超市，都是為了「了解個別顧客」而存在。

要素五：顧客關係管理的合作關係

包括三個模式：

1. 顧客對企業：例如諮詢、商量、要求、抱怨……。
2. 企業對顧客：例如行銷研究、行銷、銷售、顧客服務……。
3. 顧客之間：例如網路社群、同好社團、會員專區……。

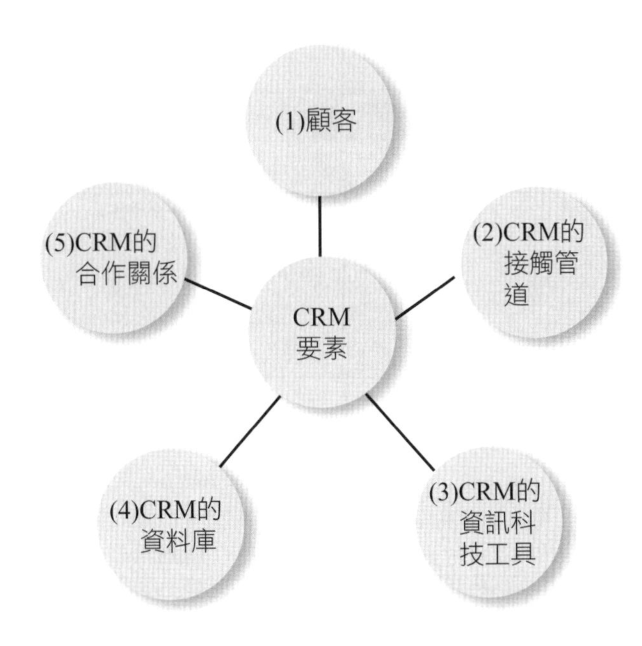

圖1-9　CRM五大構成核心要素

九、CRM的資料處理步驟及其所應用之資訊科技

有關CRM的資料處理步驟及其所應用之資訊科技內容，如表1-1所示：

表1-1　CRM的資料處理步驟及其所應用之資訊科技

顧客關係管理（CMR）資料處理步驟	所應用之資訊科技
1. 資料、資訊的蒐集 ↓	資料蒐集（Data Collection） ・銷售時點系統（POS） ・企業資源規劃（ERP）系統 ・電話客服中心（Call Center） ・電子訂貨系統（EOS）、電子資料交換（EDI） ・信用卡核發（Card Issue） ・市場調查與統計 ・網誌（Web Log） ・資訊亭（Kiosk） ・傳真自動處理系統（Fax Server）

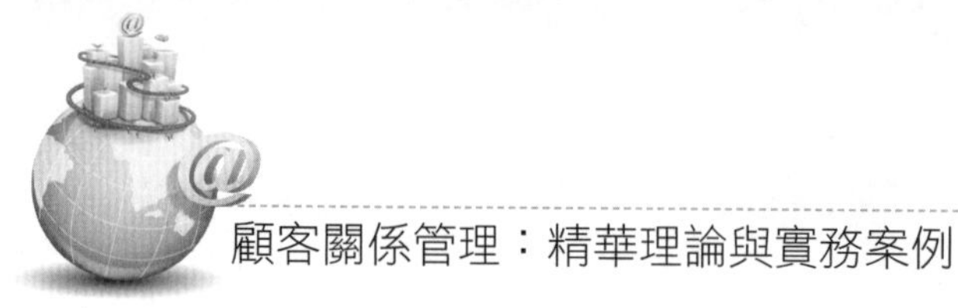

（續前表）

顧客關係管理（CMR）資料處理步驟	所應用之資訊科技
2. 資料、資訊的儲存與累積	資料儲存（Data Storage） ・資料庫（Database） ・資料倉儲（Data Warehouse） ・資料超市（Data Mart） ・知識庫（Knowledge Base） ・模型庫（Model Base）
3. 資料、資訊的分析與整理	資料採礦（Data Mining） ・線上即時分析處理（OLAP） ・統計（Statistics） ・學習機制（Machine Learning） ・決策樹（Decision Tree）
4. 資料、資訊的展現與應用	資料的展現（Data Visualization） ・主管資訊系統（EIS） ・報表系統（Reporting） ・隨興查詢（Ad Hoc Query） ・決策支援系統（DSS） ・策略資訊系統（SIS）

十、CRM的六項迷思

在規劃推動CRM時，通常都會面對下面六項迷思，包括：

迷思一：誤以為顧客關係管理只是一套系統或軟體

顧客關係管理的思考重點不應該是系統與技術的建構，其真實涵義應該是「透過企業與顧客間持續的互動學習，建立起具有價值的互利關係」。

迷思二：顧客關係管理是大企業的專利，小企業是沒有能力負擔的

「顧客關係管理系統」不一定是電腦系統。一本單純的筆記本上記錄顧客的電話、住址和喜好等，也能算是一個顧客關係管理系統。

迷思三：各部門各自為政

顧客關係管理包含行銷、銷售、顧客服務與支援等，如果任由各部門與各階層的組織成員各自為政，結果不同型態的顧客關係管理技術與工具的出現，會導

致無法整合為一的理念。

迷思四：策略、組織結構、流程及科技未能同步進行適度調整

1. 電子化與合理化應該如影隨形。
2. 最怕的是導入顧客關係管理是一回事，企業的策略、組織結構及流程又是另一回事，彼此之間毫無關係與連動。

迷思五：只看有形的量化指標，對於無形的質性事務毫不在意

沒有策略就沒有目標，沒有目標就很難設定明確的關鍵績效指標，沒有正確的衡量指標，顧客關係管理要成功可說是緣木求魚。

迷思六：只考慮到系統的功能及初始建置成本

顧客關係管理系統功能的強大與否並不是重點，不要以為買進國際知名的系統就保證成功，要思考的是功能是否符合企業現階段的需求，同時又能具備親和性、穩定性和擴充性三大要件。

十一、CRM蒐集消費者資訊的管道

CRM的技術種類，包括：前端的電話客服中心（Call Center）、後端的資料倉儲（Data Warehouse）、資料採礦（Data Mining）及線上分析處理（OLAP）。

(一) 電話客服中心（Call Center）

初期的Call Center系統，僅是電話系統，透過一條專線由專人接聽，以解決客戶的問題；接著就是080免付費專業服務的出現，同樣由專人接線，消費者不需支付任何電話費用。

(二) 傳統CTI-Based Call Center

當客戶撥電話至客服中心，先經由自動話務分配系統轉接至語音查詢系統。

語音查詢系統設置的目的是希望客戶能在這一階段就自助式解決較為常見的問題，以節省昂貴的人力。

若客戶問題無法在語音查詢系統獲得解決，在經由自動話務分配系統轉接至客服人員的同時，CTI會將客戶資料及欲查詢的問題，呈現在值機人員的電腦上。

同時螢幕亦會呈現客戶的消費特性、查詢項目所設計的話術用語，值機人員可以很迅速地解決客戶的問題。

(三) Internet Call Center（網路客服中心）

Internet Call Center扮演著網路消費者與EC業主的溝通橋梁。在Web的環境介面上可直接提供消費者各種互動型態，包括：語音交談、文字交談、電話回覆、語音留言、電子郵件及網頁互動等。

此外，透過Internet Call Center可提供更即時、更多元的管道，而非只能透過電話或傳真等傳統管道，以滿足顧客需求或解決問題。

十二、分析消費者資訊的方式

透過資料倉儲來儲存與分析資料的意義，並透過趨勢分析、市場分析和競爭分析等應用程式來協助經理人制訂業務決策。

1. 資料倉儲

一種存取方便的整合性資料儲存體，這些資料經由各種不同的源頭匯集在一起，經過轉換成有意義的主題或資訊群組，以作為查詢、報告、分配資源、決策制訂以及思考的輔助工具。

2. 資料採礦（Data Mining）

從大量的資料庫中找出相關的模式（Relevant Patterns），並自動萃取出可預測的資訊，讓企業能夠預測消費者的行為。

最後，還有線上分析處理（On Line Analytical Processing, OLAP）工具及決策支援系統（Decision Support System, DSS），這些系統從資料倉儲中，隨時可獲得即時且動態的高價值資訊。

第三節　顧客關係管理的益處與效益

一、觀點之1：CRM對企業經營效益——長期維繫住顧客忠誠度

「顧客關係管理」是指企業為了贏取新顧客、鞏固保有既有顧客以及增進顧客利潤貢獻度，而透過不斷地溝通，以了解並影響顧客行為的方法。

藉由良好的顧客關係管理系統，企業可以與顧客建立起更長久的雙向關係，這點對企業來說非常重要。因為對企業而言，長期的忠誠顧客比在乎價格的短期顧客更有利可圖。因為「長期顧客」具有以下特性：

1. 更容易挽留（easy stay）。
2. 每年買得更多（buy more many amount）。
3. 每次買得更多（buy frequence）。
4. 買較高價位的東西（buy more price）。
5. 服務成本比新顧客低（low cost maintain）。
6. 會為公司免費宣傳，介紹新的顧客給公司（introduce new customers）。

因此，「顧客關係管理」所能提供給企業的最大效益顯然就是「長期維繫顧客忠誠度」，這也使得全世界的公司開始試圖藉由顧客關係管理以建立顧客終生價值與獲取利潤。因此我們可以說，顧客關係管理是讓企業透過適當的管道（right channel），在適當的時機（right time），以適當的產品（right offer）與適當的顧客做溝通。

二、觀點之2：為什麼需要顧客關係管理的五項益處

企業為什麼需要顧客關係管理呢？元智大學資管系教授邱昭彰、楊順昌、林國偉（2005）等人認為CRM會帶來下列各項好處：

(一) 鼓勵忠誠顧客消費

企業不用浪費過多的行銷成本在開發新客戶上，只要鼓勵忠誠顧客持續消費，就能達成增加獲利的目標。

(二) 維持忠誠度

維持穩固顧客的忠誠度，使得競爭對手要對公司現有的顧客群進行挖角，必須投入更多的資本以造成挖角上的困難。

(三) 選擇為企業帶來利潤的顧客

了解能為企業帶來利潤的顧客是哪一類型的顧客，使得行銷資源的運用能投注在此類顧客身上，而不致於造成資源上的浪費。

(四) 找到真的有效的顧客

一旦了解真正的目標客戶在哪裡，將更容易促銷新產品給市場上的顧客，而不致於投入過多的人力與物力在尋找客戶上。

(五) 創造顧客終生價值

藉由顧客終生價值的累積來幫助企業達成長期獲利，並能扼殺競爭對手成長空間的目標。

三、觀點之3：顧客關係管理的成本及好處

美國CRM專家Ronald S. Swift（2005）依據多年的研究指出，顧客關係管理有如下幾個好處：

(一) 降低開發新顧客的成本

節省行銷、郵寄、聯繫、追蹤、滿足和服務等費用。

(二) 不需去開發太多新顧客，以維持穩定的企業交易量

特別是在企業對企業的行銷環境裡。

(三) 降低銷售成本

通常現有顧客是較有反應的顧客。對通路或經銷商有更好的知識，將使關係更為有效。顧客關係管理也減少促銷活動成本和提供更高的行銷及顧客溝通投資報酬率。

(四) 更高的顧客利潤

更高的顧客荷包占有率；更多的追蹤銷售；更多從顧客滿意和服務而來的介

紹名單；從現有購買做交叉銷售和向上銷售的能力。

(五) 提高顧客存留率及忠誠度

顧客留得愈久，買得愈多，會為了他們的需求（這增加了聯繫關係）和你接觸，且顧客購買得更頻繁，顧客關係管理也因此增加實際終生價值的機會和成就。

(六) 顧客獲利的評估

知道哪些顧客是真的有貢獻？哪些顧客應該透過交叉銷售／向上銷售提升其貢獻？哪些顧客可能永遠不具利潤貢獻度？哪些顧客應被外部通路管理？哪些顧客可以帶來未來的商機？

四、觀點之4：顧客關係管理的效益目標——Jill Dyche專家的看法

吉爾・岱許（Jill Dyche）是美國CRM的顧問專家，蒐集美國各大行業對CRM的最終效益，提出如下看法：

1. 我們希望徹底了解顧客的需求，甚至比顧客本身更早發現（中型市場財務機構的看法）。
2. 提高顧客滿意度來降低他們更換公司的機會（市場電信服務商的看法）。
3. 刺激顧客先和公司接觸並進一步帶來利潤（線上保險公司的看法）。
4. 提高顧客給予「正面回應」的可能性（郵購公司的看法）。
5. 使用科技改善顧客服務並提高顧客區隔度，達到和顧客間更個人化的互動（資料服務公司的看法）。
6. 希望透過更加個人化的溝通來吸引更多新顧客，留住舊顧客（線上零售商的看法）。

以上信條提出了多項成功的顧客關係管理，好的顧客關係管理將使企業了解顧客，然後知道哪些顧客可以被留住、哪些顧客會流失和流失的原因，同時如何不用花太多時間和精力在爭取非主要目標的顧客身上。同時，顧客關係管理也能夠達到企業流程自動化，加上各種分析資料輔助，將可省下更多寶貴的時間。

顧客關係管理不只是做到節省時間，還可以協助企業撙節大量成本。嘉信理

財（Charles Schwab）投資了數百萬美元在顧客關係管理產品和相關產品上，可以追蹤客戶對公司的各種反應。顧客關係管理成功的案例層出不窮，這讓其他原本不屑一顧的管理者也不得不把眼光轉向顧客關係管理，畢竟現實就是現實，是無法忽略或爭辯的。

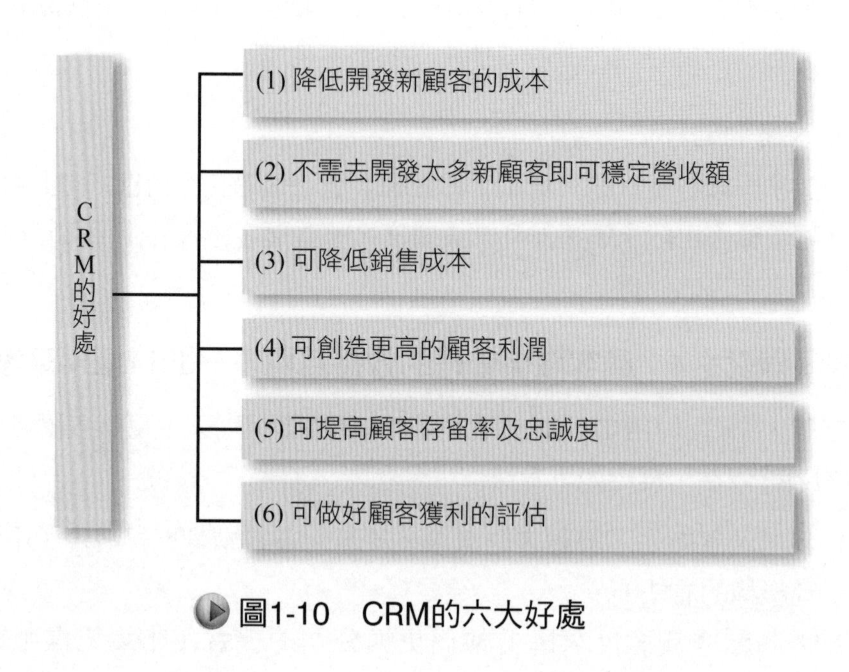

圖1-10　CRM的六大好處

五、觀點之5：調查結果：CRM的確可以加強顧客忠誠度——從獲得顧客到擁有顧客忠誠

根據美國知名的《資訊週刊》（*Information Week*）在2012年度對實施顧客關係管理企業的調查發現，高達93%的企業表示，的確，CRM加強顧客忠誠度，而顧客滿意度提高即顯現這項投資發揮了效益；而83%的受訪者認為有必要證明是否使營收增加。這項結果顯示採用顧客關係管理的企業認為，「顧客忠誠度值得用一切成本支出，即使這些投資短期內還看不到有形的報酬也划算。」

六、CRM績效衡量指標

若單從顧客為主體來看CRM績效衡量指標，最重要的有下列五大項目：

1. 顧客滿意度。
2. 顧客忠誠度。
3. 顧客利潤貢獻度。

4. 顧客終生價值。
5. 顧客保留率／流失率。

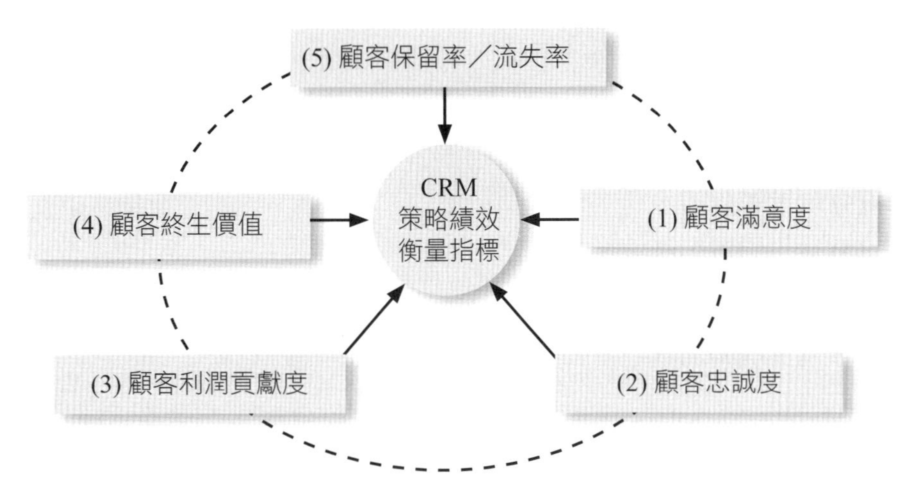

圖1-11 顧客關係管理策略之績效衡量指標

七、顧客關係管理績效衡量的學術文獻結果

歸納文獻中所提到的顧客關係管理的效益，用以建立績效指標作為本研究衡量企業對其採用顧客關係管理之認知成效。

1. Mckin（2002）認為一般在衡量顧客關係管理時，使用「投資報酬率」及「顧客生命價值」兩個指標來衡量。
2. Andersen Consulting（1999）對42家通訊業者的調查指出，採用顧客關係管理能替企業帶來財務績效的提升，而其使用「銷售報酬率」衡量企業的財務績效。研究發現50%的提升可以由顧客關係管理來解釋，而銷售、行銷與顧客服務等三個應用類別分別對財務績效提升有不同的貢獻。
3. Srivastava等人（1999）認為可以從財務方面衡量顧客關係管理的績效，而其選擇以「股東價值」衡量顧客關係管理的績效。股東價值以是否加速現金流、增強現金流與是否降低風險等三個面向來衡量。
4. Kalakota（1999）認為企業實行顧客關係管理的成效為「提升營業額」，獲得新顧客的成本降低，提高顧客忠誠度，提升顧客滿意度，提升顧客維持率，獲得正確及完整的顧客資訊，以及提高顧客的生命價值。
5. IDC（1999）對歐美300家企業所進行的研究中，在顧客關係管理的績效評估方面採用「投資報酬率」衡量。研究發現採用顧客關係管理的企業，未來兩年營業額會提升10%～20%。而企業希望顧客關係管理能達到的成效為下列七項：

(1) 降低新顧客的獲得成本。

(2) 提升顧客的生命價值。

(3) 獲得更多的顧客資訊。

(4) 提升競爭力。

(5) 提高顧客忠誠度。

(6) 降低顧客服務成本。

(7) 營業額的提升。

八、小結

因此，綜合上述多位學者專家的意見，本研究將CRM的績效歸納整理成四大構面（如表1-2）：

表1-2　顧客關係管理之績效構面

構　面	敘　述
1. 獲取可能購買的顧客（Customer Acquisition）	透過整合來自各個獨立來源的詳細資料，以針對新客戶進行購買行為分析，並掌握顧客需求與建立偏好模型，確認客戶最可能購買的產品，進而了解客戶可能在何時與公司進行接觸，以及其溝通方式。
2. 增進現有顧客貢獻度（Customer Profitability）	確認獲利最豐的客戶區隔，進而發覺其最可能購買的產品，並有效運用交叉銷售（Cross-Selling）與向上銷售（Up-Selling），使企業將更穩固與顧客間的關係，進而創造更多利潤。同時就顧客而言，交易便利性的上升與成本的減少，即為價值的增進。
3. 維持具有價值的顧客（Customer Retention）	透過顧客偏好模型（Propensity Model），運用顧客喜好的購買通路以及服務模式，來提升顧客滿意度、減少顧客流失與抱怨，並藉由分析生命週期內購買行為的變化來獲取顧客的終生價值。
4. 協助市場規劃與分析（Market Plann-ing and Analyzing）	透過CRM的執行，有助於顧客資訊與作業系統整合，並協助取得市場知識與提供即時的管理決策資訊，幫助企業做更通盤的市場研究，同時有助企業抓住市場機會與及早建立危機警訊，有效地調整資源配置並回應競爭者策略。

資料來源：作者研究整理。

第四節　全球CRM加速推動的四項背景分析

國內CRM專家黃有權（2005）曾對全球CRM的趨勢背景，做一個完整的分析，頗為精闢，茲描述如下：

一、顧客愈來愈聰明，要求愈來愈高，選擇愈來愈多

(一) 大量資訊

資訊來自不同的媒體（電視、報紙、廣告文宣、電子郵件、手機簡訊、手機App），消費者愈受重視，權益自然也更加提高。網路的盛行，使得許多小公司無須花費鉅額經費打廣告，也能夠傳遞訊息給消費者，促使小公司的競爭力提升，消費者也擁有更多公開資訊以及不同選擇的機會。

(二) 更多選擇

消費者資訊充足後，選擇空間自然加大。消費者不再只是單方面接受產品，多樣化的選擇讓消費者對產品、服務的要求日益提高。

(三) 客製化之商品

當各廠商競爭激烈到相當程度時，產品、價格和服務等各項目的差異都因競爭而壓縮到極小的程度，此時客製化（Customized）、個人化（Personalized）的產品或服務就更形重要。像手機機殼顏色，幾年前只有黑或灰等標準色，但現在注重個人偏好差異，消費者希望手機能反映個人特色，就出現各種五彩繽紛的不同選擇。商品如是，服務亦然。若航空公司在常客訂票時，就已經知道他是否喜歡靠窗的座位、是否吃素及較喜歡何種機上購物提供的商品，從而為其事先準備，此即為CRM功能彰顯的寫照。

(四) 顧客難以取悅，忠誠度降低

各種產品競爭愈形激烈時，消費者可選擇、比較的空間擴大，無形中忠誠度下降許多。一旦商家服務不周時，除了承受失去該顧客的風險外，尤甚者，還可能被顧客一狀告到消基會，聲譽、形象的損失更加可觀。

(五) 顧客跳槽，成本降低

根據上述推論，足可得知現在顧客更容易在不同的供應商或店家間遊走，以

謀求自身的最大利益。在網路世界裡，此一現象更為明顯。

二、巨觀的商業與市場環境

(一) 新經濟型態與新科技出現

以高科技為基礎，使得許多龐大資料庫的資料處理及數字運算更加容易，也更有效率。商家競爭愈來愈激烈，消費者的要求也跟著提高。

(二) 多型態通路出現

網路時代使得各式通路（Distribution Channels）更加多元化。以日本的光通信為例，即強調消費者可於線上訂貨，至居家附近的7-ELEVEn便利商店取貨並付款的機制。

(三) 網際網路無遠弗屆

網路使得交易無疆域之限制，亦無國界之區隔。從前商家數目不多，可提供消費者選擇的空間不大，故客戶的流動率不高。但現在廠商得多花心力在維持既有的客戶群才行。

(四) 將客戶分為不同層級，採取不同對待

根據80/20法則，廠商80%的利潤、交易量來自20%的大客戶，所以商家的資源必須重新分配，將最多最好的資源留給交易量較大的常客，提供他們最完善的享受；至於其他80%的客戶則無須提供那麼周全的服務，讓公司的資源分配到最適宜的客戶身上。舉例而言，許多信用卡都將客戶分級，銀行自然會對持有頂級卡的客戶做最完善的服務與照顧。

(五) 多元化銷售管道

高度競爭壓縮了店家的獲利空間，使得廠商少有暴利可圖的機會，因此店家生財管道必須更多元化。例如：利用資料採礦後的提升銷售及交叉銷售。

三、細部商業環境

從細部商業環境來看全球CRM加速推動的背景分析，主要有下列四項因素：

1. 以客戶為中心的企業經營策略。
2. 客戶維持率是努力重點。

3. 將客戶分為不同層級，採取不同的對待。
4. 多元化銷售管道。

四、顧客忠誠度保持不易

根據《哈佛商業評論》（*Harvard Business Review*）研究指出，平均每一家公司每年流失10%的既有客戶。如此一來，十年後每個廠商店家的顧客資料庫將與今日完全不同！

顧客的忠誠度隨著時間而降低，呈現明顯的反向關係。其原因大抵有下列幾點：

1. 產品或服務的瑕疵。
2. 低價格競爭。
3. 商品或服務並無給予顧客明顯差異。
4. 顧客喜新厭舊或使用習慣改變。

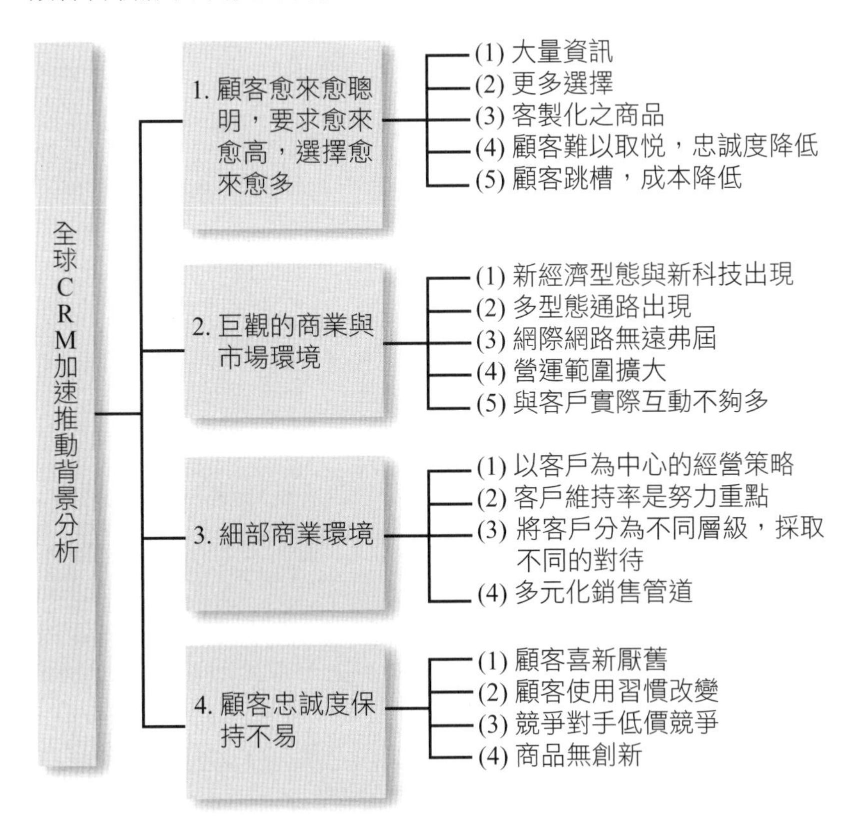

圖1-12　全球CRM加速推動的四項背景分析

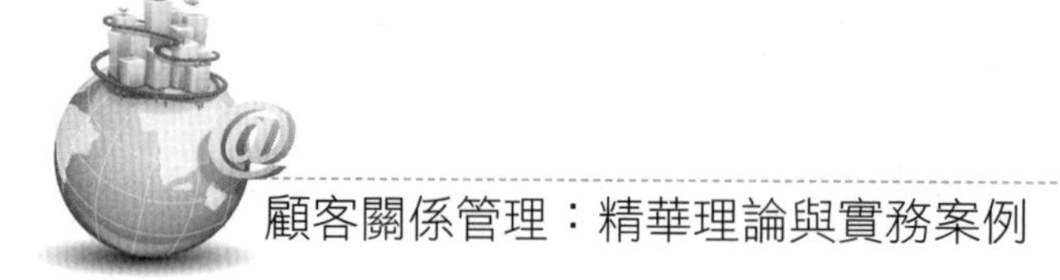

本章習題

1. 試簡述顧客關係管理的定義。

2. 試圖示從營運活動看CRM的定義。

3. 試簡述實踐CRM＝實踐顧客導向之意涵。

4. 試簡述為何CRM ≠ 資訊技術。

5. 試列示CRM對企業帶來了哪些好處。

6. 試列示全球CRM加速推動的四項背景。

7. 試列示現代顧客忠誠度保持不易的原因。

8. 試圖示CRM的五大構成核心要素。

9. 試圖示CRM的主要工作。

2 CRM策略性5W／1H分析與企業的顧客戰略

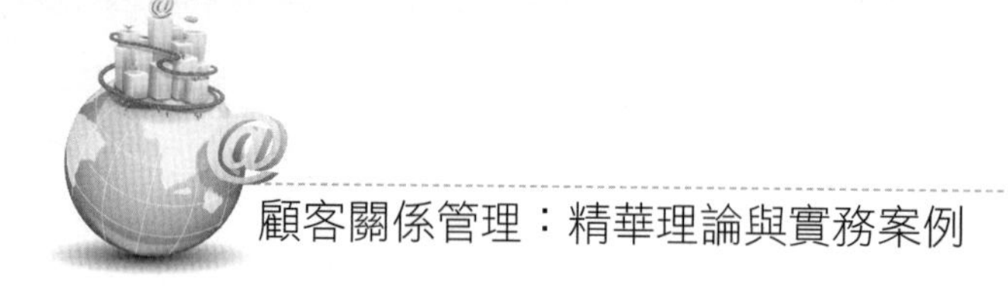

第一節　顧客關係管理5W / 1H總體摘述

一、Why？（為何要有CRM？）

(一) 從本質面看

顧客是企業存在的理由，企業的目的就在創造顧客，顧客是企業營收與獲利的唯一來源。（註：此為彼得・杜拉克名言）

(二) 從競爭面看

市場競爭者眾，各行各業已處在高度激烈競爭環境中，每個競爭對手都在進步、都在創新、都在使出刺激手段搶顧客及瓜分市場。

(三) 從顧客面看

顧客也在不斷地進步，顧客的需求不斷變化，要求的水準也愈來愈高。企業必須以顧客為中心，隨時不斷地滿足顧客高水準的需求。

(四) 從IT資訊科技面看

現代化資訊軟硬體功能不斷地革新及進步，成為可以有效運用的工具。

(五) 從公司自身面看

公司亦強烈體會到，唯有不斷地強化及提升自身在以顧客為中心的行銷核心競爭能力，才能在競爭者中突出領先而致勝。

二、What Purpose？（CRM的目的／目標何在？）

(一) 不斷提升「精準行銷」之目標

在行銷成本支出最合理之下，達成最精準與最有效果的行銷企劃活動。

(二) 不斷提升「顧客滿意度」之目標

顧客永遠不會100%的滿意，也不斷在改變他的滿意度及內涵。透過CRM機制，將可持續提升顧客的滿意度，並對企業產生好口碑及好的評價。滿意度的進步是永無止境的。

(三) 不斷提升「品牌忠誠度」之目標

顧客滿意度並不完全等同顧客忠誠度，有時候顧客雖滿意，但不會在行為上、再購率上及心理上展現高的忠誠度。因此，運用CRM機制，亦希望能力求提升顧客對品牌完全的忠誠度，而不會成為品牌的移轉者。

(四) 不斷提升「行銷績效」之目標

CRM的數據化效益目標，當然也要呈現在營收、獲利、市占率和市場領導品牌等可量化的績效目標上才可以。這些亦應適度地加以評量、衡量及計算，然後才能跟CRM的投入成本做分析比較。

(五) 不斷提升「企業形象」之目標

企業形象與企業聲譽是企業生命的根本力量，CRM亦希望創造更多忠誠的顧客，對企業有好的形象評價。

(六) 不斷鞏固既有顧客並開發新顧客之目標

CRM一方面要鞏固（Solid）及留住（Retention）既有顧客，盡量使流失比例降到最低，另一方面也要開發更多的新顧客，使企業成長，不斷刷新紀錄創新高。

三、How to Do？（CRM的做法——全方位面向的思考）

CRM必須從圖2-1的四個大面向思考相關的具體做法、細節與計畫。這要依據各行各業而有不同的重點，各公司也有不同的狀況。但是，唯有思慮周密地「同時」考慮到這四個方向，採取有效的做法及方案，才會產生出最完美的CRM成效。

四、What Direction？（CRM四大行銷原則的掌握及滿足顧客）

不管是CRM也好，行銷活動也好，都必須在下列四個行銷原則上滿足顧客：

1. 尊榮行銷原則：讓顧客感受到更高的尊榮感。
2. 價值行銷原則：讓顧客感受到更多的物超所值感。
3. 服務行銷原則：讓顧客感受到更美好的服務感。

4. 感動行銷原則：讓顧客感受到更多驚奇與感動。

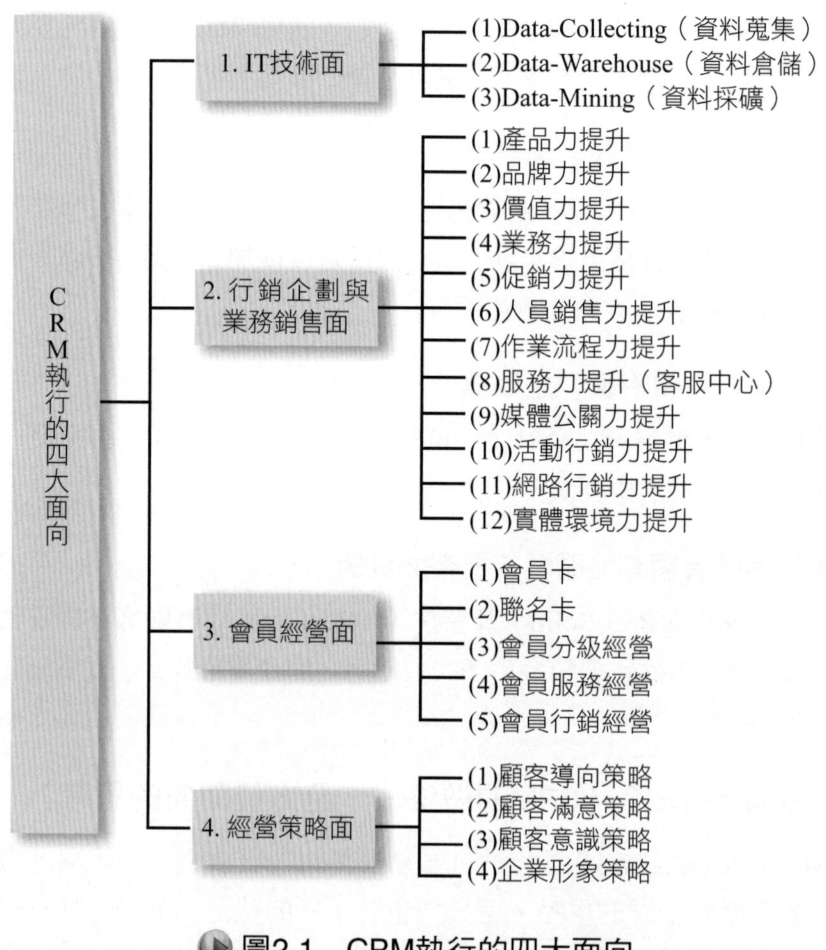

圖2-1　CRM執行的四大面向

五、How to Do？（CRM的IT技術應用系統架構）

茲以一個化妝品銷售公司為例，該公司CRM完整技術應用系統架構如圖2-2：

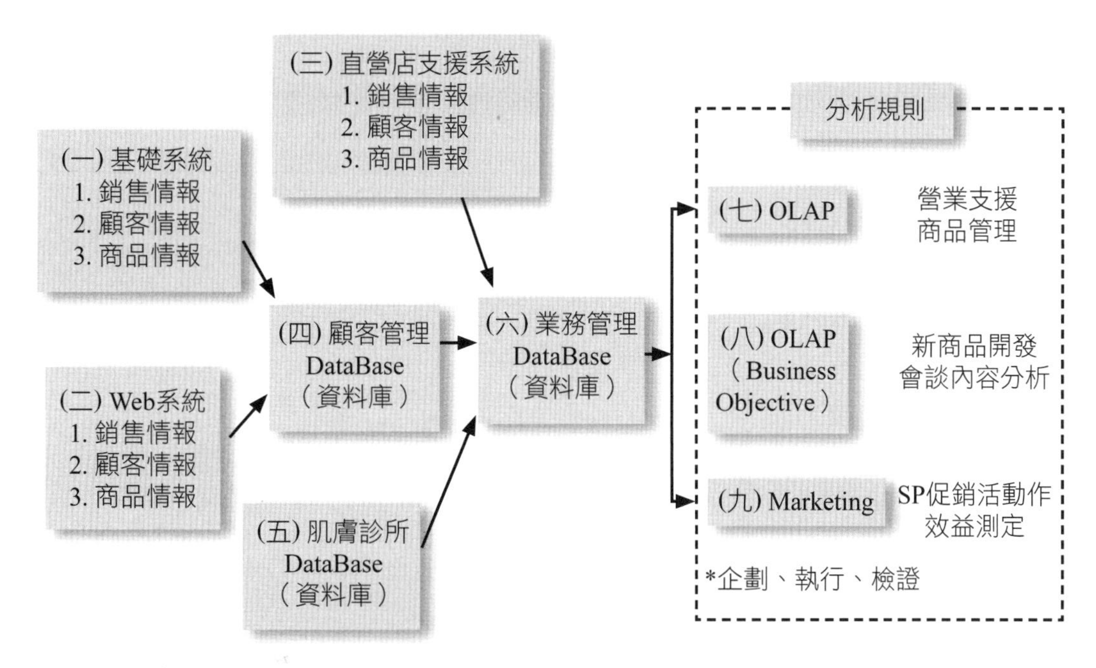

圖2-2　CRM系統導入架構圖示（以某化妝品公司為例）

六、Whom？（對誰做CRM？）

(一) 分類

CRM的對象，基本上可區分為兩種：一是B2C，二是B2B。一般來說，以B2C（公司對一般消費者；Business To Customer）應用狀況比較常見。

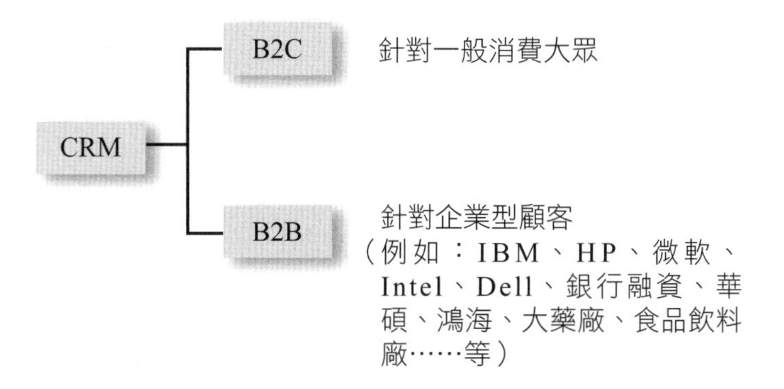

圖2-3　CRM對象的分類

(二) 對哪些行業較適用

凡是顧客人數眾多的消費性行業及服務性行業，比較適合導入CRM系統，包括下述行業：

1. 金控銀行業（信用卡）
2. 人壽保險業
3. 電信業（行動電話）
4. 百貨公司業
5. 電視購物業
6. 直銷（傳銷）業
7. 大飯店業
8. 超市業
9. 餐飲連鎖業
10. 書店連鎖業
11. 藥妝店連鎖業
12. 休閒娛樂業
13. 量販店業
14. 購物中心業
15. 名牌精品業
16. 其他服務業

七、Who？（誰負責CRM？）

實務上會有幾個部門共同涉及到CRM機制的操作及應用，包括：

1. CRM資訊部
2. CRM經營分析部
3. 業務部
4. 會員經營部
5. 行銷企劃部
6. 經營企劃部
7. 客服中心部

CRM的操作並非某個部門單獨負責的，而是要仰賴相關的幾個部門通力合作而成。因此，舉凡資訊技術、業務部、行銷企劃部、會員部和客服中心等，均是CRM共同執行單位的一環。

圖2-4 CRM的5W / 1H

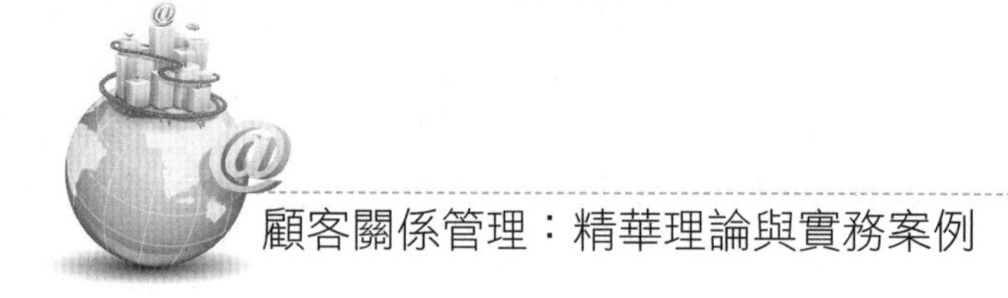

第二節　顧客導向經濟學與顧客資本

一、顧客導向經濟學

(一) 舊經濟與顧客經濟之差異比較

顧客關係管理是企業有效地「管理」其與「顧客」之間的長期良好互動「關係」。

舊經濟		顧客經濟
1. 以企業的產品為中心	→	以顧客的需求為中心
2. 著重可獲利的交易	→	著重顧客終生價值
3. 主要在追求財務計分卡	→	主要在追求平衡計分卡
4. 重視股東	→	重視內外顧客
5. 經由廣告建立品牌	→	經由顧客體驗建立品牌
6. 著重網羅新顧客	→	著重留住舊顧客

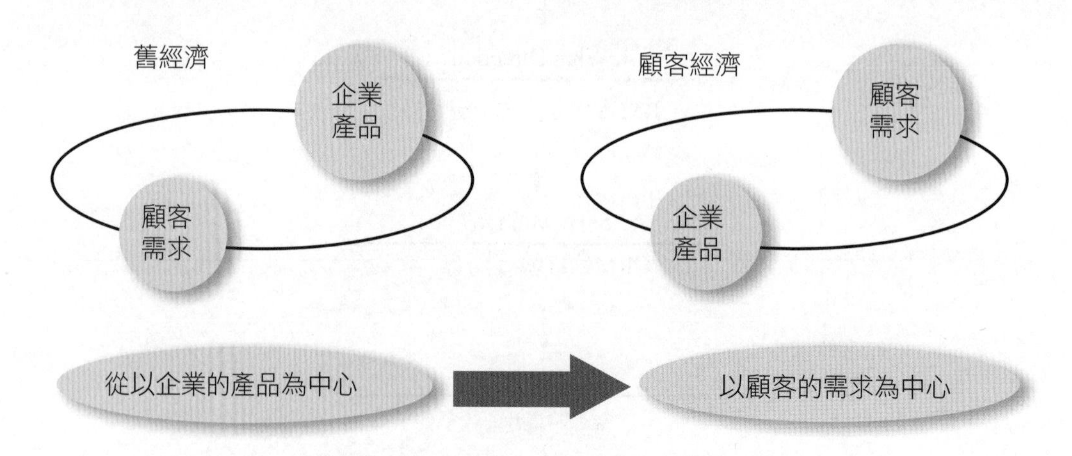

圖2-5　舊經濟與顧客經濟之差異

(二) 顧客經濟學的內涵

所謂的顧客經濟學，是以顧客關係的數量及品質為觀點所做的企業價值分析。

企業應該要認知到顧客是股東價值唯一且最終實質的源頭，並以事實為依據，才能發展出具有實質效用的策略。

顧客經濟學可以分成三個部分：

1. 顧客關係價值

利用「顧客淨值」的概念，從顧客群大小、利潤、關係持續期間和購買可能性等方面，計算出企業可能的收益及是否值得投資於該顧客關係。

2. 顧客關係價值的分配

有助於企業選擇目標市場及對獲取顧客知識的投資。

3. 顧客組合的管理

針對不同區隔，有效分配企業資源，建構適當的行銷策略。

二、顧客資本

(一) 何謂顧客資本（Customer Capital）？

1. 組織與其往來的個人或組織（包括顧客與供應商）之間關係的價值。
2. 顧客會一直和我們做生意的可能性。
3. 顧客關係的價值以及此價值對於組織未來成長的貢獻，包括支持顧客資本成長的程序、工具及技術。
4. 我們經銷權的深度（滲透力）、廣度（涵蓋面）以及黏度（忠誠度）。
5. 臺灣智慧資本研究中心：「組織在發展並維持有利、忠誠的顧客關係過程中，所產生得以提升組織競爭力之相關知識、技能或價值。」

(二) 相似名詞觀念

1. 顧客資產（Customer Assets）

企業的無形資產，包括產品或服務的最終使用者、通路以及企業聯盟。

2. 顧客權益（Customer Equity）

一個企業內所有顧客的終生價值之總和，包括「價值權益」、「品牌權益」和「關係權益」三個構面。

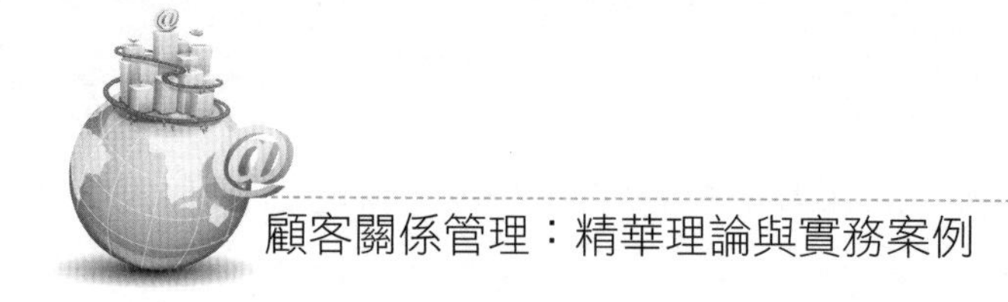

(三) 顧客資本為何重要？

1. 因為大多數的市場面臨：
   - 毛利減少。
   - 產品生命週期縮短。
   - 競爭激烈。
   - 高行銷成本。
2. 顧客忠誠度提高之利益驚人。
3. 顧客背離率降低的效果顯著。
4. 維持舊顧客之成本遠低於爭取新顧客。

(四) 顧客資本的衡量指標項目（14項）

基礎	作為／努力	結果	
‧理念	‧行銷密度	1.顧客占有率	8.顧客知識的分享度
‧市場導向	‧顧客資訊	2.顧客組合	9.顧客推薦率
	‧顧客忠誠度活動	3.顧客滿意度	10.品牌印象
	‧基礎建設	4.顧客抱怨	11.品牌知名度
	‧創新投入	5.顧客利潤率	12.通路影響力
	‧品質與改良努力	6.新顧客吸引力	13.交叉銷售成功率
		7.顧客保留率	14.供應商的配合度

@ 三、忠誠顧客是公司最有價值的資產——顧客忠誠度的重要性

1. 要吸引一位新顧客所花成本比留住一位原有顧客多出5至7倍。
2. 要消弭1個負面印象，需要12個正面印象才能彌補。
3. 企業為補救服務品質欠佳的首次消費，往往要多花25%至50%的成本。
4. 100位滿意的顧客，可以衍生出15位新的顧客。
5. 每1個抱怨顧客的背後，其實還有20個顧客也有同樣的抱怨，而且會告訴更多同業。

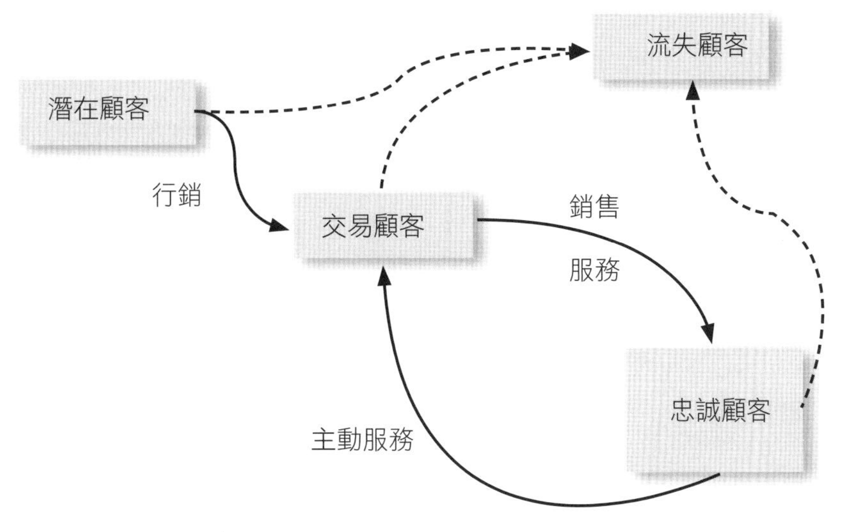

圖2-6 顧客忠誠度的重要性

資料來源：范錚強，中央大學。

第三節 CRM就是「企業的顧客戰略」

一、CRM的基本：企業的顧客戰略

如圖2-7所示，CRM的基本可用一句簡單的話涵括，那就是如何做好企業的顧客戰略，亦即把「顧客」當成是「戰略」觀點及戰略對象來用心經營。

CRM的顧客戰略包括了三大件事，亦即：

第一：顧客是誰？

第二：顧客要什麼？

第三：對顧客要如何做？

總之，CRM的顧客戰略是要回到顧客對應的原點上來考量及執行。CRM不能脫離顧客，CRM不能不了解顧客，CRM要即時、細緻與圓滿地滿足顧客的各種需求與欲望，完全以「顧客」為唯一的核心對待點。

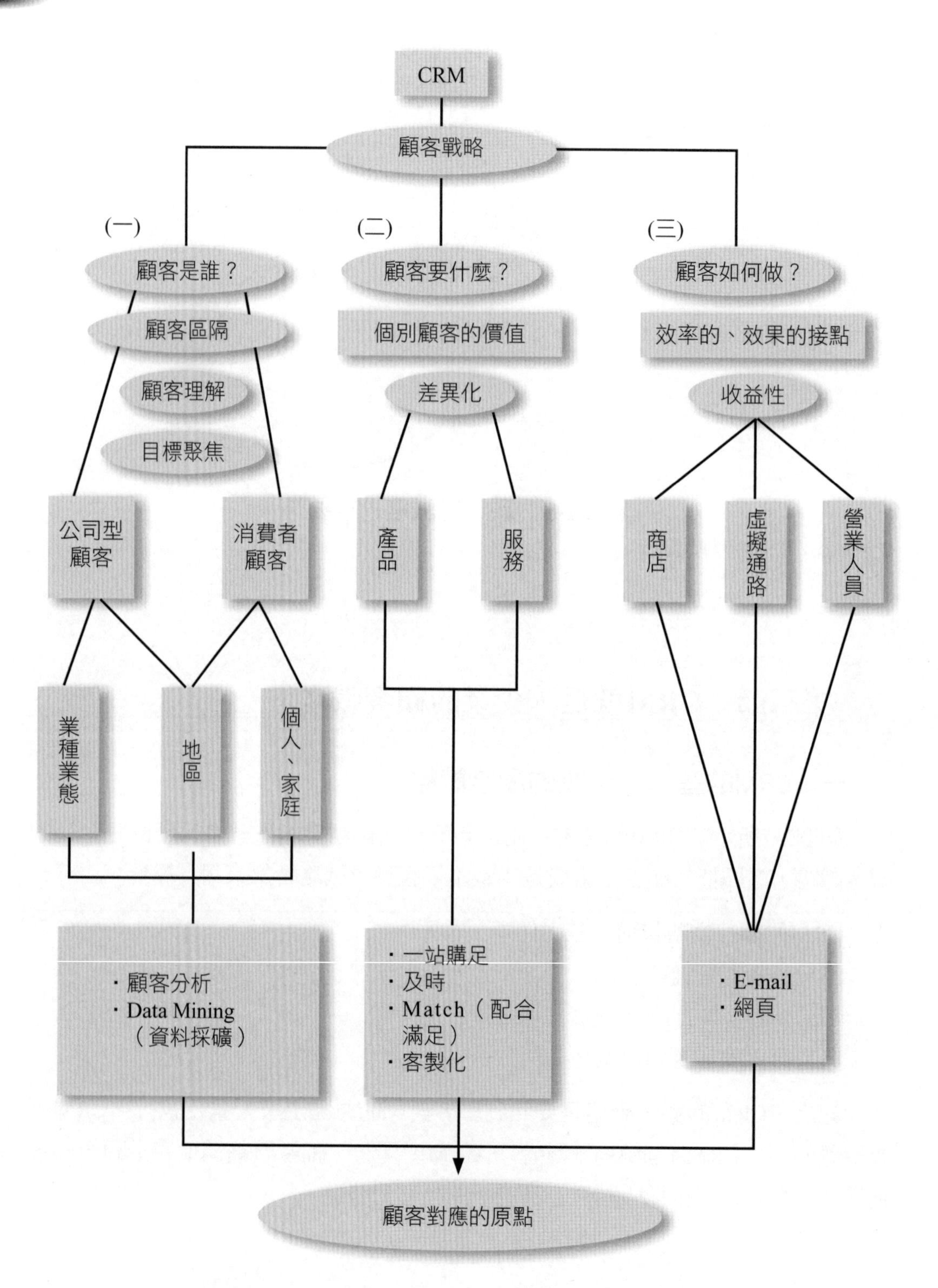

圖2-7　CRM的基本是「企業的顧客戰略」

二、CRM實踐的四個層次——CRM的起源即是「顧客戰略」

如圖2-8所示，CRM從企業實務上來看，大致可以區分為四個層次，包括：

第一層（最上層）：屬戰略層級，即公司對待顧客戰略是什麼。

第二層：屬知識層，即對顧客的輪廓（Profile）是否能夠認識清楚及掌握。

第三層：屬企業營運的流程（Process）、組織、行銷及營業等。公司希望CRM能夠充分支援及協助營業與行銷的拓展事宜。

第四層：屬於現在工作表及資訊科技操作工作的支援事宜，也就是CRM的基礎建設工程。

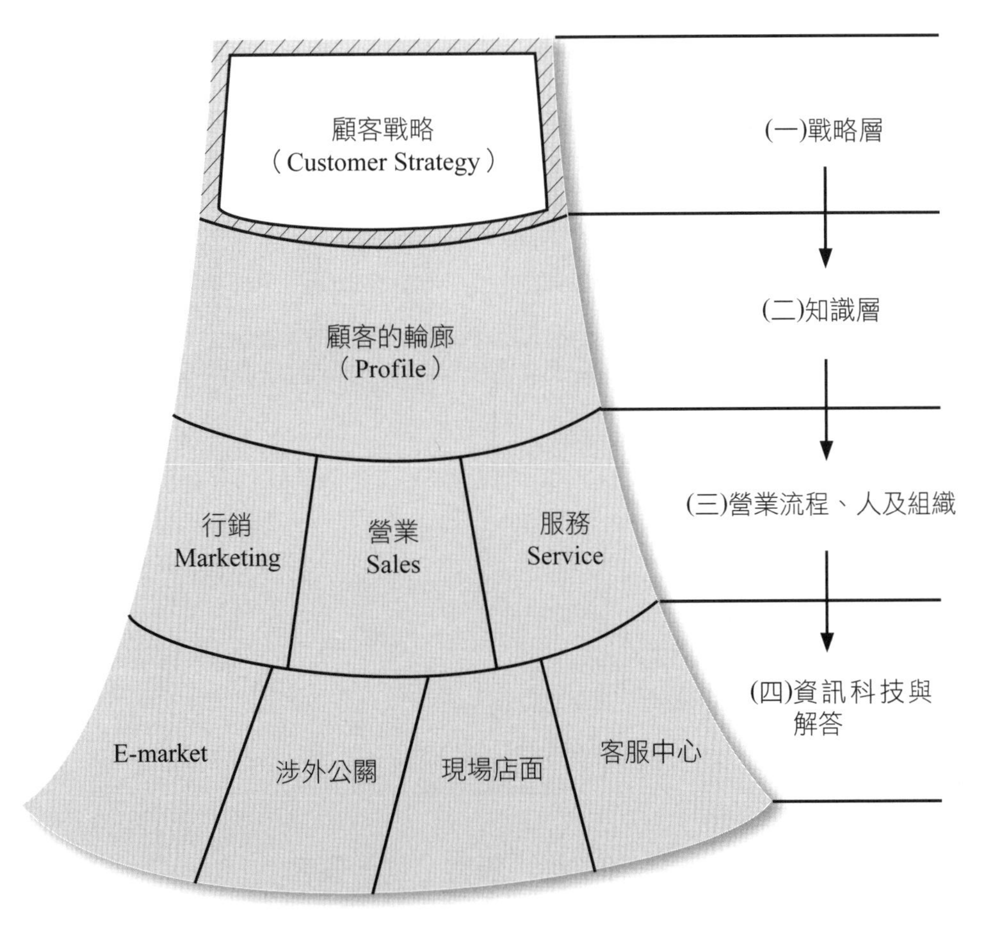

圖2-8 CRM的起源即是顧客戰略——CRM實踐的四個層次

三、從「顧客」到「個客」（From Customer to Personal Customer）

CRM的一個簡要定義，即是如何從一大群顧客中，抽離出個別性的或客製化的「個人顧客」，讓顧客享受到尊榮化的個人對待服務，如圖2-9所示。

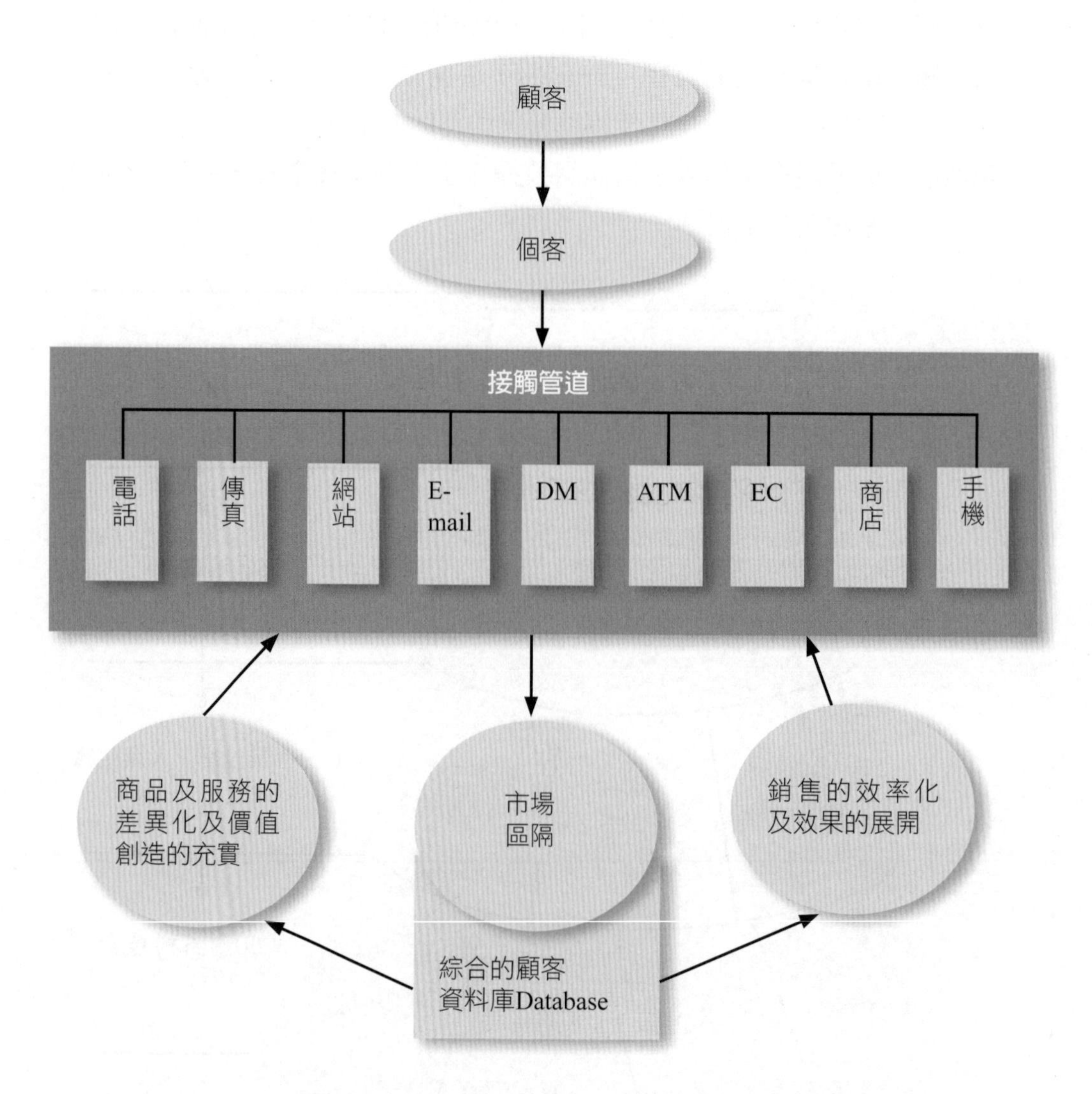

圖2-9　從「顧客」到「個客」

四、掌握「個客」需求的變化，並加以滿足的本質

如圖2-10所示，企業應該從資料庫中，明確掌握他們個人生活型態（Life Style）與消費型態的任何變化，然後從這些變化中掌握他們的需求是否也因此而有所改變。接著，企業應思考如何在商品及服務的創新提供上，有積極的對策與做法。

因此，掌握「個客」需求的變化與趨勢，是CRM行銷作業中的重要工作之一。

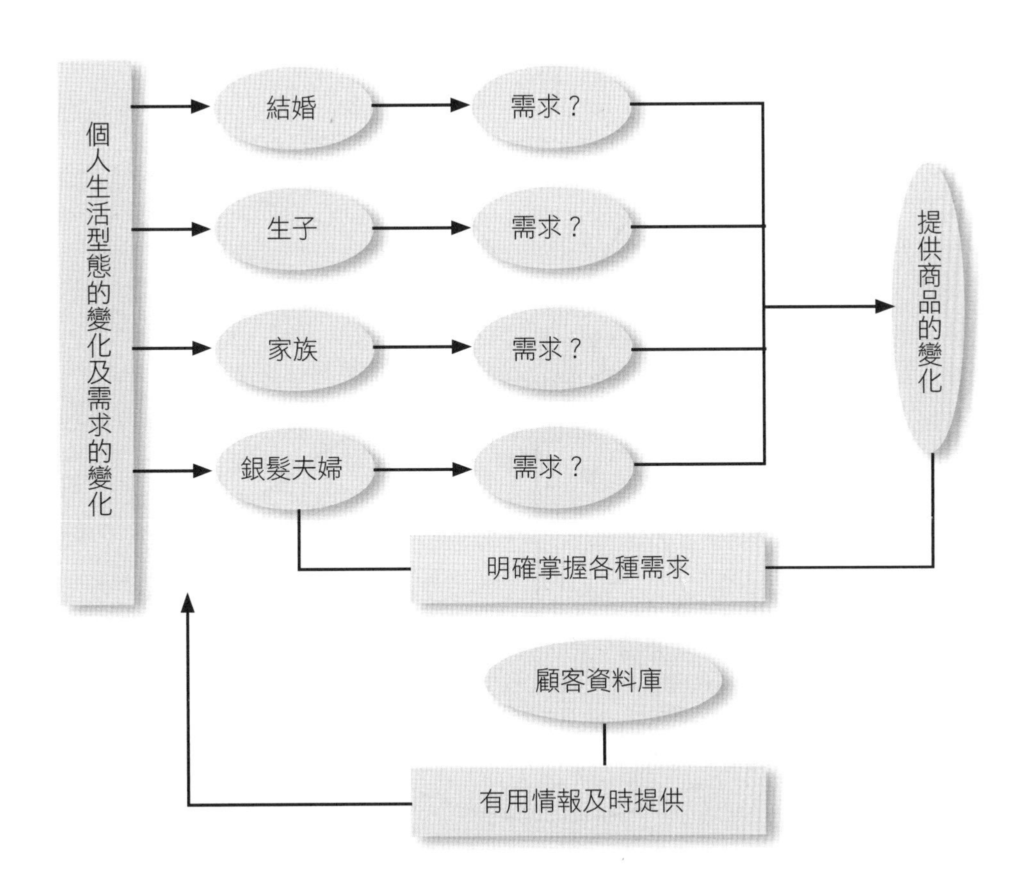

圖2-10　掌握個客需求的變化，並加以滿足的本質

五、個客資料庫的統合是CRM的基本

CRM的基本，指的當然就是顧客資料庫，即是由一個一個的個別顧客所累積與形成的顧客資料庫。這些顧客資料庫：

第一，可以在公司內部形成共有化、共同分享及共同使用。

第二，這些顧客資料庫會被不斷地輸入（input）最新資料，而這些input來源，不只是一個部門而已，而是包括了公司全部的相關部門，包括第一線業務人員、門市銷售人員、專櫃人員、市調人員、行銷企劃人員、後勤支援人員、商品開發人員及產業分析人員與策略規劃人員等。

第三，透過行銷活動及業務活動的操作及執行，終於使公司能夠與個客維持較長期及忠誠的關係。

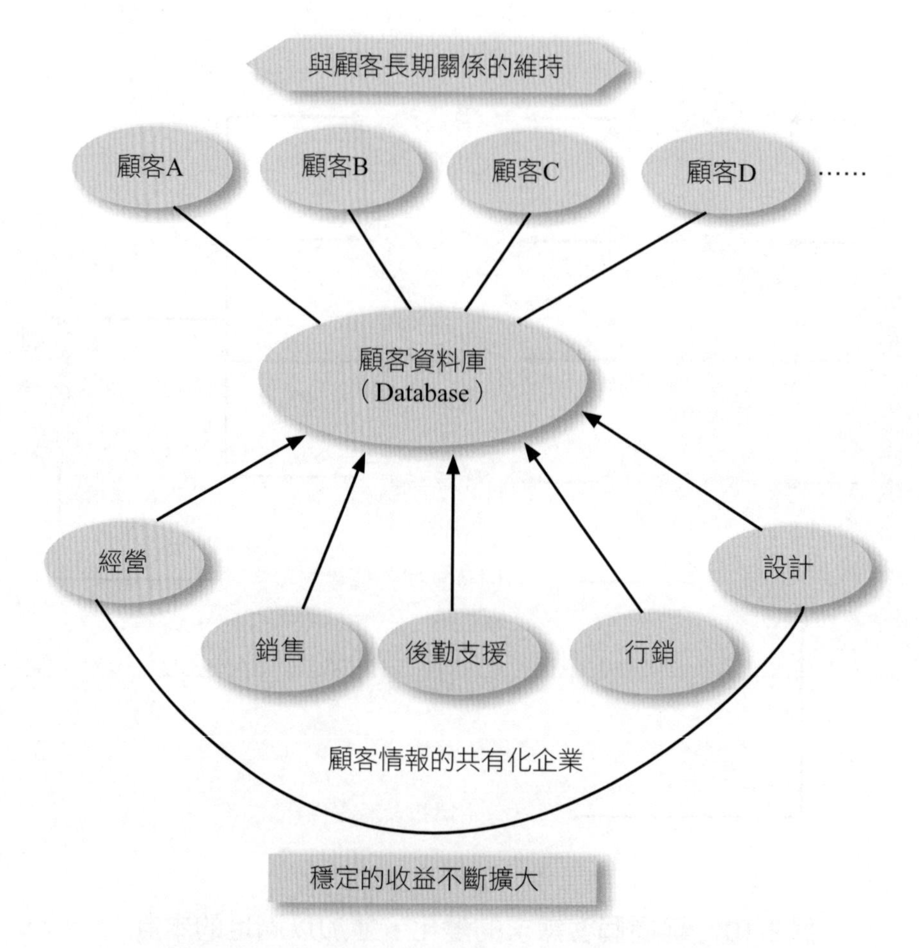

圖2-11　個客資料庫的統合是CRM的基本

六、顧客資料庫為CRM的主軸，但需滿足五大目標

圖2-12所示，顧客資料庫確為CRM的主軸要點，缺乏或不正確或未更新或不完整的顧客資料庫，就是不好的顧客資料庫。因此，公司必須建置五大目標的顧客資料庫，包括：

1. 它是完整的。
2. 它是正確的。
3. 它是更新的。
4. 它是及時的。
5. 它是多元的。

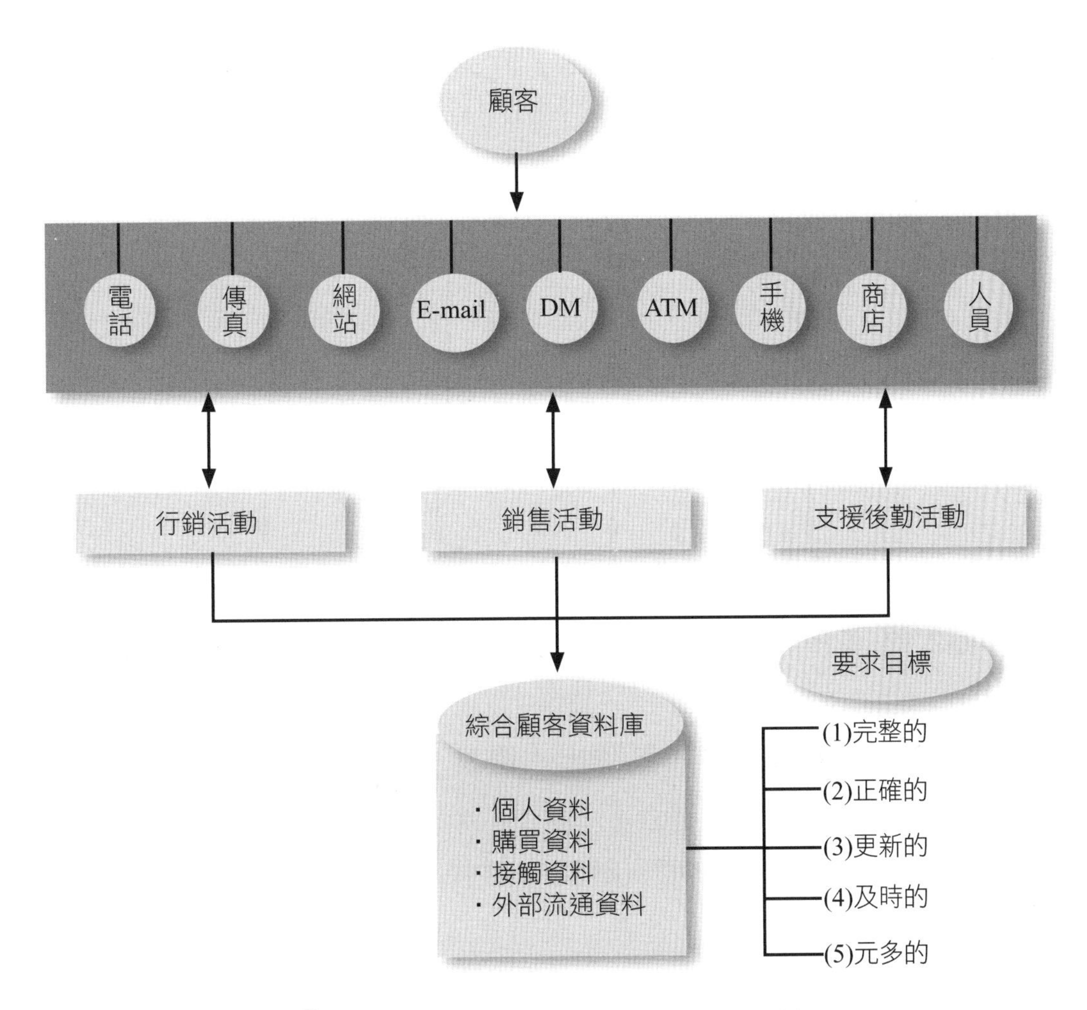

圖2-12　顧客資料庫為CRM的主軸

七、CRM就是將顧客及商品的關聯性串起、分析與行動的組合

如圖2-13所示，CRM就是從已建置的顧客資料庫中，抽取出某些特定的行銷活動所需的資料情報，然後展開實際行動，提供個客所需要的商品或服務，達到每一個個客的滿足。而CRM的功能，即在串聯這種組合性的工作任務。

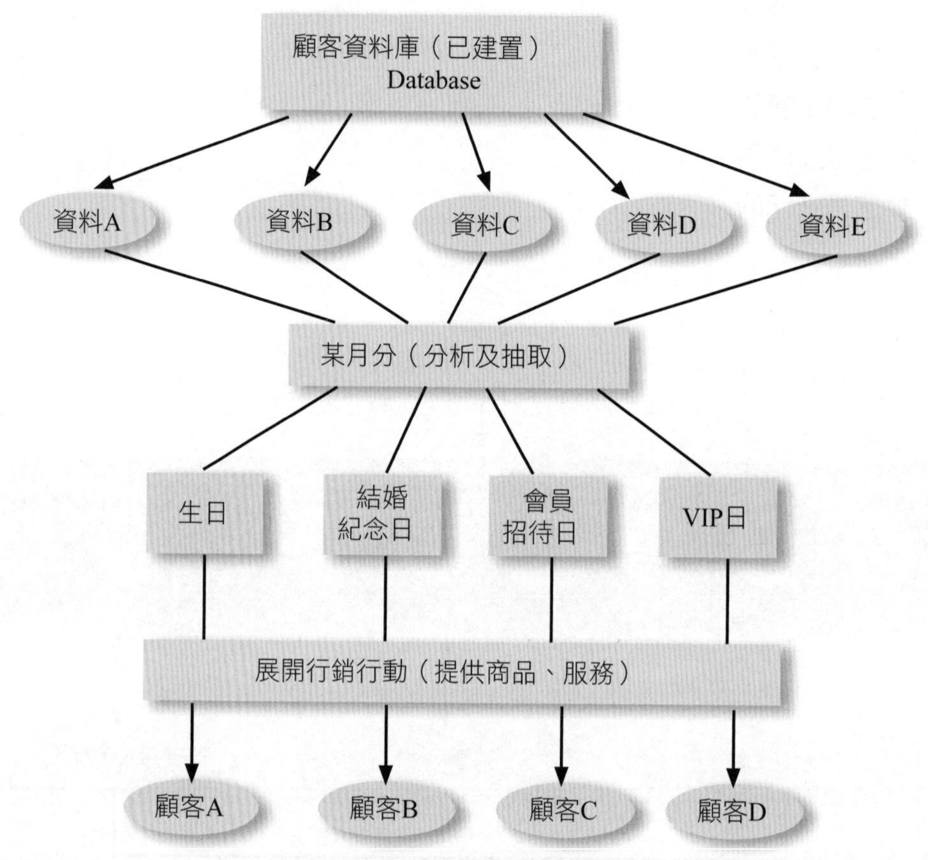

圖2-13　CRM——將顧客及商品的關聯性串起、分析與行動的組合

八、從顧客資料庫中，區隔出「優良」與「非優良」顧客

CRM的功能作用之一，就是要從顧客資料庫中，依據各種消費數據指標，準確地區隔出哪些人是公司的優良顧客，哪些人不是。

這種區隔對待當然是必要的，就好像乘坐飛機分為三等級，第一等為頭等艙，第二等為商務艙，第三等為經濟艙。這三個等級有不同的收費依據及對待服務水準。

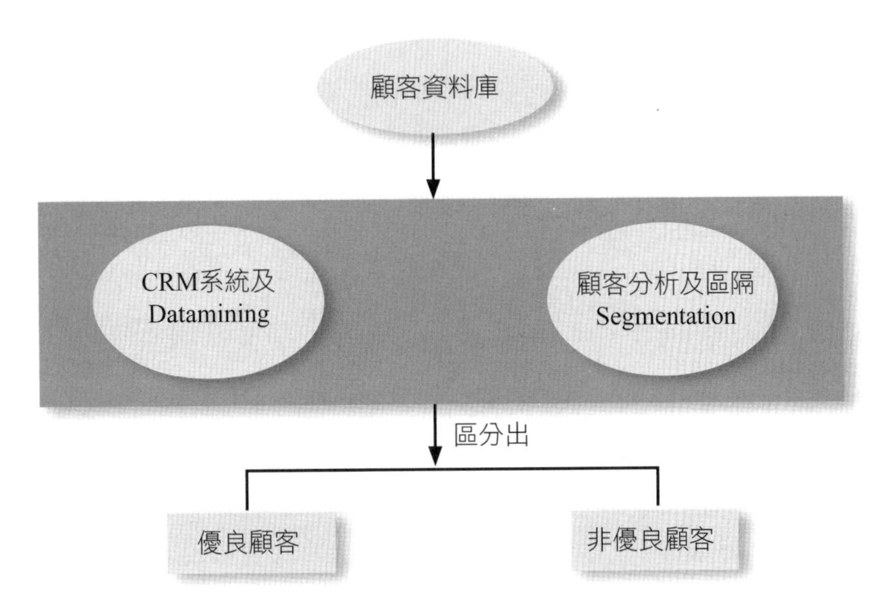

圖2-14 CRM必須將優良與非優良顧客區隔出來

九、CRM也是營業的起動

如圖2-15所示，CRM的顧客情報共有化資料庫，對B2B（企業對企業型顧客）的營業人員而言，是非常必要且重要的。來自公司各部門人員所輸入的各種公司內部情報及顧客情報，都形成營業人員拓展業務的重要訊息來源。而CRM的功能，即是有系統、有計畫和有步驟地建置這種顧客情報資料庫的共有化。所謂「共有化」，意指各部門人員均可增加輸入最新情報，同時也可以看到及取用這些情報。

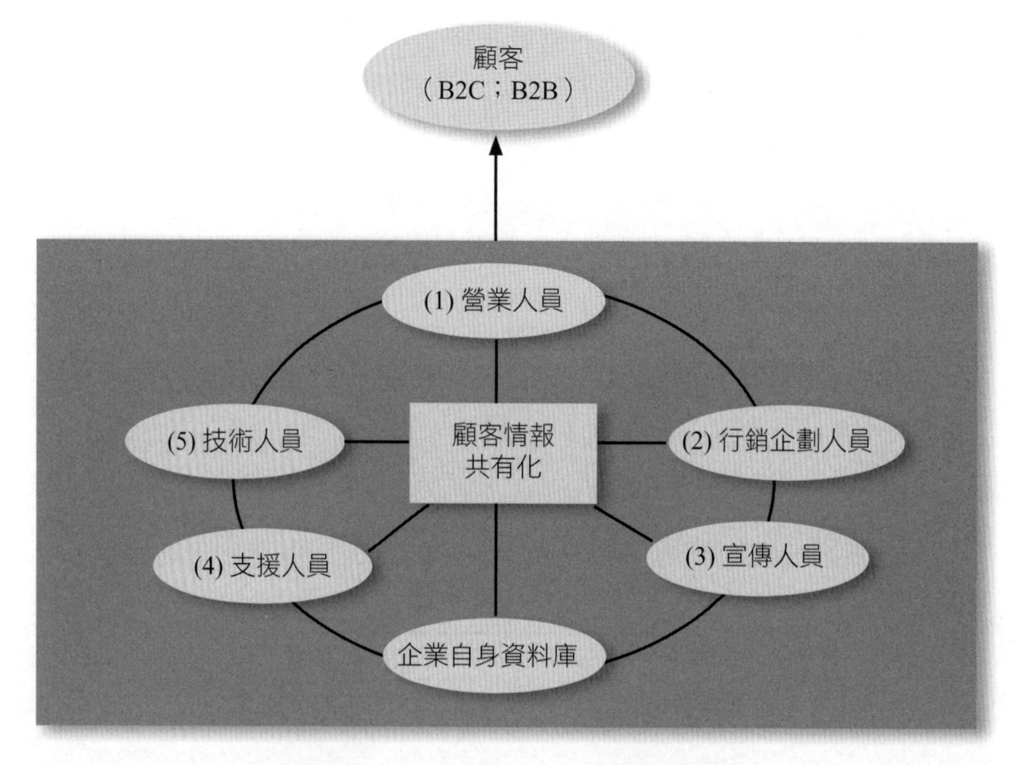

圖2-15　CRM也是營業的起動

十、顧客資訊情報是CRM的核心

CRM流程及整體架構的核心，就是顧客，在於顧客的資訊情報。如圖2-16所示，企業營運活動的各種功能面，幾乎都以「顧客的資料情報」為主軸核心及思考原點。因此，顧客資料情報必須：完整、及時、正確、持續、更新、可歸類和能分析。

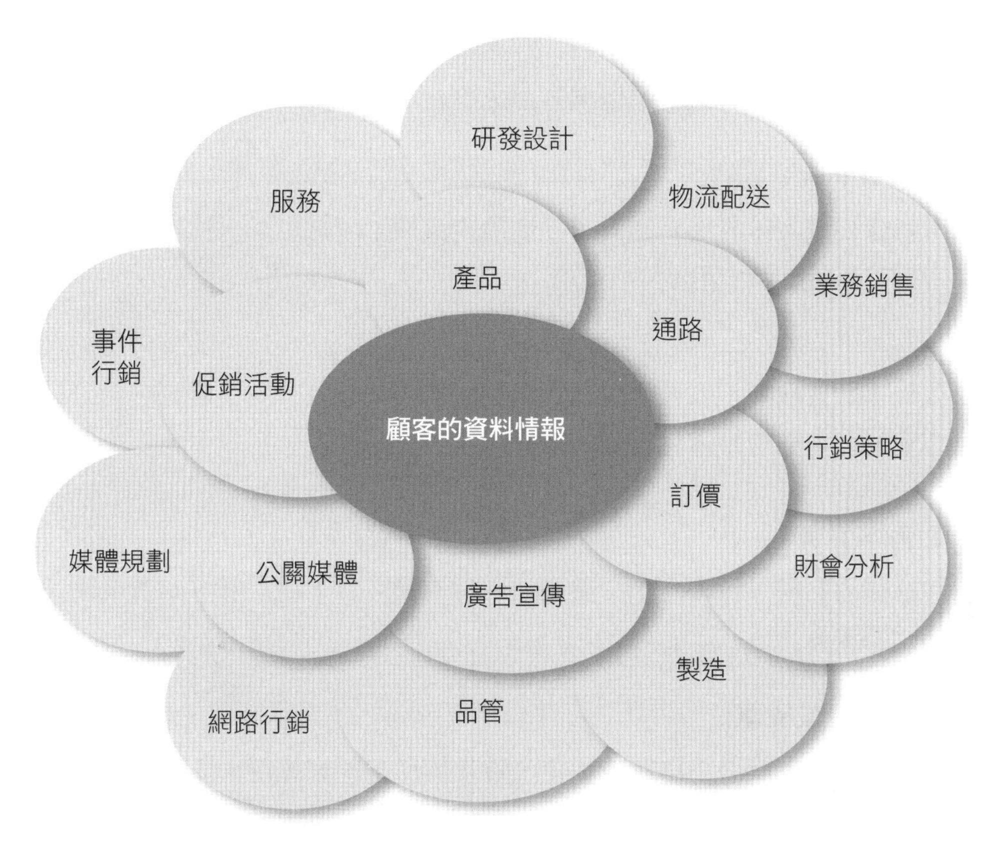

圖2-16　顧客資訊情報是CRM的核心

〈案例〉國泰人壽公司的顧客資料內容

國泰人壽在資料倉儲的資料來源是以企業內部資料為主，來源主要是：(1)公司內部的銷售人員；(2)e-Contact Center（e化客服中心）；(3)公司網站。內部資料的範圍可分為：客戶個人資料、保單資料、保全、理賠、保費、電話紀錄……等資料。自2004年起，更根據已經蒐集之保戶資料，開發行銷專區功能，透過篩選完成的目標市場分類，幫助分析人員或業務人員分析評估或服務顧客。

至於外部資料，主要是透過業務人員以填寫問卷之方式蒐集，再自行輸入電腦，其範圍包括個人基本資料和活動管理資料等兩大部分。

1. 基本資料

包括學歷、婚姻狀況、職業類別、職位、子女配偶相關資料……等等，不同

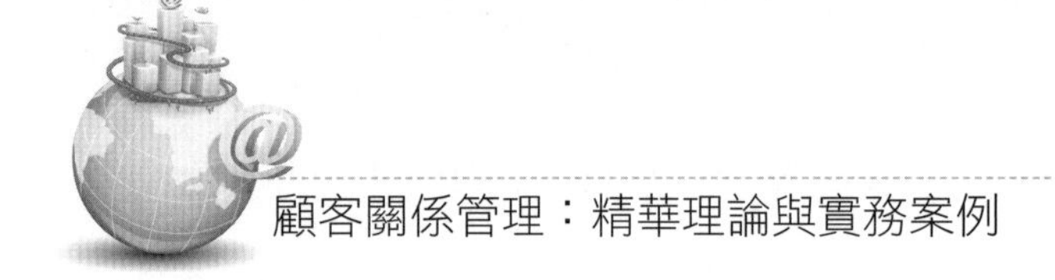

於內部資料中保戶的基本資料。透過這些基本資料，利用資料倉儲系統，以不同人口統計變數來篩選目標客戶。

2. 財務狀況

包括保戶個人年收入、個人月平均投資金額、理財工具、住屋情況、房貸情況、是否投保特定附約……等等。

此外，針對職團（公司與學校）也設計不同問卷，其資料範圍包含公司職團之基本資料及內部情報資訊等兩大部分。

1. 基本資料

包括職團名稱、職團分類、負責人、資本額、員工總人數、年營業額……等等相關資料。

2. 內部情報資訊

包括辦公室或廠房之自有或承租、貸款情形、往來銀行、團險內容……等等相關資訊。

第四節　顧客生命週期管理與CRM

一、CLM（顧客生命週期管理）架構

透過CRM中的CLM（顧客生命週期管理）的方法，從大數據（Big Data）中獲取價值，運用一系列項目來提供支持。

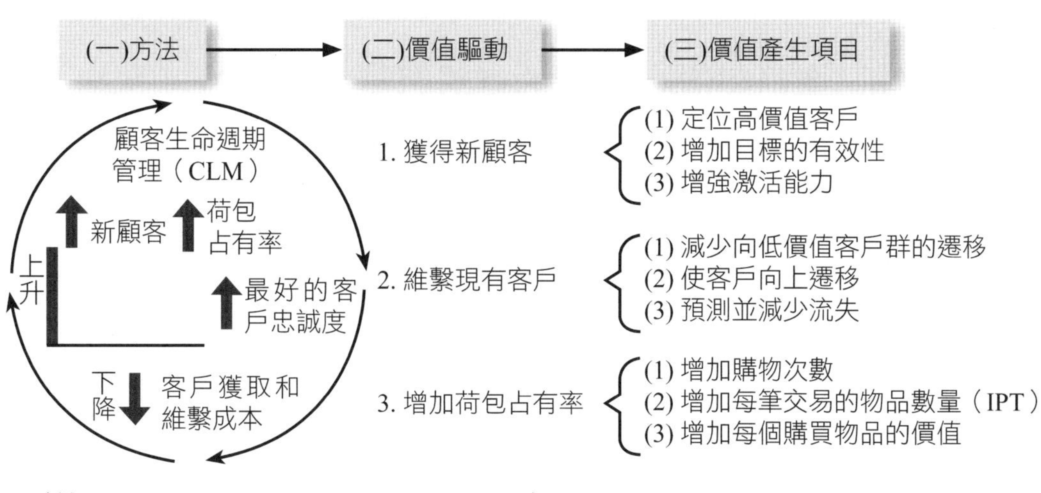

圖2-17　CLM架構

二、CLM循環與步驟圖示

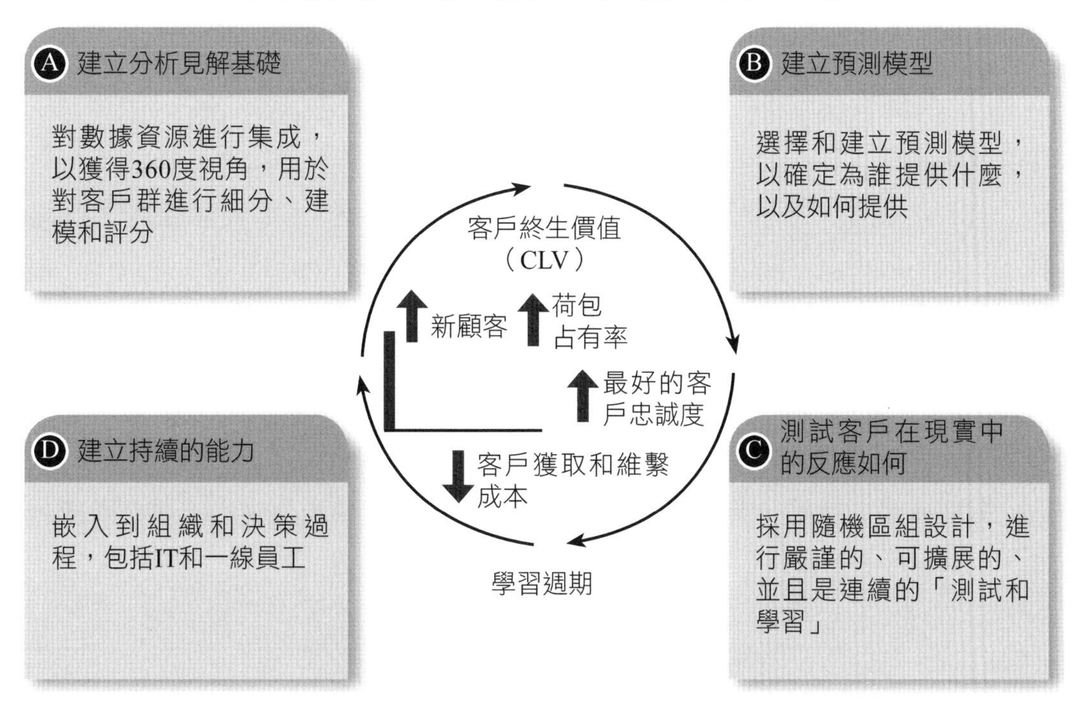

圖2-18　CLM循環與步驟圖示

第五節　會員經濟4.0時代的意義與策略

一、會員經濟4.0的演進

會員經濟其實也可能視為顧客關係管理的一個環節，會員經濟計有四個版本，其進化如下：

(一) 會員經濟1.0版

最早、最傳統的會員經營，靠的是經營者的聰明記憶。最有名的例子，就是王永慶（已故，臺塑創辦人）開辦米店的故事。據說，他用紙筆記錄每個主顧家中人數，推估他們何時會吃完，不等顧客上門，時間到了，就主動送米上門，預測非常神準。

(二) 2.0版

到了2.0版，各大企業開始發放實體塑膠會員卡片，給予會員身分，並記錄會員的年齡及性別。若有會員憑卡片消費，可取得一些優惠，但一切仍以紙本作業為主。

(三) 3.0版本

進入3.0階段，電腦出現了，企業會用Excel記錄會員資訊，做些簡單分析。

(四) 4.0版本

直到近幾年，行動網路普及了，行動科技工具到位，進入會員經濟4.0階段，人們不再需要實體塑膠卡片，取代而之是存在手機App裡的電子會員卡；再透過分析會員的數位足跡，達到雙向互動與精準行銷。

二、會員經濟4.0的重點策略

〈策略一〉以會員為中心，精準提供服務

黏住會員的策略，首先產品必須夠強，之後再以會員為中心，透過數據分析，在會員需要的時候，精準的將產品及服務擺放到其面前。

〈策略二〉將會員分級

接著，針對不同會員的需求，做更細緻的分群、分眾。

〈策略三〉擅加運用點數，靈活行銷

臺灣消費者特別喜愛點數，以點數作為行銷，品牌商愛發，消費者愛拿，點數早已是會員離不開的黏著劑了。紅利點數可以刺激回購率，而且存放在手機裡，消費者能走到哪裡換到哪裡。

〈策略四〉操作各種科技工具

行動支付、社群平臺都能作為黏住會員的好工具，例如：行動支付愈來愈普及，全家超商推出My famiPay，全聯超市則有PX Pay，台北101、新光三越、微風也都有自己的行動支付。行動付款經常會搭配點數回饋，能形成正面循環。

本章習題

1. 企業為何要有CRM？試述其原因。

2. CRM的目標有哪些？

3. 試圖示一個化妝品銷售公司的CRM IT應用系統架構。

4. 試簡述CRM的基本是「企業的顧客戰略」之意義。

5. 試圖示CRM實踐的四個層次。

6. 試圖示從「顧客」到「個客」之意義。

7. 試簡述顧客資訊情報是CRM的核心之意義。

CRM的架構體系、步驟、流程暨成功與失敗因素

3 顧客關係管理之架構體系暨IT應用在CRM上的範疇

第一節　CRM之架構體系內涵

一、GRM推動四階段

(一) 第一階段

1. 階段工作：整合式客群管理資料超市（Data Mart）及管理報表的建置暨步驟。
2. 工作內容：
   (1) 了解客戶資料庫既有狀況。
   (2) 整合式客群管理資料超市的需求分析。
   (3) 建立有關整合式客群管理的資料模型。
   (4) 資料表的設計及整合式客群管理相關的資料定義。
   (5) 資料差異分析、品質診斷。
   (6) 報表邏輯、使用者介面和報表實體設計。
   (7) 完成資料轉換機制。
   (8) 設計資料產生及輸入制度。
   (9) 報表實體設計。
   (10) 資料超市本體完成。
   (11) 資料庫、使用者介面及報表實作。
   (12) 系統測試及使用者教育。

(二) 第二階段

1. 階段工作：
   資料採礦／探勘（Data Mining）模型分析暨內容。
2. 工作內容：
   (1) 客群管理資料模型建立之諮詢及實作之專業服務。
   (2) 提供客群管理資料模型產生過程與資料採礦工具操作之實作及其方法與建議。
   (3) 提供客群管理資料模型評估與修正、詮釋演算之實作及其方法與建議。

(4) 提供客群管理資料模型測試與修正、預估效益評估之實作及其方法與建議，並將資料模型評估分數寫入資料超市（Data Mart）。

(三) 第三階段

1. 階段工作：行銷名單製作及管理。
2. 工作內容：
   (1) 根據客群管理資料模型產製的評估分數排除不可行銷的客戶（例如：公司員工、短期內已促銷的客戶、黑名單客戶和貴賓等），分群製作行銷名單。
   (2) 提供客群回應、管理輸入畫面之諮詢及實作之專業服務。
   (3) 提供透過客群管理畫面蒐集客群管理活動回應資料之實作及其方法與建議。
   (4) 提供客群管理活動回應率分析之實作及其方法與建議。
   (5) 提供客群管理活動回應率分析所衍生之客群管理資料模型修正與調整的實作及其方法與建議。

(四) 第四階段

1. 階段工作：教育訓練。
2. 工作內容：
   在許多CRM專案中已掌握相當數量的專案風險經驗，工作團隊擁有各式產業的專案與大量實施經驗，確保專案順利實施，並符合客戶業務成長需求。

二、CRM策略架構的四個項目

CRM的學術文獻或是在企業實務操作上，基本上其內容大致如圖3-1所示，亦即包括了四大部分：

(一) 顧客管理系統

包括如何提升顧客忠誠度及創造顧客的價值。

(二) 資訊科技系統

包括如何建立顧客資料庫、資料倉儲及展開資料採礦／探勘等行動。

(三) 知識管理系統

包括如何將CRM的操作知識加以建置及管理。

(四) 行銷管理系統

包括如何對顧客展開關係行銷及一對一行銷，做好長久維繫顧客的目標。

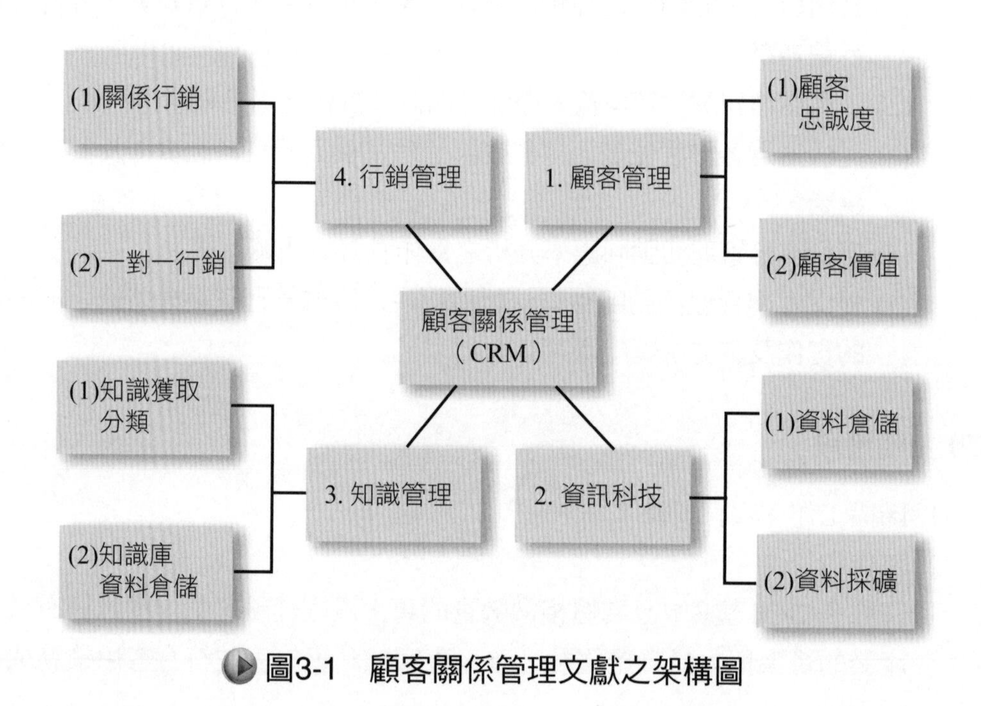

圖3-1　顧客關係管理文獻之架構圖

三、CRM有效成功實施的四大構面

企業實施完整而有效的顧客關係管理，應該涵括圖3-2所示的四個構面：

1. CRM的策略、願景、目標。
2. CRM的作業流程。
3. CRM的員工及組織。
4. CRM的IT工具系統。

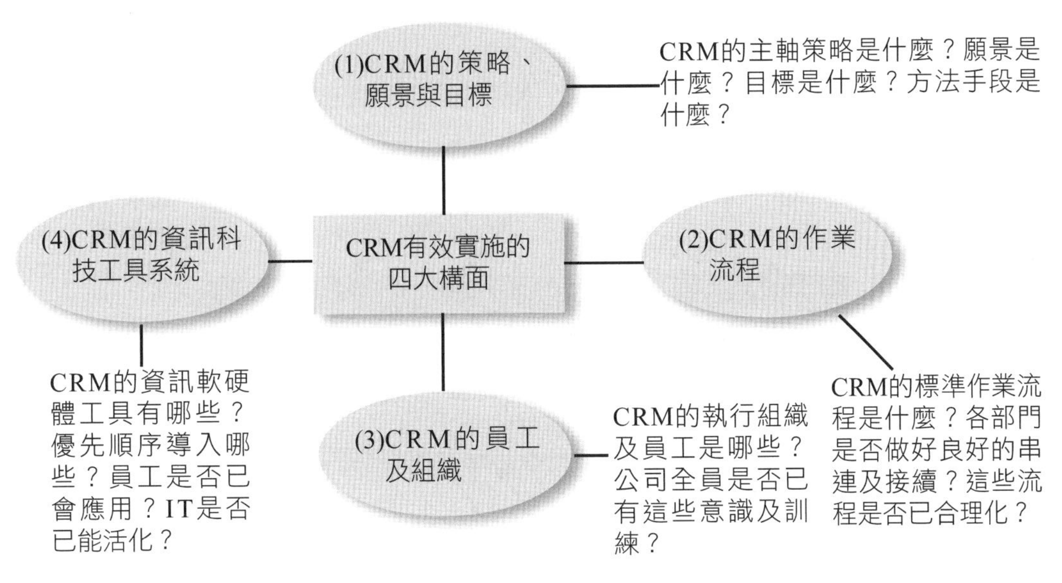

圖3-2 CRM有效成功實施的四大構面

四、CRM解決方案架構

經由上述文獻的統整，如圖3-3所示，將CRM界定為透過資訊科技，將行銷、銷售、顧客服務……等系統與流程加以整合，進而能夠提供為客製化的服務，並提高顧客服務品質，以提升顧客滿意度與忠誠度，最後以達成增加企業經營效益為主要目的。

五、CRM的三個重要構面

CRM應包括三個重要構面為：(1)前端接觸面向；(2)核心運作面向；(3)後端分析面向，如圖3-4所示。

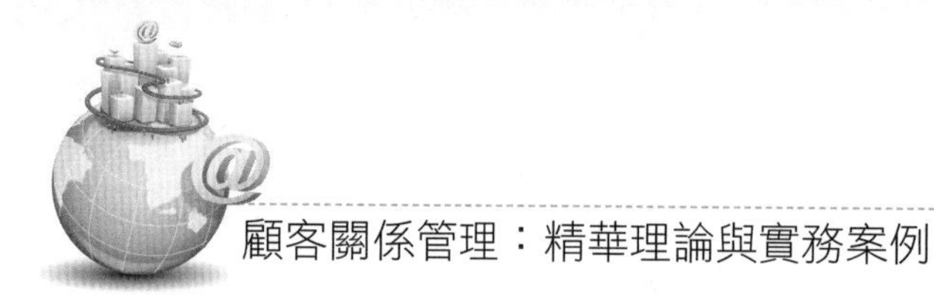

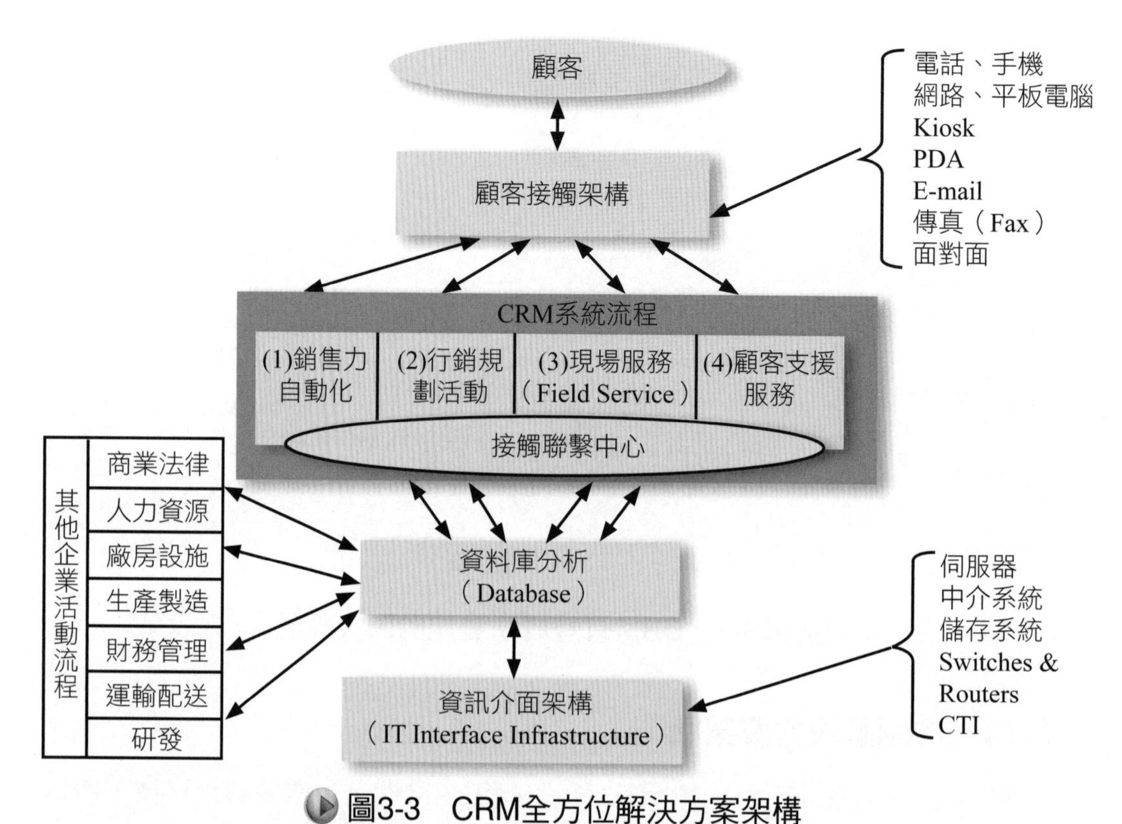

圖3-3　CRM全方位解決方案架構

資料來源：Massey et al.（2001）。

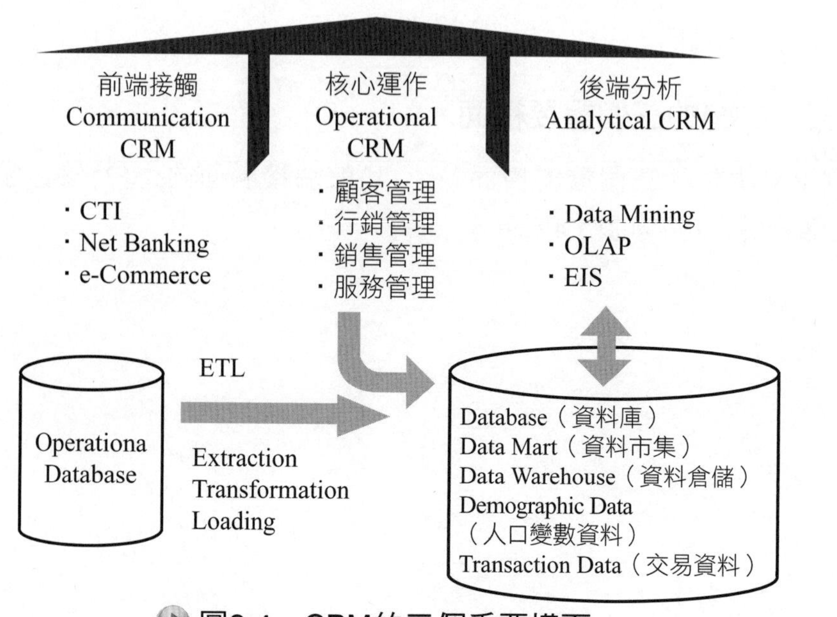

圖3-4　CRM的三個重要構面

資料來源：范錚強，中央大學。

六、從產業價值鏈看CRM的三種對象

其實，顧客關係管理的對象，在實務上並不是只針對最終端的消費者而已，因為產業的價值鏈中，各階層都有他們所謂的顧客，而這些顧客，有些並非是消費者，而是通路中間商，包括各地區經銷商、代理商、零售商、大賣場及連鎖店等。茲圖示如下：

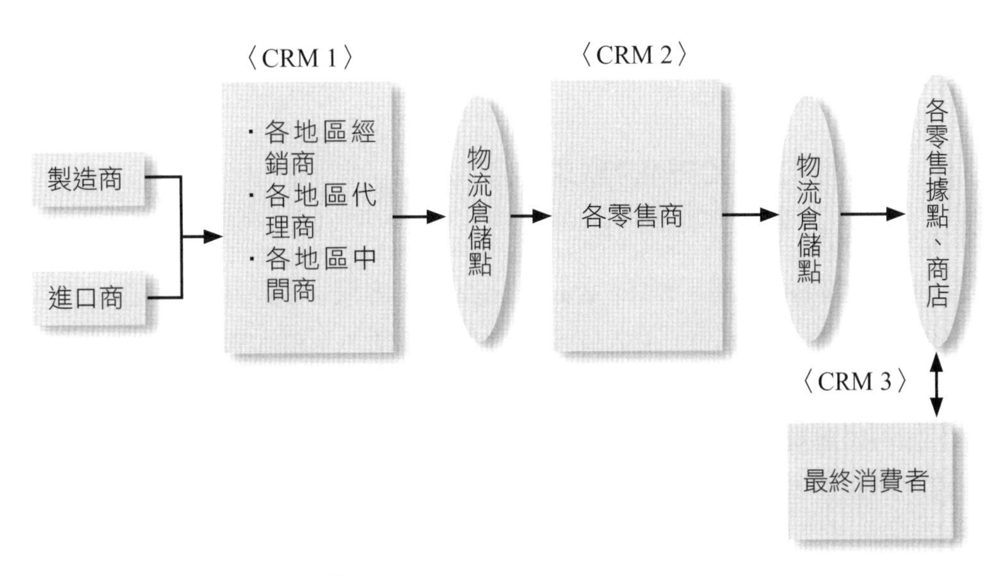

圖3-5　CRM的三種對象

如圖3-5所示，CRM的對象有三種：

(一) 對製造商而言

其CRM對象主要是幫他們銷售產品的通路商，包括了各地區的經銷商、代理商及中盤商，也有可能是大型的連鎖零售商。例如：統一企業、金車企業、P&G、聯合利華和味全等大製造廠，他們的顧客其實有兩種，第一層是幫他們賣東西及進貨的通路中間商，包括各縣市食品、日用品經銷商，以及大型連鎖的大賣場、超市和便利商店等零售公司。第二層才是最終的消費者。

(二) 對通路中間商而言

例如：大型的經銷商或代理商，他們的CRM顧客就是下游通路的零售商。

(三) 對通路最下游的零售商而言

例如：統一超商、家樂福、愛買、大潤發、全聯、頂好、新光三越、SOGO百貨……等，他們的CRM顧客就是一般消費大眾或目標顧客。

(四) 對廣大服務業型的服務公司而言

例如：華航、長榮、王品牛排、威秀電影城、銀行信用卡、遊樂區、各種媒體業、KTV、麥當勞速食、人壽保險公司、汽車銷售……等，他們CRM顧客的對象就是一般的消費大眾。

七、不同產業對CRM的需求也不同

(一) 金融、電信業

已經建置資料倉儲（Data Warehouse）、客服中心、銷售力自動化系統（Sales Force Automation，SFA，通常用在製藥業）。SFA主要在強化業務人員的銷售能力。這是接觸管理的一環，凡是與客戶接觸中的有意義資訊都要輸入資料庫，如理財專員每次與客戶的談話都要做記錄、文件化等，公司為了強制求留下紀錄，可以將其列為考績。

(二) 製造業

製造業分為代工（OEM）與自有品牌（Brand）兩種，需求不盡相同。代工業者通常只服務少數幾個主要客戶（Key Account），客戶數只有個位數，但是其中牽涉的流程和部門卻相當複雜，因此重視的是透明度和效率。品牌業者則除了做B2B（企業對企業），還要做B2C（企業對個人），有直接面對消費者的需求。

OEM：客戶服務網路（Customer Service Portal）、SFA、售後服務（Field Service）。

自有品牌：資料倉儲、模式分析、EBM、協同接觸中心、顧客資訊整合、流程整合。

(三) 零售業

資料倉儲、模式分析、顧客忠誠度計畫（Loyalty Program）、活動管理（Campaign Management）。

八、陳文華教授（2000）的架構看法

陳文華教授（2000）提出以維繫客戶關係的平臺與客戶知識獲取平臺兩大部分來定義CRM的完整架構，如圖3-6所示。

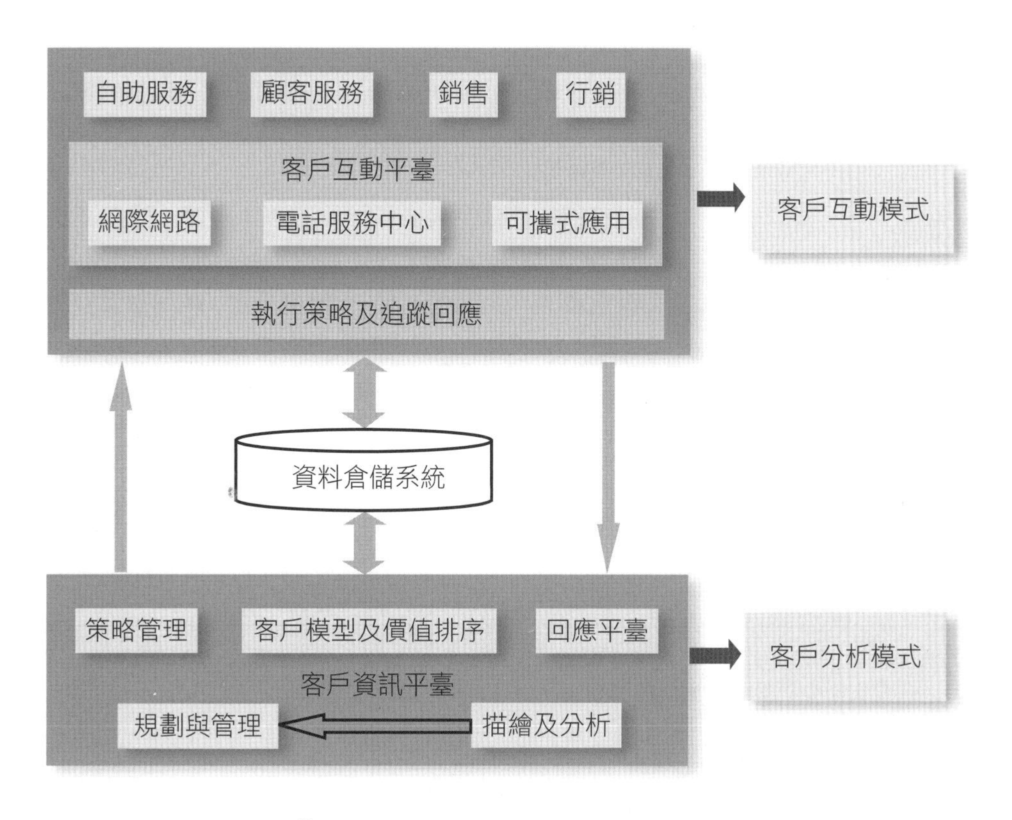

圖3-6　客戶關係管理架構圖

資料來源：陳文華（2000）；呂麗琴（2000）。

九、鐘慶霖（2003）的顧客關係管理架構

鐘慶霖（2003）依據Kalakota & Robinson（2001）的顧客關係管理架構為基礎，進而提出一個較完整的顧客關係管理系統架構，內容包含銷售管理、行銷管理、服務管理、合作夥伴關係管理、接觸管理、整合功能模組和決策支援功能模式等七項核心作業功能及組成元件，如表3-1所示。

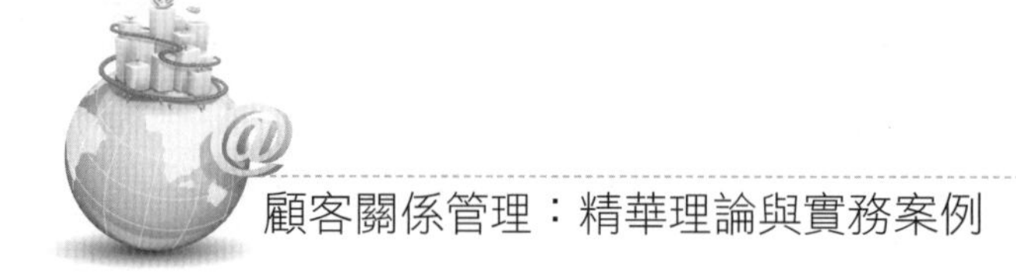

表3-1　鐘慶霖（2003）的顧客關係管理架構及組成元件

顧客關係管理基本功能架構	基本功能架構下之組成元件
1. 銷售管理	新產品／服務開發功能、電話銷售功能、交叉銷售、向上銷售、客服中心對外銷售功能、顧客往來基本資料維護、查詢。
2. 行銷管理	市場研究分析調查功能、支援促銷功能、顧客分類分級評等作業、客戶個人資料分析、消費行為分析、客戶價值分析與分級、顧客貢獻度分析。
3. 服務管理	服務體系建立、售後服務與滿意度調查、服務績效管理等。
4. 合作夥伴關係管理	銷售通路、供應鏈、通路貢獻度分析、信用額度管理、往來付款帳務管理、歷史資訊查詢等。
5. 接觸管理	包括與顧客互動與接觸的管理，如傳統面對面的接觸、電話、語音、客服中心、電子郵件、ICQ、透過通路夥伴的間接聯繫等。
6. 整合功能模組	必須能達成以下五種有效的整合：顧客內容、顧客接觸資訊、端點對端點的經營流程、延伸的企業或夥伴、系統。
7. 決策支援功能模組	包括傳統的MIS報表、資料倉儲與資料採礦。

資料來源：鐘慶霖（2003），〈顧客關係管理系統建置之研究——以金融控股公司為例〉，國立臺灣大學資訊管理研究所碩士論文。

十、CRM與七種領域之應用關係

(一) 顧客關係管理與關係行銷的關係

麥肯全球關係行銷（McCann Relationship Marketing Worldwide）營運長潘拉瑞（Pamela Maphis Larrick），擁有25年的關係行銷經驗。她認為，關係行銷和顧客關係管裡有著極大的不同，「關係行銷是行銷解決方案，而顧客關係管理卻是科技解決方案，它的基礎在於CRM Software，我們相信科技讓顧客和關係管理這兩項元素能真正結合在一起。最重要的是，顧客關係管理必須提供客戶最具策略、最有創意的解決方案，而它也改變了某些企業經營的形式。」

(二) 顧客關係管理與一對一行銷或資料庫行銷的關係

「一對一行銷」是運用客戶資料庫來實踐CRM的方法之一。其實，產業界早已注意到顧客需求與資料庫行銷的重要，只是拜Internet的風行與普及，更助長了這個趨勢。

(三) 顧客關係管理與資料倉儲的關係

資料倉儲（Data Warehousing）將來自不同應用系統之資料彙整成個數不多但資料量極大之Database Table，且資料將定期性累增。利用Metadata定義Data Warehouse之資料內容，包含資料名稱、定義、架構及User View、資料整合及轉換的規則、紀錄更新及重整之歷史等。

Data Warehousing解決不同來源、不同時期之資料格式及定義不一致之問題。讀取Operational & External Data，經過篩選、轉換、存入Data Warehouse，進行必要之資料整合，一致化及預先轉換彙總模組之建立，方便使用者對資料之使用。

Data Warehouse可能儲存了適於被拿來分析運用的所有資料，但以顧客關係管理的應用而言，並非所有在Data Warehouse中的資料都是必需的，只需跟顧客關係管理有關的資料即足夠。

(四) 顧客關係管理與資料採礦的關係

資料採礦（Data Mining）之目的在於對已存在的資料找出有用但未被發掘的模式，並基於過去的活動，藉由建立模型來預測未來，以作為決策支援之用（MIT Press, 1991；defined by William Frawley and Gregory Piatetsky-Shapiro）。

Data Mining可應用於研究檢驗、投資回收、預算規劃及活動執行。由於廣告及行銷部門常花費相當多的金錢對潛在顧客辦活動，為達最好的效果，可使用Data Mining的方法，協助分析行銷對象。

Data Mining提供資料分類（Classification）、資料串聯及分群（Clustering / Segmentation）、資料聯繫（Association）以及次序（Sequencing）等分析技術。藉由挖掘Data Warehouse之大量資料，來發覺採購行為與顧客資料彼此間之相關性，提供回顧追溯分析及預測分析。惟在做Mining時，資料的質與量對於結果的成功比率有相當影響，必須非常注意。

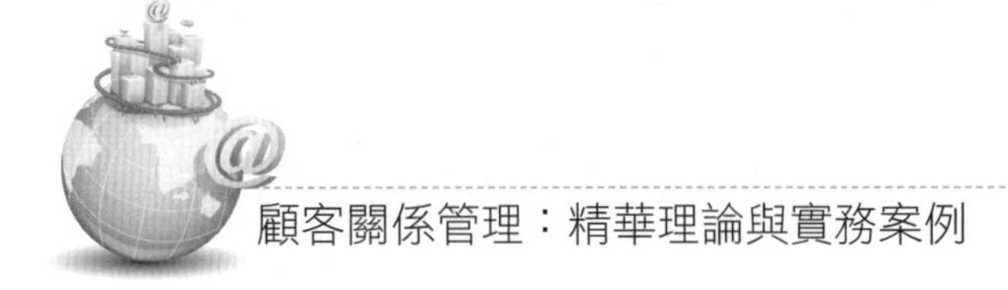

(五) 顧客關係管理與企業資源規劃（Enterprise Resources Planning, ERP）的關係

分別被稱為前端辦公室應用系統及後端辦公室應用系統的CRM與ERP，有著非常緊密卻又完全不同目的之合作關係。ERP的重點在於節省成本並將流程自動化，至於CRM整個重點轉移到業績管理、顧客忠誠度及貢獻度分析，帶著企業體朝更積極面前進。

(六) 顧客關係管理與企業（Enterprise）的關係

有效的資訊系統為不斷突破、成長之必要條件。相信藉由CRM系統之導入及使用，可更有效率地擴充業務版圖，提高顧客忠誠度，以促成企業營運之成功。透過CRM系統，期望能協助企業體以最小成本創造最大價值的客戶滿意。

(七) 顧客關係管理與電子化企業（e-Business）的關係

從Ravi Kalakota, Marcia Robinson, & Don Tapscott的著作*e-Business: Roadmap for Success*對e-Business的定義可得知：CRM是其中重要的組成，與ERP站在相對的位置上，為企業內部的資訊應用撐起最紮實的骨幹。

第二節　資訊科技應用在CRM上的八項範疇

安迅資訊系統公司（2005）歸納出他們長期所熟知的CRM工作領域，認為IT應用在企業CRM上，可廣義涵括八項範疇，以協助企業發展，茲逐項簡述內容如下：

表3-2　四個顧客關係管理的步驟表

管理顧客關係管理相關知識資產的步驟	可以運用的資訊科技與方法
1. 資料、資訊的蒐集	△資料蒐集（Data Collection） ・銷售點管理系統（POS） ・電子訂貨系統／電子資料交換（EOS／EDI） ・企業資源規劃（ERP） ・顧客電話服務中心（Call Center） ・信用卡核發（Card Issue） ・市場調查與統計 ・網際網路客戶行為蒐集（Web Log） ・傳真自動處理系統 ・櫃檯機（Kiosk）
2. 資料、資訊的儲存與累積	△資料（Database） ・資料庫（DataBase） ・資料倉儲（Data Warehouse） ・資料超市（Data Mart） ・知識庫（Knowledge Base） ・模型庫（Model Base）
3. 資料、資訊的吸收與整理	△資料採礦（Data Mining） ・統計（Statistics） ・學習機制（Machine Learning） ・決策樹（Decision Tree）
4. 資料、資訊的展現與應用	△資料的展現（Data Visualization） ・主管資訊系統（EIS） ・線上即時分析處理（OLAP） ・報表系統（Reporting） ・隨興查詢（Ad Hoc Query） ・決策支援系統（DSS） ・策略資訊系統（SIS） ・網路客戶互動服務（Web-based Customer Interaction）

資料來源：林義堡（2005），《運用IT推動CRM》，頁62。

一、銷售點管理系統（Point of Sale, POS）

在商品販賣的環節當中，從上游的製造業，到中游的批發物流業，再到下游的零售業，其中與顧客關係最密切且最直接的當屬零售業，而零售業最常使用來蒐集顧客資訊的資訊技術便是銷售點管理系統（POS）。

所謂POS，是利用電腦處理資料登錄、數據統計和傳送資料的功能，在商品銷售的同時，一方面提供便利的收銀方式，一方面提供即時資訊蒐集的功能，以便提供後續情報的處理。

以零售業為例，POS會把後臺商品檔的貨號、售價和折扣促銷資料，經由傳輸線路傳給收銀設備，在銷售點則利用掃描設備，自動算出正確的結帳金額，並自動顯示在收銀設備上，做單據列印的動作。

POS系統的後勤支援管理功能如果與帳務系統結合，則具有自動結帳的功能。如果與顧客資料結合，便可以做顧客消費能力與消費喜好分析。如果整合銷售資料，亦可以做銷售資料分析與行銷建議。如果與庫存資料結合，也可以達到自動訂貨的功能。

@二、電子訂貨系統（Electronic Ordering System, EOS）／電子資料交換（Electronic Data Interchange, EDI）

以往在電腦網路不普及的時期，下游的零售商要向上游的供應商訂貨時，最常使用三種方式：一種是電話叫貨，由供應商自行登錄訂單；一種是零售商以手稿抄寫的方式，或者由供應商業務員抄單的方式，將訂單傳遞到供應商總公司登錄；一種是零售商以傳真的方式向供應商訂貨。這些方式容易造成以下幾個缺點：

1. 手稿抄寫如果筆跡潦草不清楚，容易辨識錯誤，致使後續訂單處理作業也會發生錯誤。
2. 需要業務員線上即時處理的人工成本高，而且人工可同時處理的業務量也有限，將造成業務成長不易。
3. 零售商與供應商都需要在自己的資訊系統裡登錄訂單，如此會造成雙方人力重複。如果雙方登錄內容不一致，更會影響後續的訂單處理與帳務稽核。
4. 因為雙方資料傳遞時間長，因此造成訂貨前置時間拉長，零售商也因而必須準備較大的安全庫存量。

基於上述的因素，在商業自動化的革新風潮中，EOS與EDI便被使用來解決這些問題。

所謂EOS/EDI，指的是一套依賴電子連線取代人力送單、取單或郵寄、傳真的即時性訂貨系統。EOS與EDI的差別，只在於是否有共同標準規範可資遵循。一般稱EOS的系統，上下游之間傳遞的資料格式是自行訂定的格式，適合資訊系統比較簡單、交易關係比較單純的貿易夥伴；至於EDI的系統，上下游之間傳遞的資料格式有公訂的標準格式，比如UN/EDIFACT標準格式，適合資訊系統比較完整、交易關係比較複雜的貿易夥伴。

三、企業資源規劃（Enterprise Resource Planning, ERP）

所謂ERP系統，就是將企業內部各個部門的資訊，包括財務、會計、銷售、客服、品管、業務、製造和人事薪資等，利用資訊技術整合、連結在一起。透過ERP系統，所有人只要有帳號與密碼，在一定權限範圍內，便可輕易從電腦上得知各部門的相關資料，例如：訂單及出貨的情形、顧客的接觸狀況與反應問題等，不僅可避免資源的重複浪費與不一致，而且顧客服務窗口還能利用這些資訊提供最佳的服務。此外，管理者也可以利用這些資訊做出最好的決策。

ERP可以使得企業內部資訊的正確性、即時性做得比以前好。如果與供應鏈管理（Supply Chain Management, SCM）或B2B系統相結合，利用網路與系統的有效整合，可以達到真正的水平與垂直的整合。

四、顧客服務電話中心（Call Center）

在許多企業當中，與顧客接觸最直接的單位之一是顧客電話服務中心。顧客電話服務中心是透過電話系統，以語音的方式接觸顧客、透過電腦記錄顧客的資料，以及藉由傳真接收或傳遞資料。但是，這些服務方式也容易造成下列幾個問題：

1. 重複詢問顧客問題與基本資料，容易引起顧客的不耐與反感。
2. 無法掌握與顧客的交談紀錄。
3. 顧客反應的問題可能記錄不完整，造成事後追蹤不易。
4. 顧客電話服務中心的人員流動時，資料交接不易，新進人員招募訓練困難。
5. 資料無法充分應用於公司內部其他業務上。

為了解決這些問題，電腦電話整合（Computer Telephony Integration, CTI）的技術便應運而生。所謂CTI，就是將電腦、語音、傳真、通信、網路及資料庫等技術做整合運用的一種服務方式。CTI除了可以做自動話務分配、自動語音查詢和電話交易等電話業務，同時也整合了工作流程、傳真、電子郵件等工具，最重要的是其能與資料庫充分結合，使得所有與顧客關係管理相關的資料，皆能被完整地加以蒐集、累積、分析與應用。

CTI與資料庫結合之後，可以在通話時記錄顧客來電時間、來電次數、來電問題種類和來電對象，接著交由電腦做對談內容的交叉分析，以作為公司產品品質改善、顧客服務品質的稽核參考。同時透過自動外撥、自動語音市場調查的方式，一方面大量節省人工外撥的人力與時間，另一方面自動交由電腦記錄與分析，節省時間成本，也提供了完整的資訊，作為後續資料庫行銷的參考。

五、企業智慧（Business Intelligence, BI）、資料倉儲（Data Warehouse）、資料超市（Data Mart）、線上即時分析處理（On Line Analytical Processing, OLAP）

隨著資料的日益累積，以及商業運作需求的日益增加，傳統的管理資訊系統（Management Information System, MIS）已經面臨到下列的問題與挑戰：

1. 由於一般公司的資訊系統通常是逐年階段式建置發展，因此多年來顧客資料可能存放於不同的系統中，結果是各種資料分布在不同的作業平臺，並且以各種不同的資料格式存放，造成資料的整合不易。
2. 大量的重複資料，或者資料不完整的問題，皆造成資料的立即可用性降低。
3. 傳統MIS的開發技術通常是產生固定式的報表，但隨著日漸增多的商業運作需求，冗長的報表撰寫時程已經不符合公司的決策需求。
4. 主管的思考角度通常並不固定，會隨著所看到的資料內容而有不同的思考方向（Data Driven），因此需要提供多種角度（Multi-Dimension）的動態資料，作為決策支援的參考。
5. 有人稱網際網路時代為資料洪流的時代，現實世界的資訊總量，以每20個月增加一倍的速度成長。以CRM相關的資料為例，它包括了商品、客戶和銷售相關的資訊，這些日積月累的資料資產，無法以傳統的資訊系統來提供快速、準確與詳盡的情報。

基於上列因素，自1990年代開始，資料倉儲與線上即時分析處理（OLAP）等相關的企業智慧技術開始蓬勃發展，而且開始運用到商業用途上。

六、主管資訊系統（Executive Information System, EIS）、策略資訊系統（Strategic Information System, SIS）、決策支援系統（Decision Support System, DSS）、報表系統（Reporting）、隨興查詢（Ad Hoc Query）

1. 資料的最終價值是要被妥善應用，而資料在被應用之前，需先以某種形式呈現給最終使用者。如果依照資料呈現的方式與深度來區分，可以將系統區分成Ad Hoc Query、Reporting、EIS、SIS、DDS等層次。
2. 關於隨興查詢（Ad Hoc Query），指的是利用資料庫查詢語言與資料庫查詢介面，直接對資料庫或資料倉儲做任意的、隨機的交談式查詢動作，這種介面比較適用於無現成系統可提供需求時的臨時性動作。
3. 所謂報表系統（Reporting System），其核心功能是產生固定格式的報表，這種系統比較適用於需要長期性與固定性查看某些資料的情形。
4. 主管資訊系統（EIS），顧名思義是提供給高階主管使用的。EIS的核心功能是要透過更簡單、更美觀的操作方式，協助主管掌握公司內部正確資訊。
5. 策略資訊系統（SIS）則是參酌許多整體及市場環境諸多外部資訊，包括顧客、競爭者和市場等資訊，使企業主管除了能用滑鼠輕易查詢公司內部資訊外，亦能查到外部資訊，以便研擬策略性的決策。
6. 決策支援系統（DSS）的主要功能是將回顧性的歷史資料變為前瞻性的預測性資訊，或者主動提出建議性的資訊，比如銷售預測、市場需求預測和經濟預測等等都是DDS的例子。所以，DDS是策略資訊系統（SIS）的擴展與延伸，除了提供更精確的外部資訊之外，更提供了前瞻性的資訊。

七、資料採礦（Data Mining）

資料採礦又稱為資料庫知識發覺（Knowledge Discovery in Database,

KDD），其目的為針對資料庫當中的資料做分析處理，然後找出尚未被發覺的知識。

資料採礦有很多種方式，如利用統計（Statistics）或人工智慧（Arti-ficial Intelligence, AI）的方法等，而其最終結果可以分成五大模型：分類（Classifica-tion）、預測（Forecasting, Predictive）、分群（Clustering, Segmentation）、關聯性分析（Association Analysis）以及順序分析（Sequential Modeling）等。

八、網路客戶互動服務（Web-based Customer Interaction, WCI）

市場上出現以網路互動為核心的新興客戶關係管理產品，有人稱為「互動式網路客戶關係管理」，有人稱為「網路客戶互動服務」。

WCI主要是提供企業與客戶在網站接觸時的整合服務，舉凡電子郵件回覆管理（E-mail Auto Reply）、線上交談服務、語音傳輸、同步網路瀏覽引導客戶線上消費（Web Collaboration）、自動化客戶服務系統、個人化服務、個人化資訊管理及問答集（FAQ）等機制的整合，都屬於WCI的範疇。

WCI的目的主要是以最少的人力服務極大數量的客戶，並以網際網路來管理客戶，利用一連串的工具、系統與解決方案，與其客戶透過網際網路進行數位化互動。

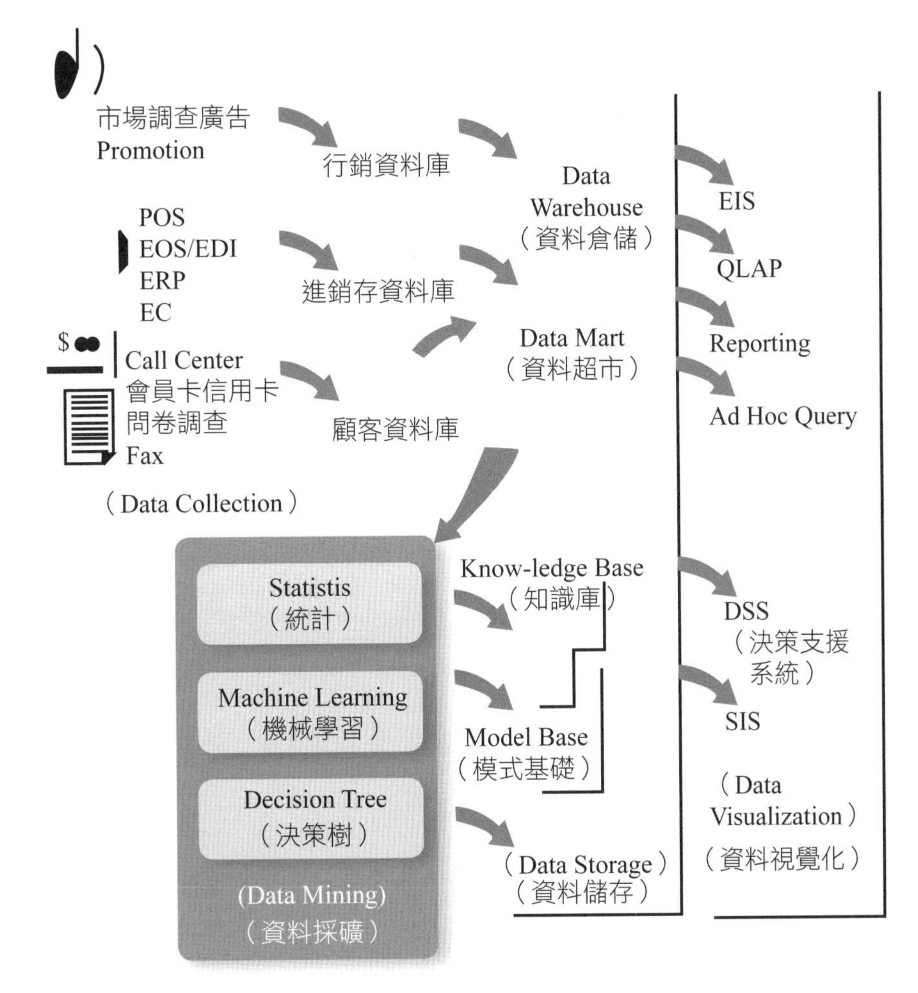

圖3-7　運用於CRM的資訊科技流程圖

資料來源：林義堡（2005），《運用資訊科技推動CRM》，頁63。

本章習題

1. 試圖示CRM策略架構的四個項目。
2. 試圖示CRM有效成功實施的四大構面。
3. 試圖示CRM解決方案架構。

4 建立CRM的步驟、流程暨CRM成功與失敗因素

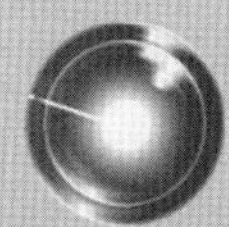

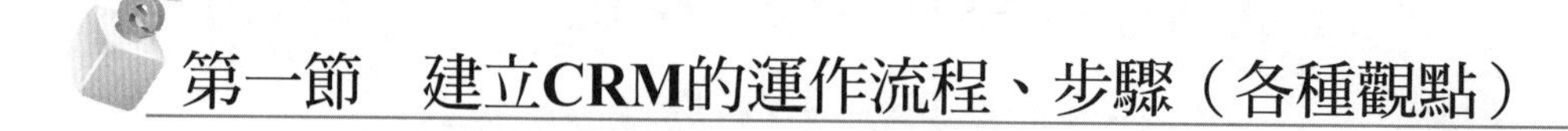

第一節　建立CRM的運作流程、步驟（各種觀點）

一、CRM運作的四個步驟

專研CRM的專家林義堡（2005）認為如果從管理知識資產的角度來看，CRM的步驟有四項，如下：

(一) 資料、資訊的蒐集

知識是經由資料（Data）與資訊（Information）的蒐集與整理而來，因此，第一個重要的課題便是如何即時、全面和便利地蒐集顧客相關的資料，否則片面性的資訊可能無法涵括所有的服務需求。延遲的資訊可能延誤商機，不便利的資料蒐集方式也可能使成果大打折扣。

(二) 資料、資訊的儲存與累積

資料的儲存，關係到後續資料使用的便利性，因此，如何適當、安全地儲存也是個重要的步驟。適當的儲存方式能讓後續的資料處理速度加快，而安全的資料控管方式也才可保障商業的機密。

(三) 資料、資訊的吸收與整理

整理各種資料與資訊、萃取其中精華並且將其制度化，同時找出不易理解的隱藏知識等等，皆是提升企業競爭力與提供主動關係行銷的重要課題。

(四) 資料、資訊的展現與應用

資料蒐集的最終目的是應用，因此，透過使用者親和性高（User Friendly）的介面，即時、安全與方便地將資訊與知識等整合性的資訊呈現給最終的使用者，是非常重要的環節，同時這個程序也影響到整個系統的成敗。

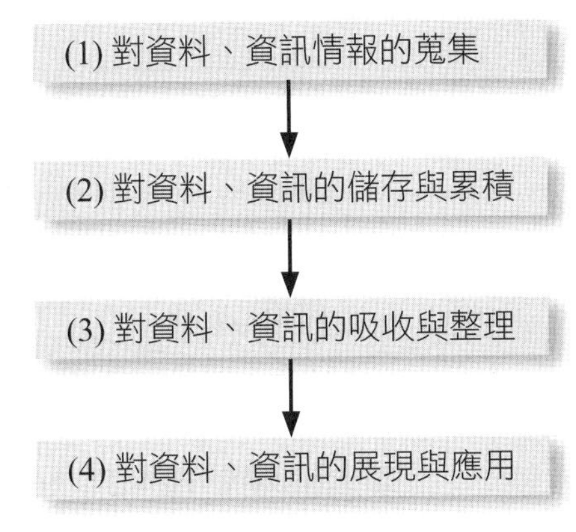

圖4-1　CRM運作的四項步驟

資料來源：林義堡（2005）。

二、CRM導入四大循環——安迅資訊系統公司

NCR安迅資訊系統公司（2000）從技術角度出發，認為導入顧客關係管理有四大循環（如圖4-2），分別是：

(一) 知識探掘（Knowledge Discovery）

擁有一個龐大且能隨時更新的客戶資料庫，盡可能地反映客戶的全貌，進而產生各種綜效，幫助決策者做出決定。

(二) 市場行銷計畫（Market Planning）

有了詳盡的顧客資料，即可用來設計新的行銷計畫，擬訂一個與客戶有效溝通的模式，再依客戶之反應，進一步設計出促銷活動的型態，並找出較有效的行銷管道與吸引顧客上門的誘因。

(三) 顧客互動（Customer Interaction）

執行行銷策略後，並以各種方式與客服或是業務應用之軟體，持續與顧客保持互動，令其有受到重視的感覺；同時記錄顧客之反應或是更新其資料，以提高顧客的忠誠度。

(四) 分析與修正（Analysis & Refinement）

分析與顧客互動所得到的新資訊，並持續了解顧客的需求，然後根據該結論來修正先前所擬訂的行銷策略，尋求新的商機。

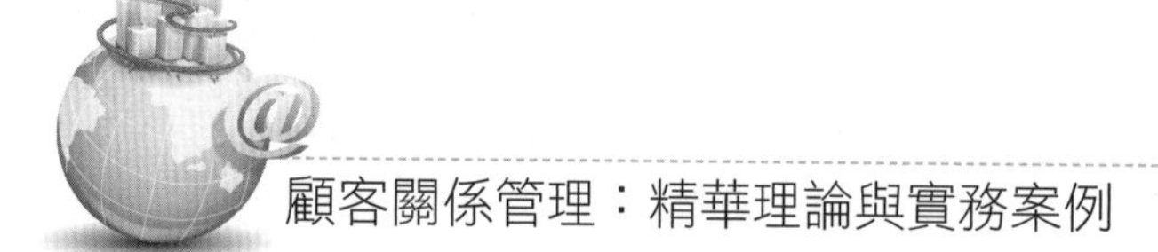

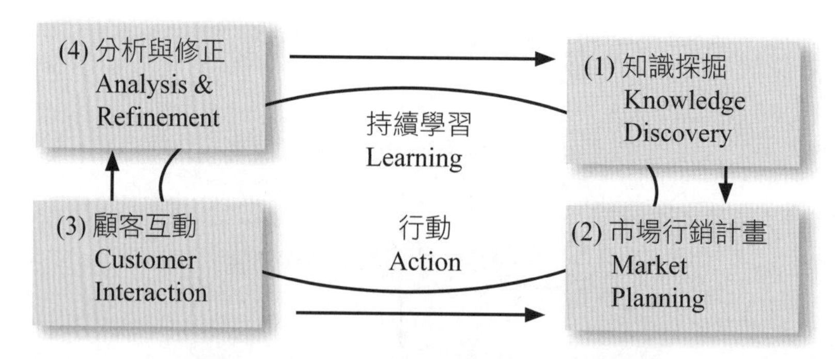

圖4-2　顧客關係管理的四大循環

資料來源：NCR（2000）。

另外，安迅資訊系統公司（1999）的顧客關係管理，是企業為了贏取新顧客、鞏固及保有既有顧客，以及增進顧客利潤貢獻度，透過不斷地溝通以了解並影響顧客行為的方法。其架構如圖4-3。

(1) 鞏固及保有現有顧客（Customer Retention）

* 購買通路喜好
* 運用傾向模型（Propensity Model）來減少顧客流失
* 生命週期內購買行為的變化
* 顧客終生價值

(2) 贏取最新顧客（Customer Acquisition）

* 整合來自各獨立資料來源的詳細資料
* 針對新顧客購買行為建立傾向模型
* 確認顧客最可能購買的產品
* 知道顧客何時與某公司接觸，以及如何與他們溝通

(3) 增進顧客利潤貢獻度（Customer Profitability）

* 確認獲利最豐的顧客區隔
* 發掘獲利最豐的顧客最可能購買哪些新產品
* 決定行銷經費的最佳分配方式

圖4-3　「顧客關係管理」系統架構

資料來源：安迅資訊系統公司（1999）。

三、CRM的運作流程——麥肯錫顧問公司觀點

依據麥肯錫顧問公司的建議，要做好顧客關係管理必須要有一組完整的運作流程，可簡要歸納如下：

(一) 蒐集資料

利用新科技與多種管道蒐集顧客資料、消費偏好以及交易歷史資料，儲存到顧客資料庫中，而且是將不同部門或分公司的顧客資料庫，整合至單一顧客資料庫中。

傳統上，企業內各部門或子公司都有自己的資料庫，以方便管理。優利公司便指出，有些公司的不同部門甚至會要求公司的老客戶填新的顧客資料表，顧客當然會覺得被忽視。

而將各部門的顧客資料庫整合後，有助於將不同部門產品銷售給顧客，也就是交叉銷售，不但可以擴大公司利潤、減少重複行政與行銷成本，更可以鞏固與顧客的長期關係。

(二) 分類與建立模式

藉由分析工具與程序，將顧客依各種不同的變數分類，勾勒每一類消費者的行為模式，可以預測在各種情況與行銷活動下，各類顧客的反應。

例如：藉由分析可以知道，哪些顧客是一收到促銷郵件就毫不考慮地丟到垃圾桶，或是哪些顧客對哪一類的促銷活動有所偏好，甚至哪些潛在顧客已經不存在了。這些前置作業能夠有效地找到適當的行銷目標，管理行銷活動成本與效率。

(三) 規劃與設計行銷活動

依據上述模式，為客戶設計適切的服務與促銷活動。

傳統上，企業對於顧客通常是一視同仁，而且定期推行顧客活動。但在顧客關係管理實務中，這是不符合經濟效益的。

(四) 例行活動測試、執行與整合

傳統上行銷活動一推出，通常無法即時監控活動反應，必須以銷售成績來斷定。然而，顧客關係管裡卻可依過去行銷活動資料進行分析，並搭配電話作業與

網路服務中心，即時進行活動調整。

例如：在執行一項行銷活動後，透過打進來的電話頻率、網站拜訪人次，或是各種反應的統計，行銷與銷售部門可以即時增加或減少人力與資源的調配，以免顧客向隅徒生抱怨，或浪費資源。而透過電話或網路系統與資料庫的整合，更可以即時進行交叉行銷，銷售滿足不同需求的不同產品。

(五) 實行績效的分析與衡量

顧客關係管理透過各種活動、銷售與顧客資料的總和分析，可建立一套標準化的衡量模式，衡量施行成效。

以上的各種程序必須環環相扣，形成一個不斷循環的作業流程。

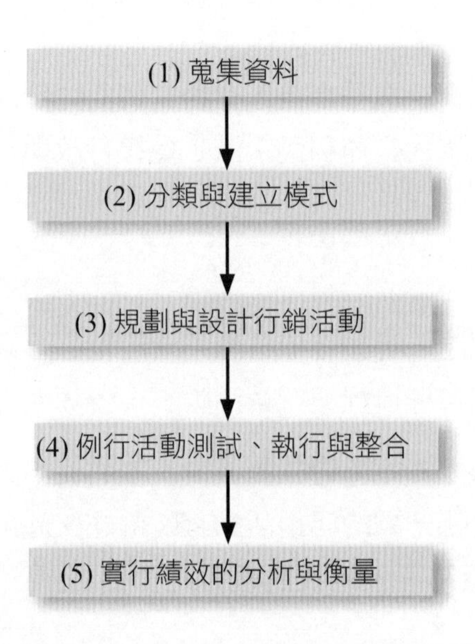

圖4-4　CRM運作流程的五個步驟（麥肯錫顧問公司）

四、CRM實施步驟——陳文華教授的看法

陳文華（2000）認為顧客關係管理乃是應用資訊技術，大量蒐集且儲存有關客戶的所有資料，並加以分析，找出背後有用的知識，然後將這些資訊用來輔助決策及規劃相關的企業營運活動，並加以實行的一個完整程序。其實施步驟可用圖4-5說明之。

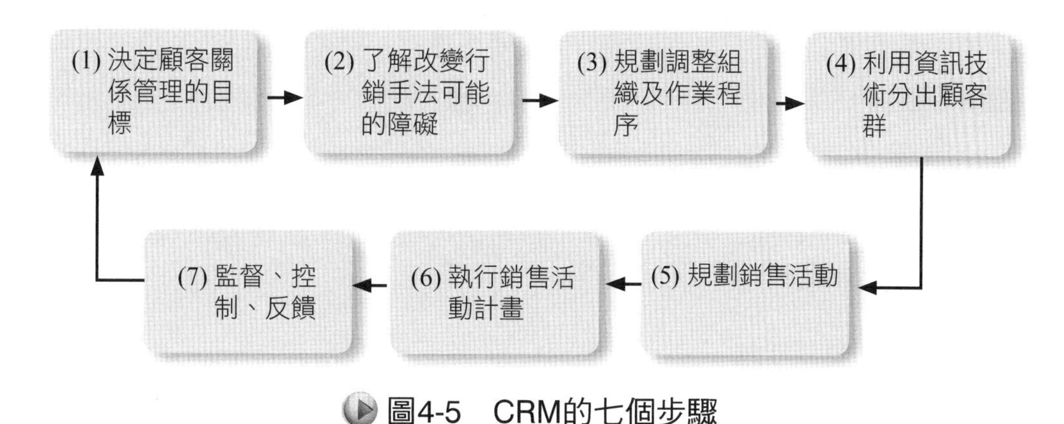

圖4-5　CRM的七個步驟

資料來源：陳文華（2000）。

(一) 決定顧客關係管理的目標

企業首先要訂出顧客關係管理欲達成的目標，如增加獲利率、增加顧客數量和提升顧客再購率等等，並予以量化。

(二) 了解改變行銷手法可能的障礙

顧客關係管理講求能在適當的時點，透過適當的通路，針對適當的顧客提供適當的產品，這樣的行銷方式比傳統的大量行銷、目標行銷更能滿足個別顧客之需求。所以，行銷思維從傳統的4P轉換到顧客導向，講求如何提供對個別顧客有價值的產品。

(三) 規劃調整組織及作業程序

在企業考慮調整外部行銷活動的同時，企業內組織的結構和作業程序也需要加以調整。

(四) 利用資訊技術分出顧客群

利用資料採礦、線上分析處理及統計分析等方法，針對經過整合的資訊區分出顧客的類別。此方法不同於傳統以地域、人口統計變項方式所劃分的客戶群，而是一個全新、且以多個屬性做區分標準的分群方式。

(五) 規劃銷售活動

在對顧客分群後，利用這些資料作為決策的基礎，決定哪些顧客需要加強關

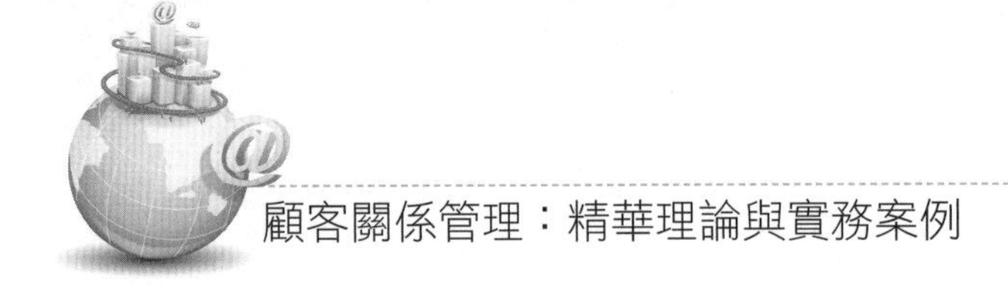

係，哪些需要減少，何者未來必須吸引以增加獲利。然後針對特定族群的屬性，規劃銷售活動。

(六) 執行銷售活動計畫

規劃好銷售活動後，應為適應新的行銷手法而調整組織和流程，配合新的銷售活動加以執行。

(七) 監督、控制、反饋

執行之後，必須監督和控制銷售活動的成效，將此次結果記錄下來並回饋給決策階層，作為下次目標制訂和調整的依據。

另外，陳文華教授（1999）也視顧客關係管理是一個不斷持續改善的過程，分為三大階段，如圖4-6之說明。

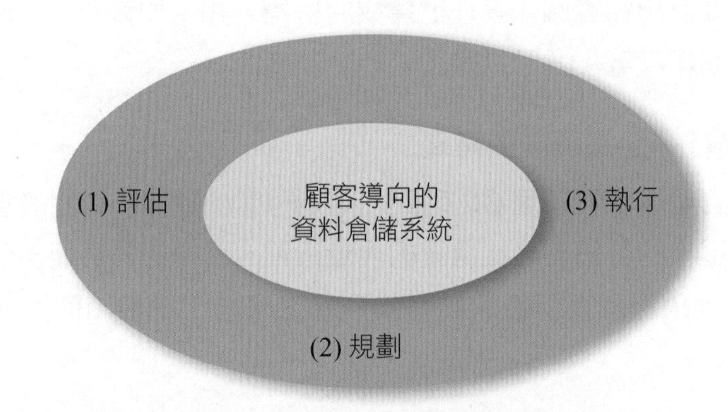

圖4-6　顧客關係管理循環圖

資料來源：陳文華（1999）。

(一) 評估（Assess）

整合企業內、外部資料並針對目標客戶群發展行為分析模式，同時這也是資訊科技最密集的階段。本階段是了解顧客的基礎及所有知識的來源，也是整個循環中最重要的一部分。

(二) 規劃（Plan）

依據所累積的知識，訂定實際付諸行動的策略。本階段重視規劃人員創意行銷、解決問題的能力。

(三) 執行（Execute）

良好有效率的顧客互動關係是計畫執行成功的關鍵因素。本階段分為兩大部分進行：其一是透過各種不同的溝通管道執行良好的計畫；其二是蒐集顧客反映的資訊追蹤計畫執行的結果，併入下一期循環中，提供更多寶貴的經驗。

五、CRM四個組成要素循環

依序朝著以下四個階段進行：「了解客戶」、「鎖定目標客戶」、「銷售予客戶」及「留住客戶」，才能建立及維持一個成功的CRM計畫。而每當第一個循環完成後，下一個循環必須接著開始。

(一) 了解客戶

出乎意料地，這是一個常被遺忘的要素，因為大部分的企業對顧客群關係管理不甚了解，誤以為設立客戶服務中心就可以了。但是大部分的公司發現，客戶服務中心是非常耗損金錢的。這是因為他們並沒有經歷「了解客戶」這一個階段，而對客戶群不了解，以致無法成功執行CRM計畫中的其餘三項要素。

(二) 鎖定目標客戶

這是只提供一套專為客戶個人需求所設計的服務與產品。「我」的需求與「你」的需求不同；臺灣人的需求與馬來西亞人的需求不同；泰國人與新加坡人的需求也不同。當我們對每個個體做一番了解之後，會發現每個人的需求皆不同。

(三) 銷售予客戶

大部分的企業都以取得客戶作為實行CRM的起點，他們希望藉由「聯繫中心」（Contact Center）、「網站」及其他管道來達到目的，也就是銷售更多產品或服務給更多的客戶。然而，他們忽略「了解客戶」及「鎖定目標客戶」是兩個必須先經歷的階段。

(四) 留住客戶

如上文所述，CRM是透過成本降低及收入提升，使企業獲得更多的利潤，

其中重要的一項便是如何留住既有的客戶。對某些企業而言，取得一個新客戶必須付出相當於留住一個既有客戶5倍的成本，這也是為什麼留住既有客戶群，對於企業的營業額成長及成本的降低有正面的幫助。

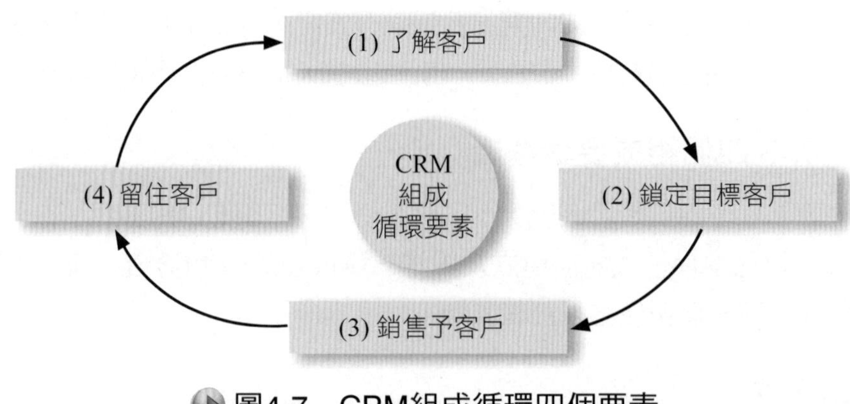

圖4-7　CRM組成循環四個要素

六、企業在訂定CRM策略時應考慮的問題

1. 企業是否以顧客的需求為中心？
2. 企業是否考慮了顧客的生命週期？
3. 顧客的終生價值為多少？
4. 誰是您企業最有價值的顧客（Most Valuable Customer, MVC）？
5. 企業是否已建立了以顧客需求為導向的顧客關係？
6. 企業與這些最有價值的顧客之間的關係深度及廣度是否足夠？
7. 如何加強企業與最有價值顧客之間的關係？
8. 是否整合了散落在企業內各部門的顧客資訊？
9. 是否有足夠的資訊能為顧客量身訂做其所需的產品及服務？
10. 企業80%的利潤是否來自20%的顧客？
11. 這20%的顧客是誰？在哪裡？
12. 企業「認得」他們嗎？
13. 他們有受到特別的待遇嗎？
14. 誰代表企業在服務他們？在與他們接觸？
15. 這些代表有受過特別的訓練嗎？

16. 企業有對這20%的顧客提供量身訂做的產品或服務嗎？
17. 有為這20%的顧客設計不同的產品或服務嗎？
18. 企業真的知道這20%顧客的需求嗎？

七、CRM與顧客互動的原則

1. 不斷地自我改造，創造全新的經營方式。
2. 提供多重利益，打造愉快的客戶經驗。
3. 和顧客一起開發顧客需要的產品。
4. 滿足顧客個人化的需求。
5. 對顧客投資，建立終生的顧客價值。
6. 善用多種管道，化被動為主動。
7. 結合協力廠商創造多贏的局面。
8. 成為顧客心中的領導品牌。

八、典型的行銷資料庫的顧客資料

1. 採購行為：日期、金額、產品、回應等等。
2. 人口統計資料：年齡、收入、家庭人口數等等。
3. 區域：城市、郵遞區號、商區、到商品代理人的距離等等。
4. 意見：訪查結果、抱怨、查詢等等。
5. 生活型態：運動、餐廳、雜誌、旅遊等等。

第二節　CRM成功的因素

一、CRM成功的關鍵：人、流程及IT科技

企業必須將成功執行CRM的三項要素，牢記在心——人、流程及IT科技，三項缺一不可，而更重要的是如何適當地整合這三項要素。CRM計畫的成功與否，人的因素占了60%，流程因素占了30%，科技因素則少於10%。這並不表示可以忽略科技的重要性，科技一樣很重要，沒有了今日現有的科技，企業便無法

有效地執行CRM。只不過，科技對成功實施CRM計畫的整體貢獻，沒有人及流程來得大。

這三項要素的相對比重，經常被實施CRM計畫的企業所忽略。如果我們分析企業實施CRM計畫失敗的原因會發現，問題並非出在科技上，而是它們對人及流程層面的重視不夠。

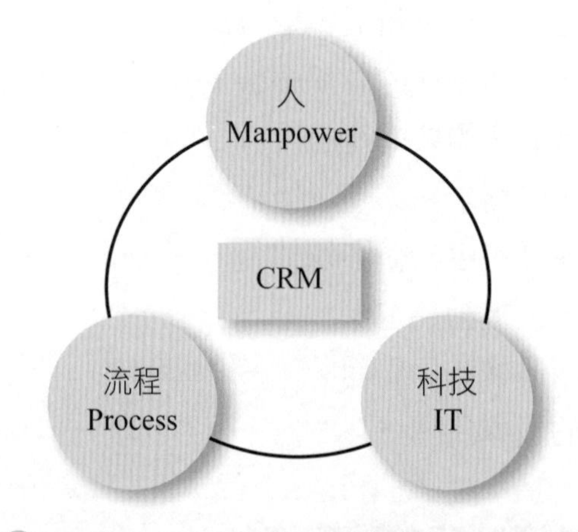

圖4-8　CRM成功關鍵的三大要素

二、成功實施CRM計畫的三個步驟

成功實施CRM計畫，簡單來說有三個原則，如下：

步驟1：取得高階主管的認同

為了成功實施CRM計畫，必須取得包括董事會在內的高階主管對計畫的認同。只是宣稱本身是一個以客戶為中心的企業是不夠的，還需將組織結構從以往以產品或品牌為導向，轉而以客戶為中心，而這若缺乏高階主管的支持，是無法達到的。

步驟2：培育以客戶服務為中心的文化

企業本身是否擁有提供高品質客戶服務的文化？認真地問自己這個問題，如果答案是否定的，企業便需要積極朝這方面著手。

步驟3：培育以客戶為中心的觀念

企業該如何改變管理階層及員工的觀念？尤其是對於那些畢生都待在同一特

定組織的人？改變他們的觀念很困難，但並非不可能。

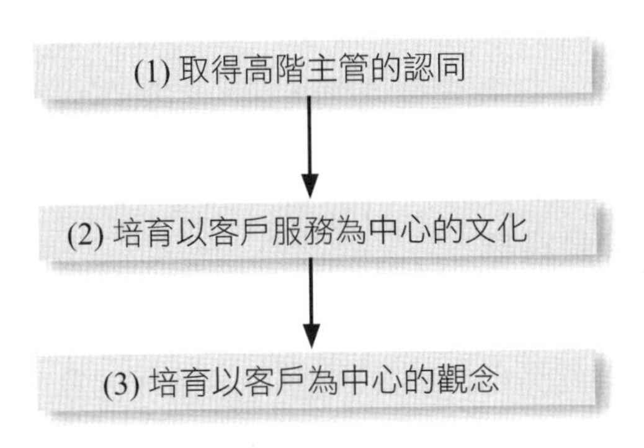

圖4-9　成功實施CRM計畫的三個原則

三、CRM成功因素——Jay Prasad & Yancy Oshita的研究結果

根據戴頓大學（Dayton University）傑・帕拉沙德（Jay Prasad）博士和嚴西・歐西塔（Yancy Oshita）於1999年所做的研究結果，顯示下列四項是決定顧客關係管理成功的最重要因素：

1. 顧客關係管理影響公司決策的能力（25%受訪者如此認為）。
2. 成功的科技整合（23%）。
3. 強化了策略夥伴（20%）。
4. 融合顧客關係管理相關科技（18%）。

四、成功做好CRM的四大要領（IBM觀點）

全球只有15%的企業把CRM做對。根據IBM對全球不同產業的370家企業所做的CRM調查，在歐美和亞洲，85%的公司覺得CRM沒有完全成功。以下提供做好CRM的四項要領：

(一) CRM首重內部管理

CRM要成功，必須以顧客為核心，整合各支援系統，尤其各部門之間的溝通與協調，必須建立一套標準管控流程，避免產生像延遲交貨的情形。如何將最新資訊提供給最需要的人去運用，需優先解決。

(二) 根據顧客真正在乎的部分做改進

不同產業的顧客對於供應商的期待也不同，例如：同樣講求服務品質，在超級市場重點是貨品齊全，在餐廳是衛生美味；如果在銀行，講求的是速度。因此，管理者應該根據產業特性，將最基本的需求先照顧好，再建立自己的特色。

(三) CRM以人的因素最重要

在成功的要素中，人的因素約占六成；其次是流程，約占三成；最後才是科技，只占一成。這對建置CRM的公司來說是個好消息，因為意味著（與整體CRM建置費用相比）每次花小筆經費就能大幅改善CRM的成功率。

(四) 要高層主管從上而下的持續支持

任何規模的CRM計畫都需要從上而下。若是從下而上來做的話，也要獲得公司高層的支持，原因在於CRM的目標、策略與績效衡量都必須結合企業各層級。若員工看不出CRM如何能融入企業中，自然就不會加以運用了。同樣的，若公司高層未明確相信CRM可提升企業整體的價值，CRM就會被其他的工作項目擠下去。

最後，CRM一定要能正面刺激公司獲利，否則就白費了大家的努力與投資。CRM的整體目標與價值主張是要「更有智慧地服務顧客，進而使企業有更高的獲利成長」。

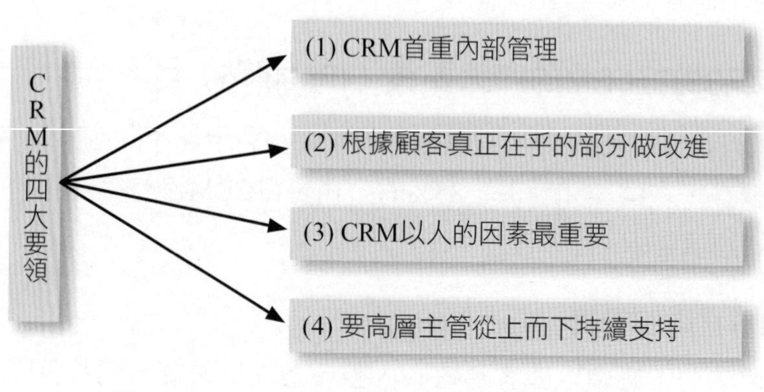

圖4-10　成功做好CRM的四大要領

五、推行CRM成功因素——安迅資訊系統公司之觀點

NCR安迅系統資訊公司認為顧客關係管理之基礎，在於有效地管理顧客資訊。企業將顧客資訊加以分析與彙整，以形成顧客知識。其顧客知識建立之完整與否，將是顧客關係管理之成功關鍵。同時，企業推行顧客關係管理的主要成功因素如下：

(一) 顧客資料庫之建立

企業應建立顧客資訊之資料庫，其包含顧客購買習慣、顧客偏好及顧客特性之資料。

(二) 顧客互動

企業應建立與顧客間良好的溝通互動之管道，以讓顧客選擇使用其喜好之管道做接觸。

(三) 資料庫獲取之便利性

企業應建立使所有組織內與顧客互動之人員，能即時儲存與獲取資料之資料庫，俾利與顧客建立良好的互動。

(四) 顧客區隔

企業應依據顧客之利潤貢獻度及顧客終生價值做群組之區隔，並依群組提供適當之服務。

(五) 高階管理層支持

企業推行顧客關係管理時，應有高階管理者之參與和支持，並編列長期預算與支出，以利管理活動持續地進行。

(六) 驗證績效

企業實施時，應採用公正的方式並建立實驗組與對照組做比較，以驗證推行之績效。

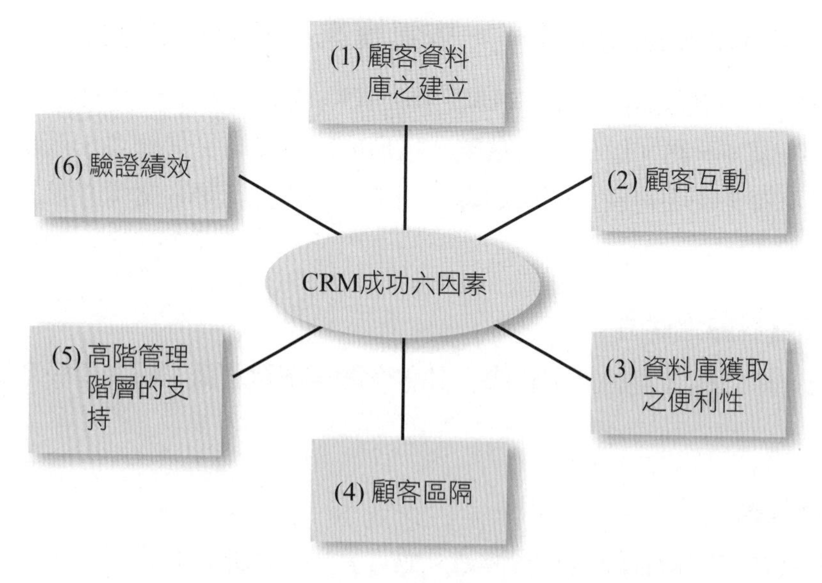

圖4-11　CRM成功六要素

資料來源：安迅資訊系統公司（2005）。

第三節　CRM失敗的因素

一、CRM的七大致命錯誤

美國CRM顧問專家Jill Dyche（2005）依據其輔導企業實務的經驗，列出下列七大推動CRM無法成功的致命錯誤：

錯誤1：未能訂定顧客關係管理「策略」

如果只定義出顧客關係管理對公司的意義，但卻沒有一致共識的策略，那麼鋪在眼前的顧客關係管理這條道路可不好走。許多企業經常誤解商業需求而低估了顧客關係管理的複雜度，因此必須在企業內部取得一致的長期策略，接受顧客關係管理所需的時間絕對比想像要長這個觀念，耐心地推動計畫，最終才會達到節省成本和時間的目標。

錯誤2：未能管理員工的「預期心理」

許多企業採取嚴謹的規劃和發展，卻忘了對企業內部布署顧客關係管理系統。顧客關係管理推出之時，技術部門就應該對使用者如銷售人員以發送電子郵件或其他方式，宣布新的銷售自動化產品訓練課程，這在交付過程之前和當中都是非常重要的。使用者一定要成為顧客關係管理專案的參與者，從規劃、發展到布署等全程加入，因為如果到了已發生在終端使用者的困擾，將是很難挽回的局面。

錯誤3：未能定義「成功標準」

怎樣才算成功的顧客關係管理？如何知道已經達到成功的定義？即使主事者了解顧客關係管理應用在不同目標是不一樣的方式和效果，但也不一定能分辨出交叉銷售增加和獲利率提高的差別，就像季節性行銷卻期望當時的顧客忠誠度、顧客價值和獲利率都成為一年四季的常態，也是非常不合理的。企業必須訂定出顧客關係管理計畫不同的成功標準，譬如分辨出提高顧客獲利率和改善顧客滿意度是不同的，然後再以各項標準評估個別計畫和狀況。

錯誤4：輕率地決定應用資訊服務「供應商」

企業一般都沒有歸納出應用資訊服務供應商的優點和缺點，許多大型公司往往認為應用資訊服務供應商只服務一些小型公司，或是類似網路公司這類缺乏有力之資訊科技架構的企業；但中小型企業卻認為應用資訊服務供應商是很花錢的，而忽略了採用後潛在的撙節成本能力；甚至還有許多公司低估了內部的資訊科技資源和技術，而一味地跳上應用資訊供應商的列車。以上這些想法都是不正確的，應該先了解應用資訊服務供應商模式的優缺點，再根據自己公司的商業和功能需求決定是否採用應用資訊服務供應商。

錯誤5：未能改善「企業流程」

「遵循前人的足跡走」這句諺語應用在這裡就是個大錯誤。顧客關係管理不應該只是在公司全部既有政策上疊床架屋，而是要在企業中另外形成正式、快速自動化且顧客導向的企業流程，必須要大幅地修正和持續地精簡企業流程，讓顧客關係管理科技融入作業流程，但千萬不要落入「有了科技、萬事OK」的陷阱，誤以為科技可以解決一切，因為顧客才是考慮流程的一切根本。

錯誤6：缺乏「資料整合」

所謂有效的顧客導向決策，是了解和整合顧客來自不同接觸點的各種資料，

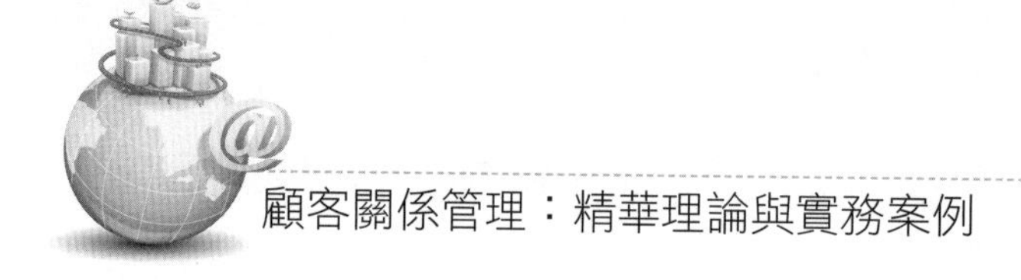

但目前許多公司都有不同資料存放在各個不相連系統和平臺的問題，這是最大的困境。切記，雖然從公司內部各個系統中找出所有相關資料並予以整合的確是件難事，但這對顧客關係管理來說真的非常重要。

錯誤7：未能持續在企業內部盡可能地進行「顧客關係管理社會化」

顧客關係管理並非有完成截止日期的計畫，它是必須持續進行的過程，由成功的一步推動下一步的成功。要促使計畫不斷進展，最好建立顧客關係管理「內部公關」這個職位，盡量和管理階層以及決策者溝通顧客關係管理，潛在地影響他們在功能及資料等需求方向上更加顧客導向。透過發出內部新聞信函、進展會議或網站，持續公布顧客關係管理的最新動向和概況。千萬不要吝於促銷顧客關係管理，因為要等到確實改善顧客經驗或提高銷售等實質成效出現，需要很長一段時間，在此之前，必須先大力提倡和推動顧客關係管理。

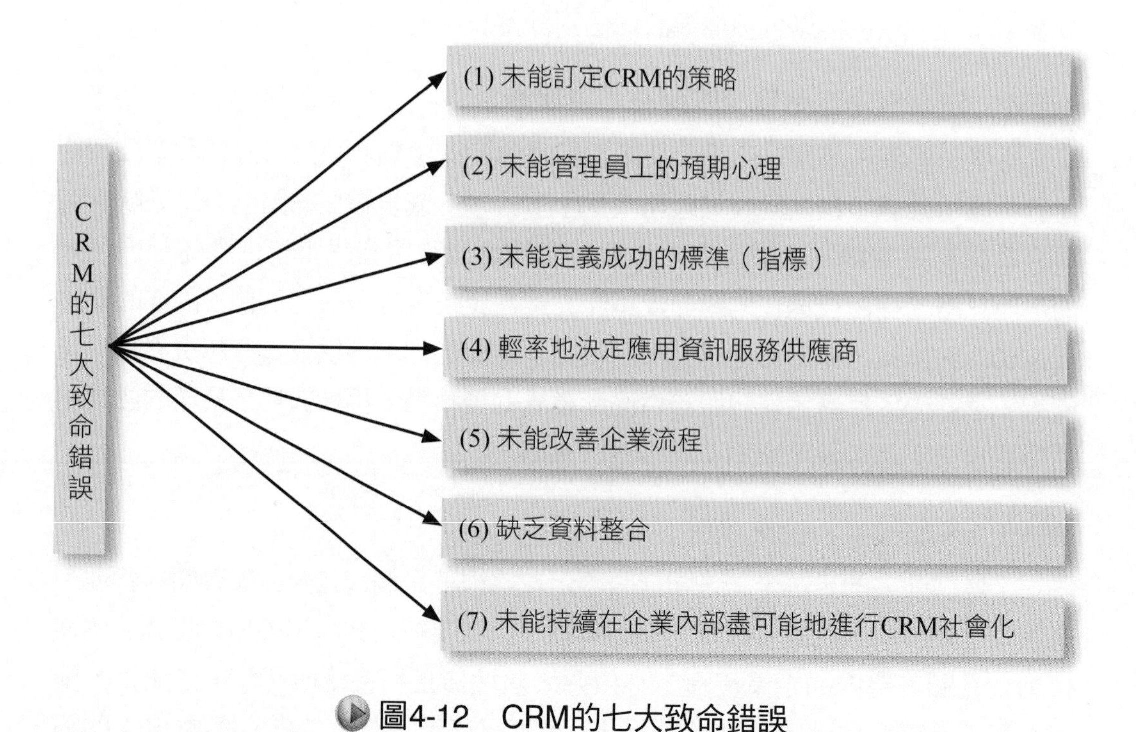

圖4-12　CRM的七大致命錯誤

資料來源：Jill Dyche（2003）。

二、CRM主要的七項障礙

美國CRM顧問專家Jill Dyche（2003）認為企業在推動CRM的過程中，會遇到下列幾點障礙。

有許多問題都可能造成一項立意良好的顧客關係管理計畫進行不順暢、甚至被破壞，而所謂4P是這當中影響計畫的最主要因素，即「流程」（Process）、「認知」（Perception）、「隱私」（Privacy）和「策略」（Strategy）。

(一) 流程

在進行顧客關係管理當中最常碰到的問題是，企業行動過於緩慢，甚至不願調整作業流程來支援改善顧客關係，部分是因為不願了解公司的作業流程有許多需要改進之處。

有些企業因為在了解和定義企業流程當中不夠清楚，犯了購買一些重複支援的顧客關係管理產品的錯誤，因此隨意調整企業流程之下不一定適合新的計畫或觀念。

(二) 認知

企業裡的終端使用者必須視顧客關係管理為一項有用工具，而不是一些空泛的公司政策。如果把顧客關係管理當作公司政令頒布的話，通常是不會有用的。在企業採行顧客關係管理後，員工必須盡快能夠使之發揮效果，縮短相同工作所需時間、簡化流程並加強顧客關係。

員工認識並接受顧客關係管理後，顧客才能感受到，畢竟顧客對公司的觀感是決定他是否會再回頭的關鍵。顧客關係管理未能建立的結果，就是毀掉顧客對公司產品或服務的印象。

(三) 隱私

不論企業是否在意隱私問題，均是管理上的威脅。根據美國2000年的一項調查結果顯示，94%的受訪者都傾向懲罰那些違反隱私權的企業、甚至高階主管。在這項議題愈來愈受重視的時候，究竟要如何確保隱私權管理不會阻礙公司的顧客關係管理計畫？

和顧客關係管理一樣，隱私權也是非常重要的議題之一。部分網路公司已經

將顧客特定資料消除掉了，一些顧問公司則提供隱私稽核服務，一大批專精網路隱私法的法律事務所也如雨後春筍般地成立。

一些消費者保護團體更從未放棄爭取隱私權，他們持續地公布各種提醒消費者的訊息，並大力推動更嚴格的管理措施。

(四) 策略

在長期以來一次又一次地參與各家企業的顧客關係管理計畫，或者全程引導公司實施顧客關係管理後，不論是什麼類型的公司、部門或全公司的計畫或者是任何目的和需求，可以確定的是：最糟的是隨意型顧客關係管理計畫，也就是計畫任意發展、採用公司多餘的預算而且沒有專案人員負責。通常會發生這類狀況，多半是企業有緊急需求但卻高度輕視，無法以適當方式進行顧客關係管理，常常是公司中某個部門甚至個人覺得需要顧客關係管理的功能，即著手進行而未做事前調查，甚至根本不知道其他部門已經在進行相關計畫。

雖然4P是顧客關係管理成功的主要障礙，但仍有其他一些問題會阻礙顧客關係管理計畫順利進行。

(五) 缺乏顧客關係管理的「整合」

根據最近對全球兩千大企業調查發現，極少數企業確實做到緊密地結合線上和傳統的顧客關係管理計畫。大部分企業即使了解公司內部而進行了數項顧客關係管理計畫，但要建立涵蓋整個企業的顧客關係管理仍然非常困難。造成這種狀況的原因很多，也許是不同部門都在進行顧客關係管理的相關計畫，也許是部門之間彼此的目標缺乏關聯，但無論如何，結果都是分散了所有顧客互動資訊，阻礙公司了解顧客的全貌，進而改善彼此互動和提高顧客滿意度的機會。

(六) 缺乏「組織規劃」

如果一家公司已經在推動顧客關係管理計畫，而員工還有「誰要負責這個案子」這類疑問的話，那就有問題了。顧客關係管理是一項相當新的觀念，內容和角色都尚未被充分了解，而不清楚其定位是新業務或只是資訊科技，將更加深混淆對權責的劃分。有時雖然被定位為策略性議題，但在技術問題或部門界線等限制下，答案通常又複雜得多。

(七) 差勁透頂的「顧客服務」

一個根本沒把公司政策放在心上、態度惡劣且敷衍顧客要求的客服專員或第一線店員及銷售人員，可以在短短90秒內毀掉整個公司對顧客關係管理的努力和付出。高品質而有能力的銷售團隊及客服中心，可以造就顧客的忠誠度。

但不論其惡行是什麼，核心問題都是一樣的，因此，企業在實施一連串新的顧客關係管理策略時，最好能夠確切地告知客服部門所有人員有關準則，並將員工的執行表現納入考績或年終獎金的評估項目。簡言之，必須培養他們視顧客滿意度為己任，當然，這要花上不少成本。

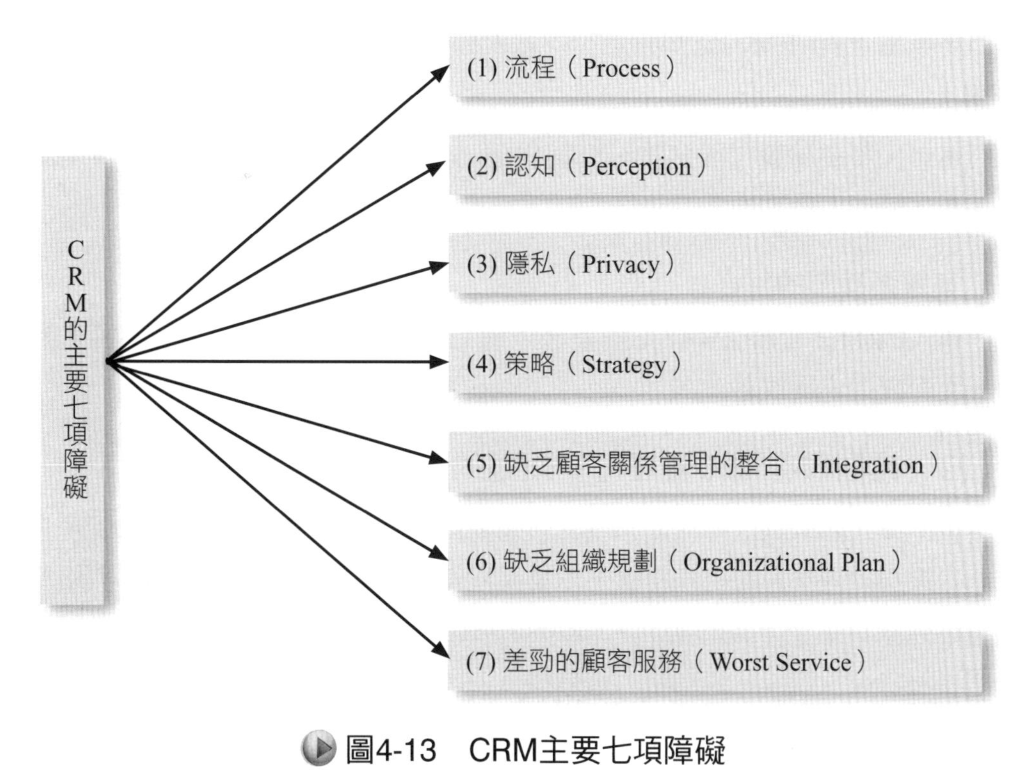

圖4-13　CRM主要七項障礙

資料來源：Jill Dyche（2003）。

三、導入CRM常遭遇的五大障礙

企業在首次導入CRM時，因為各種狀況及不熟悉，而經常出現或遇到下列五大障礙點，有待克服及避免：

(一) 初期導入成本過高

根據調查，大多數公司都認為成本的考量是一大因素。

(二) 初期效益不明顯

CRM的成效必須在一段時間之後方可顯現出來。

(三) 廠商能力不足

CRM廠商所提供的解決方案與企業所需可能不符合。

(四) 缺乏人才及共識

高級主管對CRM的認知不足、同仁間缺乏共識等問題，亦會阻擾企業引進CRM。

再者，系統建置完成之後，公司內部必須有專門的人才來管理與應用該系統，而這樣的人才難尋。

(五) 與原系統間的整合

導入CRM後若無法與原系統整合，或充分利用原有資源，不但不能達到綜效，反而會造成反效果。

四、推動顧客關係管理可能面臨的困難

企業導入顧客關係管理並非一夕之間就可以成功，在推動顧客關係管理專案時，組織必須對自身的組織結構、作業流程與企業文化進行適度的調整與變革，同時也需要員工多方面的配合，CRM專案才得以成功。通常企業在導入顧客關係管理時會碰到的障礙與困難，茲整理下列四位研究者的看法如下：

表4-1 推動顧客關係管理可能面臨的困難

學者	年代	推動顧客關係管理之困難的關鍵因素
1. 遠擎管理顧問公司（ARC）	1999	1. 初期導入成本過高。 2. 初期效益不明顯。 3. 提供解決方案的廠商能力不足。 4. 公司內部缺乏人才，公司組織需重新調適。
2. 安迅管理顧問公司（NCR）	2000	1. 無法彰顯效益。 2. 組織內資源不足。 3. 員工配合度不高。
3. 李宗諺	2001	1. 資深管理階層對顧客了解不夠，也不清楚顧客關係管理是什麼。 2. 所有的管理思維、獎懲、會計制度都仍舊是非客戶導向的舊制度。 3. 員工與企業文化都還沒改變以顧客為中心。 4. 沒有或極少以客戶觀點的資料蒐集與回應管道。 5. 只考慮軟體的採購，完全忽視架構與整合的需求。 6. 缺乏明確的設計與流程處理相互間的強化功能。 7. 品質不佳的客戶資料管理。 8. 各部門各自獨立或缺乏互動聯繫的專案建置。 9. 沒有顧客關係管理專案團隊的設置。 10. 沒有測量、監督、驗證的機制。
4. 鐘慶霖	2003	1. 缺乏整合流程與聚焦點，而以技術問題視之。 2. 員工的心態上仍舊未能擺脫舊思維，對顧客所知有限。

資料來源：本書作者整理。

本章習題

1. 試圖示CRM運作的四項步驟。
2. 試圖示CRM的四大循環。
3. 試圖示麥肯錫顧問公司對CRM運作流程的五步驟。
4. 試圖示陳文華教授對CRM推動的七步驟。
5. 試圖示CRM組成循環的四個要素。
6. 試圖示CRM成功的關鍵三要素。
7. 試圖示做好成功CRM的四大要領。
8. 試圖示安迅資訊公司對CRM推動成功的六要素。
9. 試圖示美國CRM專家Jill Dyche認為CRM推動的七大致命錯誤。
10. 試圖示導入CRM常遭遇的五大障礙。

CRM的資料採礦與資料倉儲

5 資料倉儲（Data Warehouse）

第一節　建構「資料庫」活用模式

一、「資料庫」是實現顧客關係管理主義的策略性資產

在顧客關係管理的資料庫，不僅是累積顧客情報與行銷資訊的內容，更整合了顧客主義作戰時所需的所有知識。從顧客的「年齡」、「性別」、「想法」、「興趣」和「意識」開始，而問題解決方案，在提案後，有「獲得何種反應」、「購買幾次」、「有哪些抱怨」、對公司的因應「是否懷有好意」及「曾產生幾次興趣」等等。為使顧客能像初戀情人般產生興趣，必須運用蓄積在本身的所有知識。

二、建構資料庫的正確觀點

1. 資料不會自動聚集而來，應主動蒐集。
2. 不要無目的地蒐集，應依據假設來決定蒐集的項目。
3. 決定蒐集的項目後，就要建立蒐集的架構。
4. 完成蒐集的架構後，就使之標準化，讓任何人都能蒐集。
5. 所蒐集的資料都應能依據假設來驗證。
6. 把驗證模式標準化，以便能在現場使用。
7. 資料的蒐集及驗證方案，能配合狀況隨時變更。
8. 讓輸入資料的介面，盡可能變得容易使用。

資料庫是為實踐策略、實現顧客關係管理主義的策略性資產。

三、顧客資料庫的五種內容

資料庫所必備的內容要素可分為以下五種：

(一) 基本資料

「基本資料」是個別顧客的「年齡」、「性別」和「職業」等基本資料，這些多半可從會員卡或POS系統等各種資訊登錄媒體蒐集到。

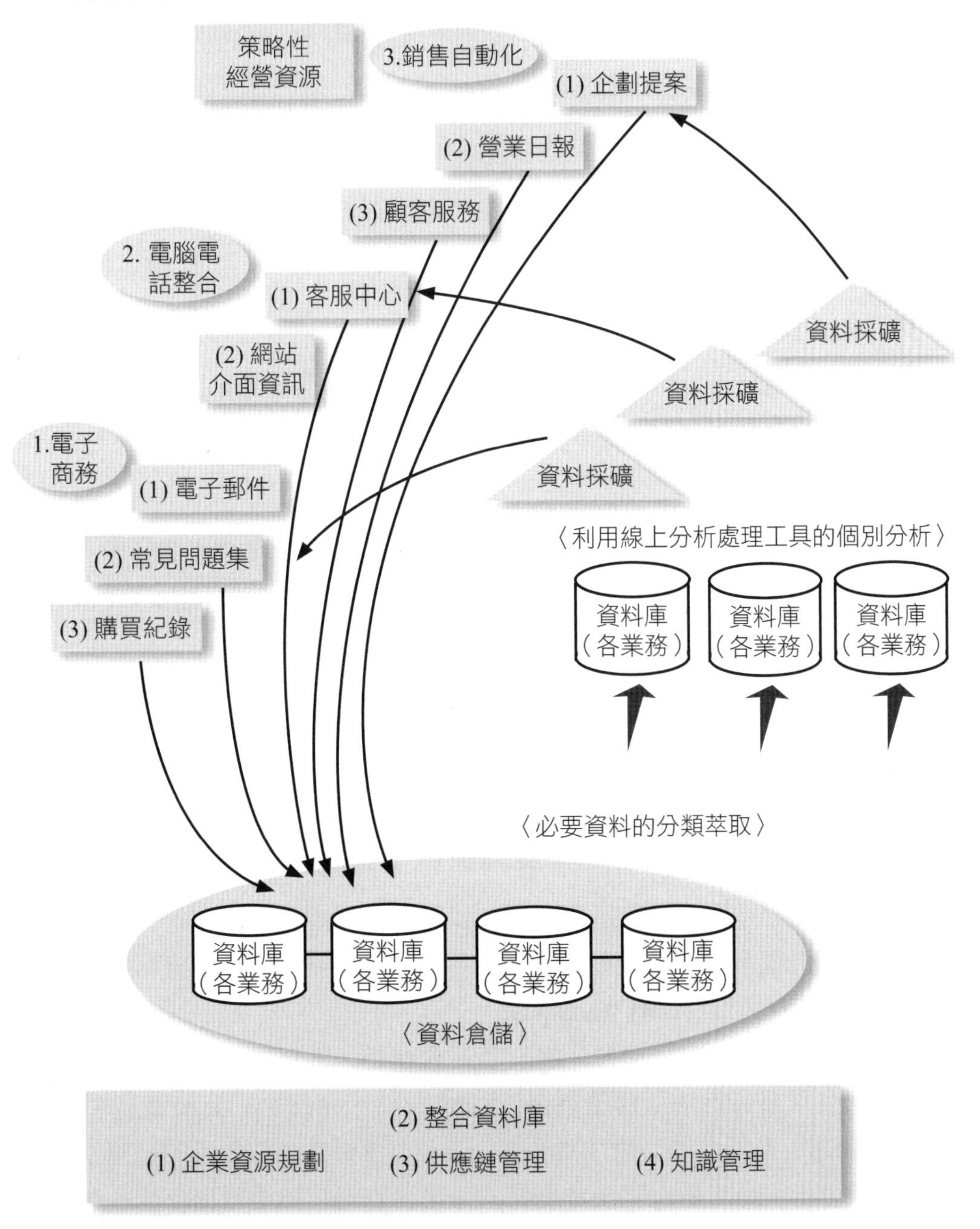

圖5-1 資料庫是CRM的核心,也是策略性資產

資料來源:日本HR人力資源學院(2004),《CRM戰略執行手冊》,頁246。

(二) 購買、利用紀錄資料

「購買、利用紀錄資料」是顯現個別顧客的興趣、性向和生活觀等重要的資料。

(三) 聯絡資料

「聯絡資料」是在和個別顧客的聯絡中所得到的情報，而訪談等所得的資料也蒐集在此。

(四) 交叉銷售資料

「交叉銷售資料」可謂問題解決方案資料，這是複數的商品與個別顧客購買行為的交叉分析資料。

(五) BPR使用資料

「BPR使用資料」是為了向顧客提出最適當的商品、服務或問題解決方案時，需要進行變更業務過程及組織專案小組所需的資料。（註：BPR為Business Process Reengineer，企業流程再造。）

第二節　資料倉儲與資料採礦概述

一、CRM的資訊核心——「資料倉儲」與「資料採礦」

1. 顧客關係管理要能精確了解客戶，以進一步掌握客戶的消費行為，牽涉到如何對龐大資料進行有效的蒐集、儲存、轉換、擷取與分析，而其核心就是資料倉儲（Data Warehouse）。
2. Chaudhuri與Dayal（1997）提及資料倉儲是一個集中儲存電子資訊之所在，其內部資料是以實體為主（Subject-Oriented），具備整合性（Integrated）及隨時間而變（Time Varying）等特性，主要目的是幫助經理人、分析人員等做出更快及更好的決策。資料倉儲中可儲存比一般資料庫更大的資料量，其計算單位達到Terabyte（TB），1 TB等於1,000 Gigabyte（GB），因此蘊藏許多寶貴資訊。而且資料倉儲可以從多維角度（Multi-Dimension）來加以分析及使用，但有些資訊是無法利用查詢、印表或統計獲得，所以有廠商提供資料採礦、線上分析處理（On Line

Analysis Processing, OLAP）等工具，讓使用者執行隨性查詢（Ad Hoc Query）等功能，以獲取更深入之資訊。

3. 資料倉儲分為前端（Front-End Tool）及後端（Back-End Tool）處理。後端處理方面包含資料萃取（Extracting）、清洗（Cleaning）等步驟，再將資料載入（Loading）資料倉儲中，並利用前端處理，執行有效率的查詢及資料分析。資料倉儲可以應用的領域包含製造業（例如：訂單運輸分析）、零售業（例如：存貨管理）、財務服務業（例如：風險分析、信用卡分析）、公共事業（例如：水電使用率分析）和健康醫療業（例如：診斷結果分析）等。
4. 陳文華（2000）亦指出，資料倉儲在顧客關係管理中扮演決策支援角色，企業中的管理者和分析師必須依賴資料倉儲中的資料做決策；當顧客對產品及服務產生問題而打電話至客服中心時，其客服人員必須透過資料倉儲，即時搜尋出顧客的交易、接觸與抱怨紀錄。此外，企業內的人員從資料倉儲中抓取所需的來源資料後，分析的結論或與顧客接觸之結果亦需一併回饋入資料倉儲中，形成完整的資訊流循環。
5. 對許多研究者而言，從大型資料庫中探勘資訊及知識，是資料庫系統及機器學習（Machine Learning）方面主要的研究主題。Chen等人（1996）指出，資料採礦（Data Mining）又稱為資料庫知識發覺（Knowledge Discovery In Database），其目的為針對資料庫當中的資料做分析處理，然後找出尚未被發現及潛在有用的知識，再將相關的組合（Relevant Set）自動地萃取出可預測的資訊。
6. 其可應用於資訊管理、流程控制、決策管理、資料倉儲及網際網路的線上服務等，透過資料採礦的技術，可以更了解消費者行為模式，進而改善業者提供服務的品質，並增加企業的銷售商機。然而，在發展資料採礦技術時，必須了解其所需具備的條件及面臨的挑戰，例如：必須能處理各種不同形式之資料、具備有效率的演算法則、能保護資料的私密性及安全性、可從不同角度執行互動式的知識採掘等；但是，事實上，這些資料採礦技術需具備的各項條件中，又會互相產生衝突點，例如：從不同的角度執行互動式的知識採掘和資料的私密性及安全性即為其中的衝突之一。此文獻亦從資料庫研究者的角度來看，提供目前資料採礦技術發展的現況，且將各資料採礦技術做分類並加以比較。

二、資料倉儲與資料採礦在CRM的功能與角色

陳文華（2000）將資料倉儲定位於顧客關係管理架構的「客戶知識獲取平臺」部分，並說明資料倉儲的建立與運作程序：企業在營業活動中蒐集的各種與顧客關係管理有關之內部營運和外部市場資料，包括營運活動資料、交易資料以及客戶接觸資料等。這些資料通常分散在各個不同的系統與傳統的關聯式資料庫中，經過清理、除錯、剔除重複、整合，以及轉換為一致的格式後，再載入一個邏輯模型中，成為資料倉儲的主要架構。然後再利用線上分析處理、資料採礦和統計方法，獲取龐大資料蘊含的客戶相關知識，以作為決策之參考；同時能夠將銷售活動管理自動化，減輕管理者的負擔，為企業帶來以下利益：

1. 增加收益。
2. 增加獲利率。
3. 降低成本。
4. 掌握客戶，改善行銷設計與監督績效，提高對市場的專注性。
5. 減少行銷活動執行的次數，降低嘗試錯誤的頻率。

第三節　資料倉儲的意義、特性、活用步驟及架構

一、何謂資料倉儲及其要素？

1. 或許有人不了解資料庫與資料倉儲究竟有何差異？資料庫是累積顧客資訊或與顧客的溝通資訊等資訊，也可以說是資訊庫。但如果只是聚集資訊的地方，而沒有完成使用資料的架構，就沒有意義。因此，把所有資訊彙整起來，從中萃取為了解個別顧客所需資訊的架構，才算是資料倉儲。
2. 所謂資料倉儲的用語是在1990年出版的*Building Data Warehouse*中所提倡的新名詞，現在只要一提到顧客關係管理，資料倉儲已變成必備工具了。
   一般所使用的資料倉儲，是表示累積、活用多種多樣資料的「架構」。
3. 資料倉儲大致由四種要素構成。第一種是資料庫；第二種是所謂資料庫整合「倉庫」的中央倉儲；第三種是所謂僅萃取各業務或部門所需資訊而形成的「小倉庫」資料超市；最後第四種是為了了解個別顧客，而從

資料超市進行的各種分析，即所謂資料採礦的「行為」。

4. 在資料倉儲中，重要的並非累積資料，而是利用資料。中央倉儲只是整合資料的倉庫，如此並沒有任何意義。以資料超市萃取資料，以策略性進行資料採礦的分析才最重要。因此，為了完全了解個別顧客，必須以資料倉儲的顧客關係管理為核心，策略性地萃取資料。
5. 國內CRM專家蘇隄（2005）提出他對資料倉儲的定義，內容如下：
由於資料分析講究「大」與「快」，也就是如何從大量的資料中，快速獲取用來支援決策的資訊，資料倉儲乃應運而生。
從技術面來看，資料倉儲是一個集中儲存電子資訊的所在。不同來源、不同型態的資料，經過清理、轉換（Transformation）之後，以齊一的型態、有組織的排列，儲存於倉儲內以供分析。廣義的資料倉儲指的是整體的解決方案，除了資料集中儲存，還包含了連線分析（On Line Analytical Processing, OLAP）的功能。為了因應客戶需要，有些資料倉儲也提供採礦的服務。

表5-1　倉儲系統元件名詞解釋一覽表

(1) Warehouse Server	企業倉儲伺服器：儲存全企業之分析性資訊
(2) Data Mart Server	資料超市伺服器：儲存某業務或某部門之分析性資訊
(3) Staging Server	又稱ETT（Extraction Transformation Transport）Serve，不同來源、不同型態的資料在進入倉儲之前先於此清洗、轉換
(4) Workset Server	儲存使用者從事分析工作時所產生的工作檔
(5) Admin Tools	倉儲管理工具
(6) Simulate Tools	模擬與預測工具
(7) Report Generators	報表產生工具
(8) Ad Hoc Query Tools	隨性查詢工具
(9) OLAP Tools	連線分析工具，除即時查詢外，尚提供Cube、Drill-up、Drill-down、Rotation等功能
(10) Data Mining Tools	資料採礦工具
(11) MIS/EIS	管理資訊／決策資訊系統

資料來源：蘇隄（2005）。

6. 資料倉儲需求的定義描述：資料倉儲是什麼樣的系統內容？做什麼用呢？下面有幾點的描述：
   (1) 它必須擁有相當龐大的詳細資料：每一筆企業交易、每一通電話、每一通打到服務臺的電話、每一次購買、每一張帳單和每一個抱怨等都需要記錄。可以很容易藉由保有平均的資料或是只保留詳細資料30天來妥協。你需要透過詳細的衡量，以專注在你所有的行銷活動及它們的效果。行銷是一個不可預知的過程——新的機會與競爭威脅一觸即發，詳細資料使我們能夠立即反應。
   (2) 資料倉儲隨著企業與行銷交易而持續更新。不久之前，每月更新被視為是足夠的；現在，即使每日更新都可能太慢，許多人已使用持續不斷的分秒更新。
   (3) 在行銷部、管理部及許多其他部門中，許多人使用資料倉儲。如同之前所提，顧客關係管理不只是行銷，它是有關於整個公司如何對待其顧客。
   (4) 有些人想要能夠掃描分析並查詢整個資料庫，以尋找新的模式，而且他們想要馬上進行：圍繞著一組預期的模式來設計資料倉儲，注定走向失敗的命運。
   (5) 這系統必須隨時可以使用，它是公司行銷與管理的營運心臟。
   (6) 它必須是可擴充的，且它必須能夠與企業的成功一起成長。同時配合行銷部門日益複雜的需求，資料倉儲中的資料量每18個月加倍是很常見的。
   (7) 對於敏感的資料必須提供適當的保護。一般大眾對於他們私人生活的詳細資料，未經他們允許而遭使用感到憂心。立法部門逐漸要求人們詢問有關其資料被如何使用，資料倉儲必須能夠自動地記錄這些資料與實行顧客的指示。

@二、資料倉儲的特性

資料倉儲技術主要是應用於蒐集儲存顧客的相關資料，並可將資源、不同時期之資料格式及定義不一致之資料加以處理，並整合外部的資料，經過篩選、轉換，再存入資料倉儲，以方便企業對顧客資料之應用分析。

資料倉儲一般具有以下四種特性：

(一) 以主題為導向（Subject Oriented）

資料倉儲會將資料自然的以相同的種類或主題聚集在一起，因為以這些高層次且不重複的主題為主要的處理對象，有別於交易系統的流程導向。資料倉儲所欲解決的問題是決策分析的問題和交易導向的問題。

(二) 整合性（Integration）

資料倉儲內的資料必須具有相當的整合性，在一企業中，具有多種或不同的系統平臺是普遍的事。而資料倉儲便是要整合企業資料庫，跨越不同的平臺，透過資料轉換過程，讓欄位名稱、變數、編碼方式和日期時間等等主題屬性具有一致性的格式。

(三) 時間變化性（Time Variation）

日常的作業系統每天都有新資料增加，為維持資料倉儲的可用性，需在某些特定的時間點到作業系統中擷取新資料，這樣才能確保倉儲中的資料是最具時效性的。

(四) 非揮發性（Non Volatilization）

當資料放到資料倉儲中後，便不易異動、修正或更新。資料一旦被新增之後，便難以被更動，只能被查詢。

三、活用資料倉儲的五個步驟

活用資料倉儲有如圖5-2所示的五個步驟。

1 界定資料

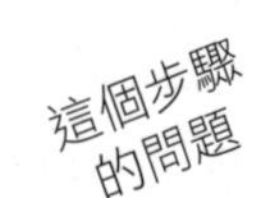

- 實踐顧客關係管理的具體目標為何？
- 環境分析用資料、顧客服務管理用資料、BPR用資料所需的資料為何？
- 既有資料與今後必要資料的蒐集方法為何？
- 資料的更新頻率與管理方法為何？
- 資料庫編碼方式與檔案格式為何？

2 設定資料庫活用架構（顧客關係管理分析架構）

這個步驟
的問題

- 所要求的分析結果為何？
- 為此所需的分析方法為何？
- 分析所需的程式或應用軟體為何？
- 為使用分析所需的程式或應用軟體的訓練機制為何？
- 為實踐顧客關係管理的小組體制為何？

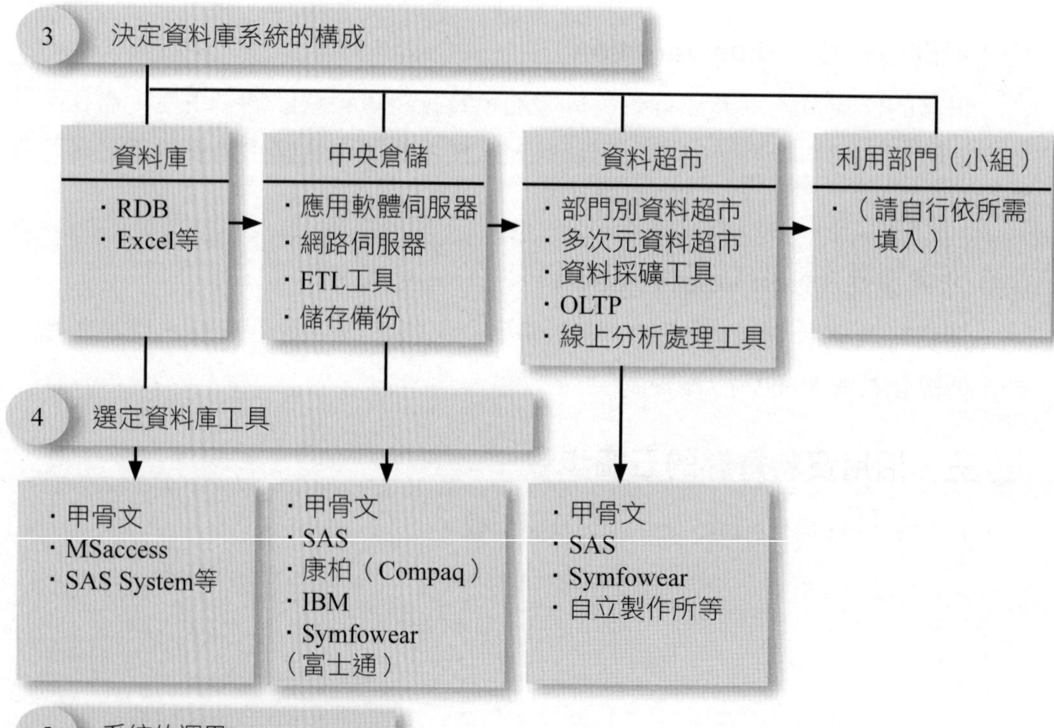

5 系統的運用

- 備份體制（儲存管理）為何？
- 維修保養與更新（升級）體制為何？
- 有無Outsourcing（委外處理）？
- 資料蒐集與輸入方式為何？

圖5-2　活用資料倉儲的五個步驟

資料來源：日本HR人力資源學院（2004），《CRM戰略執行手冊》，頁262。

(一) 界定資料

決定完成顧客關係管理的具體目標，分析所需的資料項目、資料的蒐集方法、資料的更新頻率以及資料庫編碼方式。尤其在建構資料超市時，如果不能清楚界定資料，日後整合資料時會很麻煩，因此要特別加以注意。

(二) 設定資料庫活用架構

設定所要求的分析結果，以及為此所需的資料，設定分析所需的程式或系統。

(三) 決定資料庫系統構成

在資料庫有RDB或Excel，在中央倉儲有應用軟體伺服器、網路伺服器、ETL工具、儲存工具，在資料超市有部門別資料超市、多次元資料超市、線上分析處理工具或各種資料採礦工具等。

(四) 選定資料庫工具

配合所設定的系統構成來選定各公司工具。最近資訊科技製造商也和具有各自優點的軟體廠商組成夥伴，一起提出解決方案。

(五) 系統的運用

在系統的運用上，最要留意的是因資料交換激增而導致的當機，這樣將使好不容易蒐集的資料在一瞬間消失，變成幾天都不能使用的可怕狀況，因此必須慎重建構備份機制、維修保養體制。

四、資料倉儲是「活用」資料庫的架構

如圖5-3所示，資料倉儲是活用資料庫的第一個重要行動，並且要策略性與行銷性地萃取出行動所需的顧客資料。因此，在企業實務上，都將顧客的資料倉儲提升為CRM循環的核心（Core），不斷強化、更新、加入及歸類顧客的資料倉儲，讓它成為一個有高附加價值且巨大的資料情報庫。

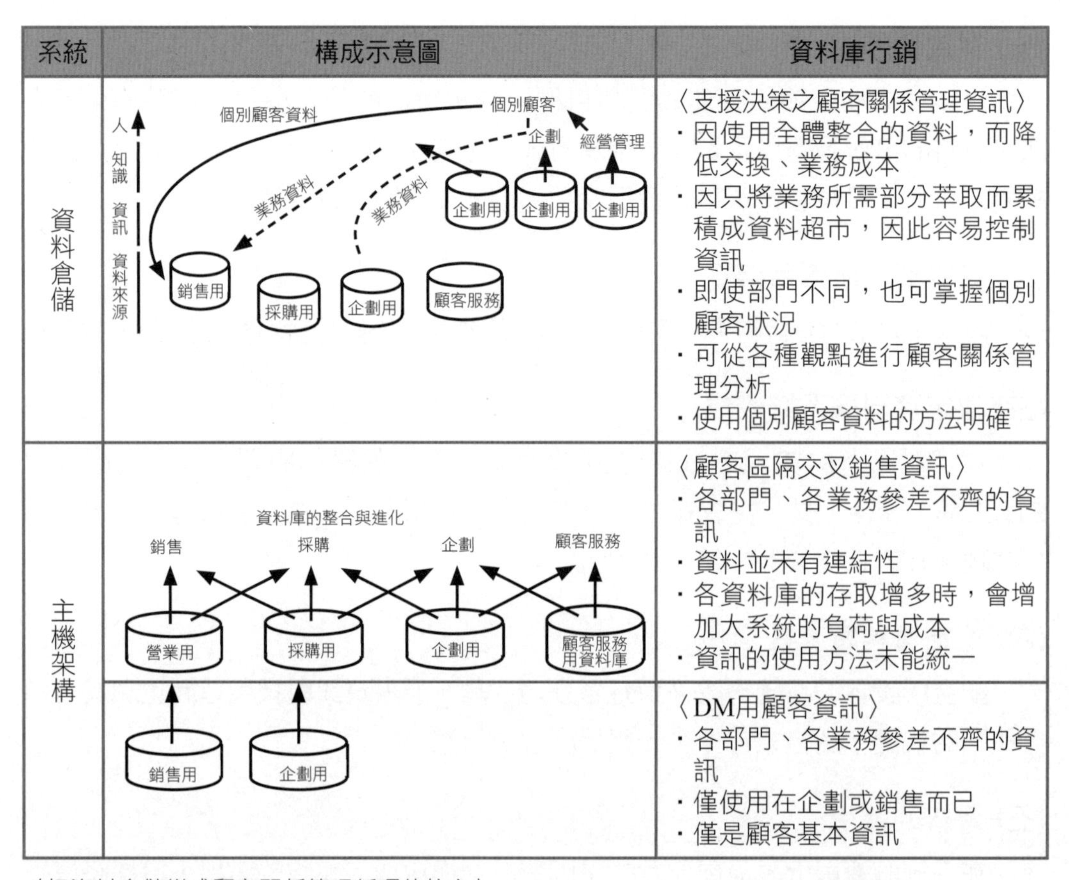

系統	構成示意圖	資料庫行銷
資料倉儲	個別顧客資料、個別顧客、企劃、經營管理、人、知識、資訊、資料來源、業務資料、業務資料、企劃用、企劃用、企劃用、銷售用、採購用、企劃用、顧客服務	〈支援決策之顧客關係管理資訊〉 ・因使用全體整合的資料，而降低交換、業務成本 ・因只將業務所需部分萃取而累積成資料超市，因此容易控制資訊 ・即使部門不同，也可掌握個別顧客狀況 ・可從各種觀點進行顧客關係管理分析 ・使用個別顧客資料的方法明確
主機架構	資料庫的整合與進化、銷售、採購、企劃、顧客服務、營業用、採購用、企劃用、顧客服務用資料庫	〈顧客區隔交叉銷售資訊〉 ・各部門、各業務參差不齊的資訊 ・資料並未有連結性 ・各資料庫的存取增多時，會增加大系統的負荷與成本 ・資訊的使用方法未能統一
	銷售用、企劃用	〈DM用顧客資訊〉 ・各部門、各業務參差不齊的資訊 ・僅使用在企劃或銷售而已 ・僅是顧客基本資訊

〈把資料倉儲變成顧客關係管理循環的核心〉

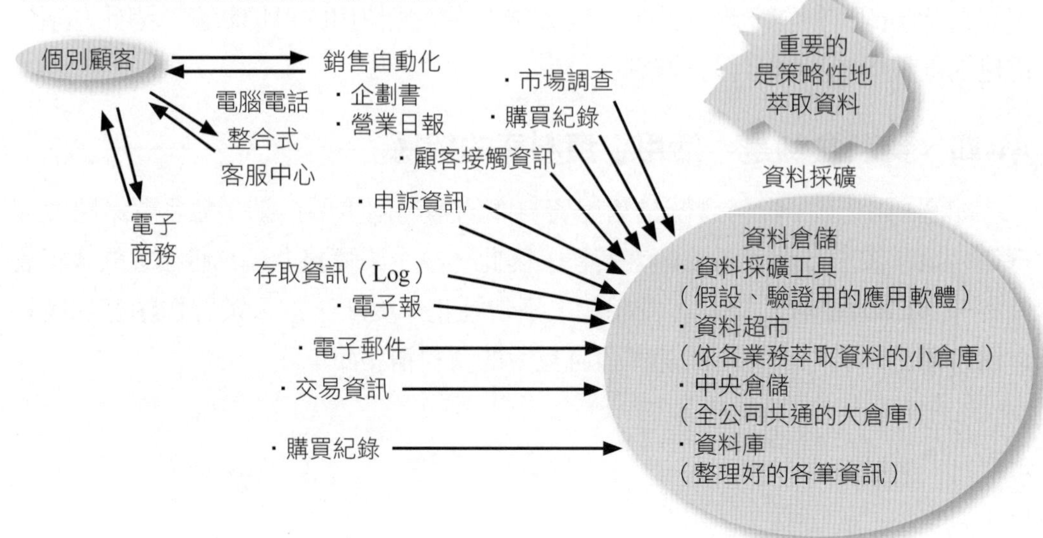

ERP（企業資源系統）、SCM（供應鏈管理）、KM（知識管理）

資料倉儲是個別顧客資訊的黃金倉庫。而最重要的是策略性地萃取資料，並以資料倉儲為核心，建立顧客關係管理的循環機制。

圖5-3　資料倉儲是活用資料庫的架構

資料來源：日本HR人力資源學院（2004），《CRM戰略執行手冊》，頁255。

五、資料倉儲軟硬體供應主要廠商的產品

表5-2列示日本及美國等資訊廠商提供的資料倉儲所使用的資訊產品。

第四節　資料倉儲的效益及成功要素

一、資料倉儲對企業的效益

資料倉儲究竟對企業有何效益，可參閱表5-3所示之五種效益。

二、建置資料倉儲之五項成功要素

許多調查報告顯示，資料倉儲失敗的主要原因，是缺乏高階主管的支持；企業對資料倉儲沒有正確的認知，不了解資料倉儲對企業的好處；企業在建置資料倉儲時進行速度太快、規模過大；在清理資料程序上遇到問題；或是缺乏豐富的Metadata（主資料）。因此，歸納建置資料倉儲的成功因素有以下五點：

1. 高階主管的支持。
2. 企業的認知和參與。
3. 階段性的建置步驟。
4. 清理完全的正確資料。
5. 豐富的Metadata（主資料）。

目前市面上有許多科技廠商，針對以上幾點提供相關解決方案，例如：具擴充能力的資料庫、大量的高速運轉磁碟系統、ETT/ETL工具、Metadata、查詢工具、OLAP、資料採礦與管理工具。但是在這些龐雜的解決方案裡，有一項最基本的要件被忽略了，那就是已建置資料倉儲的企業，需要一套能提供企業利益的資料倉儲策略應用工具。

表5-2　日本及美國資訊廠商資料倉儲所使用的資訊產品

	企業名	製品名	製品概要
日本	(1) 富士通	Symfowear	該公司自己開發之軟體，有關建構資料倉儲的所有工具均包含在內
	(2) NEC	Enterprise DWH Solution	NEC製伺服器與其他軟體銷售公司搭配的問題解決方案
	(3) 日立製作所	Cosmicube	大型線上分析處理工具伺服器
	(4) 帝人System Technology	Data Stage	進行資料的萃取轉換與下載的ELT工具
美國	(1) SAS	SAS System	支援決策形成的問題解決方案
	(2) Oracle	Oracle 12c	能因應大規模資料交換與多種應用軟體的資料庫系統
	(3) SAP	SAP BW	在和基礎業務合作下，具備強力資訊蒐集、分析、報告能力之工具
	(4) Compaq	Himalaya/Alpha	大規模伺服器
	(5) Microsoft	Microsoft SQL Server	顧客端／伺服器型的WindowsNT用RDBMS

資料來源：日本HR人力資源學院（2004），《CRM戰略執行手冊》，頁265。

表5-3　資料倉儲對企業的效益

(1) 迅速取得資訊的能力	資料倉儲大幅壓縮了自事件發生到決策階層知悉的反應時間。例如：業務報表的產生頻率可從每月一次縮減至每日一次，企業決策的時效性可因此提升。
(2) 企業資訊集中與整合的能力	資料倉儲整合企業內部各資訊系統，甚至外來資訊，提供企業制定有效決策、執行類似精靈炸彈般精密行銷攻勢所必需的唯一真理（Single Version Of Truth）資訊。
(3) 趨勢分析的能力	資料倉儲通常提供足夠的歷史資訊，可供企業從過去事件中找出行為模式與發展趨勢，進一步以此預測未來。
(4) 資料分析和新方式與新能力	資料倉儲提供先進工具，企業得以新角度、新方式與新能力來進行資料分析，許多倉儲使用者都因此從舊資料中發掘出新問題，或發現舊問題的新解決方案。
(5) 提升使用者對系統的應用能力	資料倉儲提供資訊應用者直接接觸與分析資料的能力，無須透過資訊部門，不但紓解了資訊部門的工作負擔，更大幅提升了資料分析的效率。

資料來源：ARC遠擎企管顧問公司，蘇偎（2005），《顧客關係管理深度解析》，頁137。

第五節　案例介紹

案例1　國泰人壽CRM的資料倉儲應用介紹

本研究在整合國泰人壽的個案訪談、相關公開資訊與羅國輝（2003）的相關文獻整理，將國泰人壽資料倉儲的應用分別敘述如下。

為有效應用國泰人壽現有的資料庫，以協助業務人員開拓客源，並提供客戶最適產品組合，於1999年3月，共花費1,980萬元採用NCR安迅公司的資料倉儲系統，該系統已於2001年初正式建置完成，提供業務人員線上使用。國泰人壽資料倉儲之建置是採用完全外包模式，透過合作廠商IBM電腦公司的國際經驗傳承，國泰人壽目前涵蓋範圍包括客戶情報、保單再購、保單校正、建立產險資訊及資料蒐集等。

國泰人壽在2001年底成立國泰金控後，國泰人壽的CRM策略開始進入資料倉儲的第二個階段任務，是為朝向「金控資料倉儲」之建置，整合國泰金控集團下各子公司之相關客戶資料。「金控資料倉儲」包括了壽險、產險、投信及銀行的資料。這些資料目前部分已經呈現在CRM系統的行銷專區功能中，並提供給業務人員作為銷售商品時之輔助工具外，亦可以協助行銷企劃人員做資料分析及統計。而金控倉儲最大的用途，就是要能整合各子公司的資料，讓業務人員幫客戶量身訂做完整的理財規劃。而為達成長期永續經營之目標，則持續推動CRM行銷策略，以利用資訊科技提供顧客多元服務管道。目前該公司之CRM系統所提供之功能包括：

(一) 篩選目標客戶

CRM系統利用地理區域以及顧客生活型態等人口統計變數來區隔顧客。業務人員可利用自選的條件，或是利用CRM系統所提供之組合條件，或是各種行銷專區的條件（例如：年金專區），篩選最適合的目標客戶，讓業務人員不必大海撈針，提升銷售成交率。

(二) 掌握受理進度

利用CRM系統查詢保單理賠的受理進度或客戶辦理現金卡、保單質押貸款

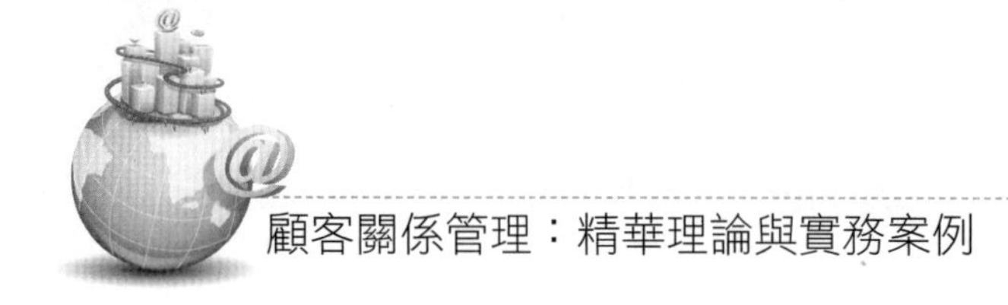

等相關受理事件之進度。

(三) 績效統計查詢

CRM系統將各單位之每月、每季或每年相關績效的資料均加以納入，協助單位主管隨時掌握單位績效之表現。

(四) 善用活動管理

國泰CRM系統中有客戶上月發生或下月預定發生的事件資料，例如：篩選出客戶上個月有醫療給付，業務人員可以去拜訪關心保戶，順便可協助保戶做好保單校正工作。此外，若客戶下個月有意外險續保、增購保額或續繳保費，也可利用CRM系統所篩選之結果，及早通知保戶，讓保戶感受到業務人員的用心。

(五) 利用管道與客戶保持聯繫

CRM系統中建置了相關的聯繫服務功能，如「發送電子郵件」、「發送簡訊」等功能，業務人員可利用這些功能適時地寄發賀卡，或是傳遞一些保險、醫療或財經等相關訊息。如遇有特殊的行銷專案或是停售消息，業務人員亦可利用簡訊功能，一次發送給多位保戶，不但節省時間、降低行銷成本，也可以讓保戶感受到業務人員的貼心，進而提高顧客滿意度及顧客忠誠度。

(六) 每日更新資料

在建置CRM系統之後，保單相關受理進度或相關資訊之查詢延宕的問題已獲得解決。各金控子公司的系統使用專線和資料倉儲系統連接，資料每天透過專線傳送，壽險、意外險新契約、保全理賠與資料蒐集輸入，只需要一個工作天就可以顯示在CRM系統中。

(七) 納入產險資料

國泰人壽CRM系統目前是以朝向建置「金控資料倉儲」為目標，在金控公司的架構下，CRM系統納入壽險、產險、投信及銀行等相關客戶資料，進行交叉行銷，達到金控公司之綜效。

(八) 整合行銷專區

金控公司成立之後，為了讓各子公司的商品可以進行交叉銷售，CRM系統針對諸如現金卡或ATM保費業務專案，特別建立「行銷專區」。業務人員可以利用行銷專區之功能，配合推動專案，從篩選目標客戶至掌握最後的績效數字，規劃出清楚的行銷策略。

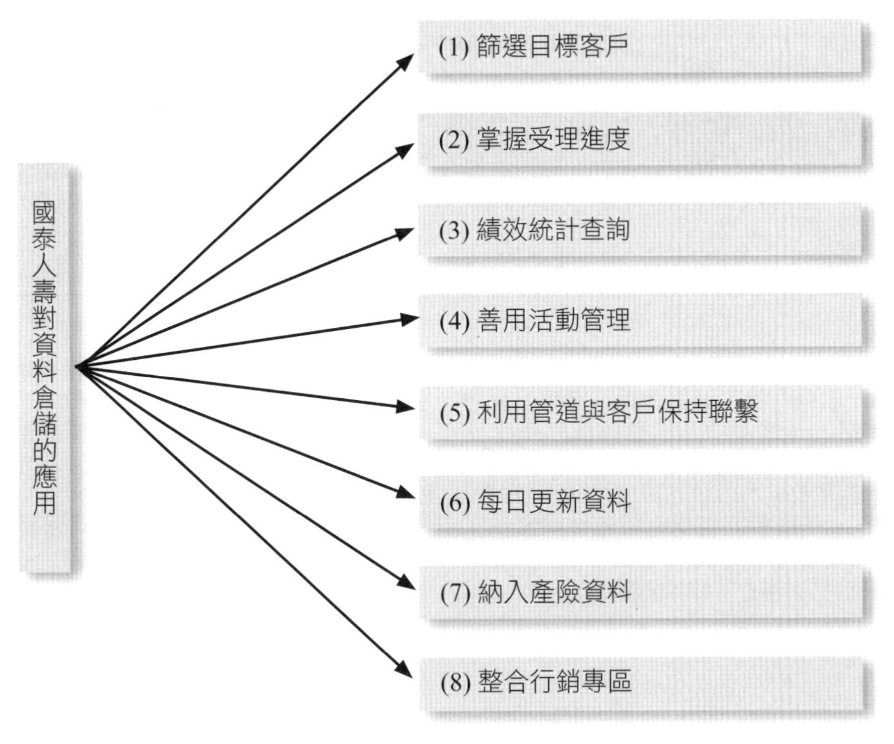

圖5-4　國泰人壽對資料倉儲的應用

案例2　某公司會員商業智慧（BI）模組建置簡報

(一) 會員經營分析規劃

以人為基礎	(一) 會員DNA分析	(二) Data mining資料採礦	(三) Big Data大數據金礦
	承接E&U整體會員資料庫資料，進行分析並銜接BI系統，發揮跨部門運用效益	根據顧問團建議，進一步導入更多關鍵變數	與大數據中心整合，內部承接專業技術人才，跳躍導入

・說明：

(1) 會員DNA分析透過BI軟體初步建置資料倉儲，深入了解會員面向，交叉會員輪廓、購買行為、訂購商品、客服資訊、購物歷程等，解釋會員購買的原因，人腦解釋過去。

(2) Data Mining將更多資料整理成結構化資料（BI），透過採礦工具（多變量統計分析方式），找到有價值資料，成為模組精進（如：客戶分群、預防客戶流失、商品推薦），電腦建議未來，10次成功1次（但電腦會自我訓練）。

(3) Big Data是直接將結構化與非結構資料，直接透過大量雲端運算模組，找到資料log序列中未知的關聯性，電腦告訴可能的未來，100次～1,000次可能才會找到一個金礦（但找金礦的時間縮短、可能性增加）。

(二) 會員經營分析架構

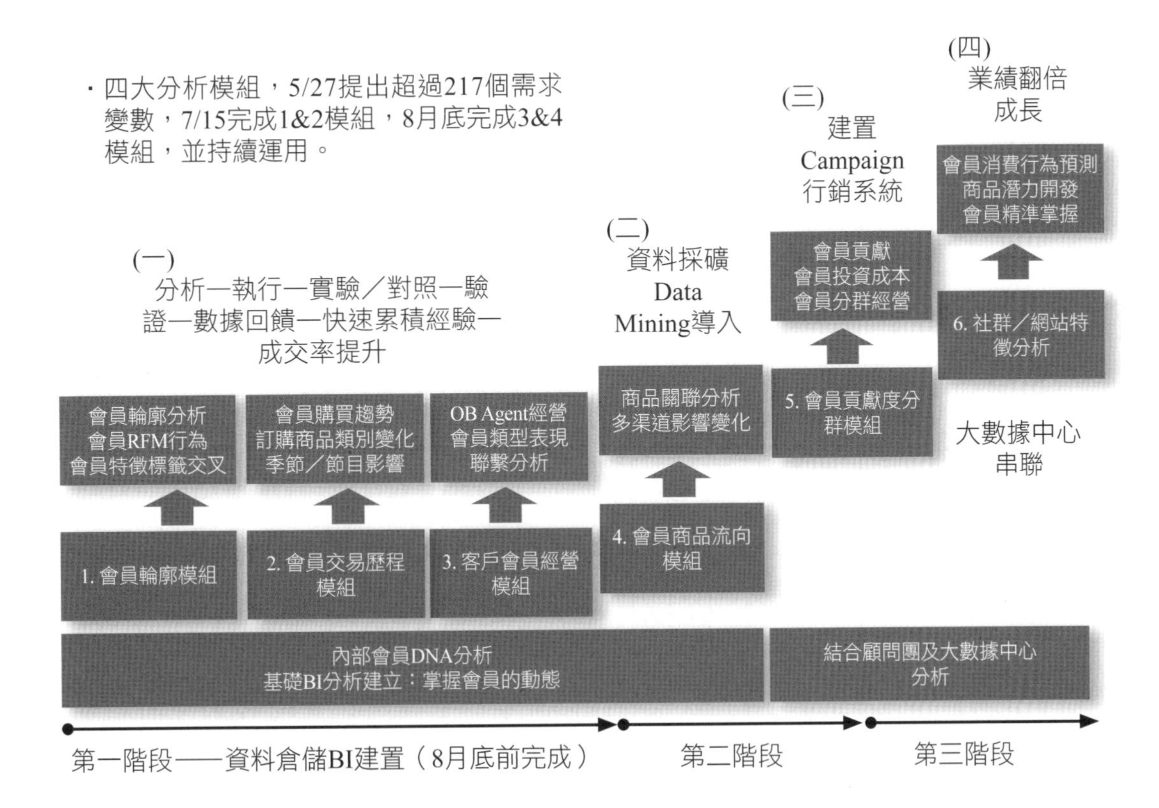

(三) 第一階段BI——進度

分析提煉 – 擴大發展

BI分析模組建置 – 快速回饋建議 – 提升精準度

(四) 第一階段BI——資料倉儲需求

第一模組：會員基本輪廓	第二模組：會員交易歷程（先匯入2012-2013近2年資料）		第三個模組：客戶會員經營	第四個模組：商品流向（關連性）
性別	R-最近一次訂單日距今	時段-小時	OB維護單位：組別	購買當月
年齡層1-10歲級距	F-3個月有交易次數級距	接單方式	OB維護Agent：人員	購買前一當月
年齡層2-5歲級距	F-6個月有交易次數級距	付款方式	Campaign名單貼標	購買當月一商品分類
生日月	M-3個月有金額級距	分期	1個月接觸次數	購買前一當月商品分類
星座	M-6個月有金額級距	銷售通路別	3個月接觸次數	購買當月一購買通路
聯絡地區	F-12個月有交易次數級距	配送方式	最近一次接觸距今	購買前一當月購買通路
經常配送地區	M-12個月有金額級距	是否預購	名單貼標數	客戶人數
客代建立年分	大型Campaign行銷註記	交易地區	總維護人數	訂單數量
客戶註冊公司別	F-3個月簡訊溝通次數	訂單商品數量	總維護人數（合併）	訂購金額
客戶註冊來源別	F-6個月簡訊溝通次數	訂單商品金額	收過型錄註記	
客戶類型	F-12個月簡訊溝通次數	訂單商品毛利額	訂單日期	
客戶等級	F-3個月退貨次數	訂單客戶人數	配送日期	
是否有有效電子折價券	F-6個月退貨次數	折扣金額	付款日期	
婚姻狀態	F-12個月退貨次數	折扣類行型	訂單商品類別	
職業狀態	客怨類型分類	紅利金	訂單商品數量（扣除銷退）	
年收入狀態	簡訊溝通次數	訂單應收付款金額	訂單商品金額（扣除銷退）	
是否有留公司電話	換貨次數	退貨訂單數	訂單商品毛利額（扣除銷退）	
是否有留E-mail	退貨次數	退貨訂單金額	訂單客戶人數（扣除銷退）	
是否接受行銷訊息	拒收次數一配送終止	退貨訂單毛利額	是否電視節目	
是否接受電話行銷	天氣溫度（by yyyy/mm/dd by都市）	退貨訂單人數	是否型錄報紙	
是否接受型錄寄送	天氣下雨量（by yyyy/mm/dd by都市）	取消訂單數	是否電話行銷	
是否接受問卷調查	商品節目表（時間、中分類、品名）臺別	取消訂單金額	是否參與促銷活動	
……等38個變數	……等97個變數		……等75個變數	……等9個變數

(五) 驗證計畫——精準行銷

目的：透過會員BI分析後，驗證分析變化vs.成交與否之顯著性。

1. IB買加購（搭銷）：商品推薦驗證：7/7（日）開始，針對進線客戶進行不同之輪廓商品貼標，分析買加購成交率的變化。
2. OB電銷（主動行銷）：精準行銷名單驗證，6/28（五）～7/27（日），設定三組，第一組為BI實驗組，第二組為RFM購買行為組，第三組為對照組，對應成交回應率狀況。

案例3　直銷公司安麗導入商業智慧（BI）系統

2009年，當全球籠罩在消費低迷的陰霾中，國內直銷業龍頭美商安麗展現出強大氣勢，據《直銷世紀》雜誌統計，其營業額突破歷史新高達到新臺幣74億元，穩居龍頭寶座，且成長率突破二位數。在複雜凶險的經濟環境中，安麗如何洞悉機會、做出致勝決策？

美商安麗1982年在臺灣至今，累積的直銷商與會員總數也屢創新高，穩健的品牌商譽與產品口碑，提供安麗絕佳的戰略優勢。然而市場的挑戰日新月異，產業龍頭要維持領先地位就必須持續創新，即使是企業內的IT部門也不例外。

傳統上，觀察直銷品牌的焦點總是落在產品、制度與獎勵等層面，資訊部門屬於默默付出的幕後團隊。然而，作為領導品牌，安麗對於IT自有不同的期待。

(一) 內外環境趨複雜，精準決策成挑戰

「對外，當公司持續成長茁壯，快速回應市場的決策能力必須同步提升。對內，安麗產品數與直銷商數都已具領導規模，決策複雜度提高，同時潛在的機會也更多。」臺灣安麗資深資訊經理吳樹正表示，「我們認為IT能夠協助企業因應內外多元挑戰，這是我們引進IBM Cognos商業智慧解決方案來輔佐決策的主因。」

從產業面來看，國內直銷業向來以靈活見長，相形之下市場變動也來得更快更遽。《天下雜誌》的〈臺式創新引爆直銷戰爭〉文中描述，臺灣人的創新與靈活，讓直銷產業的機會更多元，例如社會對直銷改觀、更多專業人士加入，以及近年來直銷產業大幅開設通路拉近與消費者的關係，都讓直銷產業產生顯著質變。

從客戶面來看，安麗近三十萬名會員中，多數為經營事業的直銷商，少部分為單純消費產品的愛用者。市場趨勢顯示未來純消費者的比例將會持續升高，這群消費者將成為新的商機，但從直銷業跨入零售模式卻又是另一個挑戰。這些內外在變化，都讓營運更為複雜。

(二) 安麗三階段布局導入商業智慧，提升精準決策力

「過去安麗建構了許多分散式應用系統協助決策者，然而環境變動如此快速，我們希望透過商業智慧系統提供即時整合、具有洞察力與商業價值的資訊，讓公司、直銷商組織都能受益。」安麗商業智慧系統負責人、系統分析師王進輝說明。

為了讓BI系統能夠順利推動，安麗資訊團隊規劃了三個導入階段：

階段一：建構平臺，並導入行銷與業務團隊立即感受到效益的專案。

階段二：建置有助各部門決策分析的關鍵報表，開始展現決策價值。

階段三：與各事業單位主管進行需求訪談，了解各部門決策所需的關鍵資訊，導入完整的決策支援應用，真正發揮BI效用。

三階段布局完美達成任務後，會更進一步研究資料採礦（Data Mining）的可行性，希望藉由產品、消費行為、經銷商組織行為和市場資訊等多維度分析，協助安麗開創新的商機。

(三) 即時深度分析，提升行銷價值

資訊團隊在IBM的協助下已於2010年6月完成第一階段，協助安麗更了解消費者，並協助直銷商家掌握自身優勢。近年來安麗投注較多資源於大眾媒體，向一般大眾溝通產品與品牌的優點。由於大眾媒體宣傳所費不貲，因此在每一個行銷活動前須深入分析行銷族群的類別屬性、消費行為與使用偏好，活動後則要評估效益與改善之道。

「舉例來說，行銷團隊於三月分針對高蛋白產品推出全新活動，由於活動十分成功、累積資料繁多，所以一個活動、十份報表花了兩個禮拜才完成。」王進輝舉例，「導入IBM Cognos後，開發製作行銷部半年來所有活動的報告僅需三天，未來每個活動的事前分析與事後結案都更即時有效！」

(四) 業界最佳解決方案——IBM Cognos商業智慧系統

當初在導入商業智慧專案前，安麗深入評估市面上主要解決方案，認為IBM Cognos不僅工具成熟度高、開發彈性大，豐富的模組工具也能協助安麗資訊團隊快速開發新的應用，且執行效能十分優越。此外，IBM Cognos可以完美界接安麗資訊團隊過去開發的應用程式模組，跨系統整合能力強，也是雀屏中選的關鍵之一。

許多企業導入BI時，常因耗時耗力卻無法立即看到成果，使用者與相關部門彈性疲乏、失去興趣，因而形成瓶頸導致計畫受阻。有鑑於此，安麗資訊團隊採用所謂Quick-Win策略，意即讓使用者快速感受到商業智慧系統的效益，再逐步導入更多應用，讓新系統在好評中持續進步。

(五) Quick-Win策略，讓BI在好評中逐步茁壯

「新的系統對使用者是陌生有距離的，所以要能持續產出、每次都帶來具體而正面的使用者體驗，慢慢讓使用者愛上新系統。」王進輝分析，「由淺而深，逐步上手，才能讓使用者發揮出商業智慧的價值。」

導入商業智慧系統的過程中，也帶來意想不到的附加好處。過去在既有系統中開發了許多應用程式，有許多功能重疊、但擷取資料的定義不同，會造成資料不一致的困擾，只要數百萬筆資料中有數十筆不一致，就足以令資訊人員人仰馬翻。導入IBM Cognos BI後，有助於統整資料觀點與定義，一次將標準定好，免

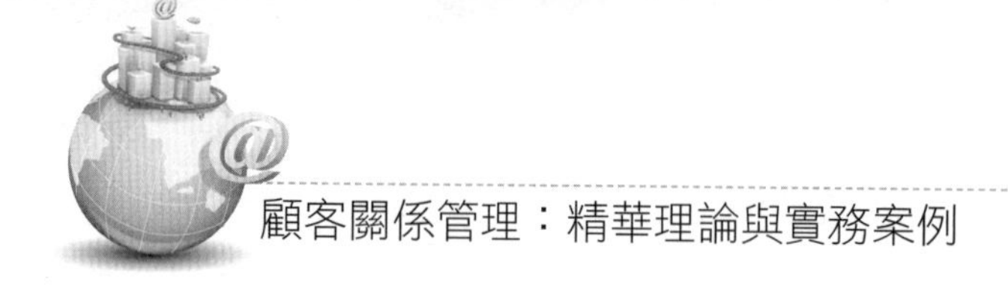

除資料歧異造成的衝突，讓各部門將寶貴時間用在更具價值的業務上。

(六) 終極目標：資料採礦，從資訊中找到黃金

安麗的商業智慧系統目前已經完成第一階段平臺建置的工作，一改過去由IT撈資料、以Excel做報表的模式，簡單易用的介面讓行銷業務部門在第一時間可以掌握關鍵資訊，也與各部門使用者建立了良好的互信。第二階段也在2010年底完成，協助各部門善用IBM Cognos做出更精準的決策判斷。

「最終的目標是要做到深入的資料採礦，從多維度資料交叉分析中找到潛在商機，並提供直銷商更多具有價值的商業洞察，讓總公司、直銷商體系都能從中獲利。」吳樹正表示，「我們對於IBM Cognos商業智慧抱有很高的期待！」

（資料來源：《數位時代》，2010年12月）

案例4　聯華食品導入商業智慧（BI）決策

聯華食品自1951年於迪化街創立「聯華貿易行」，1968年從大宗穀物買賣交易跨入食品製造加工業，旗下有元本山海苔、萬歲牌、可樂果、卡迪那和寶咔咔等數十年來廣受歡迎的主力產品。2000年起，聯華董事長李開源積極推動多角化經營，跨入健康食品、鮮食代工等領域，同時更以高瞻遠矚的眼光引進IBM Cognos BI商業智慧解決方案，提升決策時效與品質。2011年，聯華營業額突破50億元新臺幣，十年轉變型變革成效有目共睹！

聯華食品，是臺灣許多世代共同的味蕾記憶。可樂果、卡迪那、寶咔咔及萬歲牌開心果等長青產品歷久彌新，元本山海苔更是逢年過節廣受歡迎的伴手禮。嚴守品質、嚴選素材的理念，更讓聯華安然度過多次食品添加物風波。然而，聯華並不因多年來的成功而自滿。

(一) 轉型變革，營收倍增

轉機，發生在2000年。當臺灣加入WTO後，國內市場湧入來自世界各地的競爭者，而聯華在中國市場的拓展還在摸索階段，營業額停滯於18億元新臺幣，成長瓶頸難以突破。此時，聯華食品董事長李開源一句「垂死病中驚坐起」，點出聯華亟需改革的迫切性。

聯華轉型，從營運變革與IT變革兩個面向做起。營運面，聯華投入多角化經營，看準便利商店的鮮食供應需求，2001年開創鮮食事業部門，2007年針對東方

人體質推出KGCHECK健康食品與窈窕管理品牌。

IT面，則是在董事長的全力支持之下，2002年建立集團ERP系統，2005年進一步引進IBM Cognos BI商業智慧解決方案，整合銷售、庫存、採購和財務系統，為傳產體質增添數位競爭力，期望在複雜多變的商業環境中，提供經營者更即時精準的商業智慧與決策洞見。

雙管齊下，聯華業績在十年間從18億元成長至50億元，近年來每股盈餘（EPS）更連四年成長，營收與獲利能力都有亮眼表現。

(二) 引進Cognos BI，提升決策品質

聯華食品協理江志強當年正是IT轉型的主要負責人，對這段歷程感受深刻。他指出，李開源董事長主導IT部門引進商業智慧解決方案，主要是因為食品業面臨多重挑戰：

1. 原物料生產與採購波動大，精準預測才能掌握商機並降低成本。
2. 通路與產品複雜化，透過即時分析掌握最佳銷售組合，才能確保營收與獲利。
3. 組織績效管理與獎懲需即時化，以提升管理效果與員工士氣。
4. 消費者變得更加聰明，必須更深入理解消費者需求與喜好，精準掌握趨勢。

(三) 原物料採購：精準預測，確保商機

聯華採購的原物料多為季產年銷，開心果、海苔甚至是一年一獲，必須通盤掌握銷售預測、收成狀況、匯率變動、原物料需求與成本波動，才能確保來源充足且符合成本效益。

舉例來說，聯華的主要原料如玉米與開心果，因中國市場需求大，且氣候變遷導致產量減少，2005年至今原料成本上漲一倍。「我們用Cognos BI建立多維度模型，設定波動的刺激因子，從歷史行情推估未來，做出對企業最有利的決策。」江志強說明。

過去是由專門團隊以人工計算提供報表，現在改由Cognos BI進行多維度、即時性的商業智慧分析，無論時效性或決策支援度都大幅提升。

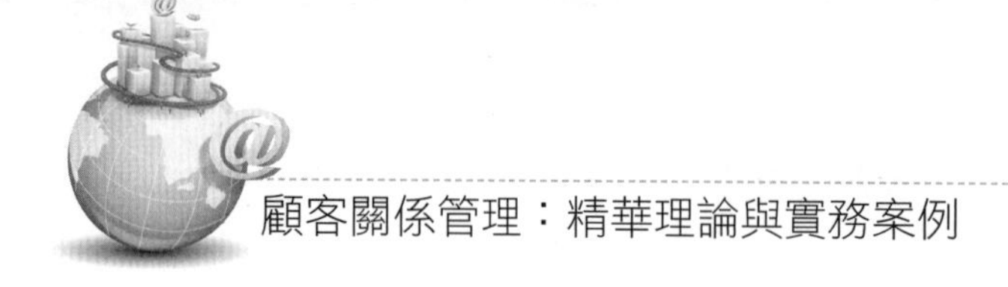

此外，Cognos BI人性化的使用者介面大幅降低了使用門檻，即便不熟悉電腦操作亦能輕鬆上手。「董事長原本不使用電腦，但Cognos BI的功能讓他很驚艷，他便開始學習使用手寫筆來操作。」江志強回憶，「我們都說手寫筆與Cognos BI的結合，讓董事長在營運管理上如虎添翼！」

(四) 銷售分析：創造最佳獲利組合

以往聯華著重於營收成長，但是當產品多元化、通路競爭加劇，衡量不見得能帶來高利潤。因此，聯華運用Cognos BI即時精準的智慧分析功能來規劃多維度產品與通路組合，創造最大化利潤。

「每個產品部門的決策者都必須立刻知道，產品在哪個時間點賣到什麼通路，能夠帶來最大利潤。」江志強說明。

舉例來說，年節時期禮盒海苔產品的銷售量是平常的百倍以上，但年節過後的退貨量往往也居高不下。2013年農曆年熱賣時期，聯華運用Cognos BI進行最佳化分配，在整體衰退的大環境中創造亮眼佳績；不僅整體營業額成長7%～8%，退貨量大幅減少10%，而獲利更增加6%！

(五) 即時報表，優化績效管理

2001年創立的鮮食部門，主要任務是為便利商店等通路提供飯糰、便當等鮮食，2012年營業額已達17億元以上，占整體營收36.5%，重要性不言可喻。

為提升鮮食部門的競爭力與員工士氣，聯華採用Cognos BI來製作即時性的績效報表，搭配KPI與獎勵制度，成為生產主管的管理利器。

「生產主管會自行客製化報表，立即讓生產績效透明化，並連結到每一位員工的績效與獎金，不需等待財務部門的月報揭曉成績，績效提升立竿見影。」江志強表示，「此外，權責單位亦可自行分析與預測哪些配置會帶來更好的結果，藉此優化生產流程與效率。」

(六) 貼近消費者，掌握新趨勢

科技與網路日漸發達，消費者變得耳聰目明，消費趨勢瞬息萬變。食品業大多透過通路販售，無法建立直接互動溝通管道，因此聯華於2013年創立「聯華E購網」，透過數位平臺掌握消費者的口味與購買習慣，推出獨特組合或嘗鮮口味來測試市場接受度，直接了解消費者。

江志強指出，待「聯華E購網」累積足夠資料後，就會運用Cognos BI進行多維度分析，讓聯華更加貼近消費者，提供更美味的食品與優質服務。

(七) 展望Cognos 10：進階預測、行動化

對於Cognos 10新版推出，聯華食品亦有很高的期望。Cognos 10支援行動化應用，決策者可以隨時隨地運用智慧分析做出最佳決策，高階主管都十分期待這項功能。傳統產業中較多不熟悉電腦操作的使用者，Cognos 10結合平板電腦的人性化介面，能讓Cognos BI普及到更多使用者。

此外，目前聯華食品都是以半人工的方式自己建立分析模型，現在更期望Cognos 10在整合SPSS後，建模與分析能力可望大幅提升，也預期能夠做到滾動預測（Rolling Forecast)。

「在轉型過程中，商業智慧為我們帶來更精準、更有品質的決策，並提升獲利能力，累積轉型成長的底氣。」江志強總結，「以聯華的企業規模來說，Cognos BI屬於較大筆的投資，但該做的就要捨得去做，從結果來看也十分值得！」

（資料來源：ftp://ftp.software.ibm.com/software//tw/pdf/3_1_LianhuaFood_IBMCognos.pdf）

本章習題

1. 建構資料庫應有哪些正確觀點？
2. 試簡述何以資料庫是CRM的策略性資產。
3. 顧客資料庫中有哪五種內容？
4. 試簡述何謂資料倉儲。
5. 資料倉儲由哪四種要素構成？
6. 試列示活用資料倉儲的五個步驟。
7. 試列示資料倉儲對企業的五種效益。

6 資料採礦／探勘（Data Mining）

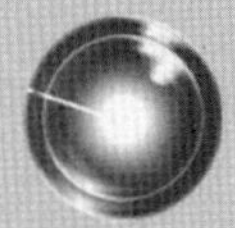

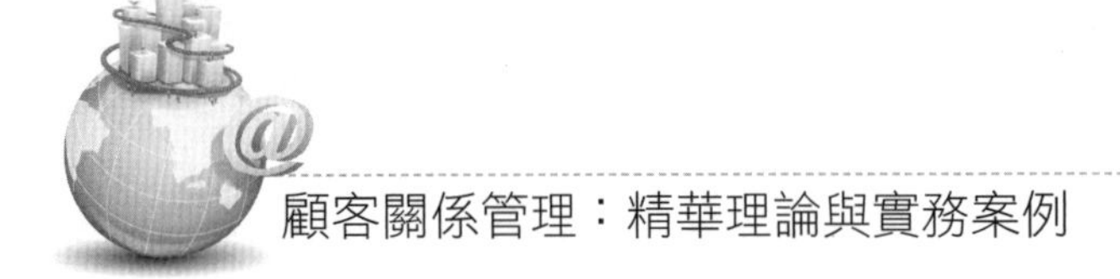

第一節　資料採礦／探勘的意義、流程及功能

一、資料採礦的定義之一

美國CRM專家Ronald S. Swift（2001）對資料採礦有如下的定義及說明：

資料採礦是一個從資料（Data）中萃取及展現可行動的、有效的、具目標性的，以及隱藏的和新奇的資訊（Information）之過程。

1. 「過程」意味著這不只是一個技術或是邏輯演算，而是一系列相關的步驟。
2. 「萃取」意味著在發現一些可能隱藏的資訊時所花費的努力（通常是指分析性的努力）；但資料採礦也能夠用於進一步確認已知或存疑的資訊。
3. 「展現」意味著將已發現的資料用報告、模式或規則的方法呈現。
4. 「可行動」意味著資訊是一種可被採行的決策或活動的形式。
5. 「隱藏的」意味著資訊可能是被隱藏的（或至少不是顯而易懂的），但能夠根據各種資料採礦技術的方式推理或發現。
6. 「新奇的」意味著資訊是新而且有用的（或甚至是非常重要的）。
7. 「資訊」與「資料」的不同在於，資訊包括一種或數種賦予資料意義的知識，為了要使知識發現的機率極大化，資料必須鉅細靡遺，也就是在摘要的過程中並無任何潛在資料的遺失。

總之，資料採礦最重要的目的是去發現有價值的資訊，特別是具有重大商業價值的。因此，對於商業的資料採礦的定義必須強調：解決商業問題。

二、資料採礦的定義之二

所謂「資料採礦」，是一種能夠從巨量的資料中，過濾出有用的知識與規則的技術。它利用人工智慧、統計學的方法，或以其他演算法為基礎，作為識別技術找出有用的策略性資訊。透過這些資訊，企業可以發掘出哪些是最好的顧客，並預測新的商業機會，進而轉變成企業的商業知識，以提升企業競爭的能力。

我們將資料採礦的技術用在客戶關係管理上，將有助於企業從堆積如山的資料中，挖掘更多有利於行銷的資訊，而這些資訊都具有商業價值。在客戶關係管理進行資料採礦時，首先要從資料中找出相關的特徵（Pattern）或模式（Model）。

三、資料採礦的定義之三

國內CRM專家李昇敦（2005）提出他對資料採礦的定義如下：

簡短地說，所謂的資料採礦，就是「從大量的資料庫中，找出相關的模式（Relevant Patterns），並自動地萃取出可預測的資訊」。這樣的概念並非首創，像統計學裡的迴歸分析以及資料庫管理系統也具備類似的功能。但前者缺乏同時處理大量資料的能力，而且必須先有假設後，再去驗證這個假設是否正確；後者則是無法提供對資料更進一步的分析。唯有利用完備的統計與機器學習（Machine Learning）技術，來建立能自動預測顧客行為的模型，同時還能與商業資料倉儲（Commercial Data Warehouse）結合，資料採礦方能發展出有價值的商業用途。

四、資料採礦流程的四個步驟

有效率的資料採礦流程可以含括如下的四個步驟：

1. 定義問題。
2. 資料處理。
3. 模式建構與分析。
4. 知識發展與維護。

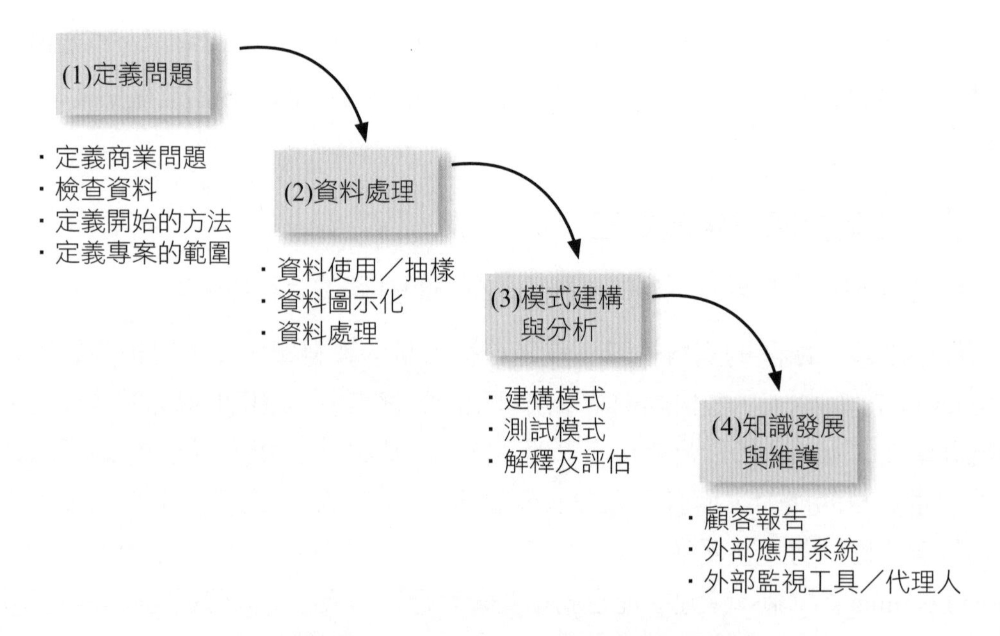

圖6-1　資料採礦流程的四個步驟

資料來源：Ronald S. Swift（2001），《深化顧客關係管理》，頁113。

五、資料採礦的使用技術

元智大學教授邱昭彰（2005）提出資料採礦的相關使用技術及功能如下：

如何在CRM的系統中使用資料採礦的技術，進而獲取有用的資訊，我們可以從圖6-2中，清楚地看到整個流程是如何運作的。首先，我們從CRM的整合性資料庫中，進行資料取樣的工作。然後再從其中進行學習或進化的程序，進而得到它們的模式和特徵。如此，我們將可以預估未來可能的事件或狀態，並將此訊息告知企業的行銷經理，輔助其進一步完成決策，並推行相關的行銷規劃和活動。

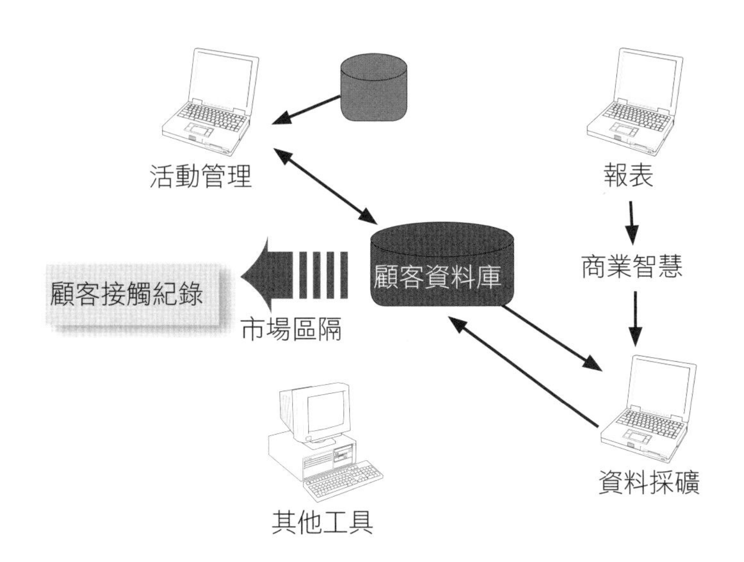

圖6-2　利用資料採礦來輔助CRM的過程

六、資料採礦的五種功能

我們利用資料採礦來輔助企業的CRM運作，有助於解決以下的問題：

(一) 顧客分類（Classification）

將顧客依照我們設定的目標，進行自動分類。舉例來說，如果要分出哪一類的顧客是高危險群的保戶，要支付較高的保費，假設我們知道年紀愈年輕且沒有結婚者，可能會比中年、已婚者發生意外的機率來得高，因此我們可以30歲作為門檻，當年齡大於30歲且已婚者，列為低度風險客戶，可以收較低的保費；假若保險人的年齡低於30歲且未婚者，則列入高度風險客戶，要收較高的保費。

(二) 敏感度分析

藉由某項要素的微調，估計客戶可能會出現的反應，並對結果做一最佳化的決策。例如：行銷經理欲調整月租費時，卻不知調高或降低至某一範圍，會對顧客有什麼樣的影響？因此，可以藉由此一分析功能來估計當月租費調整為多少時，顧客流失率較低且企業也能獲得利潤，此作法可用以評估定價策略對顧客的衝擊，並從中選擇最佳的費率定價。

(三) 顧客行為分析

針對顧客購買物品的行為進行關聯分析，建立關聯規則（Association Rule），以了解顧客的消費行為。例如：我們可以試圖探索在購買A產品時，是否會連帶購買B產品的關聯性？只要找出這樣的關係，將有助實行交叉銷售（Cross Selling），而設計出吸引人的產品組合。

例如：我們認為消費者到超市購買麵包時會順便購買牛奶，因此，我們藉由此一分析來找出麵包與牛奶是否會存在此一關聯，或者是和其他產品有較密切的關係。假設我們分析出顧客在購買麵包之後，有較高機率會連帶購買牛奶及果醬，我們即可根據這項結果，將這些產品放在一起分析，這會有助於增加相關產品的銷售。

(四) 流失（Churn）分析

對企業來說，顧客快速流失是企業獲利不良的警訊。如果能針對顧客可能的流失情況做分析，了解顧客流失的主要原因，這樣一來，將有助於企業訂定「顧客流失警報」，使企業能夠在情況未持續惡化之前及早因應，讓企業能趁早亡羊補牢。

(五) 顧客的分群

對公司現存的顧客進行動態的區隔，在獲得詳細的顧客區分後，進一步針對個別的顧客層級進行「量身訂製」的特別行銷，希望藉此獲取其忠誠度。在此需特別說明的是，分群（Cluster）和分類（Classification）的最主要不同在於，分群沒有預設的層級，而是採用「動態」的方式，來逐步區分出行銷經理所要的分群數。

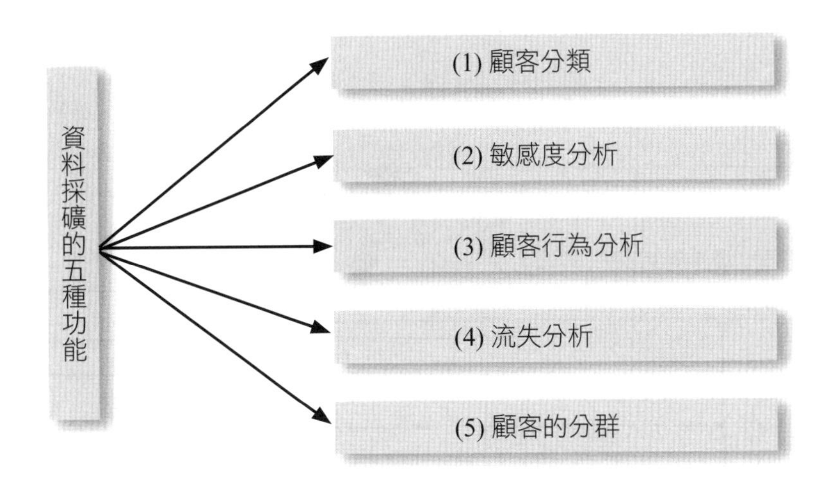

圖6-3　資料採礦的五種功能

七、以資料超市／資料採礦完全了解個別顧客

資料超市是為了了解個別顧客，依各業務、部門蒐集所需的資料而形成的小倉庫。一般而言，在中央倉儲設定一定條件後便會自動萃取、累積。雖然是小倉庫，但在此必須毫無遺漏地儲存實踐顧客關係管理上能使用的資料。

另一方面，資料採礦是從資料超市撈出資料，進行各種分析的行為。如果分析錯誤，就會描繪出錯誤的個別顧客圖像，造成極大損失，因此，資料採礦必須在正確的架構上進行。以資料超市與資料採礦完全了解個別顧客，是實踐顧客關係管理之鑰！

圖6-4表示這種資料超市與資料採礦的架構。在資料超市中，大致累積三種資料，分別是「環境分析用資料」、「顧客服務管理用資料」、「企業流程重整資料」。依據這些資料，以資料採礦進入假設－分析－驗證的階段。

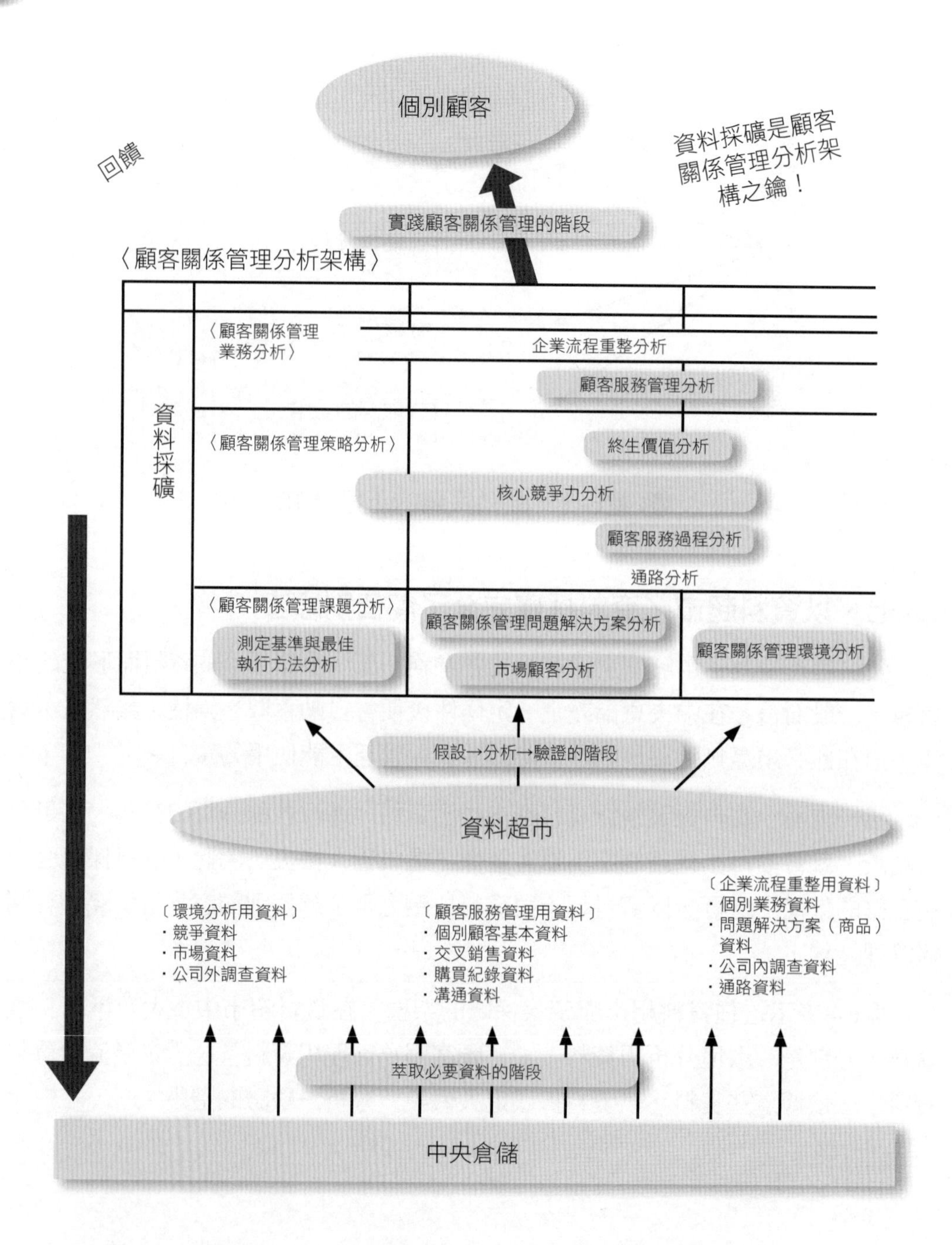

圖6-4　活用資料超市與資料採礦的架構

資料來源：日本HR人力資源學院（2004），《CRM戰略執行手冊》，頁257。

第二節　資料採礦的五大模式及OLAP

一、資料採礦的五大模式

國內CRM專家李昇敦（2005）提出資料採礦有五大模式，即分類（Classification）、預測（Predictive Modeling）、群聚／分群（Clustering／Segmentation）、聯合性分析（Association Analysis）以及順序（Sequential Modeling）模式，藉此資料採礦可以發揮強大的應用功能。

(一) 分類模式

根據不同團體的物件特性建立屬性變數，當新物件進來時，可以前述的屬性加以判斷並分類。如昂貴跑車及豪華房車的買主有不同的分類，前者多半是年輕的都會新貴，後者則是年紀較長的有錢人。

(二) 預測模式

利用一或多種獨立變數來找出某個標準（Criterion）或因變數的值，就叫作預測。通常其答案是兩面性的，像是否該對某項事情做出回應，或是預測某結果出現的機率等。

(三) 群聚／分群模式

以特定變數將集合團體加以分組（Group）的過程，它的目的在於找出群與群之間的不同，以及同一群內各個個體的相似點。例如：利用實際的腳踏車產品購買資料，將客戶分成登山車、一般路行車、競賽車、休旅車，以及「送禮型」的車主，這個方法將有助於對不同的群組進行特定的策略。

(四) 聯合性分析模式

聯合性分析常用來探討同一筆交易中，兩種產品一起被購買的可能性，而下面的「順序」則多用來探討交易行為發生的先後關係。

(五) 順序模式

以金融業為例，到銀行開戶的顧客中，40%的人同時也會申請提款卡，且平均在三個月後會有申請信用卡的行為發生，這樣的分析就是「順序」的研究結果。

在資料採礦的技術中，最重要也是最常被應用在行銷與顧客關係管理上的是「群聚」與「分群」。這項技術主要是利用顧客的交易資料來找出其購買行為，並建立企業因應的策略。公司可以根據一些變數，如現有顧客獲利率、風險評估、顧客終生利益評估和持用可能性等，將顧客加以分群，並採用不同的行銷策略來對症下藥。

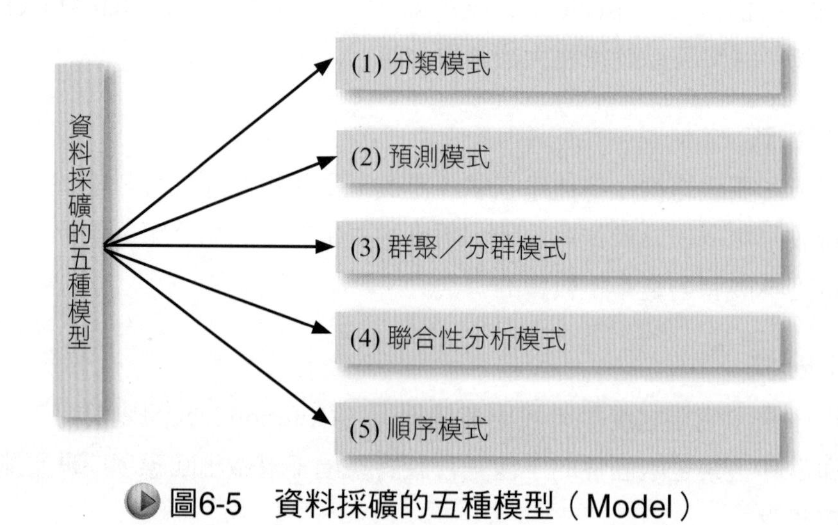

圖6-5　資料採礦的五種模型（Model）

二、資料採礦的六個企業應用方向

國內CRM專家李昇敦（2005）提出資料採礦有六個企業應用方向，如下：

(一) 獲取新客戶（Customer Acquisition）

從第一步開始，可根據顧客屬性來預測其對商品或通路計畫的反應，接著可以比照相對應的實際屬性與反應是否真如預期，並從中挑選出那些尚未成為我們的顧客、但最有可能會對我們的產品感興趣的人。

(二) 維繫既有客戶（Customer Retention）

當資訊顯示企業的基本顧客已經開始流失到對手陣營時，公司就該採取挽留措施，同時對那些還算穩定的顧客，給予些誘因使其更願意留下來。

(三) 剔除沒有價值與不佳的客戶（Customer Abandonment）

當顧客資料中出現「黑名單」，也就是企業投注於其中的費用遠超過他所回饋的，就應該考慮是否停止為這些顧客付出努力與成本。

(四) 可進行搭配性商品購物籃分析（Market Basket Analysis）

購物籃指的就是消費者所購買的商品種類及數量，分析消費者購買的產品將會對公司產生多少的經濟效益，即是所謂的購物籃分析，或稱為聯合性分析（Association Analysis）。

舉例而言，當我們研究超級市場內的消費行為時，會發現某些物品經常是同時被購買的，譬如可樂及洋芋片、牛奶和麵包等，因為這些物品常常被聯想在一起，所以才叫作聯合性分析。

從這類的分析，我們可以得到以下這些問題的解答：相關產品該如何陳設？該促銷哪些產品？以及該做什麼促銷手法等等？

(五) 對顧客未來做需求預測（Demand Forecasting）與目標行銷（Target Marketing）

在處理過大量的資料後，當再次收到一筆新的資料時，電腦系統便會模擬它的結果。換句話說，就是我們能根據某類潛在顧客的特性去預測其需求，從而找出對我們所提供的商品最具有消費傾向的顧客。這方面的分析可以加強我們對各種商品其主力顧客的促銷動作，進而提高銷售的成績。另一方面，又可節省不必要的浪費，如行銷費用與存貨的過剩或不足等。

(六) 展開集團關係企業商品交叉銷售（Cross-Selling）與主動提升性銷售（Up-Selling）

共同基金市場常有交叉銷售的手法出現，我們往往可以在一家基金經理公司中，發現許多特性不同的基金組合，如成長型、國際型、穩定型、股票型等，既迎合了投資人分散風險的需求，又提供顧客操作上的便利。或是和異業結盟形成一張完整的銷售網，盡可能滿足顧客「一次購足」的需求，像航空公司與租車行、飯店的結盟就是一個例子。

同時還可以根據不同族群的消費特性，向潛在顧客介紹適合的產品，如保險公司可以向雙薪並有年幼子女、年收入150萬的保戶提出以下建議：有75%和他

們條件相同的保戶除了購買意外險外，也會幫自己的子女購買教育年金，如此一來便揚起了顧客的潛在需求，亦即所謂的主動銷售。

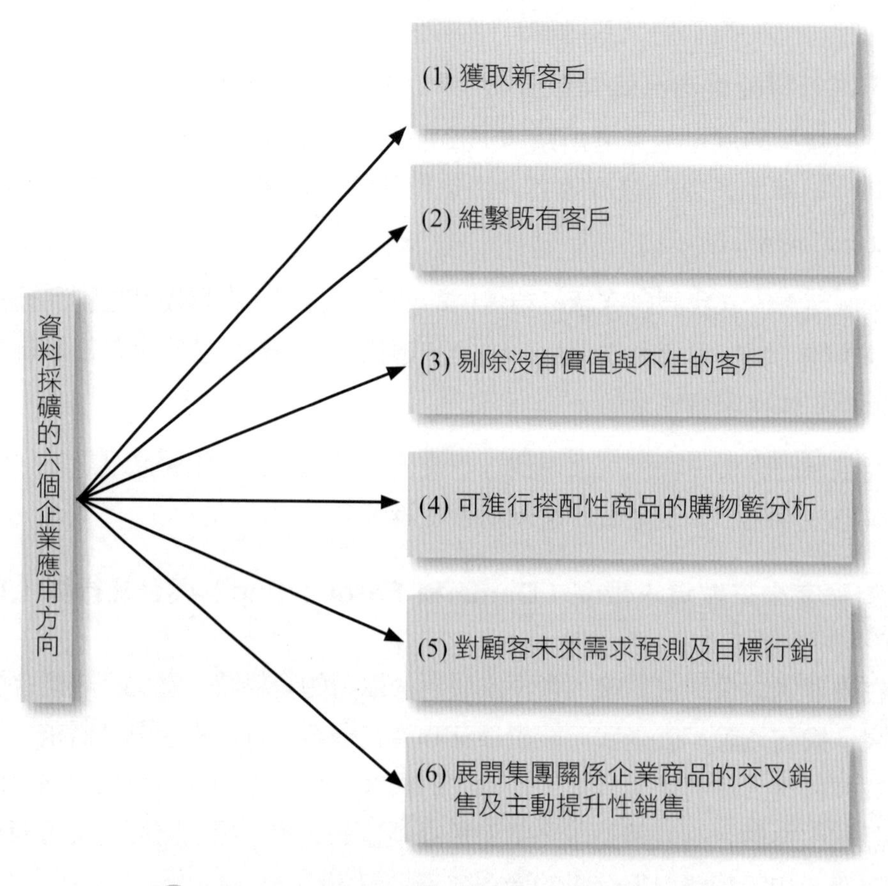

圖6-6　資料採礦的六個企業應用方向

三、資料採礦的演繹方式

資料採礦工具可以在龐大資料中找出某個模型和有價值的新資料，這對企業了解本身和顧客都非常有助益。通常資料分析師會用來尋找和分析他們沒有假設或頭緒的資料，有助於發現各式各項的新資訊，從顧客下一項可能採購的產品、最偏好的商場到最適合的電影上檔日期等，都可能有不同的發現。

資料採礦有許多不同的計算方法，但部分可能過於複雜而無法容易地應用在企業問題上。雖然這些計算方法在過程和脈絡上有所不同，但結果同樣能夠用於預測行為。以下是三種顧客關係管理資料採礦的演繹方法：

(一) 預測（Prediction）

用歷史資料來決定以後的行為，預測型模式通常會產生一種「模型」或結構性的結果。譬如：預測模型可以根據顧客以往的採購資料，推演出顧客下一個最可能購買的產品。

(二) 結果（Sequence）

結果分析是在同一特定議題下結合各個活動的結果進行分析，企業可以用來了解顧客在某一產品或活動是否有反應，有助於企業從公司不同的操作型系統獲取各項活動的結果資料，推演出一個模式。例如：銀行或電信公司可藉由檢查推演出的模式，了解某一顧客或某顧客族群延後或取消購買產品和服務的狀況。

(三) 關聯（Association）

關聯分析是用來檢視類似議題或活動的共同性，企業用來確定會同時發生的採購活動或項目，通常應用在採購籃分析，有助於公司了解哪些產品具有採購上的關聯性，例如：花生醬和奶油。藉由了解顧客和產品的關聯性，公司即可決定哪些產品應該放在一起廣告或折扣，哪些顧客會是哪些產品的目標群。

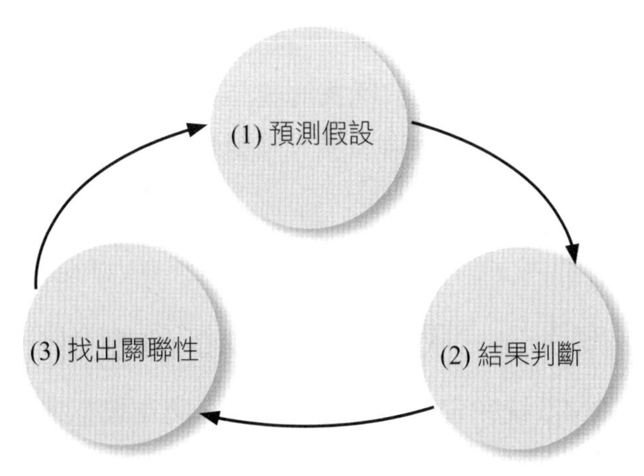

圖6-7　資料採礦的三種演繹方式

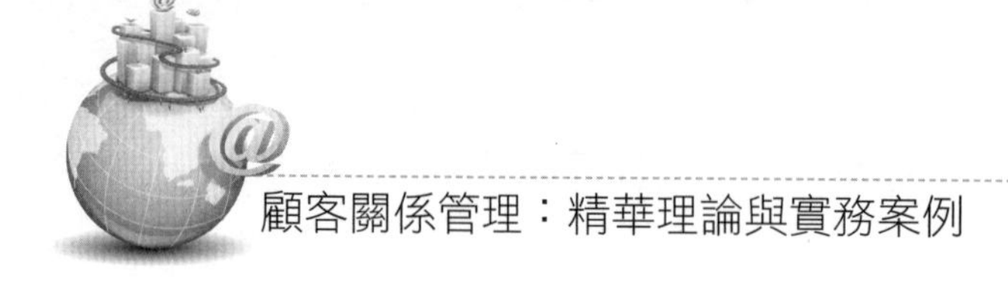

四、資料分析的主要類型——線上分析處理（OLAP）

1. 雖然對於「資料採礦」有不同的解釋，但多年來的確受到相當的注意和研究。一般普遍的觀點是視之為一種「鑽取」（Drill Down）資料的分析方式。而不論是在顧客關係管理議題或其他的研究上，資料採礦的確是分析方法當中很特別的子題之一。

   不過，「鑽取」這個名詞似乎更適用於「線上分析處理」，這已經變成決策支援分析最受歡迎的方式之一。業務人員可以針對同一主題，例如：時間或地點，在同一部門系統上連線取得整組、一層層更細部的資料，像是公司所有嬰兒產品各地區或各店面的銷售成績，或者是同一地區每個月至每季的銷售統計等。
2. 線上分析處理常常會和資料採礦混為一談，兩者都是根據同一主題將資料整理摘要，尤其是軟體廠商更會宣稱有此功能；但資料採礦還具備了自動將資料定義出一種有意義的模式和規則的功能。線上分析處理需要分析師在心裡先有個假設前提或問題，但資料採礦卻不需要，它會自己跑出一套分析師未預想到的模式和關聯。
3. 舉例來說，資料採礦能夠找出同一族群顧客會買的相同產品，像個人工作室的自由工作者分析結果會顯示購買個人電腦、不斷電系統、印表機、碳粉、紙、垃圾桶和咖啡。但如果使用線上分析處理，分析師必須自己去猜出這群顧客可能會購買的產品，再一樣樣去設定、檢查，結果是一般分析師通常可能會猜到個人電腦及所有相關產品，但不一定會想到像垃圾桶和咖啡這類產品。

第三節　案例——國泰人壽資料採礦應用介紹

國泰人壽的CRM系統在資料採礦之應用上，將市場區隔為獲取顧客、顧客增強及顧客維持等分類，分述如下：

一、顧客獲取增加

1. 顧客獲取的定義在於獲取可能購買的顧客。而企業與顧客建立關係的第一步便是獲取顧客，企業對潛在客戶開發的工作，必須透過一連串對於市場、產品與顧客面的策略擬訂與執行。資料採礦技術在顧客獲取活動上，最常見的實務應用為市場區隔與目標行銷。

2. 國泰人壽在顧客獲取策略應用上，顧客獲取方法主要仍倚重業務人員的直接銷售工作。對保險產業而言，業務人員與顧客的直接銷售是利潤創造的主要來源。此外，電話行銷亦是現在頗為普遍的方法。國泰人壽係根據促銷或各類活動所獲得的潛在顧客名單，進行電話行銷。

二、顧客增強銷售

1. 國泰金控所架構起一個功能完整的經營平臺，目的在結合保險、證券、銀行等多樣化的金融機構與商品。藉由國泰金控極為廣大的營業據點與銷售人員，發展交叉行銷的策略，提供客戶一次購足的服務。透過多角化的金融商品銷售來滿足顧客在其他金融產品多元的需求，提高公司獲利，更可藉由金控各子公司客戶資料進行客戶開發及銷售。
2. 目前國泰金控以總客戶數超過800萬人的數量維持其市場第一之占有率，透過金控公司旗下500多個分支機構以及3萬名業務人員，建構成最綿密的客戶服務網；未來再加入其他國內外優質的金融機構，將提供更為廣大的金融交流管道以及交叉銷售商機，建立通路上規模經濟與銷售上範疇經濟的競爭優勢。
3. 以國泰人壽擁有臺灣總保險人口40%的客戶量此一數量上的優勢，再加上CRM系統幫助國泰人壽對客戶在質的方面透過科學技術做有效的衡量，藉由資料採礦技術可計算出客戶價值，找出現有最具價值的顧客群，進而分析其成長潛力與穩定度。

三、顧客維持不流失

(一) 壽險業在開發新契約方面

基本上，短期內是不會顯現利潤的，尤其在競爭激烈的保險環境，各家公司無不應用促銷手法吸引更多的顧客。費差損必須在續保率高於一定水平之上，才可能損益平衡。國泰人壽保單繼續率（代表續保率的品質）在歷年來，持續呈現固定成長之趨勢。

(二) 在顧客服務方面

國泰人壽為了提升客戶對壽險業服務便利性的滿意，投資大量資金於「e Contact Center」。為了提供客戶「讓客戶24小時都能一通電話解決所有問題」之目標，提供給客戶互動式的個人服務，同時運用科技整合電話、E-mail與各項Internet服務，配合最佳的客戶策略，更有效地提升整體客戶服務的層級。

(三) 在客製化方面

國泰人壽利用全球資訊服務網智慧查詢的服務機制，提供全球800萬以上保戶及超過3萬名業務人員，全天候24小時便捷的查詢服務，讓業務人員能快速掌握國泰人壽在各項保險、理賠等相關的服務訊息，解決業務人員蒐集資訊的困擾，有效提升互動效率，使業務員對線上資訊服務有正面經驗，提升資訊服務客製化機制。

(四) 在客戶流失分析方面

可利用決策樹、類神經網絡等技術分析出可能流失客戶特徵，結合Contact Center提供電話挽留或業務人員拜訪之活動。在顧客服務方面，Contact Center需結合資料倉儲與資料採礦技術，對顧客進行輪廓分析，結合顧客的生命週期提供溫馨的服務。

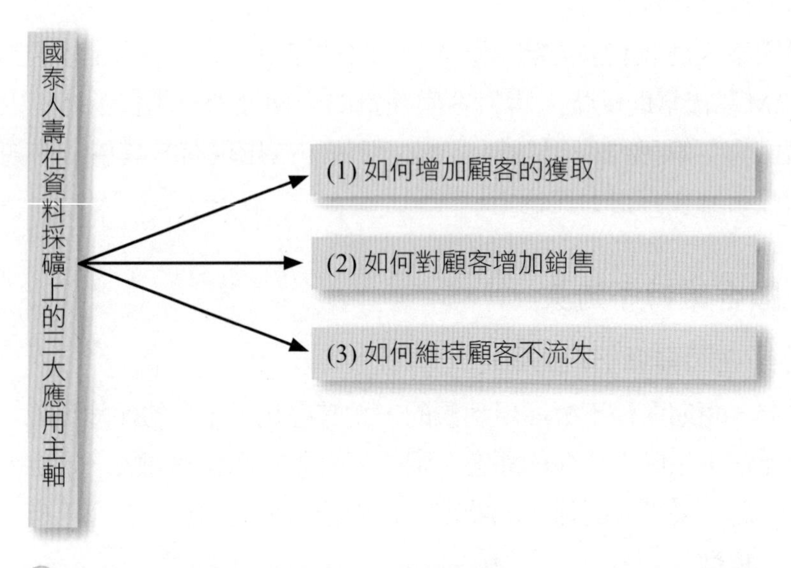

圖6-8　國泰人壽公司在資料採礦上的三大應用主軸

第四節　顧客分群概述

一、什麼是顧客分群？

1. 顧客分群是根據應用的目的，將顧客劃分為不同的族群：
   (1) 屬於同一群的顧客具有類似的特性。
   (2) 屬於不同群的顧客則特性相異。
2. 分群常用的特性：
   (1) 人口統計資料（年齡、性別、家庭成員、收入等）。
   (2) 顧客價值。
   (3) RFM（Recency, Frequency, Monetary Value）。
   (4) 行為（購買行為、商品或服務使用行為、通路使用行為等）。

二、BI的分群觀點（BI：指Business Intelligence；商業智慧）

1. 利用業務規則的條件來劃分，例如年消費總金額10萬元以上為黃金VIP，30萬元以上為鑽石VIP。
   (1) 優點：劃分的條件容易理解。
   (2) 缺點：兩個條件分成高、中、低三級，就會產生9群；如果使用三個條件分為三級，就會產生27群，可能造成管理上的困難。

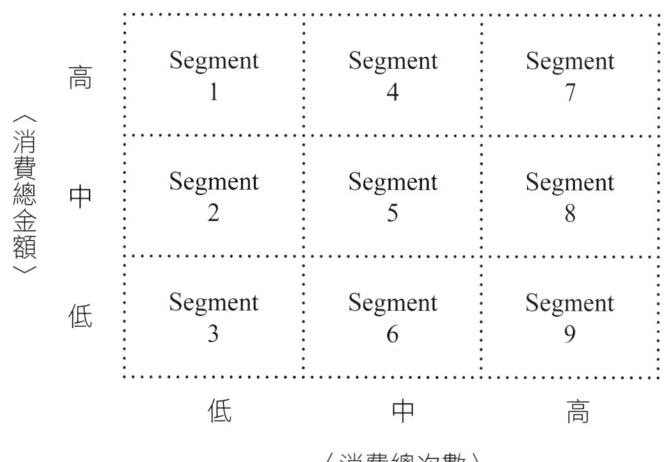

三、Data Mining Clustering的分群觀點

利用特殊的演算法，將特性接近的顧客群聚（Cluster）在一起成為一群。

(1) 優點：維度較多時，仍然可以把結果的客群數限制在可管理的範圍內。

(2) 缺點：所需的技術層次較高，而且分群結果無法用簡單的條件式來敘述。

本章習題

1. 試就美國CRM專家Ronald S. Swift（2001）對資料採礦之定義內涵說明之。

2. 試就CRM專家李昇敦（2005）對資料採礦之定義內涵說明之。

3. 試圖示資料採礦流程的四個步驟。

4. 試圖示邱昭彰教授（2005）提出利用資料採礦來輔助CRM的過程。

5. 試圖示資料採礦的五種功能。

6. 試圖示李昇敦（2005）提出的資料採礦五種模式。

7. 試圖示李昇敦（2005）提出的資料採礦六個應用方向。

8. 試闡述資料採礦的三個演繹方式。

9. 何謂OLAP？試說明之。

10. 試圖示國泰人壽在資料採礦的應用內容。

CRM與行銷

第7章 CRM的方法

第3節 客服中心（Call Center）與電話行銷（Tele Marketing）

7 CRM與行銷

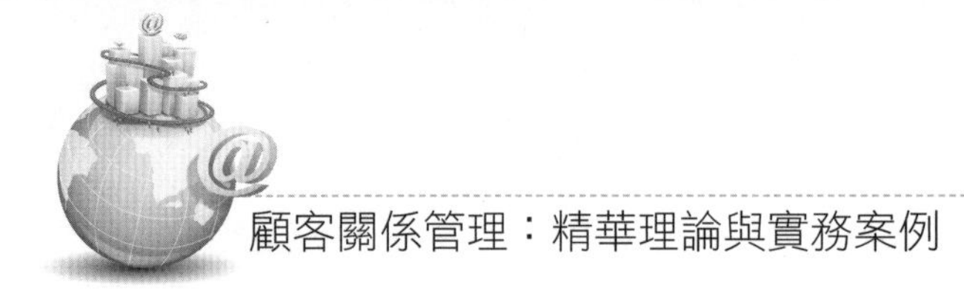

第一節　CRM的策略行銷

一、CRM的策略行銷六大方向

元智大學教授邱昭彰（2005）認為CRM的具體策略行銷有下列六大方向：

(一) 顧客區隔化

1. 在現有顧客群中，哪些人能為企業貢獻實質的利潤？
2. 企業「主要」的獲利來源是由哪一類型的顧客所貢獻？
3. 現有的顧客群中，哪些消費者不能為企業帶來利潤，故不必花太多的心思在他們身上？
4. 在潛在顧客群中，哪些人日後可能成為你的顧客，並能為企業帶來利潤？
5. 哪一類型的顧客能長期持續消費，累積可觀的終生價值？

(二) 注重顧客的忠誠管理

據一項統計資料指出，企業每年會流失25%的顧客。如果流失一名舊客戶，想要去找一名新客戶來替補，可能會花上5倍的成本。假如能設法留住舊客戶，只要這個比率增加50%，企業的獲利就相當於提升60%～100%。然而，並不是所有的顧客都要想辦法留下，而是要能留下可為企業帶來利潤的顧客。

對企業的忠誠度高且能為企業帶來大量利潤的顧客，企業應與這類顧客保持密切聯繫，甚至回饋這一類客戶，例如：給他們折扣、福利，甚至是VIP級的服務。當他們的消費行為發生異常的狀況時，應主動追蹤，並適時表達對他們的關切；這樣一來，顧客不僅能感受到我們對他的關心，同時也能樹立一個「模範」，鼓勵其他潛在顧客能夠向這一類的顧客看齊，以得到最多的福利及回饋，進而幫助企業厚植穩固的顧客群。

(三) 重視顧客的終生價值（Lifetime Value）

如果我們仔細觀察，就會發現即使是買一輛車、一套家電用品或是任何產品，很少人會把它用到超過幾十年以上，大多數的人在使用一段時間後，多半都會有汰舊換新的行為。因此這種重複購買的情況，在顧客一生當中是常有的現象。

假如企業能正視顧客所能累積的利潤，即使他的交易金額不多，但只要長時間內重複購買，就能創造可觀的利潤。例如：一名客戶一次只購買4,000元的產品，但只要每年有四次交易，連續累積十年下來，他能為企業帶來的終生價值便是4,000×4×10 = 160,000（元）。這樣的累積金額，是不比一次採購160,000元，但在顧客的終生消費行為中，比起唯一的一次消費，其所能帶來的終生價值較高。

在這個競爭激烈的商場，與其爭一時的勝利，倒不如爭永久的勝利！只要時間站在我們這一邊，消費者願意與我們維持長期的交易關係，這樣一來，企業不只賺到應有的利潤，同時也阻斷其他潛在對手獲利的機會，扼殺對手的成長空間，這樣的行銷手法，是不是比短期間獲得暴利更值得企業正視？

(四) 一對一行銷

一對一行銷強調「了解顧客的心，比強制顧客買東西重要」，因此在行銷過程中，我們不是用各種行銷技巧，讓顧客在非心甘情願的情況下接受我們的產品或服務，而是提供更多的資訊給顧客，與顧客不斷地溝通，了解顧客的想法，進而回饋適合顧客的產品或服務。

(五) 客製化行銷

大多數的產品及服務多半考量多數人的行為模式，也就是以多數人的需求作為一個標準，而經常忽略少數人的需要，以至於造成少數族群的不便。在顧客為導向的行銷時代，應該要讓產品及服務能夠更具彈性，以符合每一位顧客的需求。因此，在產品或服務上應該加入顧客的意見，使商品或服務是以顧客的需求來量身訂做。

(六) 利用資訊技術輔助行銷活動

在過去不知客戶在哪裡的時代，傳統的業務員為了找尋客戶，必須挨家挨戶上門推銷，冒著隨時會吃「閉門羹」的可能，嘗試各種可能的機會。只不過這種行為就像「霰彈」一樣，縱使僥倖打中目標，相對的也會浪費不少子彈，是一種很不經濟的方式。

如果先設定目標進行射擊，縱使不知道明確的目標位置在哪裡，只要觀察彈

著點與實際目標的差距後，經由不斷地修正後再射擊，則其命中目標的機率將會比「霰彈」來得有效。資訊技術便具備這樣的能力，它能幫助企業過濾目標客戶，並根據資料所呈現的經驗來修正目標，幫助企業找到適合行銷的對象，增加行銷成功的機會。

為了幫助企業了解客戶的特性，必須利用各類的資訊技術，在交易過程中蒐集大量資訊，以建置完整的顧客資料庫。在這些蒐集的資料中，例如：客戶基本資料、客戶交易資料、客戶服務資料、活動回應資料及其他相關的互動紀錄，企業可以運用各種資料分析方法，如資料採礦、OLAP等技術，來分析整體資料庫，尋找客戶交易的軌跡，找出與客戶有關聯的各種趨勢，進而預測客戶之購買偏好，達到促使客戶購買的目的。

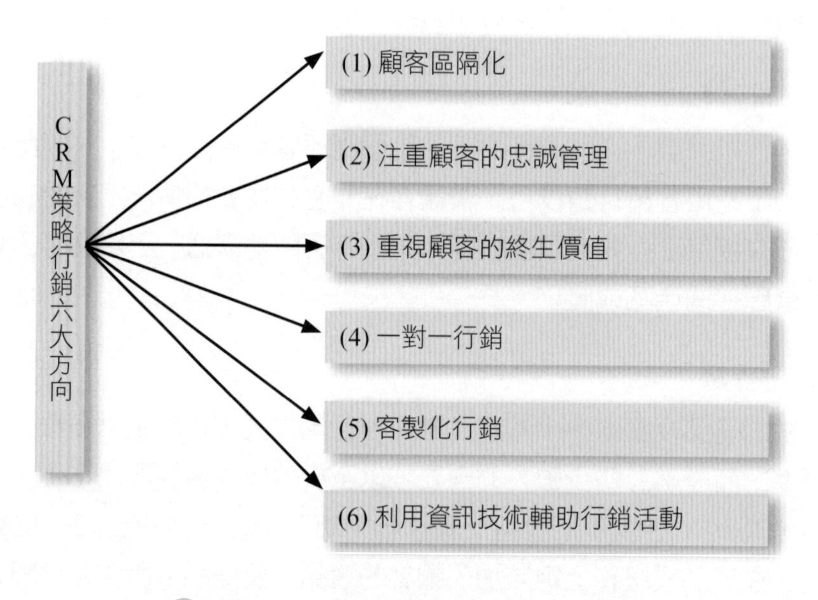

圖7-1　CRM策略行銷六大方向

二、CRM應思考的行銷問題點

美國CRM顧問專家Jill Dyche（2003）認為，許多正在規劃或採用顧客關係管理科技的企業，仍然為了使行銷支出能夠達到最大回報的基本問題而傷腦筋。以下提供數則重要問題，即使是正在進行顧客關係管理的企業都應該檢討下列問題：

1. 如何將行銷活動焦點放在公司想要維繫的顧客？
2. 如何促使顧客轉向成本更低的通路進行交易？
3. 公司其他部門對顧客的看法是否一致，以及這是否會影響活動訊息？
4. 如何預測顧客可能會購買的產品和服務？
5. 何者是和顧客持續溝通最好的方式？
6. 要使用何種策略將潛在顧客變成顧客？
7. 如何結合得自顧客的資訊，以改善整體顧客滿意度？
8. 什麼原因促使大部分忠實顧客一再上門？

三、CRM與顧客行銷的階段步驟

(一) Kalakota & Robinson的觀點

Kalakota & Robinson（1999）以關係基礎，認為必須以三階段來妥善管理顧客之生命週期及實行顧客關係管理，此三階段分述如下：

1. **獲取可能購買之顧客（Acquire）**

吸引顧客的第一步，乃是藉由具備便利性與創新性的產品與服務，作為促銷、獲取新顧客的方式之一。

2. **增進現有顧客的獲利（Enhance）**

在有效地運用交叉銷售與提升銷售之下，企業將能更穩固與顧客間的關係，進而創造更多利潤。同時，就顧客而言，交易便利性的上升與成本的減少，即為價值的增進。

3. **維持具有價值的顧客（Retain）**

企業可透過關係的建立，有效察覺顧客的需求並加以滿足，進而長久維持較具獲利性的顧客。因此，所謂的顧客維持，事實上即為服務的適當性，亦即企業應以顧客需求而非市場需求為服務標的。

如圖7-2所示：

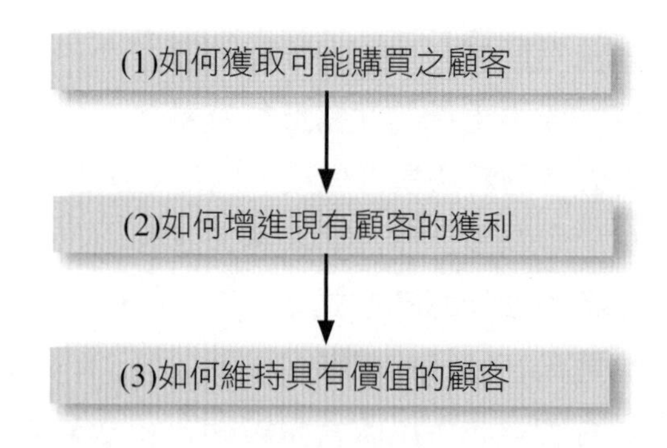

圖7-2　CRM與行銷的三階段步驟

資料來源：Kalakota & Robinson（1999）。

(二) Peppers & Rogers的觀點

Peppers & Rogers（1999）則以確認顧客之觀點，認為實行顧客關係管理的起始計畫，可以被看成四個基本步驟的連續進程：

1. 確認您的顧客（Identify）

個別認識您的顧客是非常重要的，而且愈詳細愈好，要能夠在所有的顧客接觸點、所有的媒體、每一條產品線、每一個地點和每一個部門認出他們。

2. 區隔您的顧客（Differentiate）

(1) 分出優先順序，向最有價值的顧客爭取最大的利益。

(2) 針對每位顧客特定的需求來調整公司的作法。

3. 與顧客間的互動（Interact）

必須改善和顧客之間互動的成本效益與有效性。也就是說，互動要節省成本、更自動，以及在獲取資訊以強化與深化顧客關係方面更有用。除了明瞭顧客的需求有何種程度上之不同，還要有方法從某些特定顧客身上，利用互動的結果，推論出此顧客之需求。

4. 客製化顧客行為（Customize）

用不同方式對待不同的顧客，而該對待方式確實對該顧客具有獨特的意義。這種變通方式若要符合成本效益，唯有使用大量客製化的方法。

Ballantyne, Christopher & Payne（1995）的看法為顧客關係管理首要任務是與供應商及顧客間建立起互動之關係，而且要極大化利害關係人之終生價值。除了和外部利害關係人建立互信機制外，組織內部也必須重新調整結構成為跨功能之機制，而一切活動之品質管制亦為重要關鍵。

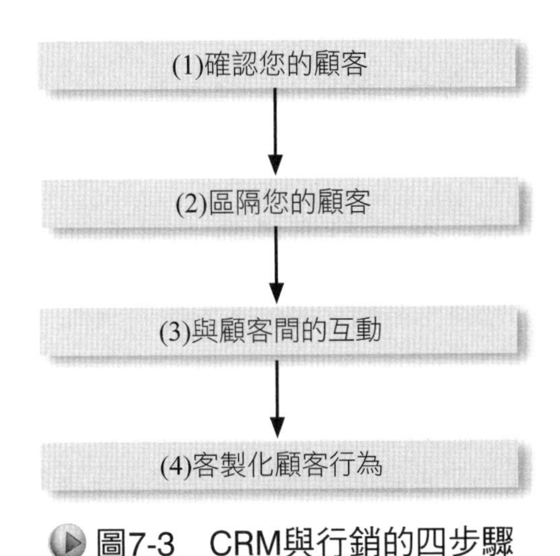

圖7-3　CRM與行銷的四步驟

資料來源：Peppers & Rogers（1999）。

第二節　CRM與關係行銷

一、關係行銷的源起

追溯關係行銷之起源，一般認為在Berry於1983年在美國行銷協會發表的Relationship Management一文後，學術界與企業界即開始對如何將關係行銷運用在服務業與消費市場進行研究。關係行銷從過去的行銷管理觀念發展到網際網路的科技時代，遂成為可以針對個別客戶進行的一對一行銷策略，而大量客製化（Mass Customerization）也成為《哈佛企管評論》（*Harvard Business Review*, 1997）在其七十五年紀念特刊中，特別強調的一個行銷管理領域中非常重要的里程碑。

二、關係行銷的三大基礎

Shani & Chalasani（1992）認為關係行銷是建立在三大基礎之上：

1. 確認、建立與持續更新現有及潛在消費者的資料，包括人口統計資料、生活型態及購買歷史等。
2. 利用媒體去接觸客戶，並以一對一的基礎傳播訊息。
3. 追蹤並監視每一消費者的關係，同時每隔一段時間要重新計算消費者的終生價值。

三、從「大眾行銷」、「目標行銷」到「關係行銷」

1. 產品行銷主要目標是盡可能刺激更多消費者購買。大眾行銷（Mass-Marketing）視顧客的需求和慾望都是一樣的，以產品為焦點進行強力宣傳，而非針對潛在消費者進行行銷。
2. 當顧客開始購買並使用產品時，就會連帶產生更多的可用資料，資料分析會開始將一些產品配套來對購買過的顧客進行促銷，當然這些構想都是透過資料分析找出的。隨著市場競爭氣息日益濃厚，企業開始了解到顧客本身的資料，也和以往費心調查的產品資料一樣可貴，於是就產生了所謂的「目標行銷」（Target Marketing），也就是僅針對某一小部分顧客進行產品或服務行銷。

   技術上來說，目標行銷的範圍可以大至所有顧客或是小到個人，但在企業開始運用資料分析發展新的行銷方式，也就是目標行銷發展的早期，市場區隔是最被廣泛採用的方式。雖然許多資料顯示在一個企業當中，從產品到銷售通路可能是分開運作的，但所謂市場區隔是指根據顧客的特質，包括年齡、性別和其他個人的資料，將顧客歸納分類為一個個族群。
3. 在目標行銷之後，接著出現了所謂關係行銷（Relationship Marketing）。雷吉斯・麥坎那（Regis McKenna）於1993年著作的《關係行銷：顧客時代的成功策略》（*Relationship Marketing: Successful Strategies for the Age of the Customer*），成為市場暢銷書，關係行銷使企業的行銷部門從了解顧客的喜好著手，進而更加熟悉顧客，同時這也提高了顧客的忠誠度。行銷目標、交叉銷售，以及顧客忠誠度等計畫是由其他先導型計畫演化出來的，同時已經正式成為核心行銷和銷售程序的一部分。

4. 同時在1993年，唐・佩柏（Don Peppers）和瑪莎・羅吉斯（Martha Rogers）也在《一對一的未來》（*One to One Future*）一書中強調，以往市場依賴規模經濟生產標準化產品，再進行大量銷售的大眾行銷模式，將逐漸從銷售領域中消失。他們認為企業以產品為核心導向的觀念將逐漸轉向顧客關係。企業不會再想盡辦法將某一項產品賣給更多顧客，而是盡可能對一位顧客銷售更多產品，而且是長期、交叉各種產品線的行銷方式。為了達成這個目標，企業就必須和個別顧客在一對一的基礎下建立起獨特的關係。

佩柏和羅吉斯完整描繪出行銷方式的演進，從標準產品的大眾行銷、目標行銷到關係行銷，即一對一行銷。圖7-4說明了這些方式的階段和差異性。

所謂一對一行銷不僅是和顧客進行個別溝通和宣傳，而且能夠根據顧客並未明白表達的需求，發展出顧客導向產品和針對個人的整合性訊息。這必須依賴顧客和公司之間良好的雙向溝通，彼此間培養出穩固的關係，使顧客能夠明確地表達出需求讓公司來滿足其需要。顧客接收到經過特別設計的行銷資訊後，和企業間產生的互動經驗，也是關係行銷中相當重要的因素。

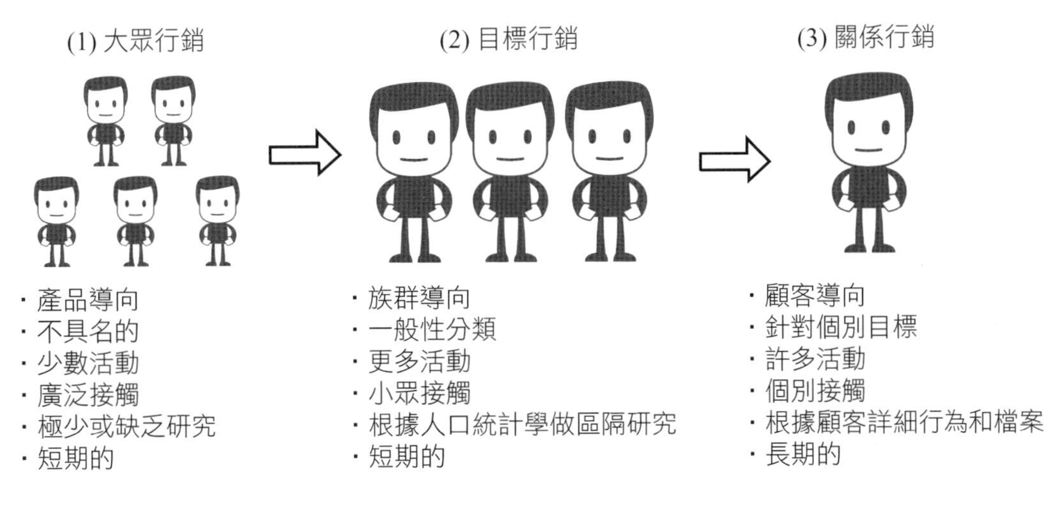

圖7-4 大眾、目標及關係行銷演進三階段

資料來源：Jill Dyche（2003），*The CRM Handbook*，頁34。

四、持續性關係行銷的四個發展過程

全球知名的麥肯錫顧問公司認為全方位CRM行銷的發展，是由過去以來的四個層次所形成的，如圖7-5所示。

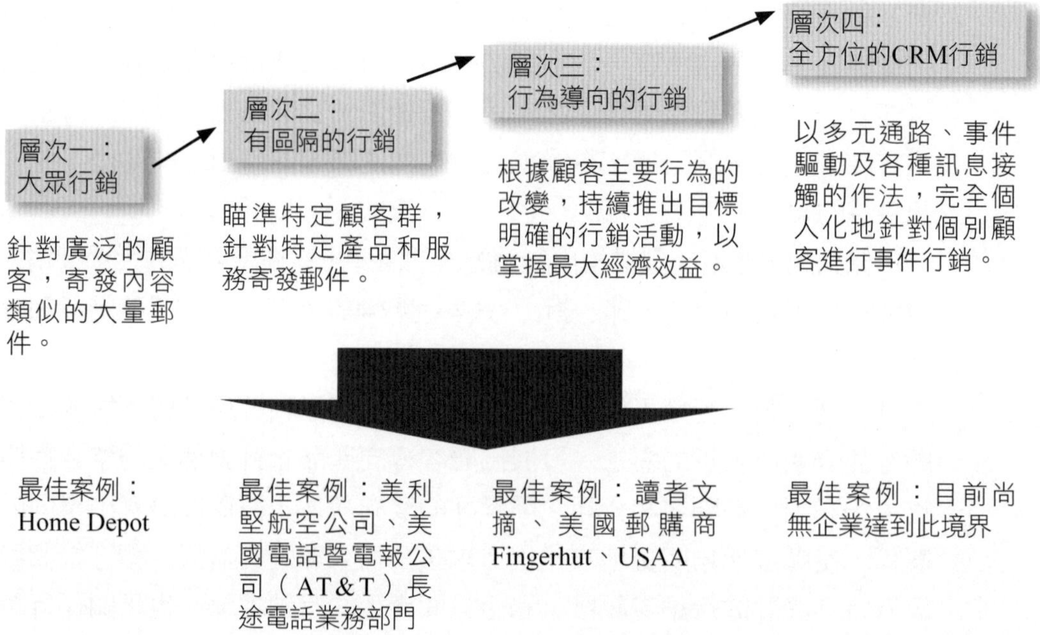

層次一：
大眾行銷

針對廣泛的顧客，寄發內容類似的大量郵件。

層次二：
有區隔的行銷

瞄準特定顧客群，針對特定產品和服務寄發郵件。

層次三：
行為導向的行銷

根據顧客主要行為的改變，持續推出目標明確的行銷活動，以掌握最大經濟效益。

層次四：
全方位的CRM行銷

以多元通路、事件驅動及各種訊息接觸的作法，完全個人化地針對個別顧客進行事件行銷。

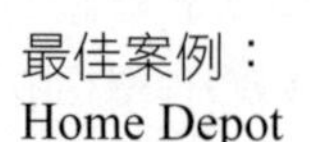

最佳案例：
Home Depot

最佳案例：美利堅航空公司、美國電話暨電報公司（AT&T）長途電話業務部門

最佳案例：讀者文摘、美國郵購商Fingerhut、USAA

最佳案例：目前尚無企業達到此境界

圖7-5　CRM的四個層次

資料來源：麥肯錫顧問公司。

持續性的關係行銷大致區分為四個發展進程：

層次1：大眾行銷

針對廣泛的顧客，寄發內容類似的大量郵件。

層次2：有區隔的行銷

瞄準特定顧客群，針對特定產品和服務寄發郵件。

最佳案例：美利堅航空公司、美國電話暨電報公司（AT&T）長途電話業務部門。

層次3：行為導向的行銷

根據顧客主要行為的改變，持續推出目標明確的行銷活動，以掌握最大經濟效益。

最佳案例：讀者文摘、美國郵購商Fingerhut、USAA。

層次4：全方位的CRM行銷

以多元通路、事件驅動及各種訊息接觸的做法，完全個人化地針對個別顧客進行事件行銷。

五、關係行銷對企業的利益

Chrisy, Oliver & Penn（1996）認為企業實施關係行銷將有下列七項利益：

1. 顧客忠誠度提高。
2. 品牌產品的使用量增加。
3. 建立顧客資料庫以支援行銷活動。
4. 市場占有率的增加。
5. 交叉銷售的機會增加。
6. 大眾媒體的廣告支出減少。
7. 增加與消費者直接的接觸，平衡通路成員的權力。

第三節　CRM與顧客分級

一、顧客分級的重要性

就顧客整體與站在「顧客導向」和「顧客至上」的立場和信念而言，當然每一位顧客都是很重要的，他們都是公司創造營收與獲利的主要來源。

但是，我們如果再進一步分析及深究，顧客對公司的貢獻其實是有分別的。換言之，顧客的確是有不同的重要性，有些顧客經常且忠誠地購買本公司產品或品牌；有些顧客則是低價格的轉換者，亦即不見得常購買本公司產品。這樣看來，公司是應該用不同的條件及作法去對待不同重要性的顧客才對。

因此，實務上，例如：信用卡區分為頂級卡、白金卡、一般卡；化妝品公司

也將會員區分為三個或四個不同的等級；航空公司、高級大飯店、名牌精品店、高級餐廳、百貨公司、電視購物公司、網路購物公司等，也常見將顧客分級。由此可見，顧客分級已不是理論問題了，而是實務操作的現況。剩下的問題，只是要區分為多少級、給予什麼頭銜名稱，以及給予什麼不同的優惠對待了。而這些則在於行銷公司操作的手法，各公司都有些不同，但是方向與策略則是一致的。

二、依據「利潤貢獻度」區分顧客

企業必須依照顧客的利潤貢獻度或終生價值加以區隔成不同的群組，並根據其利潤貢獻度，採取對應的顧客關係管理與行銷策略。

了解顧客的價值以及他們的利潤貢獻度，就是顧客關係管理成功的關鍵。

(1) 鞏固現有顧客（Customer Retention）

- 購買通路喜好
- 運用傾向模型（Propensity Model）來減少顧客流失
- 生命週期內／購買行為的變化
- 顧客終生價值

(2) 贏取新顧客（Customer Acquisition）

- 整合來自各獨立資料來源的詳細資料
- 針對新顧客購買行為建立傾向模型
- 確認顧客最可能購買的產品
- 知道顧客何時與某公司接觸，以及如何與他們溝通

(3) 增進顧客利潤貢獻度（Customer Profitability）

- 確認獲得最高的顧客區隔
- 發掘獲得最適當的顧客最可能購買哪些新產品
- 決定行銷經費的最佳分配方式

圖7-6　增進顧客利潤貢獻度

資料來源：安迅資訊系統公司（2005）。

三、案例：顧客分級有不同的對待

在落實CRM的過程中，辨識及區別不同顧客對企業利潤的貢獻度是必要的。行銷學中的80/20法則，是指排行前20%的顧客對企業利潤的貢獻度可能高

達80%。服務最差勁的顧客會讓企業得不償失，因為如此不但無利可圖，還侵蝕了企業從其他優良顧客身上所獲得的利潤。

1. 以聯邦快遞（Federal Express）為例，就捨棄了對所有顧客一視同仁的策略，而依照顧客對企業利潤的貢獻度來提供服務。該公司將顧客區分成三個等級，致力於服務第一級的最佳客戶，並試圖將第二級的顧客轉變成第一級；至於第三級最差的顧客，則採取一種勸退與阻擋的策略。
2. 美國第一聯合銀行（First Union Bank）的顧客服務中心則充分利用資料庫技術，將不同等級的顧客以不同顏色方塊，顯現在客服人員的電腦螢幕上。綠色方塊的顧客代表獲利性高的顧客，他們會得到額外的顧客服務；紅色的顧客代表獲利性低、甚至會使企業得不償失的顧客，公司會給予較次等級的服務。在企業資源有限又有獲利及生存壓力的情況下，這種差別化的服務不但務實，也符合公平互惠的原則。

第四節　CRM與顧客忠誠度

一、顧客忠誠度（Customer Loyalty）的重要性

1. 要吸引一位新顧客，所花成本要比留住一位原有顧客多出5～7倍。
2. 要消弭一個負面印象，需要十二個正面印象才能彌補。
3. 企業為補救服務品質欠佳的首次消費，往往要多花25%～50%的成本。
4. 100位滿意的顧客，可以衍生出15位新的顧客。
5. 每一個抱怨顧客的背後，其實還有20個顧客也有同樣的抱怨，而且會告訴更多同業。

二、忠誠顧客的觀念

忠誠顧客應有三種層次，分別是使用後非常滿意者、會再次購買者，以及不但自己購買還會推薦他人使用者，而第三層者也就是CRM的目標族群，因為這些人比其他兩類人將帶來更多的利潤。

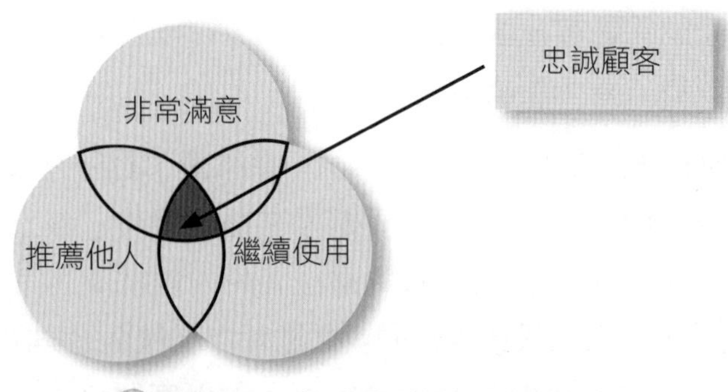

圖7-7　忠誠顧客的三種層次

三、忠誠顧客的引申

依下列三個層次來經營分別是：

(一) 獲取新的顧客

1. 此即銷售觀念，即是企業以各種方式創造顧客。
2. 必須先創造出顧客，才能繼續以下的層級。有了顧客，才能有CRM。

(二) 保存現有關係（維持顧客關係）

1. 此部分是CRM的核心部分。
2. 企業從獲取到的新顧客開始，提升與這些顧客的關係，不只是以產品來做連結，而是需要更深一層的互動關係。

(三) 由原顧客創造新顧客

1. 此部分為顧客自身所發揮的效果，CRM的效益也從此部分開始發酵。
2. 顧客假設如同我們所預期，在使用過後不但繼續使用，而且會推薦他人使用，只要一個人平均讓另一個人來使用，企業的收益便會整整成長一倍，這就是忠誠顧客為何會造成巨幅的效益之原因。

四、顧客忠誠度評量指標——RFM

提出者為Hughes（1994），主要依據客戶過去的購買紀錄，主要內容有下列三點：

(一) 最近購買日（Recency）

最近購買日較小者→再購買率比較高→較高價值的客戶。

最近購買日較大者→再購買率比較低→較低價值的客戶。

客戶的重要性不能單憑「最近購買日」此指標來決定，而要依產品的特性而定，如：消耗品VS. 耐久品。

(二) 購買的頻率（Frequency）

一定的時間內，購買產品的次數。

次數愈多→忠誠度愈高→購買頻率愈高→較高價值的客戶。

(三) 購買金額（Monetary Amount）

一段時間內，購買產品的金錢價值的總和。

總和愈高→較高價值的客戶。

總和愈低→較低價值的客戶。

整體而言，衡量顧客忠誠度有三項綜合總體指標，列舉如下：

(一) 顧客保持度（Customer Retention）

指的是消費者成為我們的顧客有多久時間了。成為顧客的時日愈久，就愈是忠誠顧客。

(二) 顧客保持比率（Customer Retention Rate）

在一定期間內達到特定採購次數的顧客百分比，採購次數愈高，就愈是忠誠顧客。

(三) 顧客占有率（Total Share of Customer）

對於特定類型的消費，顧客將其預算花在特定公司商品或服務的比例。將錢花在公司的比例愈高，就愈是忠誠顧客。

@ 五、顧客忠誠計畫如何成功

時至今日，顧客忠誠計畫要成功，廠商須擁抱新的數位科技、重新檢視舊系統並超越傳統的點數和獎勵。為了確保會員制的成功，廠商可以採取下列三項措施。

1. 企業必須非常清楚提供顧客忠誠計畫的目標，究竟是為了爭取新顧客？還是為了增加銷售？或是為了節省成本？唯有明確的目標，才能協助廠商瞄準正確的目標顧客，設計有效的獎勵與正確的衡量指標。
2. 辨認有價值的顧客。成功的忠誠計畫知道顧客所創造的利潤與他們對於銷售的影響，傳統的會員制對顧客一視同仁，但顧客並非是一樣的，少數顧客可能貢獻企業很大部分的利潤。例如：喜達屋飯店集團就發現最頂尖的2%常客就貢獻集團30%的利潤。
3. 設計一個圍繞在高價值顧客的忠誠計畫。一個優良的常客計畫應該包含兩套計畫架構，以便在眾多的常客計畫中脫穎而出。第一套是公開的架構，主要是為了吸引廣大的大眾，以便引起興趣與建立規模。依據顧客購買的頻率或金額，公開的架構通常會伴隨不同等級的會員，例如白金卡、金卡和銀卡等。

   另外是不公開的架構，一般是採用邀請制。通常包含給顧客的驚喜和愉悅，例如：微風廣場封館舉行的VIP之夜，目的在於只傳達專屬的優惠提供給最有價值的顧客，這往往也能提升廠商在這些高端顧客的荷包占有率。不公開的架構也是其他競爭對手很難模仿的措施。

顧客忠誠計畫是與顧客維持理性和感性關係的重要工具，也需要好創意來確保顧客和企業的互利雙贏！

第五節　CRM與行銷溝通

行銷溝通的四種策略

CRM行銷溝通的四種策略，可以再分為四種，可按兩類軸向來看：

第一軸向是：公司是採取互動式（雙向）或是被動式（單向）的？
第二軸向是：是由公司啟動或由顧客啟動的？

由這兩個軸向，可形成如圖7-8的四種行銷溝通策略：

1. 差異行銷。
2. 關係（一對一）行銷。
3. 傳統行銷。
4. 資訊行銷。

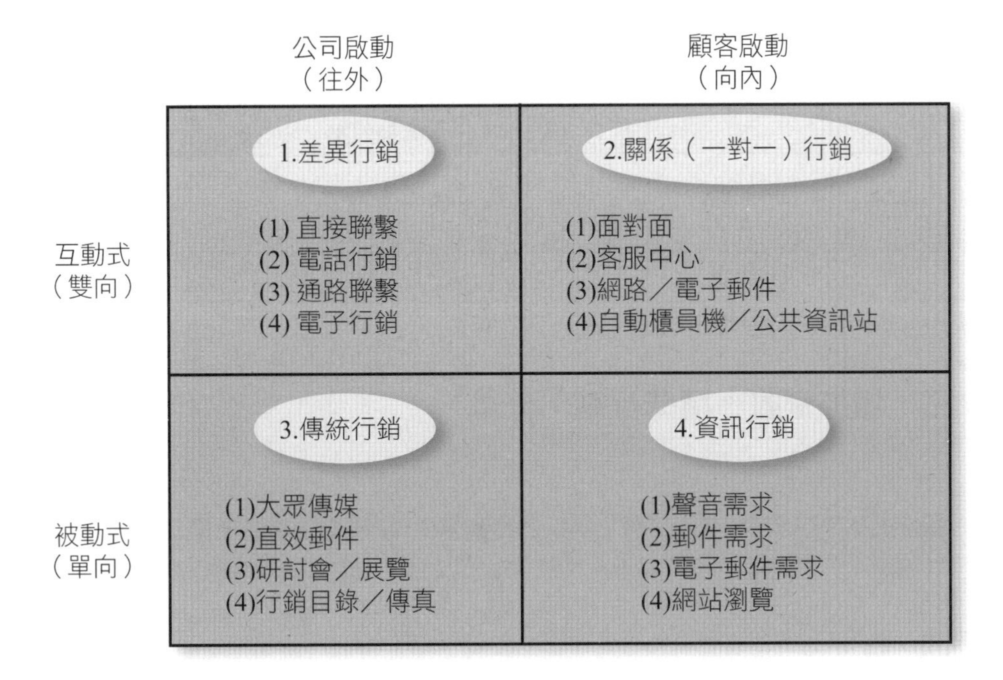

圖7-8 CRM行銷溝通的四種型態

第六節 某公司案例分析——○○百萬筆E-mail會員行銷案

一、目的

1. 增加營收、精準行銷：將適合之商品訊息傳送給有需求的消費者。
2. 利用試用品行銷抓取忠誠客戶群中之意見領袖、加強擴散效應。前述篩選方法可供未來更多會員加入後之EDM行銷模式。
3. 利用本次行銷活動獲取更多客戶資料，為將來M-Commerce做準備。

二、增加營收、精準行銷：分眾

以購買次數為條件之會員分眾	
0-1次	某○○%
2-10次	某○○%
11-20次	某○○%

三、增加營收、精準行銷：分眾

先以購買商品即可抽獎為誘因：將○○百萬筆E-mail中有效樣品（開信）抽出。

0-1次購買次數之客戶群無法成為有效樣本去分析購買習慣，所以建議針對此塊客戶群利用「填寫問券換折價券」方式找出其較有興趣之商品類別、加強行銷，喚醒沉睡的消費群體。

2-10次購買次數之客戶群已有消費習慣，代表其對本公司品牌有一定認知及肯定，建議此區用「商品類別為條件」測試消費者喜好後，加強行銷。

11-20次以上購買次數在總體客戶中最忠誠且活躍度最高之會員區塊，建議此區可嘗試「試用品行銷」，將其對品牌及試用品評價散播在個人BLOG、官網及配合新聞網站傳播給更多潛在消費者。

四、增加營收、精準行銷（統計分析）

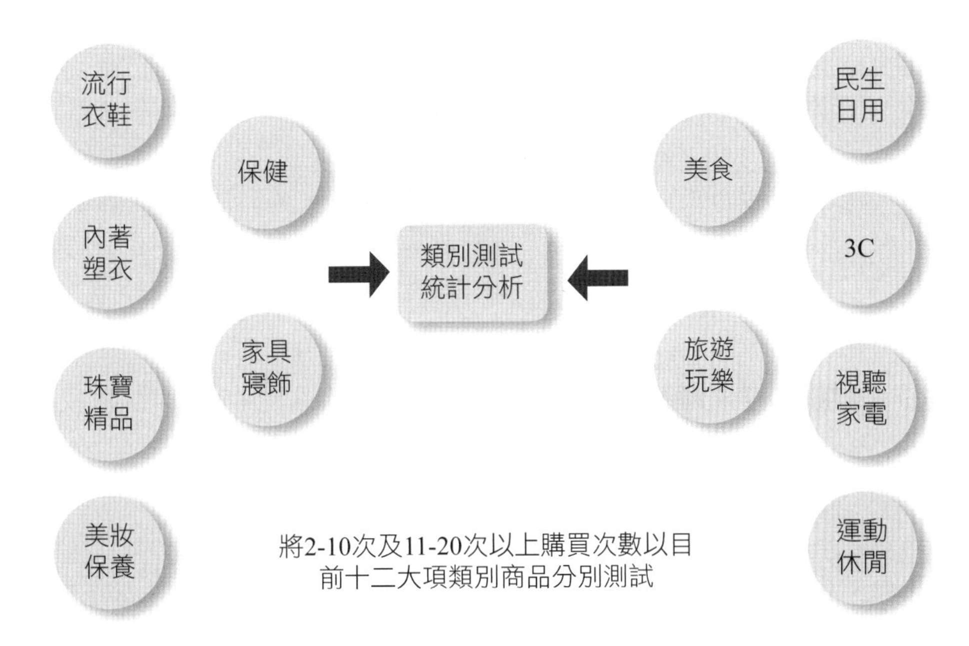

圖7-9 消費者購買商品類別測試分析

五、增加營收、精準行銷（統計分析）

1. 樣本：2-10次、11-20次以上購買紀錄之消費者。
2. 變異數：

   會員資料中可抓出當作變異數之項目：

   年齡：20-30、30-40、40-50、50-60

   性別：男、女

   商品類別：3C、旅遊、美食等。

開信成功且為2-10次、11-20次以
上購買紀錄之消費群體

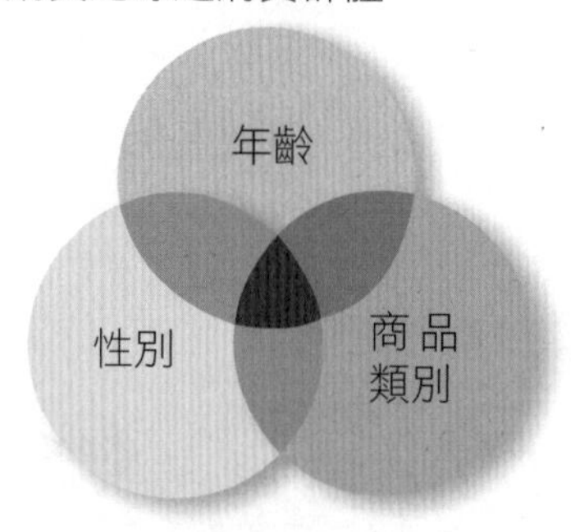

六、增加營收、精準行銷（統計分析）

舉例：

3C商品測試出成功開信的樣本數中：

1. 年齡：

   20-30：20%；31-40：40%；41-50：30%；51-60：10%。

2. 性別：男：70%；女：30%。

3. 購買紀錄：3C商品。

抓出符合三項條件之客戶為未來可利用E-mail行銷3C商品最可能成功之族群。

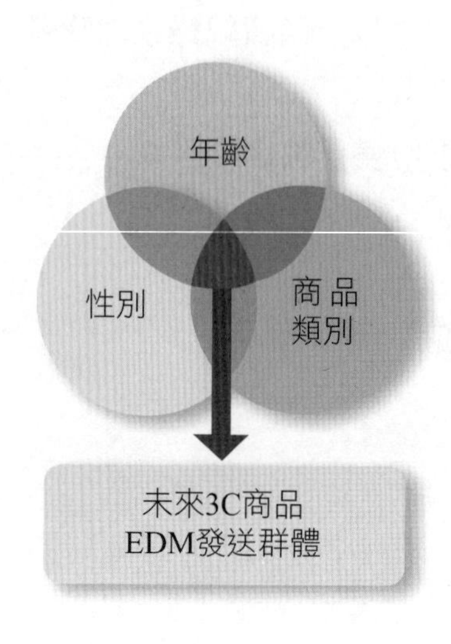

七、增加營收、精準行銷

上述之統計方法目的為找出最適合利用EDM行銷之客戶，但在未來EDM發送（精準行銷）必須考量以下項目：

1. 消費能力

若測試出最適合3C商品EDM行銷的族群有30-40歲的男性客戶後，再從東森、森森購物中找出最適合此族群購買價位的商品製作EDM。

2. EDM設計

(1) 以PC電腦收信為例：常因為郵件信箱設定問題，看不到圖片內容顯示，此一問題必須克服。

(2) 以iPhone手機收信為例：未將信件打開之前，標題下只有約兩行的短述，在設計EDM時必須將其因素考慮進去，如何在短短兩行中讓消費者展開信件（選擇知名品牌商品或下殺折扣）。若不能成功吸引消費者的興趣，EDM就有可能被快速刪除。

八、增加營收、精準行銷（EDM面）

若在每一類別商品群有重疊時，該如何解決？

舉例：

A客戶在測試過程中同時在美妝、美食、保健產品都屬於有購買潛力的客戶，若本公司在此三種類別都各自發送EDM，此舉是否會讓消費者收到過量的信而產生厭惡感。是否在測試後可從資料庫中抓取個別客戶喜好商品情形，再一次發送三個類別之EDM。

九、意見領袖＋試用品行銷

利用高單價試用品（例如：3C手機、高價家電用品、按摩椅……）聚集消費者目光，為本公司帶來更多關注並擴大贊助廠商之商品品牌效益。以淘寶試用中心為例，推出讓會員上網登記申請限量試用品，加強與會員互動，並藉由遴選試用會員填寫試用報告的操作方式，遴選出寫手級的意見領袖，擴大社群行銷效益。

十、為M-Commerce做準備

在前述提到，目前某○○公司加入會員項目中有電話號碼（擁有電話號碼即可搜尋LINE及微信帳號），未來藉由LINE或微信等新型行銷工具加強與資訊聯繫，並可設立官方帳號，加強與客戶溝通。

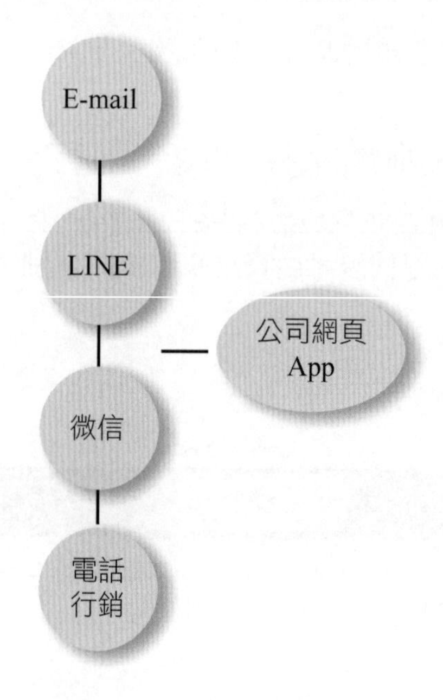

圖7-10　行動行銷溝通

第七節 ○○公司會員經營規劃

一、會員忠誠計畫

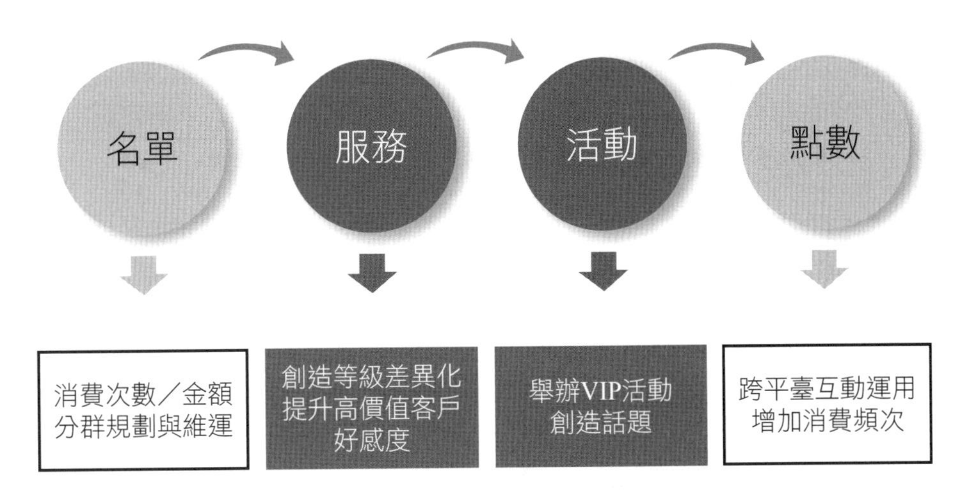

二、會員經營規劃重點與目的

(一) 透過會員分級制度創造差異化

各等級會員設計差異化服務，以增加會員忠誠度，同時提升消費次數及營業額，激勵會員等級晉升。

(二) 創造「白金會員」之話題行銷

找出高價值的「白金會員」創造差異化的服務及活動，以藉由媒體宣傳、口碑行銷形成話題，讓更多會員渴望成為本公司的白金會員。

(三) 提升會員維運績效

鎖定重點族群：①忠誠會員②一般會員③停滯會員，規劃各項專屬會員等級晉升方案，以引導會員消費，培養消費習慣，提升各專案宣傳與維運效益。

(四) 結合○○卡提升發展更多忠誠會員

內部忠誠名單建模後，再利用會員○○卡外在消費數據、交易情況，掌握會員偏好規劃，由MPV（忠誠會員）→擴大發展到一年內有消費會員→再擴大到停滯會員，規劃各維運方案，以刺激導回消費，增加頻次及營業額，逐步往忠誠客戶計畫發展。

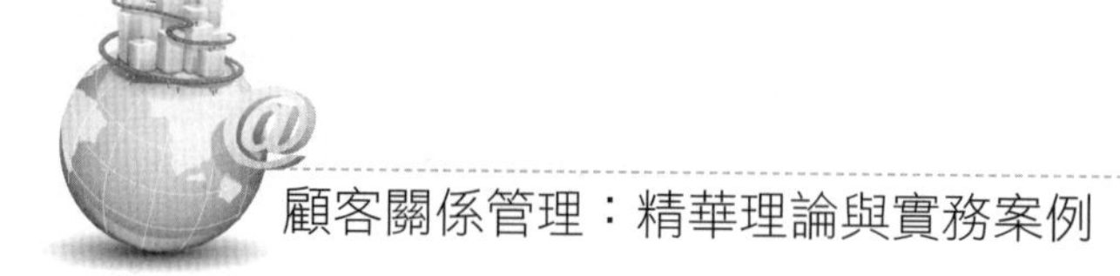

三、會員分級制度說明

◆評估區間：每月20號由系統自動計算前推六個月之消費金額及次數，符合白金條件者即於計算月之次月自動升等，並進行客戶貼標作業。

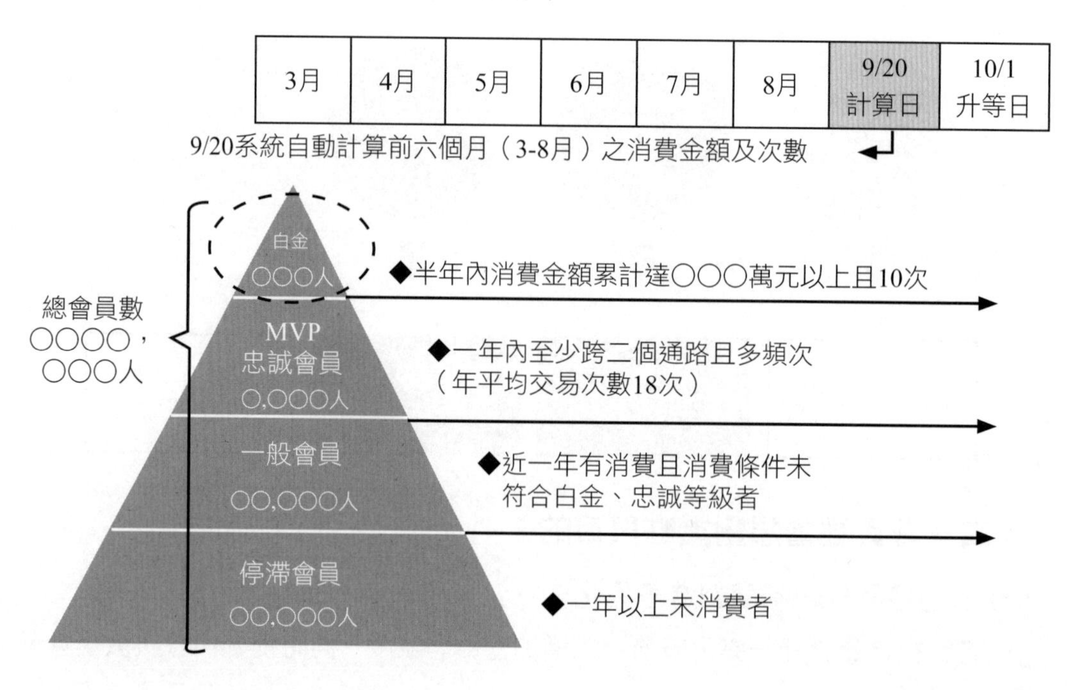

四、會員分級定義說明

項次	會員名稱		會員人數		分級定義		客戶貼標作業
					資格條件	營業額／毛利／次數參考	
1	白金			0.3%	半年消費○○○萬元且10次		1. 白金貼標 2. 營業額／交易次數 3. 每月自動更新 4. 負毛利會員
2	忠誠會員	美保		0.8%	一年內至少跨二個通路且多頻次（年平均交易次數18次）		1. MVP貼標 2. 營業額／交易次數 3. 升級白金營業額／交易次數差距

（續前表）

項次	會員名稱		會員人數		分級定義		客戶貼標作業
					資格條件	營業額／毛利／次數參考	
3	忠誠會員	紡品		0.8%			4. 大分類屬性 5. 每月自動更新 6. 負毛利會員
		生活		0.7%			
		3C		0.0%			
		珠寶精品		0.0%			
		MVP小計		2.3%			
4	一般會員			97%	一年內有交易之會員		1. 客戶貼標 2. 營業額／交易次數 3. 每月自動更新 4. 負毛利會員
5	年度交易會員（1-4）			100%	一年內有交易之會員		
6	冬眠會員			25%	二年內有交易之會員		1. 客戶貼標 2. 營業額／交易次數 3. 每月自動更新 4. 負毛利會員
7	長眠會員			43%	二年以上未再交易之會員		1. 客戶貼標 2. 營業額／交易次數 3. 每月自動更新 4. 負毛利會員
8	停滯會員（6-7）			69%			
9	合計會員（5+8）			100%			

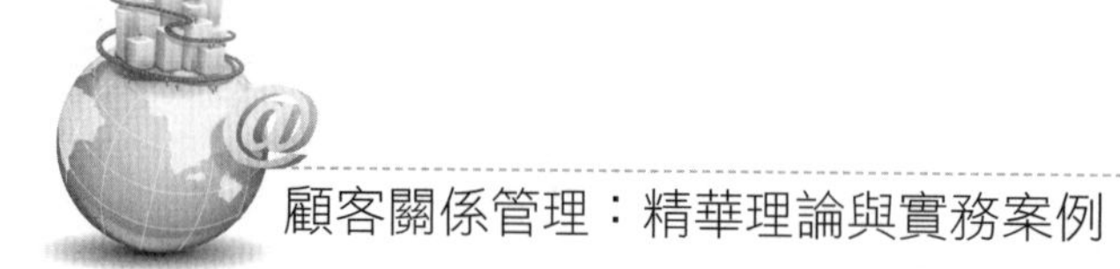

五、會員經營分工組織

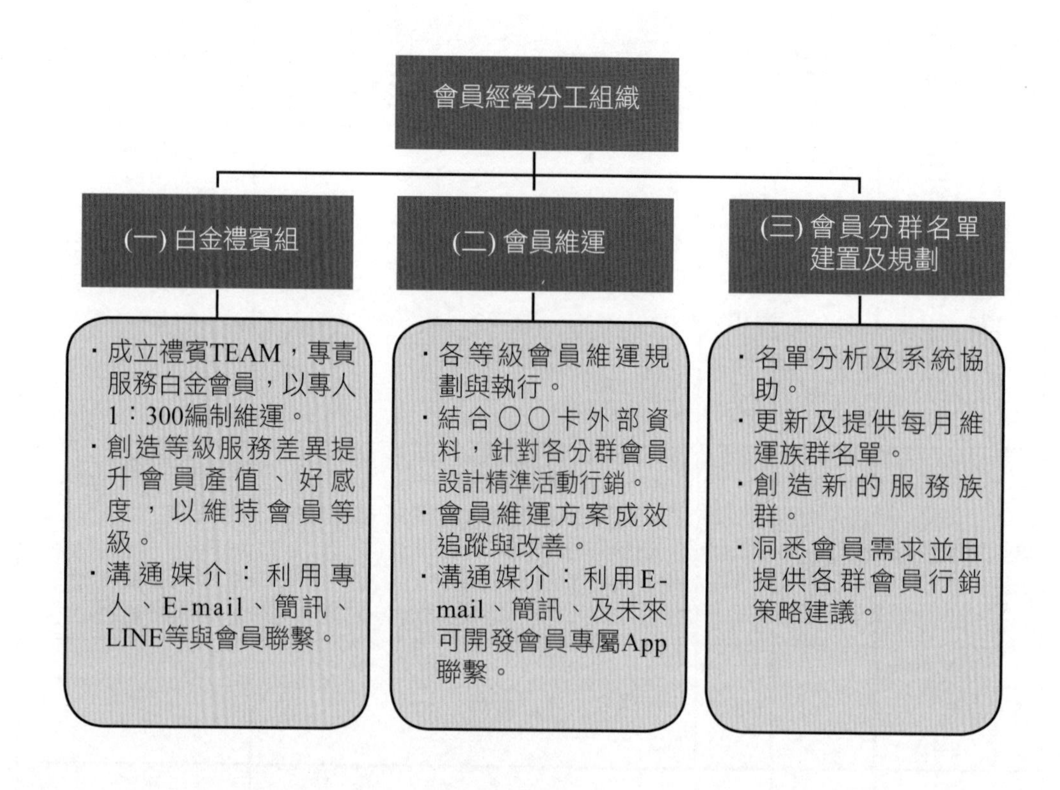

六、會員經營策略暨經營方案架構

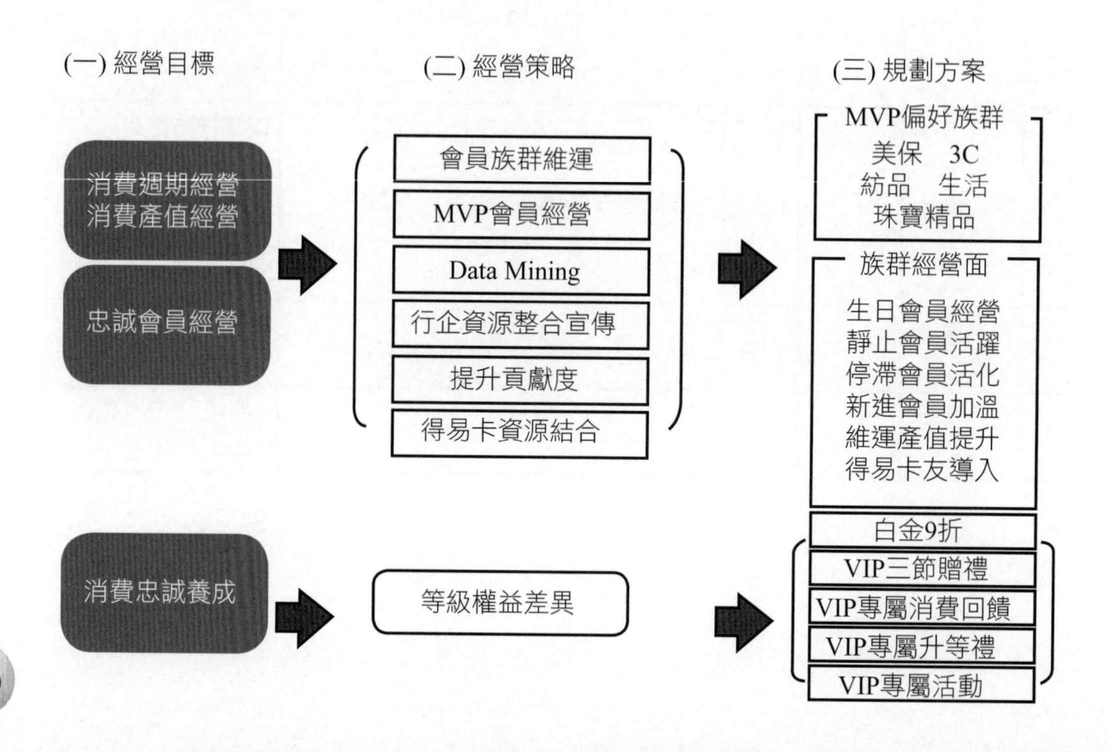

七、各等級會員服務／權益差異化

項次		服務機制	機制說明	會員等級		
				白金	忠誠	標準
1	基本權益	品質保證、產品責任險		●	●	●
2	基本權益	10天鑑賞期		●	●	●
3	基本權益	7天內送貨到府		●	●	●
4	基本權益	12期刷卡無息分期	負向客戶限制信用卡一次付清	●	●	●
5	基本權益	商品免費退換貨		●	●	●
6	基本權益	0800免付費專線		●	●	●
7	基本權益	365天全年無休		●	●	●
8	等級差異化服務	貴賓服務專線		●	×	×
9	等級差異化服務	開箱體驗	白金／忠誠會員獨享客製化開箱驚喜禮物	●	●	×
10	等級差異化服務	專屬商品兌換區	白金／忠誠會員獨享限定商品點數兌換	●	●	×
11	等級差異化服務	來電優先進線		●	×	×
12	等級差異化服務	型錄優先寄發		●	●	×
13	等級差異化服務	優先售後服務		●	×	×
14	等級差異化服務	商品優先出貨		●	●	×
15	等級差異化服務	白金會員邀請函	針對準白金寄發入主白金邀請函	●	×	×
16	等級差異化服務	ARA	白金會員獨享A換A服務	●	×	×
17	等級差異化服務	三節禮品	春節／中秋／端午	●	×	×
18	等級差異化服務	生日賀卡		●	●	×
19	等級差異化服務	生日禮	生日當日消費送ONECA點數	10,000	5,000	2,000
20	等級差異化服務	消費回饋	消費送ONECA點數	1倍	×	×
21	等級差異化服務	白金九折	每月一次	●	×	×

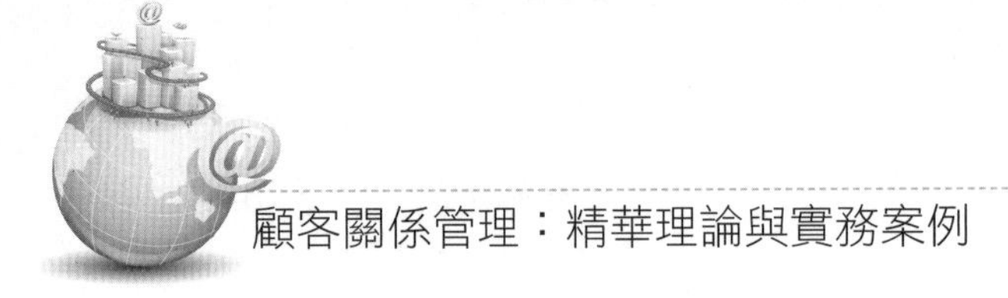

八、維運方案概要

	方案類別	方案規劃	適用等級	方案說明
1	提升維運績效	會員等級維運管理	白金 忠誠	藉每日系統數據更新，即時掌握高等級會員（白金、忠誠會員）消費互動狀態，並由禮賓人員及各維運小組進行重點會員維運作業。
2		會員升降等維運	全體	例行性等級維護作業。
3		分群作業規劃及應用	全體	透過會員消費資料所產生的偏好分群進行深入運用，於富購前臺進行客戶貼標，規劃線上人員在Inbound、Outbound進行一系列針對性服務。
4		負向客戶管控	特殊	例行性等級維護作業。
5	提升等級貢獻	會員活動規劃	全體	白金會員優先受邀，一般會員則為點數兌換活動。
6		白金會員節慶贈禮回饋	白金	依當季白金會員貢獻度於端午及中秋各取前1,000名，規劃節慶禮品敬贈，以提升會員好感度、忠誠度及整體貢獻度。
7		高貢獻度會員獎勵方案	白金 忠誠	規劃專屬消費、集點獎勵方案。
8	通路資源導入	挽回高價值會員活化方案	跨	原高等級會員（白金、忠誠、標準積極具通路消費習慣者），於次評等將降等者，以封閉直效溝通方式引導消費回購。
9		靜止停滯會員活化方案	跨	針對靜止會員、停滯會員以Data Mining方式做目標族群維運，以直效溝通方式引導消費回購。

（續前表）

	方案類別	方案規劃	適用等級	方案說明
10	通路資源導入	得易卡友活化方案	跨	新會員導入：設計活動誘因將得易卡友導入EU消費成為新會員。 針對臺內停滯臺外活躍會員，依客戶消費偏好分群分類設計商品或活動導入EU消費，以挽回具價值會員為積極型會員。
11	重點族群經營	生日族群維運方案	跨	從生日會員各通路接觸管道，規劃客製化溝通方案，同步亦從專屬回饋、權益面等方向規劃精進方案，以切合會員需求。

九、會員活動設計——短期規劃

項次	活動名稱	活動內容	對象
1	VIP見面會	邀請品牌代言人、廠代或購物專家的粉絲參與活動	白金優先受邀
2	會員商審會	邀請會員共同參與商品審議會	白金優先受邀
3	會員感恩餐會	舉辦餐會	連續一年白金會員者
4	珠寶鑑賞會	集結臺內珠寶廠商舉辦實體鑑賞會	臺內：白金／忠誠優先受邀其他客戶收取活動費用
5	流行商品展示會	集結臺內各線廠商舉辦實體商品展示會	臺內：白金／忠誠優先受邀 得易卡友：依各商品分類偏好邀請參與
6	VIP旅行團	舉辦國內或國外VIP旅行招待團	年度消費○○○○萬元以上 取年度貢獻度前30名之會員
7	美妝體驗會	洽談臺內自營品牌或美保廠商舉辦體驗會	白金會員優先受邀免費參與其他客戶收取活動費用

十、會員活動設計——未來規劃

(一) 電影特映會

(四) 會員焦點座談會

(二) 顧客心聲委員會

(三) 演唱會

(五) 時尚派對

(六) 全省走透透（戶外開賣）

(七) 主題樂園包場活動

(八) 藝文講座

第八節　零售業「○○量販店」CRM推展情況報告

一、分析型CRM架構

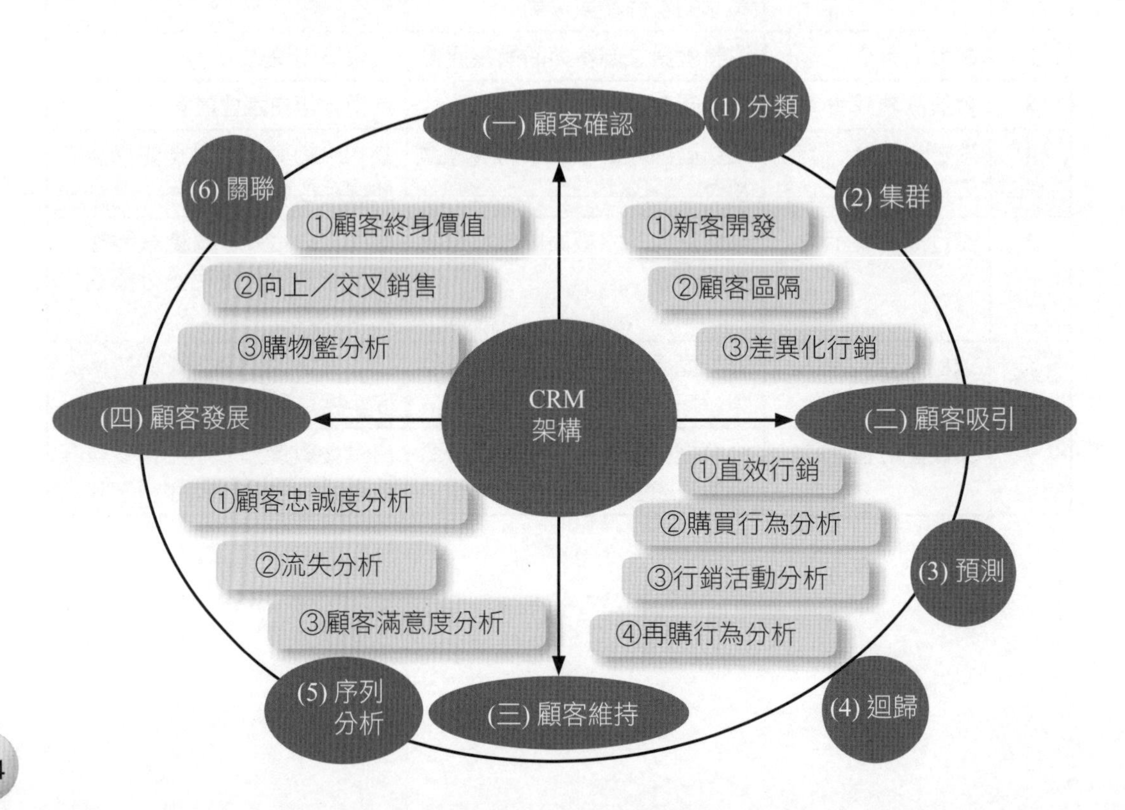

(一) ○○量販店與HAPPY GO合作模式與POOL介紹

1. ○○量販店屬於遠東集團，共同使用HAPPY GO卡，2004年曾發行過單通路卡片，募卡成效不彰已停用。
2. 曾於消費過的HAPPY GO會員人數400萬（包含一般藍卡與聯名卡）。
3. 一年ACTIVE會員人數185萬。
4. 每週由HAPPY GO主動提供新增／變更／刪除會員名單。
5. 每季由HAPPY GO到通路端簡報會員概況。
6. 每月需支付DDIM點數費用（0.3／點）資料處理費（20萬）。

因預算考量○○量販店暫無Big Data平臺架構計畫。

(二) ○○量販店於2011年導入CRM，投入軟硬體成本及成效

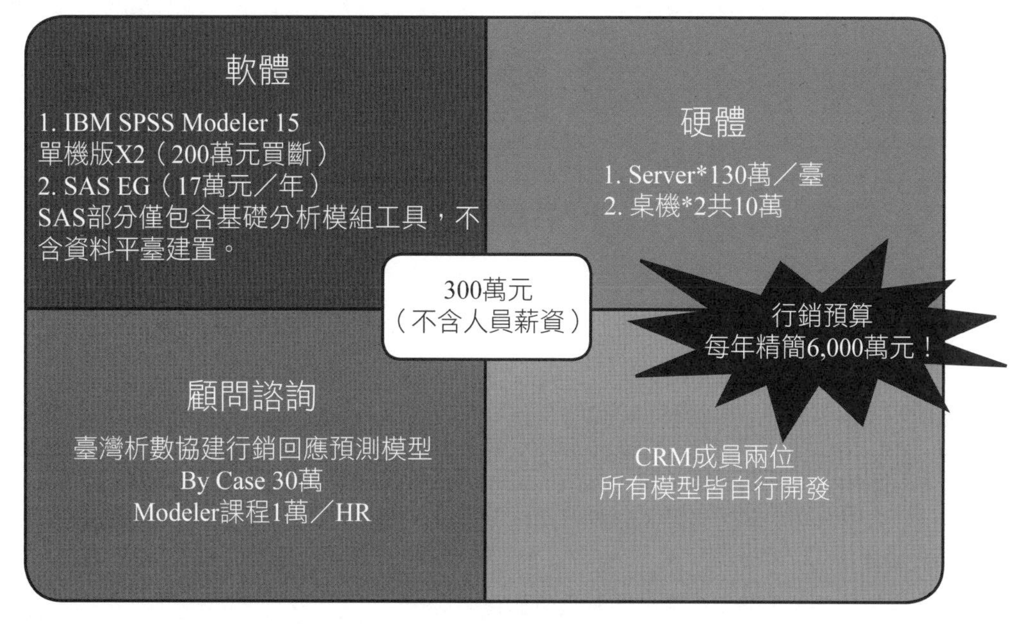

無Data Mining時篩選3m有交易過名單每檔約90～100萬份
模型建立後每檔DM降20萬份*10元（郵寄+印刷+封裝）*30檔／年＝6,000萬元

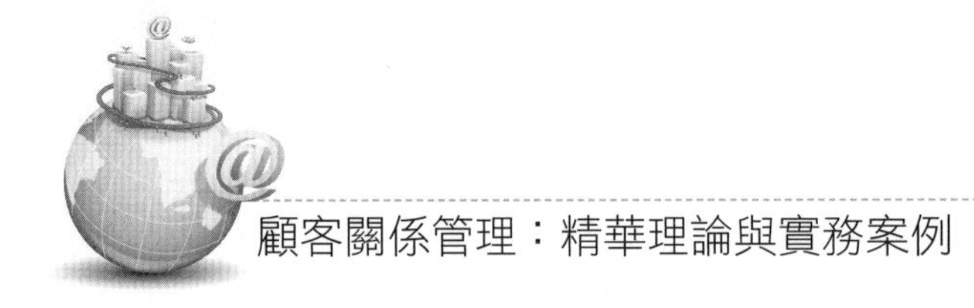

(三) ○○量販店CRM組織架構與成員背景與其他部門工作

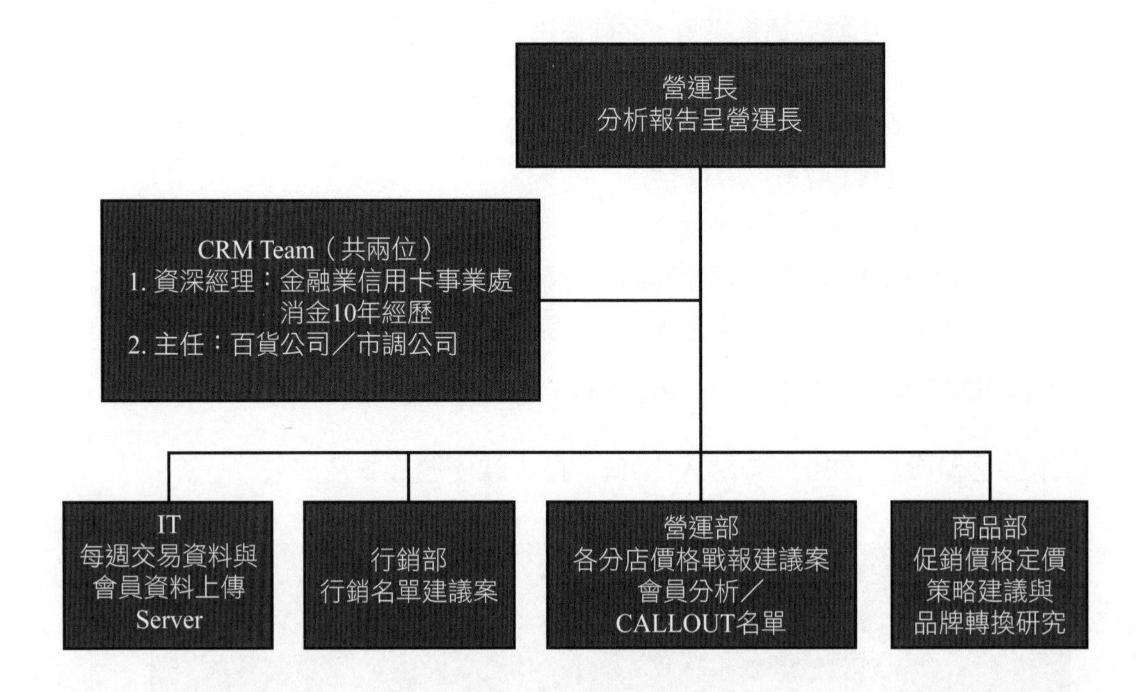

二、○○量販店操作CRM的具體作法

(一) ASSOCIATION（關聯規則）

找出潛在強關聯→調整空間擺放、交叉銷售→聯合促銷、業績提升。

關聯規則判別指標	評分
支持度（Support）	前項事件發生在所有資料的百分比 如果有50%的訓練資料包括購買米，然後規則，米→蔬菜有前項支持度50%
信心度（Confidence）	前項和後項同時發生的百分比 如果有50%的訓練資料包含米，但只有20%同時購買米和牛奶，則信心規則為米→牛奶是40%
提升度（Lift）	規則信心度與前項事件發生的比率 若規則>1，則表示此規則有用
計算	Support = 項目A的交易數量／總交易數量 信心度 = 項目AB同時交易數量／包含項目A的交易數量 Lift = 前項A與後項B同時發生的可能性／後項B發生的可能性

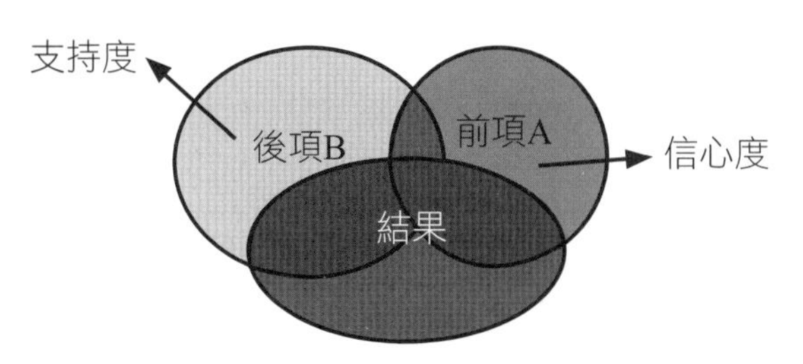

例如：資料集中有750個客戶，購買A商品客戶有492個客戶，有473個客戶購買A商品也購買B商品	
規則支援	473/750*1000 = 63
前項支援	492/750*100 = 65
信心度	473/492*100 = 96

CASE STUDY FOR "RICE"（購買米與相關產品的個案研究）

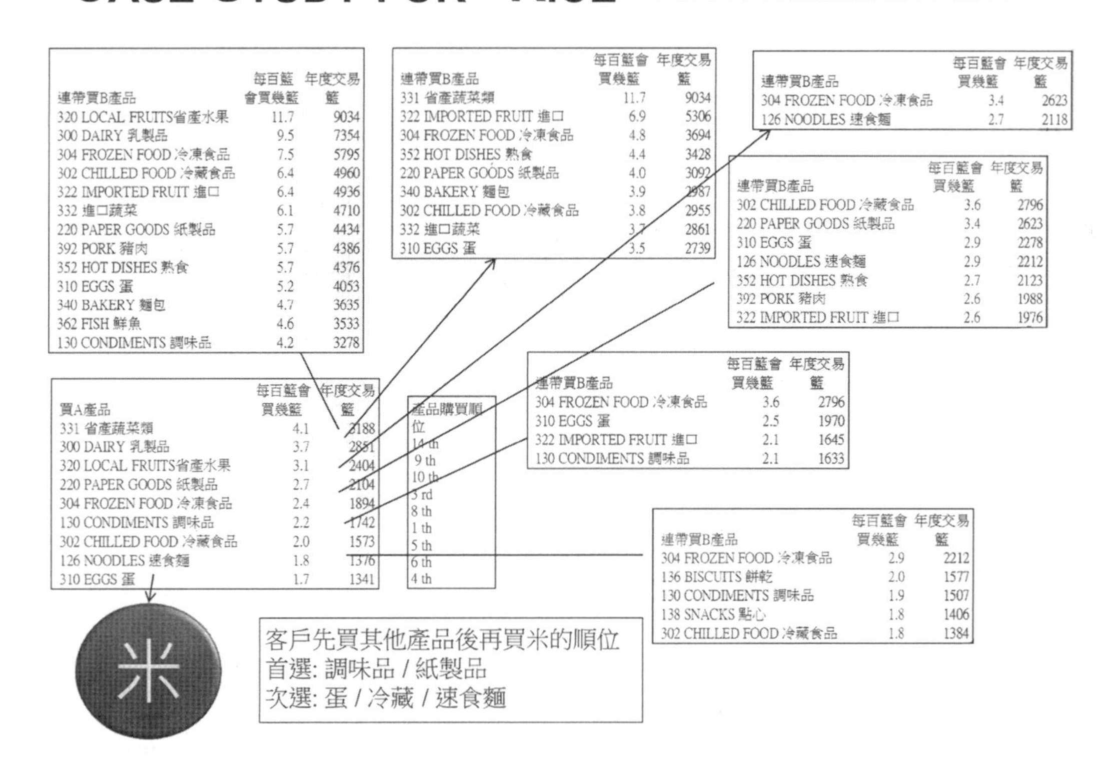

連帶買B產品	每百籃會買幾籃	年度交易籃
320 LOCAL FRUITS省產水果	11.7	9034
300 DAIRY 乳製品	9.5	7354
304 FROZEN FOOD 冷凍食品	7.5	5795
302 CHILLED FOOD 冷藏食品	6.4	4960
322 IMPORTED FRUIT 進口	6.4	4936
332 進口蔬菜	6.1	4710
220 PAPER GOODS 紙製品	5.7	4434
392 PORK 豬肉	5.7	4386
352 HOT DISHES 熟食	5.7	4376
310 EGGS 蛋	5.2	4053
340 BAKERY 麵包	4.7	3635
362 FISH 鮮魚	4.6	3533
130 CONDIMENTS 調味品	4.2	3278

連帶買B產品	每百籃會買幾籃	年度交易籃
331 省產蔬菜類	11.7	9034
322 IMPORTED FRUIT 進口	6.9	5306
304 FROZEN FOOD 冷凍食品	4.8	3694
352 HOT DISHES 熟食	4.4	3428
220 PAPER GOODS 紙製品	4.0	3092
340 BAKERY 麵包	3.9	2987
302 CHILLED FOOD 冷藏食品	3.8	2955
332 進口蔬菜	3.7	2861
310 EGGS 蛋	3.5	2739

連帶買B產品	每百籃會買幾籃	年度交易籃
304 FROZEN FOOD 冷凍食品	3.4	2623
126 NOODLES 速食麵	2.7	2118

連帶買B產品	每百籃會買幾籃	年度交易籃
302 CHILLED FOOD 冷藏食品	3.6	2796
220 PAPER GOODS 紙製品	3.4	2623
310 EGGS 蛋	2.9	2278
126 NOODLES 速食麵	2.9	2212
352 HOT DISHES 熟食	2.7	2123
392 PORK 豬肉	2.6	1988
322 IMPORTED FRUIT 進口	2.6	1976

買A產品	每百籃會買幾籃	年度交易籃	產品購買順位
331 省產蔬菜類	4.1	3188	14 th
300 DAIRY 乳製品	3.7	2851	9 th
320 LOCAL FRUITS省產水果	3.1	2404	10 th
220 PAPER GOODS 紙製品	2.7	2104	3 rd
304 FROZEN FOOD 冷凍食品	2.4	1894	8 th
130 CONDIMENTS 調味品	2.2	1742	1 th
302 CHILLED FOOD 冷藏食品	2.0	1573	5 th
126 NOODLES 速食麵	1.8	1376	6 th
310 EGGS 蛋	1.7	1341	4 th

連帶買B產品	每百籃會買幾籃	年度交易籃
304 FROZEN FOOD 冷凍食品	3.6	2796
310 EGGS 蛋	2.5	1970
322 IMPORTED FRUIT 進口	2.1	1645
130 CONDIMENTS 調味品	2.1	1633

連帶買B產品	每百籃會買幾籃	年度交易籃
304 FROZEN FOOD 冷凍食品	2.9	2212
136 BISCUITS 餅乾	2.0	1577
130 CONDIMENTS 調味品	1.9	1507
138 SNACKS 點心	1.8	1406
302 CHILLED FOOD 冷藏食品	1.8	1384

(二) 集群分析（CLUSTERING）

1. **交易行為分析**

(1)K-means（優點：適合大資料集、且使用最廣泛的統計集群分析法）

(2)Two Step集群法（優點：可處理連續或類別型資料、可自動產生集群品質最好的群數）

2. **交易商品分類**：偏好商品做分群

(三) 品牌轉換研究（FMCG）CASE STUDY FOR 洗衣精（購買洗衣精的相關個案研究）

As of 2012/8 往前兩年資料

購買次數	會員數	basket #	會員%	basket%
1	200,713	200,713	41%	13%
2	**109,687**	**219,374**	**22%**	**14%**
3次以上	**179,413**	**1,136,196**	**37%**	**73%**
Total	489,813	1,556,283	100%	100%

1. 約49萬人在兩年內購買洗衣精，其中買過兩次以上的客戶占59%，占全部來客87%，後續將以此基礎分析客戶購買決策因素

2. 考量了四種因素來決定商品在客戶決策上的選擇

瓶/補	basket #	%
2.補	903,598	58%
1.瓶	652,685	42%

容量重量	basket #	%
2.1000~2399	922,241	59%
4.3200~3999	271,451	17%
5.4000~	225,536	14%
3.2400~3199	130,670	8%
1.~999	6,385	0%

天然/環保/合成	basket #	%
3.合成	1,461,792	94%
1.天然	74,749	5%
2.環保	19,742	1%

（續前）

品牌	basket #	%
3.一匙靈	198,141	13%
5.加倍潔	194,944	13%
15.全效	169,693	11%
12.白鴿	162,571	10%
4.妙管家	152,165	10%
1.白蘭	105,454	7%
8.依必朗	85,907	6%
6.USPOLO/閃彩	84,373	5%
11.潔倍	72,986	5%
13.毛寶	68,114	4%
16.南僑水晶	61,300	4%
24.好媳婦	55,758	4%
20.白帥帥	50,713	3%

品牌平均散布在每個項目中，可參考品牌忠誠度分析

3. 天然／瓶補／品牌價位是購買洗衣精最重要的前三大決策條件

項目	換品比例	客戶習慣	標準差	排序
品牌	35%	41%	1.267	4
瓶/補	17%	66%	0.475	2
容量重量	25%	55%	0.724	3
天然/環保/合成	4%	92%	0.275	1

客戶習慣表示客戶忠於產品的比率。（沒換過其他因素）

標準差是由客戶買過全部項目數計算出來，數字可當成這個項目選擇的廣度。

(四) 客戶身分證CRM範例

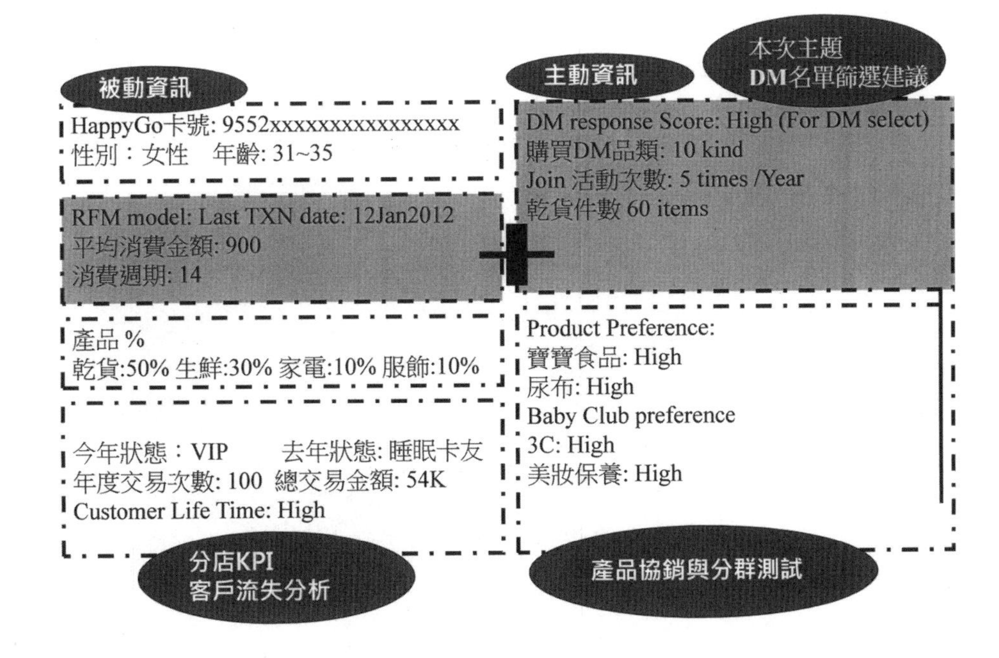

建立DM回應模型的原因，是希望針對回應DM商品的客戶增加溝通機會

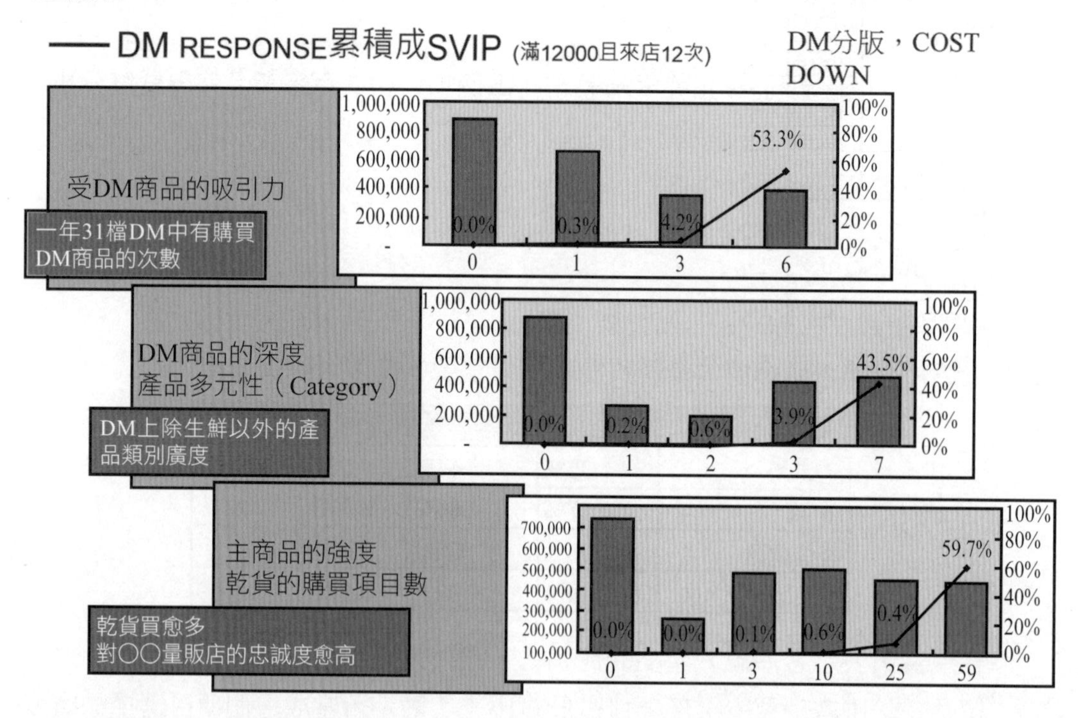

(五) DM名單篩選雙引擎

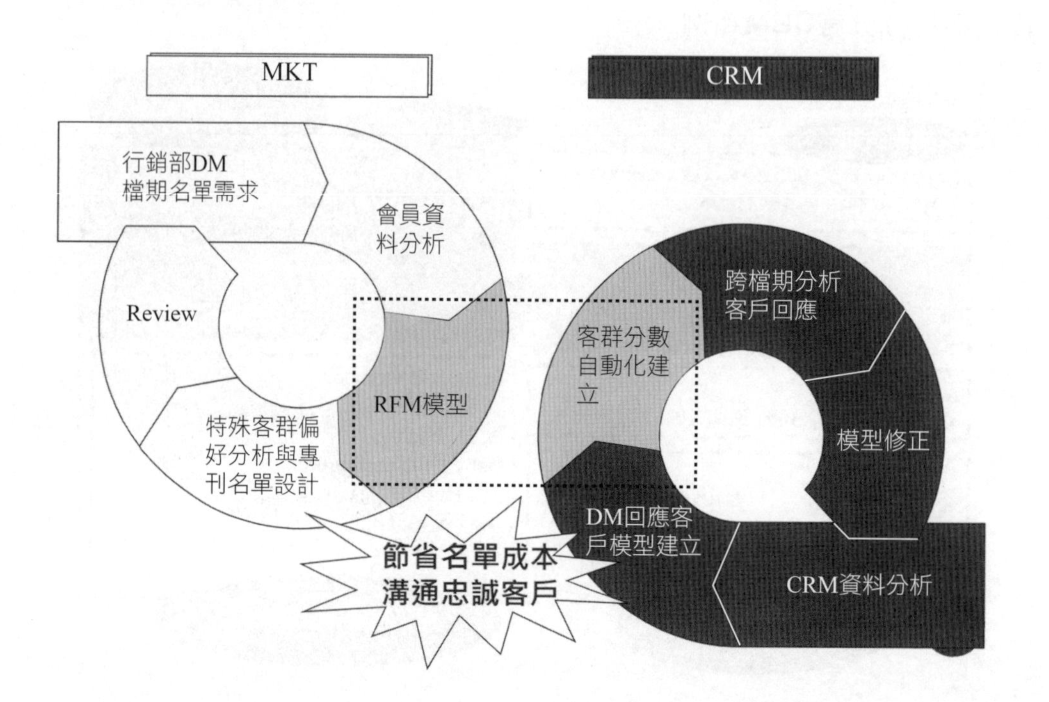

雙引擎的運作組合（多重維度的結合）
→RFM消費行為分析選擇高潛力客戶
→DM回應模型選擇DM商品高忠誠客戶

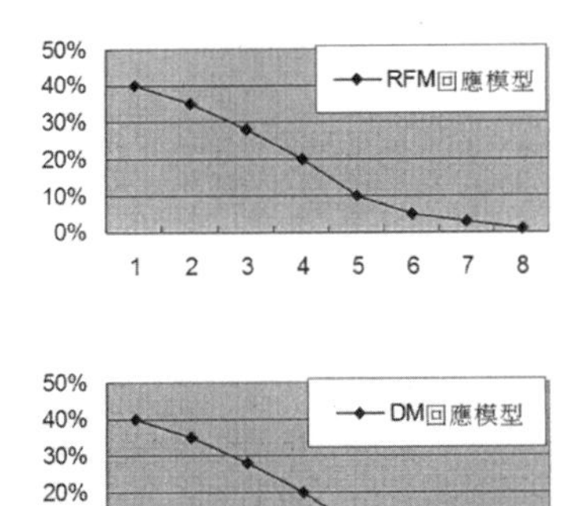

先以RFM模型做範例		DM回應模型		
		高	中	低
RFM模型	高	13%	7%	20%
	中	5%	6%	4%
	低	10%	15%	21%

	13%	12%	36%	18%	21%
排序	1	2	3	4	5

DM回應模型的效益（GAIN CHART）
SVIP USUALLY WITH HIGH RESPONSE SCORE

Top 30% of DM response model include 99% of SVIP

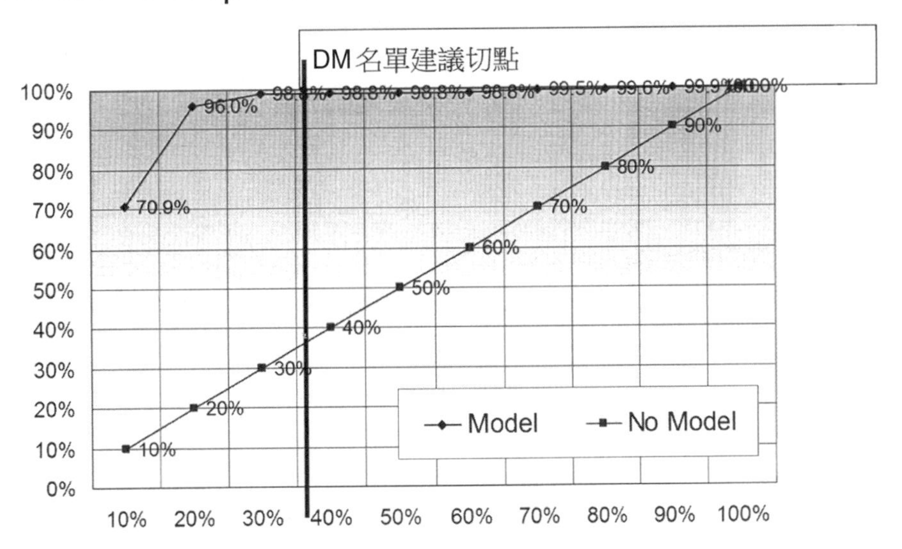

(六) 行銷活動效益

				DM郵寄		
檔期	名稱	時間	天數	會員戶數	郵寄%	回店%
⊟207	⊟品牌大回饋	⊟04/06~04/24	19	2,155,423	30%	42%
⊟208	⊟卡友會	⊟04/25~05/01	7	2,156,359	33%	25%
⊟209	⊟母親節	⊟05/02~05/15	14	2,157,431	29%	38%
⊟210	⊟年中慶	⊟05/16~05/29	14	2,158,212	37%	32%
⊟210A	⊟年中慶2	⊟05/23~06/05	14	2,158,079	31%	35%

回應率由20%提升至35%
成本下降，效益提升

說明：因販售產品商品週期不同，各業種僅做參考

量販通路 RSP 約18~30% 例如：全聯 / 家樂福
3C/家電 通路 RSP 約10% 例如：燦坤
百貨公司通路 RSP 約 16%

懷孕預測模型	分店DNA _Factor Analysis
當顧客購物籃中偵測到指標性商品。 例如：驗孕棒、保險套、衛生棉、媽媽補體素……商品的消長關係，對此群準媽媽顧客設計專刊銷售高毛利商品（嬰兒推車、嬰兒床、尿布、奶粉……）。	商品背景：商品品項超過40萬種，中分類超過200種。 應用分析：以統計學因素分析法萃取分店代表品類，作為分店Remodel的依據。 例如：大直店以因素分析萃取出嬰童用品與高單價食品（紅酒、高單價起司），進而調整。
價格敏感分析	**Cross Sell**
建置商品歷史價格資料庫，研究價格敏感顧客當同品項商品價格下跌幾元時，哪些顧客會因價格變動到店消費，進而作為測試此變數為行銷回應預測模型的重要變數，避免不當削價競爭損傷毛利。	和供貨商合作當新品／打競品推出時，販售名單與資料庫分析結果合作案。 例如：統一、亞培、卡夫，於店內個別化印出Coupon作為下次到店的獎勵。

顧客分級	網站推薦商品
以顧客年度貢獻度，各級顧客享有不同回饋建立VIP制度，特殊回門禮專屬禮遇。	Also view Also Buy 網頁關聯推薦
顧客流失模型（Survival Analysis）	**行銷回應預測模型**
利用生統的存活分析法建立顧客流失預警模型，於顧客流失前再次以CALL客方式挽留顧客，延長CTV。	以迴歸模型、決策樹、類神經迴路演算法做預測模型。 使用變數：R、F、M、顧客屬性、Join行銷檔期次數、購買品類廣度、商圈到店距離、商品偏好、入會天數……。 RSP由單變量分析16%～20%提升至25%～36%，每年精簡6,000萬元行銷預算。

三、結論

1. CRM導入後，低成本低人力，每年節省6,000萬元行銷費用。
2. 建議公司進行軟體更新，本量販店為實體零售，與○○○企業為關係企業，不自行發會員卡，直接用HAPPY GO會員進行銷售分析，對於軟體之更新採取較低標準，公司大數據之策略除零售外，尚有會員卡布局，可全盤考慮軟體需求，分批實施更新。
3. 建議公司內部應培養建模人才，依需求進行預測模組之建立，節省公司成本，精準行銷，精進效益。
4. 藉由網站瀏覽過但未成交顧客，可近期內主動以同類別EDM和COUPON再行銷（例如：顧客A於7月15日瀏覽ETMALL保養品，但是未購買，7月18日時以EDM主動推薦美妝保養專刊EDM）。
5. 建立保養品、食品週期資料庫，自動化精算顧客產品用完日期，並於2週內主動提供購買同商品優惠折扣。
6. 透過EDM寄送行銷送點數鼓勵方式，每月更新會員資料庫。

第九節　CRM結合行銷操作之案例分享

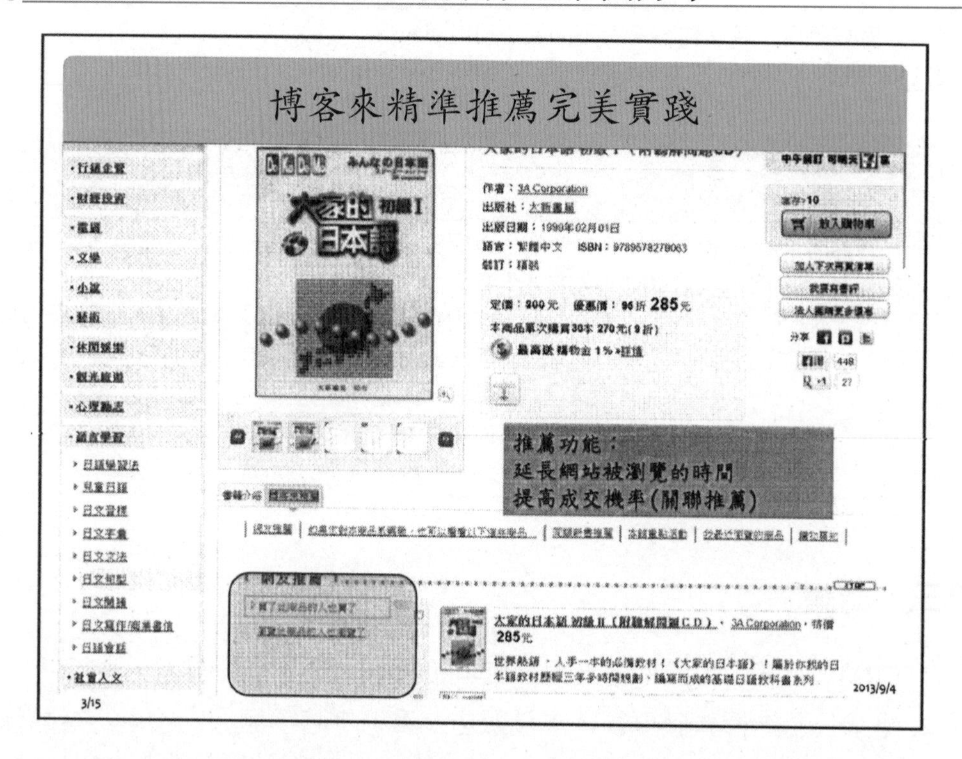

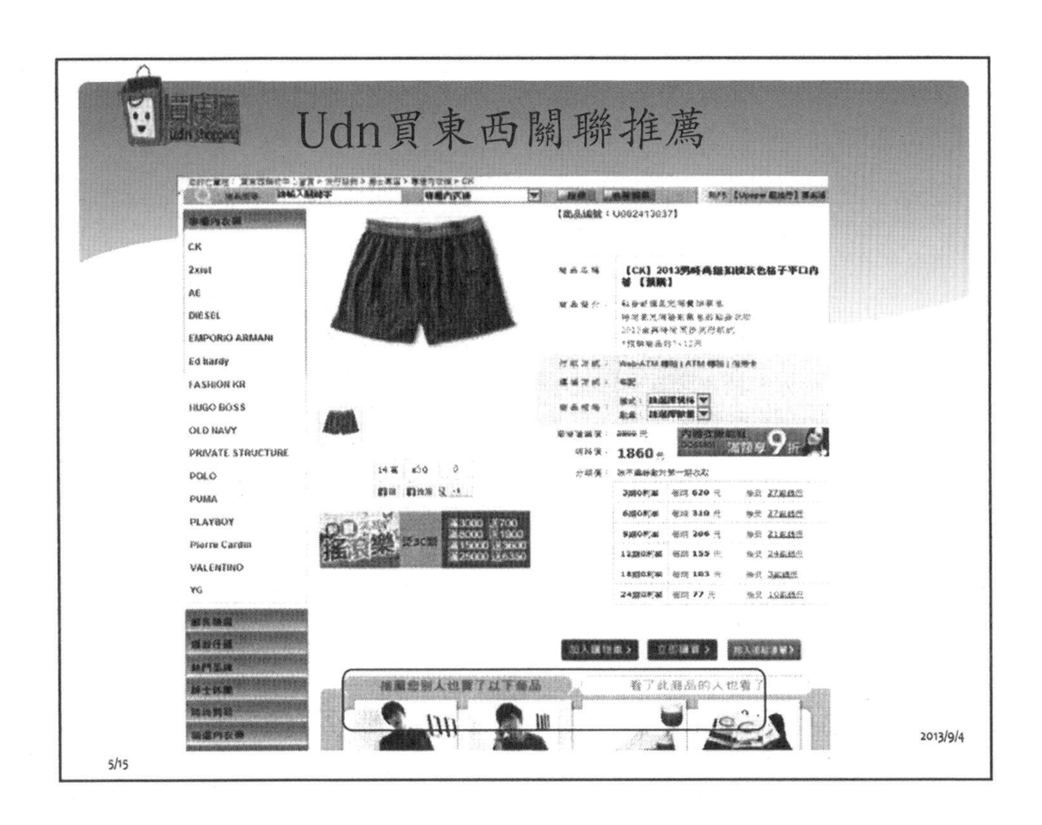

* PChome Online 的eDM中出現了顧客的名字，這是因為PChome Online線上購物啟動了顧客關係管理（Customer Relationship Management），PChome Online營運長表示，該機制啟動後，網友點選eDM的比例成長了7倍。

* PChome Online的客戶關係管理機制主要分析該站線上購物會員的特性，包括會員性別、屬性、消費能力、所曾購買的商品類型等，然後系統會自行就該站超過10000項的商品中挑選不同的商品型錄，寄至不同屬性的會員信箱中。根據估計，曾在PChome線上購物買過東西的網友約有千萬人，單日流量4千萬，而該族群亦為此一CRM機制主攻的對象。

2013/9/4

6/14

Yahoo慾望牆總是知道你要的!

網購平台Yahoo!奇摩購物中心，已推出3項新服務，包括「個人化推薦」、「慾望牆」、「快速結帳」因為慾望牆的帶動，瀏覽商品數比過往增加了1.8倍。

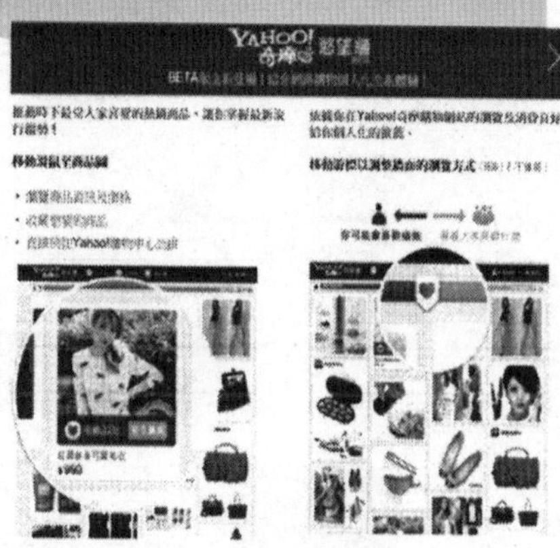

主要是運用了消費者資料庫、商品資料庫整合的研究與運算，以推薦消費者接下來可能感興趣的相關商品。

「慾望牆」，是突破一般電子商務網站以產品搜尋及分類的瀏覽方式，提供以個人化推薦、收藏和分享為產品核心的新購物型態，是一個專屬消費者的個人程式。

另外「快速結帳」，可協助消費者安全地將個人偏好的結帳資料儲存起來，並於下次消費時輕鬆快速地完成結帳程式，手機版還讓原需1分鐘的結帳程式縮短到只需要5秒鐘，使得運用手機版結帳的消費次數，比一般消費次數提升了17%。

7/15　2013/9/4

7-11氣象經濟

日本7-ELEVEN的POS系統，最知名的典範是「氣象經濟」，表面上看似無奇的溫度變化，經過日本7-ELEVEN的POS系統分析，就和銷售形成密切關係

七五三感冒指數出現　藥、溫度計、口罩上架

* **氣溫差三度，某些商品的銷售就可能相差一倍以上，**換句話說，在這個氣象經濟的時代，掌握溫度變化就等於掌握了商機。**日本零售商對於「七五三感冒指數」就很敏感，如果一天當中溫度相差七度、今天和昨天的溫度差到五度、且溼度差大於三〇%的話，代表感冒的人會增加，商家就要考慮把感冒藥、溫度計和口罩之類的用品上架。**

除了感冒指數，日本7-ELEVEN的情報系統也累積了許多溫度和暢銷商品的分析資訊：比如說，氣溫在二十四度到二十七度之間時，鰻魚、冰品和防曬乳會賣得好，**溫度在二十二度到二十五度時，涼飲、冰咖啡和殺蟲劑就不可少**，至於溫度在十七度到二十度當中時，布丁、沙拉和優格則很受歡迎。

8/15　2013/9/4

Nissan精準分析顧客階段

* 每一台車的產品生命周期，可分為交車、保修（售後服務和維修）、換購、再購四個階段，每階段的消費或維修情形都在資料庫中留存紀錄。
透過這些資料就可以分析顧客的需求、喜好和使用狀況，並透過交叉分析，就可以找到目標客群，做為未來推出新車的重要參考。
另一方面也可以為老顧客提供更個人化的服務，例如車主可以在線上查閱自己的交車、保修紀錄，保固期間可以提醒其享有的車主優惠，在維修點可以就車主的使用習慣做維修建議。
系統也可以化被動為主動，當老顧客的汽車換購期到了，可以針對車主的需求和喜好進行個人化行銷，主動接觸。
或者透過經銷商的銷售輔助系統（CAP，Communication Assistant Program），讓業務員在隨身配備的行動裝置如PDA或筆記電腦上，可以同步連線到資料庫查閱顧客資料方便的工具，對B2B和B2C關係的經營都是雙贏。

9/15 2013/9/4

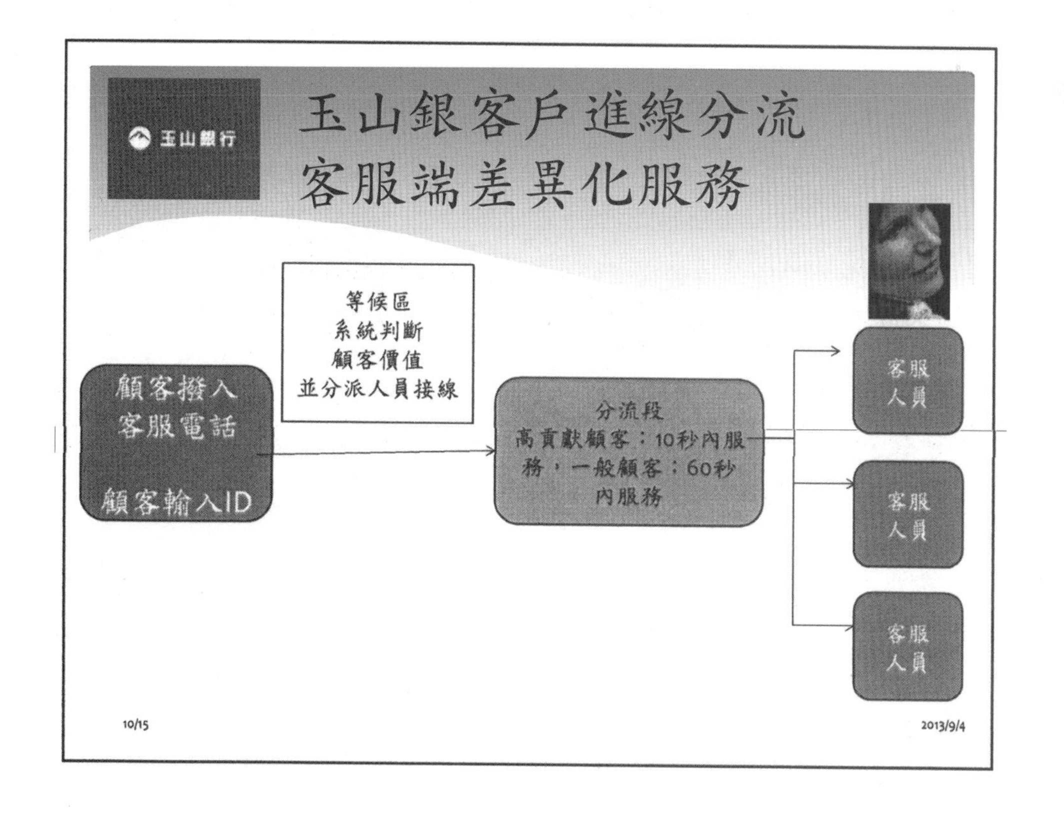

Target懷孕預測模型

* Target從女性消費族群的購買行為，研發出一套領先同業的「懷孕預測模型」。Target的資料分析專家發現，當某些女性從購買有香味的乳液，轉而購買無香味的乳液，或是開始採購葉酸、鈣片、鎂與鋅等營養補充品，他們就會大膽推測這名女性可 能已經懷孕。專家將過去女性消費族群的資料進行串流、分析，研發出懷孕預測模型。這個模型會列出25種孕婦最有可能購買的產品，並依據女性消費者的行為，計算出他們的懷孕預測分數。一旦發現這名女性消費者可能已經懷孕，就會立刻寄出相關商品的促銷廣告。Target 還會分析這些女性通常在一星期中的哪一天出門購物，並且在前一天就搶先寄送廣告函給她。

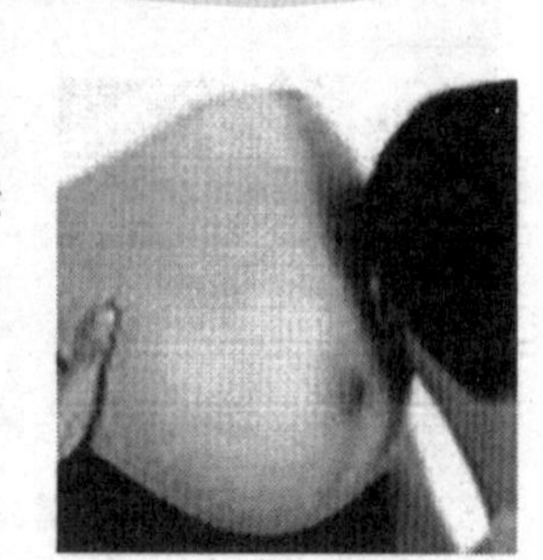

11/15 2013/9/4

美國星巴克App (1)

* 美國版App是一支持續在功能上開發以及把行動行銷的功效發揮極致的手機應用程式。
* 對於零售業來說，培養顧客的品牌忠誠度是相當重要的，一般常透過高度的行銷優惠來提供，只是在行動行銷上轉換成在App內呈現。
* 在星巴克行銷體系中很受歡迎的**回饋卡（Rewards Card）也整合在App中**，藉著與系統的連線，使用者可以很清楚地了解現在的卡別，是綠卡還是邁向金卡的道路，也很清楚目前能夠換取的優惠為何，完全取代了過去很容易被丟棄的卡片紙本說明。而當使用者查詢時，一定要開啟App，因此又提高了重要的App開啟率，無疑也協助其他推廣訊息的露出。

12/15 2013/9/4

美國星巴克App (2)

* APP行銷上的一個點——「APP開啟率」，星巴克還有一招讓你每天都會想打開App——「每週精選」（Pick of The Week）。他們在訊息功能中，不僅僅只是俗套地放上優惠訊息，**在每週都提供一支mp3免費下載**，這樣的誘因，大大增強了使用者打開App動機，而音樂下載這個元素又恰巧與店內播放音樂所營造的氣氛不謀而合。

13/15 2013/9/4

美國星巴克App (3)

在星巴克在美國的7800家門市都已經導入智慧型手機付費機制，歷經兩年的成熟發展後，在近日又支援iOS6中的Passbook功能，可以在App中導出一張具備支付功能的Pass。

現在人們高度仰賴智慧型手機，已經到了出門可以忘記任何一切隨身小物，像是鑰匙皮夾，但卻不會忘記iPhone的情況，這也造就了行動行銷的崛起。企業在構思App的功能之時，一定要專注在自身的產品以及App能夠提供如何與產品緊密連結的服務，運用「忠誠度」或「消費體驗」等元素來檢驗，才能發揮行動行銷最大的功效。

14/15 2013/9/4

本章習題

1. 試列示CRM策略行銷的六大方向。

2. 試圖示Kalatkota所述顧客行銷三階段。

3. 試圖示Peppers所述顧客行銷四步驟。

4. 試列示Shani認為行銷關係的三大基礎。

5. 試列示關係行銷對企業帶來的利益。

6. 試說明顧客分級的重要性。

7. 試述顧客忠誠度的重要性。

8. 試簡述何謂RFM。

9. 試列示CRM行銷溝通的四種策略。

8 客服中心（Call Center）與電話行銷（Tele-Marketing）

第一節　客服中心的意涵、應用、功能及演進

一、客服中心的意涵

客服中心是廠商接觸顧客的一扇窗口，負責協助廠商服務顧客以及增加產品的銷售。客服中心從起初的幾條顧客專線開始演進，隨著科技的進步而賦予了客服中心更多元且更方便的功能。在對客服中心有更進一步的了解之前，先由國內外學者對客服中心的定義上，釐清何謂「客服中心」（Call Center）。

從組織部門的角度來思考，可以把客服中心定義為「一個或是一群組的電話服務，專門為特定的業別與服務屬性，接收來電或外撥電話」，或是「專門設計一個最迅速、最有效率及便捷的接收來電與外撥電話的環境」（趙新民，2001）。這個定義描繪出客服中心一個基本輪廓，但還無法全面性地代表客服中心。如果再參照國外學者對客服中心的定義，就可以把組織設立客服中心的價值描寫得更為明白。

客服中心可以提供給組織的價值在於，其能為企業提供更多與顧客接觸的機會，而且客服中心是贏得競爭優勢、提供銷售管道的單位（Serchuk, 1997）。另一位國外學者Holt（1998）提到，組織之所以成立客服中心，主要是因為客服中心能夠降低營運成本、得到顧客忠誠度、快速反應及解決問題。同時，客服中心能夠有效整合企業面對顧客的前端（Front Office）與後端（Back Office）。

綜合國內外對於客服中心的定義，認為客服中心是企業為了接觸客戶且維持良好顧客關係，所設立有效率接受來電與外撥電話的單位，專門為了特定的業務或服務反應問題以及幫助顧客解決問題，客服中心可以為企業降低營運成本、增加效率，並且建立企業的競爭優勢，進而提高顧客對企業的忠誠度。

二、客服中心的應用

客服中心在臺灣的發展漸漸成熟，也成為企業與顧客主要的接觸管道之一，在眾多的商業行為中，客服中心的地位也愈來愈重要。客戶或潛在客戶可以經由企業的客服中心了解最近商品資訊、取得障礙排除等售後服務或提出抱怨申訴。相對的，各企業亦可透過客服中心來提升商業形象、銷售產品、維持良好的客戶關係、改善客戶滿意度及忠誠度，進而拓展市場占有率。

傳統用來支援客戶服務中心運作的資訊系統，主要以電腦電話整合（Computer Telephony Integration, CTI）為基礎平臺，藉以建構出類比之電話語音與數位之電腦資訊密切結合的客戶服務整合環境。時至今日，由於網際網路蓬勃發展，以此新興媒介來處理以往需透過電話、郵寄或親臨方式才能完成之各種應用陸續被推出，客戶服務的管道也從單純的類比電話語音、傳真服務，擴展為包括電子郵件（E-mail）、語音電子郵件（Voice Mail）、網路語音（VoIP）、線上文字對談（On-Line Text Chat）和網頁同步瀏覽（Co-Browsing）等多種形式。

客服中心應用的領域非常廣泛，包括銀行業、電信業、醫療業、保險業及運輸業，均可運用客服中心的功能來提供客戶專業及迅速的優質服務。在客服中心，由於整合了電話、電腦和網路等技術，客戶可運用便利的電話與企業聯繫，享受企業所提供的服務；反之，企業也能夠充分利用自己所擁有的客戶資料，主動向客戶提供服務。

三、客服中心的四大功能

客服中心提供服務的方式有兩種類型：一種是進線／來電服務（Inbound），是客戶主動打電話到客服中心；另一種是外撥服務（Outboud），是客服中心主動打電話給客戶。若再以不同目的（銷售或服務）進一步予以細分，則可將客服中心所提供的功能分成以下四種，見圖8-1。

1. 進線服務（Inbound Services）

即接受顧客抱怨、諮詢或個人資料的確認或查詢。

2. 外撥服務（Outbound Services）

即所謂的電話行銷（Tele-Marketing）。

3. 進線銷售（Inbound Sales）

即企業所提供的訂貨專線。

4. 外撥銷售（Outbound Sales）

即售後所做的顧客使用追蹤或滿意度調查。

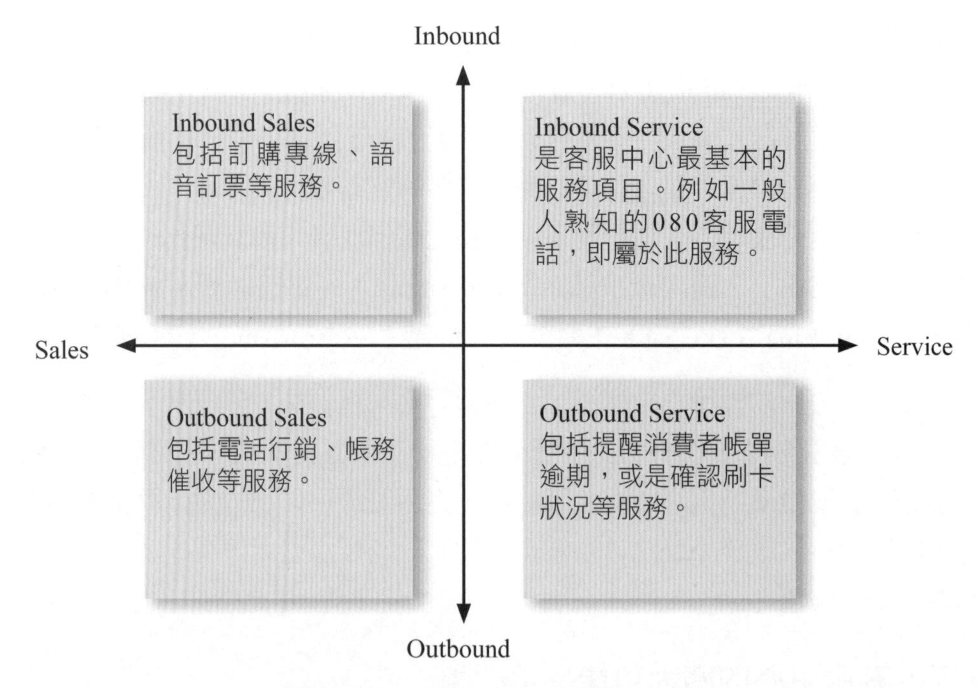

圖8-1　客服中心的四大功能

在客服中心的功能劃分上，根據曾世忠（2003）的描述，可依進線（Inbound）與外撥（Outbound）、銷售（Sales）與服務（Service），劃分出四個主要的功能（見表8-1），以下將對四個部分加以說明：

(一) 進線服務（Inbound Service）

服務專線的接聽，是目前絕大多數客服中心最完整的核心業務，也是客服產業最早發展的功能。電信、銀行、保險等擁有大量顧客基礎的產業，都會建置或外包以進線服務為基礎客服中心，藉以服務大量的顧客群。

表8-1　客服中心之功能矩陣

進線或外撥 服務與銷售	進線電話（Inbound）	外撥電話（Outbound）
服務（Service）	進線服務（Inbound Service）	外撥服務（Outbound Service）
銷售（Sales）	進線銷售（Inbound Sales）	外撥銷售（Outbound Sales）

資料來源：曾世忠（2003），《效率客服——客服中心的程序規劃》，培生集團之修改。

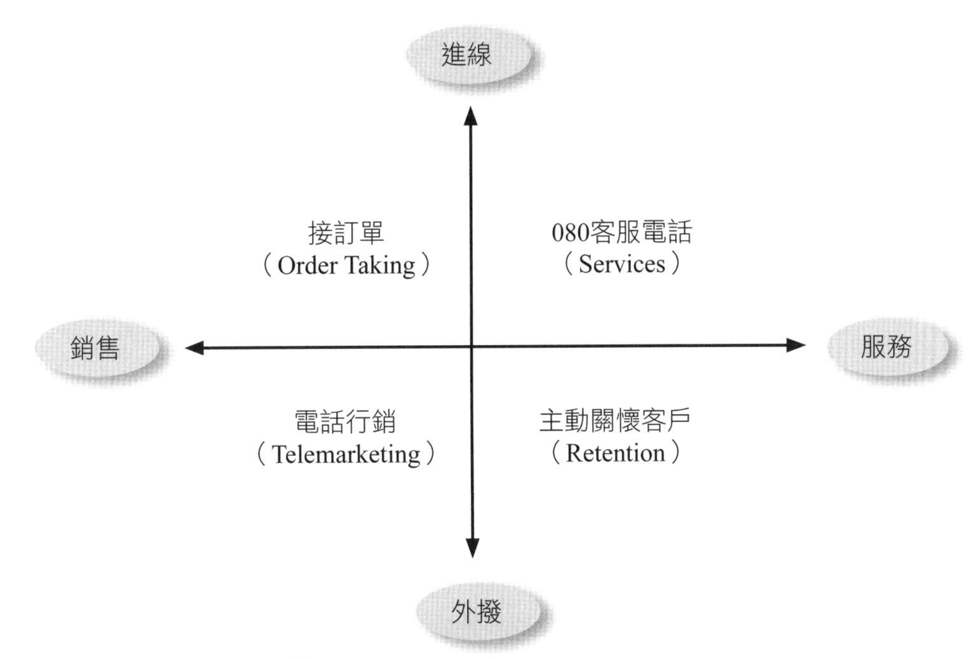

圖8-2　客服中心之功能定位

資料來源：曾世忠（2003），《效率客服——客服中心的程序規劃》，培生集團，頁20。

(二) 外撥服務（Outbound Service）

在顧客導向的市場潮流下，被動等待顧客來電的服務已經無法完全滿足顧客的需求，於是客服中心產生了一項新的功能：主動撥出電話對顧客進行關懷的行為，成為新的服務概念。也由於這是新的功能、新的觀念，在實務上其工作業務很難被明確地區分出來，其工作分散在進線服務以及外撥銷售兩個業務區隔內。

(三) 進線銷售（Inbound Sales）

客服中心配合其廠商的行銷活動，建構訂購專線服務顧客，使顧客可以直接撥入電話完成其所需要的交易，如電視購物或者郵購等。進線銷售不但可以交易，更可以直接把顧客資訊回饋到行銷部門。在實務上，此業務區隔的工作大多被進線服務業務區隔的客服人員一起包辦，仍未有明確的績效指標。

(四) 外撥銷售（Outbound Sales）

廠商以電話外撥行銷，是一項比起其他功能更為主動積極的功能，尤其當客服中心可以整合客戶往來的詳實資料庫，大幅提升了行銷活動的廣度、深度和精確度。但是執行這項功能時，必須考慮到顧客感受，不能讓顧客感受到由於廠商

掌握個人資料而進行強迫推銷，反而會對業績產生反效果。

本書以曾世忠（2003）所做的客服中心功能區分，將客服人員的業務性質做區分，以進線服務、外撥服務、進線銷售及外撥銷售四種區隔作為區分客服中心的分類，加上客服人員組長第五種業務區隔，總共把客服人員的業務內容做五種區隔。而分析對象以負責最大宗業務的進線服務以及進線銷售的客服人員為主要分析對象，探討客服人員的人格特質與其表現的工作績效有何相關性。

四、臺灣客服中心的演進

臺灣客服中心的演進大致上有五個階段（周震平，2000），以下分別就各階段做說明：

(一) 消費者服務專線

最早客戶電話服務中心的雛形是一些消費性產品公司，例如洗髮精、食品和家電用品等廠商，為了塑造與客戶互動之服務形象，提供免費服務專線，稱之為「消費者服務專線」，目的是提供客戶抱怨及建議管道，但尚未成立一個專門負責的顧客服務單位，一開始只是隸屬於公關部門或行銷部門之下的一個單位，服務時間限於正常上下班時間之內。

(二) 航空公司訂位組

較大型的客服中心始於航空公司之訂位訂票單位，客服中心的業務內容單純（以訂位為主，較少客戶抱怨處理）、流程固定（查日期時間班次→問客戶姓名→問聯絡人電話→提供訂位代號），但是服務時間仍停留於正常上班時間之內。

(三) 金融、信用卡業

當政府放寬金融機構的設立，金融、信用卡、保險業和證券業者紛紛出現。在激烈的競爭下，客戶服務概念有了更進一步的詮釋，尤其以信用卡業為最。大型24小時營運的客服中心乃正式產生，並且以服務客戶為其最主要訴求。

(四) 電信業者

民營的行動電話系統業者成立之後，300至500人次、24小時運行的大規模電話客服中心，將客服中心的發展推到了高峰期。在電信業者客服中心從業的客服人員所需的專業知識極多，從帳單、手機功能、促銷內容、網路訊號申告、客戶資料線上更改、加值服務（例如：行動數據、WAP、語音信箱等），到一般客戶的抱怨申訴不一而足。由於專業知識的複雜是其他產業所不及，因此，電信業客服人員的訓練時間往往長達三週至一個月，所以人才培訓的成本極高。

(五) 電話服務中心電腦系統的演進及電腦電話整合系統之應用

由早期只提供一條客戶專線，到080免費服務電話，再到自動話務分配系統（Automatic Call Distribution, ACD）、自動語音回覆系統（Interactive Voice Response, IVR），以至最先進的電腦電話整合系統（Computer Telephony Integration, CTI），臺灣的客服中心也開始由早期所謂「消費者服務專線」，走向世界先進的電腦電話整合系統。

第二節　客服中心之重要技術及互動作業流程

資訊科技的應用是客服中心成功的關鍵之一，近五年來資訊科技已大幅提升了客服中心的效能，減少人工的介入，提高服務的品質。一般認為客服中心需要以下幾項關鍵技術：

一、自動話務分配系統（Automatic Call Distributor, ACD）

自動話務分配系統可以協助每通電話快速有效地分配到值機電話服務專員的座席，使客戶能盡速獲得服務，亦讓電話服務專員平均服務時間及次數能得到最妥適之配置。自動話務分配的功能可以包含在專用交換機（Private Branch Exchange, PBX）中。專用交換機是用戶內部所使用的數位或類比電話交換系統，用來連接私用及公共電話網路。

二、自動語音回覆系統（Interactive Voice Response, IVR）

自動語音回覆是客戶運用電話按鍵及語音的引導來進行訊息傳遞的系統。自動語音回覆運用了通訊交換技術、語音處理技術及數據管理技術，並結合電腦。

三、電腦電話整合系統（Computer Telephony Integration, CTI）

客戶對於企業所提供的服務品質要求日益嚴苛，一個支援多元通訊媒體的客服中心已成為企業維繫客戶關係的策略性利器。

在各項資訊系統相互配合的情況下，客服中心的互動作業流程可以圖8-3和圖8-4表示之。

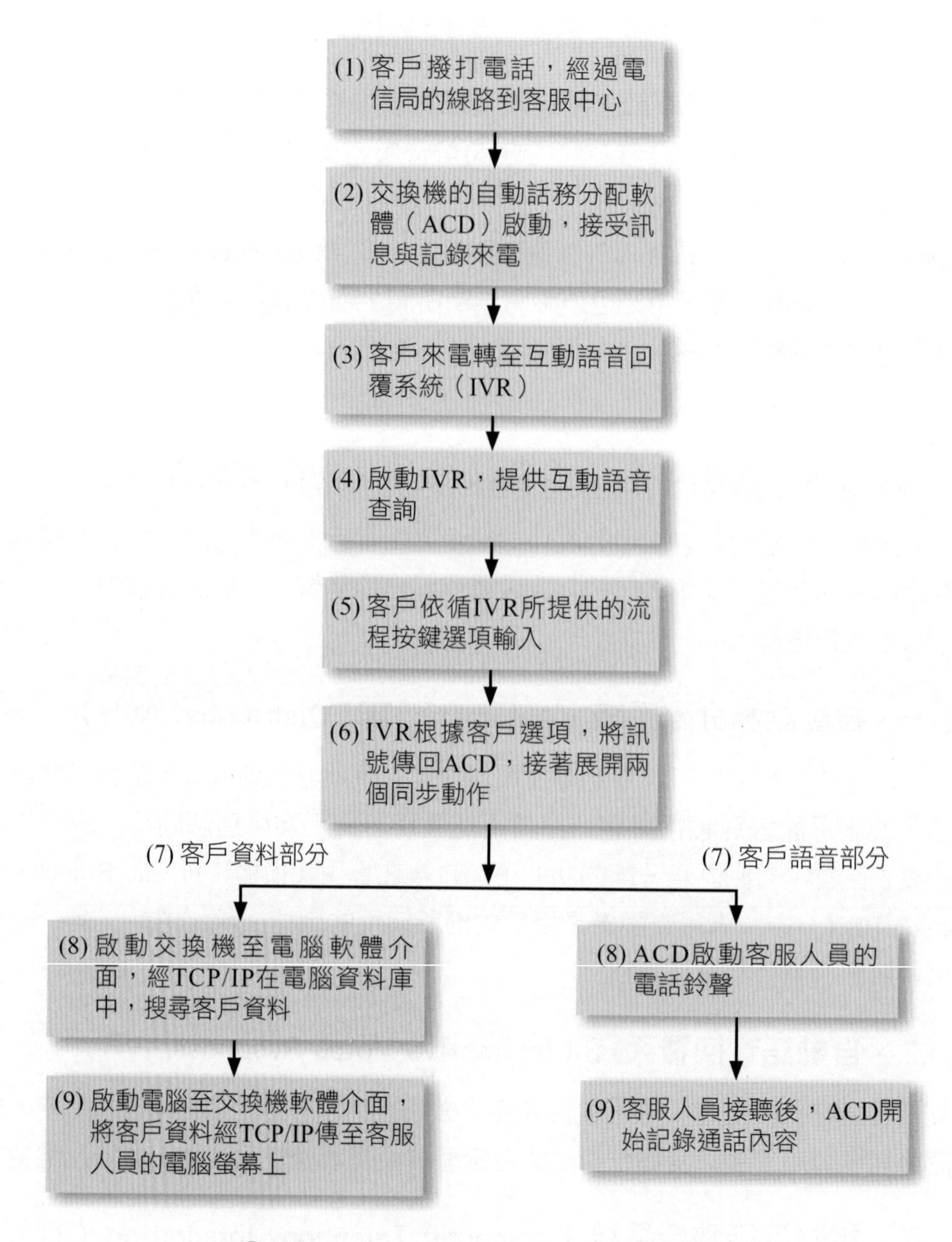

圖8-3　客服中心互動作業流程圖

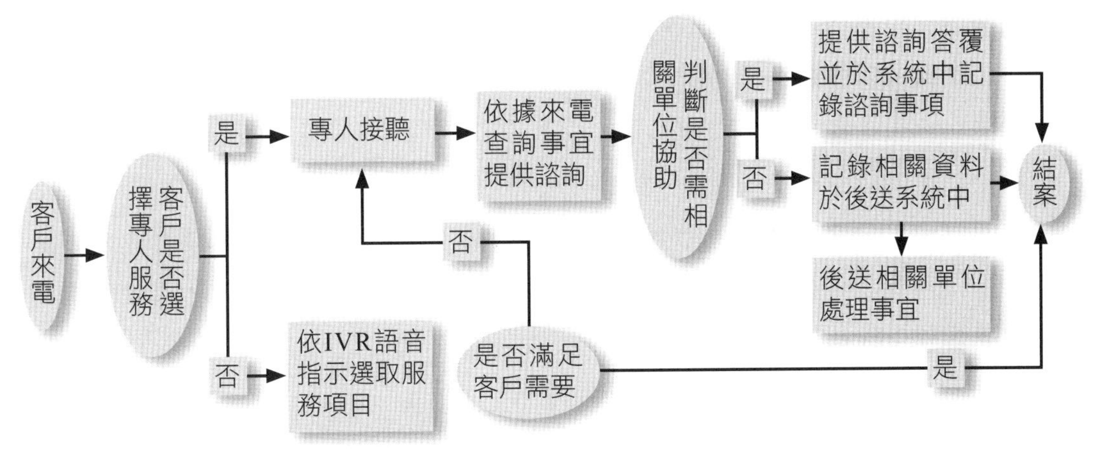

圖8-4　客服中心的進線服務作業流程

第三節　客服中心的三大要素——系統、人員、流程

一個客服中心要完整發揮其各項功能，就必須整合「系統」（Technology）、「程序」（Process）和「人員」（People）三大要素，缺一不可。系統指的是客服所需要使用的值機、話務轉接和資料管理等設備；程序則是指客服中心的各項作業流程；至於人員，當然就是指第一線的客服人員。對客服中心而言，沒有夠專業的客服人員，所有的系統和程序都只是廢物；但是空有客服人員而沒有完整的系統、順暢的流程，也無法將客服的功能發揮到極致。因此，這三個基本要素就像是一個鼎的三支腳，要並存並重才能讓客服中心有效地運作。

一、程序／流程

在程序方面，客服中心必須要建立一套SOP（Standard Operation Procedure，標準作業程序），包含標準化的應對用語、制度化的進線處理流程等等。「透過規劃良好的SOP，不只讓人員可以清楚了解自己該做哪些工作，還能達到顧客服務過程的一致和順暢，讓每一位顧客都能擁有相同水準的服務。」企業要了解客服並不是獨立運作的，客服和其他部門都會連動，所以在流程上要經常和其他的相關單位溝通，達到有效的串接。

對於客服流程的管理，主要可以透過KPI（Key Performance Indicator，關鍵績效指標）的制訂和考核來改善。客服的KPI基本上可分為量化和質化，量化的

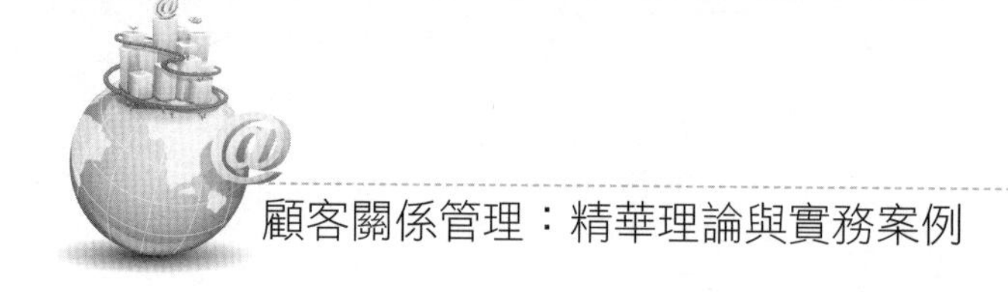

服務指標包括平均處理時間、離線時間、客訴件數，甚至基本業績等等。邱登崧指出，企業可以依據本身的需求、成本等考量，訂定合適的管理指標，例如：臺灣客服就規定客服人員20秒內的應答率要達到85%。至於質化的服務品質，則可以透過錄音側聽的方式，評估客服人員的實際服務狀況。

「客服不比製造業，QC（Quality Control，品質管制）通常要事後才能進行，但還是要盡量透過對各項KPI的檢討，以及不定期的抽測或是滿意度調查等，以掌控並提升客服流程的效率。」

二、系統

至於在系統方面，客服中心的系統大致分為Data（數據）和Voice（語音）兩大類。現代化的客服中心已經將這兩者整合在一起，透過電腦電話整合作業系統（Computer Telephony Integration, CTI），在顧客打電話進來時，即能轉接給適當的服務人員接聽，並立即搜尋顧客的個人資料和來電紀錄，顯示在客服人員的電腦螢幕上，讓客服人員可以對顧客提供最貼切的服務。

要做到這一點，資料庫的建立也是不可或缺的。這包含了兩個部分：一個是產業專業的知識庫，這可以讓客服人員隨時從線上搜尋到基本問題和所需的知識；另一個是客戶個人資料的資料庫，包括帳單的資料等等。「透過資料庫的建置，將可以大大提升客服的效率。」

三、人員

對顧客來講，絕大多數時候與企業接觸的管道就是客服人員，所以，優秀的客服人員絕對是客服中心能夠成功的一大關鍵。客服中心的運作就像一臺跑車，如果操縱和維修的人專業不夠，在別人眼中還是一臺不怎麼樣的車子。

客服人員的專業顯現在服務專業及產業專業兩方面。服務專業指的是和客戶溝通、互動的能力。另外為了因應客服工作的壓力，也需要注重個人的EQ、抗壓性等特質。至於產業專業則是指對所處行業的專業知識，比如電信產業的客服人員就要對行動通訊的特性、手機的操作方式夠了解。企業最好能針對聆聽、表達和反應等特質加以篩選，並且持續提供必要的訓練，方能培育出優秀的客服人員。

第四節　電話行銷（Tele-Marketing, T / M）

一、整合式客服中心的功能

現在的電話行銷（Tele-Marketing）除透過各種科技應用來解決上述難題外，更強調整合行銷的重要性，因此提出所謂的整合式客服中心（Integrated Call Center Solution），其包含下列功能的電話中心：

(一) Customer Contact Management System（顧客接觸管理系統）

當客戶來電時，電話行銷人員可以快速地自資料庫中得到客戶資料，有的甚至有提供回應的話術，讓電話行銷人員能正確地與客戶互動，並可輕易地加上新的互動紀錄。除此之外，系統還可提醒電話行銷人員何時該主動聯絡客戶。

(二) Interactive Voice Response (IVR) Units（互動語音反應系統）

當客戶撥入電話時，系統會接聽電話，並播放選項留言，讓客戶透過電話鍵輸入特定的PIN（個人識別號碼），如此一來，系統便能自動辨識客戶的身分，並將此電話轉接至適合的電話行銷人員。電話行銷人員在接聽電話前，螢幕會先顯示來電者的身分及詳細資料。

(三) Integrated Fax and E-mail Service（整合傳真與電子郵件服務）

當客戶要索取資料時，電話行銷人員可以在不離席的狀況下，直接操控電腦，便可將資料傳真或E-mail給客戶。甚或無須電話行銷人員，客戶只要透過與電話系統的互動，系統便可自動傳回所需要的資料（Fax On Demand）。

(四) Automated Dialing Capabilities（自動化撥話能力）

當電話行銷人員要撥號時，不需碰觸電話，只要操控電腦，電話系統便會自動撥號。

(五) Workflow Management Systems（工作流程管理流程）

當電話接通後，所有的工作流程均被系統管理，如此一來便可確保電話行銷的品質及效率。

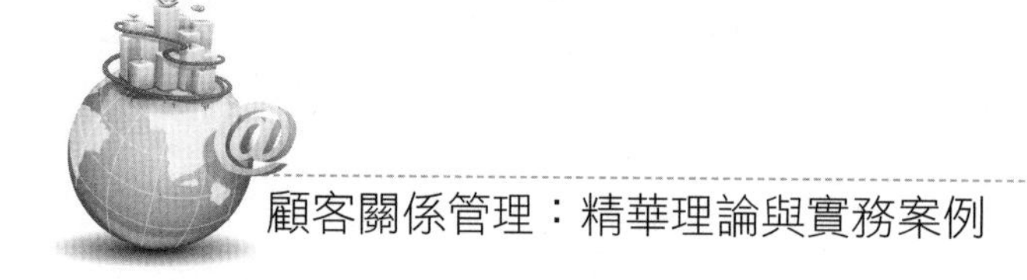

二、電話行銷時代來臨

由於推銷成本日益升高，企業為了節省時間，提高推銷力，不得不採取電話行銷。有別於傳統銀行90%的業務由實體通路完成、虛擬通路占10%，最賺錢的外商銀行花旗只有30%的業務由實體通路完成，高達70%則是由虛擬通路完成，可見電話行銷的時代即將來臨。

三、電話行銷成功的祕訣

(一) 電話行銷的功能

以國外的行銷經驗來看，金融、保險、投信、物流、電信、公用、運輸和休閒娛樂等各種產業，均能利用電話行銷來開發新市場，進行主動的客戶服務或催收帳款等。過去傳統企業中的電話行銷部門，大多被定位在解答客戶詢問與處理抱怨的角色。相較之下，電話行銷的功能包括了：

1. 市場研究。
2. 通路行銷。
3. 諮詢與抱怨處理。
4. 客戶信用與帳戶管理。
5. 找出潛在目標消費群與資料更新。
6. 業務開發與支援。
7. 加強追蹤。
8. 交叉銷售與續購服務。

尤其是結合各種科技技術的不斷創新，更提供電話行銷廣大的發展空間。現在我們所謂的「電話」，已經不再侷限於單純的室內電話，更涵蓋了網路電話、手機等行銷工具，因此，對於電話行銷的一些觀念與行銷手法有必要做更深入的探討。

(二) 電話銷售成功關鍵

1. 音調的高低，可以讓對方感受到你的親切與否。
2. 加強自己對產品的專業知識。
3. 維繫與顧客之間的良好互動。
4. 找出顧客需求。

5. 對自己要有信心。

四、電話銷售與人員面對面銷售的差異

或許很多人認為電話銷售不如一般面對面銷售，業務人員可以藉由觀察客戶的肢體語言、面部表情等相關反應了解銷售方向是否正確，藉以調整自己的銷售方式。電話銷售人員全靠「聽覺」去感受顧客此時的想法；同樣的，顧客在電話那頭也無法看到電話銷售人員的肢體語言、面部表情，只能透過聲音及其傳遞的訊息來判斷是否可以信賴這個人，並決定是否購買其販售的商品。

電話行銷最重要的技巧是根據客戶回答問題所傳達的相關資訊做完整的記錄。在電話回答中要更精準地確認顧客的需求是否和自己的認知有差距，以便隨時修正自己的銷售方向。很多電話銷售人員常誤解客戶所說的話，偏離了真正能引起客戶興趣的方向而不自知，白白浪費了許多時間。

所以，除了當初填寫信用卡之基本資料之外，房屋資料或每次消費記錄都會成為銷售人員今後相關產品行銷的依據，以便縮短下次接觸的時間。

五、藉由詢問技巧發掘顧客需求

當問及電話行銷人員如何在短時間內引起對方注意，陳諧表示，電話技巧提示：

1. 首先，用疑問句確認對方身分，免得找錯人。
2. 清楚說明自己公司的名稱。
3. 說明公司的專長可以為客戶帶來的好處，而非直接銷售商品，使對方以為你只是一個推銷員。
4. 所提及的好處是客戶所需要的。
5. 在開場白中，不要問客戶有沒有空與你討論。他們如果很忙的話，會直接告訴你。通常客戶只在意兩件事：一是賺錢，二是省錢。如果你的電話可以幫他做到，他們再忙也會和你談話。

第五節　案例介紹

案例1　服務策略——白金卡祕書，一通電話萬事OK

目前包括VISA、萬事達卡和美國運通等國際信用卡組織，均提供白金卡持卡人白金祕書服務，服務內容包羅萬象，其中最基本的功能便是各種代訂服務，如表8-2所示。

表8-2　主要信用卡組織之白金祕書比一比

卡別	VISA	萬事達卡	美國運通
1. 白金卡年費	免年費	免年費	白金簽帳卡年費2萬元 白金信用卡年費8,000元
2.服務項目	(1) 尊榮服務、滿足其娛樂及旅遊需求，包括旅遊計畫協助、班機訂位、飯店訂位、餐廳訂位、租車服務、演出門票預訂等。 (2) 海外急難救助。	(1) 尊榮服務 (2) 海外急難服務 (3) 海外旅遊 (4) 道路救援 (5) 居家服務	只要合法，在地球上的事均會盡力達到。
3.白金祕書營運模式	委外	委外	內部自己經營
4. 白金祕書人數	—	10餘位	20餘位

資料來源：信用卡組織。

案例2　巧連智電話行銷成功關鍵

以巧連智為例，或許家中有小孩的父母都深知巧連智的魅力。巧連智一年會員數近17萬人，而創造佳績的方式是一群平均年齡35歲以上的媽媽所組成的電話行銷部門，每年就說服了2萬多人購買巧連智。分析其成功的關鍵有：

1. 族群清楚，找對的人溝通。
2. 從溝通中了解消費者需求。

3. 同理心，電話銷售人員也是該族群，經驗相同。
4. 行銷媽媽對小孩的愛。

案例3　大飯店業電話行銷技巧

飯店業也是運用電話行銷頻繁的一個業種。目前臺灣只有君悅、遠東和六福皇宮這三家五星級飯店有發行會員卡，其中只有君悅是自己設立電話行銷相關部門，其他另外兩家都是委外經營，尚未到達發揮極致的階段。

為了不讓電話行銷變成有如大海撈針，君悅把客層鎖定在高科技、會計師和投資經理人等高階經理人；有趣的是，住在君悅附近的居民也成為君悅會員卡主要推廣的重點，因為通常能住這附近的居民，都具有不錯的經濟能力，加上距離近的優勢，的確獲得不錯的反應。

由於對象多屬董事長或總經理階層，電話首先面對的是「祕書」。通常祕書的工作是幫老闆擋掉一些不重要的電話，其中包括推銷電話，因此，不要把祕書當成是敵人或是看門狗，而是要更尊重他們的職責，盡量和他們建立關係，透過他們蒐集準客戶的相關資料或協助你接通老闆。

與祕書建立良好關係的方式有：

1. 先打聽出他的名字，在電話中盡量稱呼他的名字。
2. 用適當的溝通模式和他說話。
3. 要求他的幫忙（此舉可以讓他感覺到自己很有價值及被尊重）。

有時候想要接通高階主管的電話是一件非常困難的事，因為平常他們不是在開會，就是出外洽公，很難找到他們。即使在辦公室，有祕書擋駕，亦是困難重重。因此，電話銷售人員要採取特殊方法，才能接觸到這些高級主管。

下列幾點方法可供參考：

1. 利用清晨或下班後，或午餐及晚餐時打電話給準客戶，因為這些時段準客戶很可能在辦公室，而他的祕書正好不在或外出用餐。
2. 利用星期六的時間打給準客戶，因為這時準客戶可能會加班處理一些行政工作，而祕書通常休假不在辦公室，會由他本人接聽電話。而且如果讓客戶在星期六接到你的電話，會讓他覺得你很敬業。

目前君悅會員數累計有5,000多位，要消費者願意從口袋中掏出1萬8,000元

（一年會費），並不是件容易的事。

案例4　某公司發展電話行銷的銷售成果分析

(一) ○○年～○○年電話行銷成績說明

	成軍期（@11人）	擴大期（@16人）	養成期（@18人）	精進期（@19人）
○○年			○○年	
月分	1 2 3 4 5 6	7 8 9 10 11	12 1 2 3 4	5 6 7 8 10 11 12
平均月業績	473萬元	546萬元	662萬元	941萬元
平均月毛利額	168萬元	238萬元	282萬元	376萬元
平均毛利率	35.70%	43.50%	42.70%	40.05%
人效產值（每人月損益）	52.3萬元（1萬元）	34.1萬元（4.2萬元）	36.8萬元（4.9萬元）	50萬元（6.4萬元）
人效說明	人員產值高	3個月以上人員產值與人效利益均提升	人員產值穩定無法持續突破	名單維運黏著度與系統輔助功能發酵人效大幅提升
發現問題	3C、珠寶商品公司獲利低	新人產值不佳影響營效提升	成交率停滯	組織規模過小影響營收擴大
解決方案	限定商品銷售「高毛利率」「高單價」	依「年資」分群，進行不同商品之銷售訓練	精準行銷 1. 客戶消費分析與偏好商品貼標 2. 消費週期記錄自動提醒	1. 招募培訓擴大編制 2. OB系統上線，記錄客戶消費習性與偏好，提升成交率與消費次數

(二) 名單管理——提升電話行銷（OB）名單精準度

【方案一】客戶消費偏好分群

1. 透過分析客戶消費行為，進行客戶「商品偏好分群」，並在IT系統中進行「名單貼標」。
2. 執行後發現「有偏好貼標」之名單成交率較無偏好貼標名單之成交率提高2%。

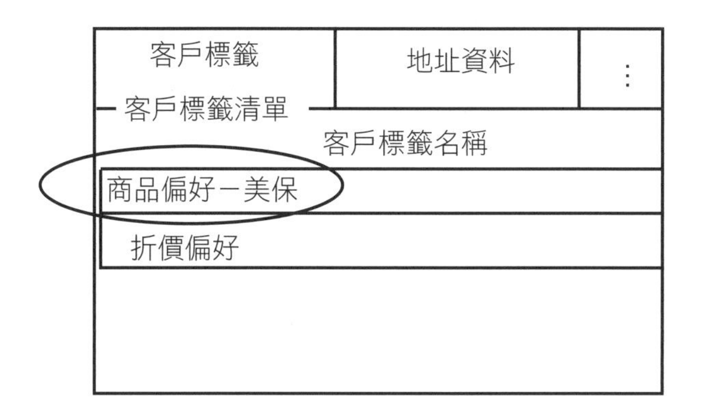

【方案二】系統新增功能——再購名單自動提醒

- 建立循環性商品消費到期日，由系統自動產出消費即將屆期名單，主動OB關懷提醒再購，提升訂購成交率與客戶黏著度。

(三) 名單精準——提升成交率

- 透過多重篩選條件，進行商品／名單／人員之關聯分析，提升訂購率。

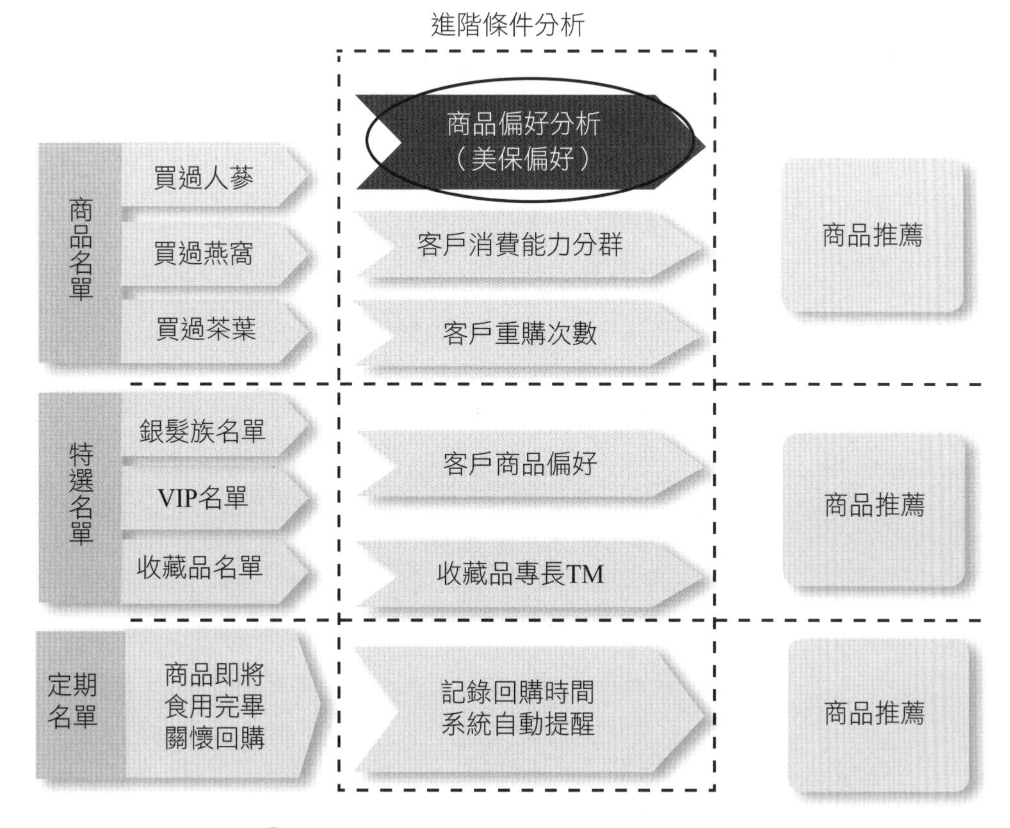

圖8-5　名單精準——提升成交率

本章習題

1. 試簡述客服中心的意義。
2. 試列示客服中心的四大功能。
3. 何謂Inbound Sales？何謂Outbound Sales？
4. 何謂ACD？何謂IVR？何謂CTI？
5. 試列示客服中心的三大要素。
6. 何謂T/M？
7. 試列示電話行銷的功能。

CRM實戰案例

9 CRM案例（短案例）

DIGITAL

UTOPIA

BUSINESS

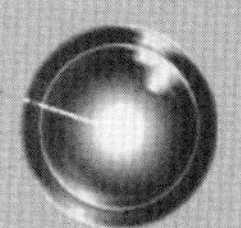

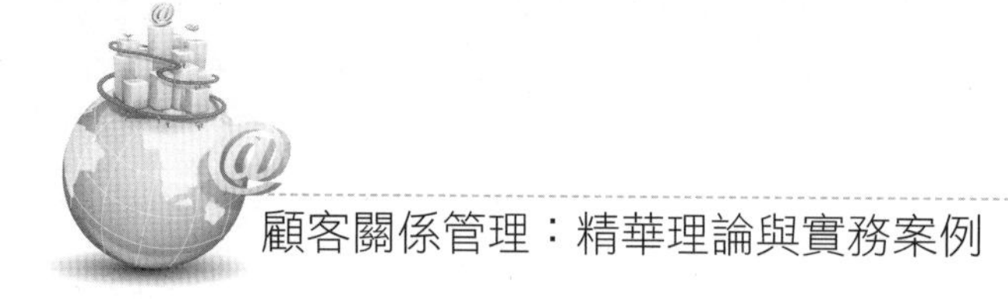

引言

1. 第9章及第10章的內容，主要都是以各種CRM有實際應用上的案例為主，而且以行銷面為主軸，畢竟CRM的最終目的就在「顧客戰略」的目標上，亦即各種與CRM有關的行銷戰略及行銷活動，就成了非常重要的關鍵所在。
2. 這兩章內容的重要性，從企業角度看，當然大於CRM的理論性。CRM理論不過是告訴我們一些專業的CRM名詞、CRM的整體架構內容以及CRM的技術系統。但最重要的是要「實戰」，要有「行銷創意」，要有「各種作法」，要讓CRM成為對公司有所助益的資訊情報工具與決策力量，這樣，CRM的理論及CRM教科書才有閱讀的價值。一定要把理論發揮出價值及產值，而要達成功目的，就只能先透過從各種企業所蒐集到的案例、實例作為基礎，然後將理論與實務結合，融於一體，才會有完美的CRM學習智慧，並且知道「為何而戰」與「如何而戰」。
3. 本篇的授課方式，筆者希望各位名師們能採取「個案教學」方式，請班上每位同學或每組同學先行研讀，然後再由老師與同學針對這些案例做互動研討及評論，得出學習的結果及啟發的意義。這一點，敬謹提供給各位老師參考指教。

案例1　東森電視購物CRM上線

(一) 東森購物耗資2億元，建置完成智慧型客戶服務系統

1. 客戶服務，尤其是處理客戶申訴的速度，一向左右消費者對於企業服務的滿意度高低，更影響營收業績的消長。面對瞬息萬變的市場競爭，東森購物成功啟動費時兩年、耗資2億元建置的「東森購物智慧型客戶服務（CRM）系統」，使東森購物在提升顧客服務品質方面如虎添翼。東森購物總經理強調，東森將朝100%顧客服務滿意度邁進，這套CRM系統也為東森購物挑戰1,000億營收帶來新契機。
2. 東森購物智慧型客戶服務系統包含顧客服務管理、會員經營管理、行銷活動系統、節目規劃管理與型錄發行管理等五大管理系統。

3. 東森購物經歷半年的分析與評估後，與世界第一的印度TCS軟體公司跨國合作，終於在兩年的時間內成功建置世界級資訊管理平臺——東森購物智慧型客戶服務系統，成為國內首家專業「電視購物」現場即時銷售與顧客關係管理之資訊應用示範。

(二) 多種功能，效益廣

智慧型客戶服務系統主要是提供各種媒體（包括電視、型錄及網路）與客戶進行整合溝通行銷，掌握最新的消費者傾向，有效評估通路銷售特性、服務與行銷活動，並可即時調整電視節目商品銷售與促銷活動，未來在新商品開發與會員訂購商品流程上，能提供更迅速便捷的服務品質。因此，顧客不用再費心累積消費回饋金額，或是拿著發票在各百貨公司兌換來店禮、滿額禮等促銷活動，更不用擔心自己消費回饋的權益會因忙碌而有損失。只要撥打電話至東森購物智慧型客服系統，就可以得到適合自己的行銷活動資訊，促銷活動禮物也會送貨到府，不必出門，也不用上網即可搞定。會員每月還會收到屬於自己生活模式及需求的分眾化型錄，不用再跟家裡成員同看一本型錄購物。

(三) 顧客滿意度要從93%提升到100%

儘管2012年6月最新調查，東森購物消費者對東森購物多樣化通路服務之滿意度高達93%，尤其在「客服專線」、「購物型錄」和「消費經驗」等三大指標的整體滿意度，都獲得消費者九成以上的肯定，但是東森購物總經理強調，透過智慧型客戶服務系統的協助，東森購物要追求100%的客戶滿意度。

對國內虛擬購物市場而言，市占率提升已從商品層面、價格競爭，擴展至市場服務機制完備、顧客服務滿意及顧客關係管理等面向。無限服務想像空間，是東森購物無止境追求顧客服務滿意度100%的原動力。

(四) 為何要建置顧客服務滿意系統

東森購物創立於1999年，一直秉持「給顧客好生活」的服務理念，整合電視購物產業多年經驗及資料庫累積，積極朝顧客導向、深耕市場與利潤導向等三方面發展，結合資訊系統與顧客關係管理，創新開發建置完美新資訊平臺，以創造顧客與企業雙贏局面。東森購物智慧型客戶服務系統透過以客為尊的設計理念，發展出具備整合多通路、多商品、多客戶、多行銷活動、多配送方式和多幣值等多重管理功能的資訊系統，精密地組成一個全天候即時運作、跨越地理區域限制與365天全年無休的虛擬通路，是全球少見，在華人世界更是空前，已成為臺灣CRM發展的新里程碑。

(五) 導入此系統之優勢

智慧型客戶服務系統導入後，東森購物客服中心成為國內業界規模最大、功能最多的B2C客服系統，也是唯一具備多重媒體操作能力者，每天可接單5至10萬筆。對東森購物而言，客服人員透過資訊系統把客戶需要的產品資訊，有效率地提供給特定客戶群，促成交易，並提供完善一致的服務品質，是領先同業最大價值及最重要的關鍵能力。

案例2　太平洋SOGO百貨復興館，爭取超級VIP

(一) 發動A計畫，成立「SOGO VIP CLUB」

1. 太平洋SOGO百貨為開幕的臺北復興店（即BR4），正低調地招募VIP CLUB會員，計畫以循序漸進的方式，爭取到兩千位超級VIP，並建立年費入會制度，而這將是業界首創。
2. 百貨業競爭日趨白熱化，業者無不全力鞏固主要客群。遠東集團雖然跨產業發行快樂購聯合集點卡，但認為還是不夠，太平洋SOGO才發動「A計畫」，希望打造「SOGO VIP CLUB」。
3. 太平洋SOGO訂出「SOGO VIP CLUB」的條件，入會資格需年滿20歲，年費2,000元。另外，會員要在一年內累積消費20萬元以上，或經由太平洋SOGO的確認，才可再續一年。

(二) 抓住具有強大消費力的VIP主顧客

1. 太平洋SOGO百貨販促部經理許淑賢指出，募集VIP CLUB會員是希望抓住具有強大消費力且長期在太平洋SOGO消費的主顧客。

   她強調，VIP CLUB入會禮為市價3,000元的皇家哥本哈根對杯，以及生日禮等，絕對超過2,000元的年費。太平洋SOGO復興店也在九樓闢出VIP LOUNGE，供會員專屬使用。
2. 近來「長尾理論」受到產業界重視，強調在網際網路崛起後，許多電影、書籍、音樂界的小眾商品，在銷售總額加總後，反而得到比暢銷商品還大上許多的市場，顛覆許多人過去認知的「80/20法則」。

但這套理論仍有支持者。許賢淑表示，太平洋SOGO透過設計VIP CLUB，可抽離一群高消費且忠實的主顧客，推估這群人的消費貢獻度，應與「80/20法則」相去不遠，就是20%的高消費族群，創造公司80%的業績。

3. 百貨業者也說，臺灣走向「M型社會」。新光三越臺北站前店營業部副理岳玉蓉分析，在M型社會下，有錢的人還是很有錢，中間價位商品則可能淪為價格戰，甚至跌出百貨通路，轉為門市經營或到次通路銷售。

（資料來源：《經濟日報》，2006年11月）

案例3　遠東、台茂、新光三越發展紅利集點卡

1. 遠東集團自2005年起大力推動跨集團的快樂購（HAPPY GO）集點卡，在遠東集團之相關企業，包括百貨公司、量販店和飯店等消費均可累積點數，並兌換贈品及折抵現金優惠等，成效優異，現已累積1,000萬張卡。甚至在基本盤穩固的優勢下，遠東集團進一步以卡友之名，從實體通路跨入虛擬的網購市場，且與快樂購集點互相流通，太平洋SOGO百貨就有高達八成業績來自HAPPY GO卡友，一旦運用到網購上，將有更多業績注入。
2. 台茂購物中心投資1,200萬元資訊設備，打出店內的More利卡。台茂總經理郭大睿表示，以長期效益來看，店內卡可讓百貨業者自行掌握顧客訊息，在推動優惠與促銷活動時精準度更高，預計年底前達成10萬張店內卡的發卡量。而由於店內卡可讓百貨業者充分了解消費者的需求，無論在回饋或行銷上，都可以直接讓消費者分享，不需等待廠商或發卡行點頭才做。
3. 百貨龍頭新光三越的一大重點業務也是推動店內卡，藉此提升主顧客的忠誠度。新光三越已完成ERP（企業資源規劃）導入，在顧客關係管理（CRM）部分可望有更大的發揮空間。新光三越週年慶即以集點折抵方式，衝出好業績，也因此更促成新光三越百貨加速建構自屬百貨店內卡。未來新光三越卡還可與北京分店連線，集點與紅利回饋一氣呵成。

案例4　統一超商icash卡創造出新顧客關係

1. 以統一超商發行可儲值的icash卡為例，因為屬於不記名卡，無法登錄消費者的資料建檔，藉此追蹤顧客的消費習性與喜好，做到更深化的顧客關係經營，因此後來才又與中國信託發行了icash wave，以信用卡的性質，突破了icash以前無法跨統一流通次集團各事業體通用的框架，同時也可正式建立顧客資料，在未來做更進一步的顧客經營管理與分眾行銷。icash卡量已達450萬張，在創造出過去門市實體通路所無法發展的新顧客關係。
2. 統一超商經理江呈欣分析，icash卡發行後，創造的幾項新效益，包括：
   (1) 擴增女性客層：以前統一超商門市的男、女客源比約7：3，icash發卡後，女性客層增加，男、女客源比調整成5.5：4.5。以男、女消費特性來看，女性對特定品牌的忠誠度似乎高過男性，因此成功開發女性客源，也等於提高了整體品牌的顧客忠誠度。
   (2) 提高客單價：因顧客已儲值，不用再掏錢，或屬他人贈送，因此消費時更敢買東西，無形中提高消費均價。據統計，統一超商門市客單價約70多元，但使用icash卡的客單價提高一成多，等於提高門市的平均營業額。
   (3) icash的發行，在譬如學校、醫院或廠辦地區等封閉式的社區所創造的效益頗為明顯。統一超商設在這些封閉式社區的門市，在icash發行後，門市的營業額出現明顯成長。
   (4) icash的發行，為統一超商開發出以往門市實體通路所無法達到的異業結盟新平臺。譬如：統一超商在竹科的臺積電已設有門市，但又為臺積電製作企業客製卡，這樣一來，臺積電各廠區的員工，不僅出入各地方的統一超商門市不用再像以前一樣要攜帶零錢，未來該卡如果又進一步與員工識別證等結合，將更延伸卡片的附加價值，也幫統一超商又多增加一萬個忠誠顧客，這是發卡創造的雙贏策略。
   (5) 此外，icash卡因為發行量愈來愈大，加上統一超商門市愈開愈多，突破4,800店，更提升了icash卡的普及度與便利度，使得icash卡最近大量成為各大校園畢業生客製卡留念的新標的，無形中達到培養年輕一代忠誠顧客的綜效。

（資料來源：《工商時報》，2007年6月）

案例5　十大銀行搶貴客，推出頂級信用卡

有錢人變成發卡銀行的主力客戶，各銀行前仆後繼進入頂級卡市場，目前共有十家銀行發行頂級卡，並砸下重金吸引有錢客戶辦卡，特約五星級飯店住一晚送一晚，一改過去辦頂級卡要繳2、3萬年費給銀行的作法，希望能用更優惠的權益，吸引有錢人的目光。2013年頂級卡市場，將是腥風血雨的一年。

市場上有發頂級卡的銀行，包含台新銀、國泰世華、遠東商銀、中國信託、聯邦、新光、荷蘭銀行、永豐信用卡及美國運通等，而北富銀也宣布發行萬事達卡品牌的世界卡，總計市場上共有十家銀行，在搶高資產、高消費族群。

表9-1　頂級卡最優惠一覽表

	中國信託	台新銀行	臺北富邦	荷蘭銀行	永豐信用卡	國泰世華	美國運通
卡別	鼎極卡（Visa、Master-Card、AE）	無限卡（Visa）	世界卡（Master-Card）	世界卡（Master-Card）	世界卡（Master-Card）	世界卡（Master-Card）	簽帳白金卡
正卡年費	25,000元	35,000元	首年免年費 20,000元	20,000元	首年免年費 20,000元	20,000元	20,000元
年收入門檻				200萬元到300萬元			350萬元以上

案例6　名牌精品業拉攏嬌客

1. 精品商戰中商場本身能否勝出，除了招商實力，相關的配套措施也很重要。慶祝「18姑娘一朵花」生日的麗晶精品早在臺灣精品市場尚未萌芽之際，就引進香奈兒（CHANEL）、卡地亞（Cartier）、PRADA、愛馬仕（HERMES）、蒂芙尼（TIFFANY&CO.）等品牌，啟蒙了臺灣的精品市場。
2. 時空轉換，精品業者在臺灣大張旗鼓的拓點，加上百貨商場愈開愈多，也讓麗晶精品面臨後進晚輩的競爭，得在一定時間內重新檢視館內品牌

陣容，持續引進具質感或從未登臺的品牌加入。

尤其，麗晶精品因為在晶華酒店地下樓層，有限的空間最多只能容納25個左右的品牌，如何時時保有「最佳25人選」的完美組合，正是保持領先地位要修練的功夫。

3. 至於微風廣場的國際名品區能在短短五年內崛起，當初一樓就是為了精品而打造的挑高硬體設計，提供吸引精品業者開形象店的利基。配合炒作封館之夜的話題，以及執行常務董事廖鎮漢及孫芸芸夫妻檔、妹妹廖曉喬是時尚派對的常客，也在無形中加深消費者對微風的時尚品牌印象。
4. 百貨業者玩精品戰，可能會讓堅持不走折扣戰的品牌私下頗有微詞，深怕壞了品牌苦心經營的形象。不過，百貨商場自行吸收抵用券的促銷成本，還是對不少想買精品卻想享受購物優惠的消費者有一定的吸引力，也能在促銷期間內迅速拉抬業績。
5. 萬事都具備，但要能鞏固「嬌客」的心，替商場賺進大把銀子，經營精品的商場還得在細節處用心。從印製精美的DM，到購物袋的質感、賣場的舒適氣氛、人員的素質等都得用心，才是能否成為真正時尚商場的關鍵。

@ 案例7　高價保養品Sisley規劃全新VIP制度，守住VIP客戶

1. M型社會的話題持續發燒，高單價的頂級保養品業者也祭出尊寵貴婦、名媛的「VVIP」活動，讓這群高消費力的「嬌客」心滿意足。

   Sisley規劃全新的VIP制度，原本持有尊爵卡的會員，單次消費滿5萬元以上，即可進一步升等為尊爵金卡會員，有效期間為兩年。
2. 代理Sisley的臺灣蜜納國際公司，從1998年開始招募尊爵卡卡友，單次消費滿1萬元即可成為尊爵卡貴賓，兩年有效，多年下來已累積相當可觀的會員人數。這些高消費的客群也成為其他保養品牌覬覦、挖角的對象，各家業者則紛紛推出各式VIP制度回饋會員。

   眼看愈來愈多高單價保養品搶攻貴婦團荷包，Sisley趕在母親節大檔期之前推出「升級版」的尊爵金卡應戰。金卡的卡友多了不少優惠，包括母親節專屬折扣優惠、生日禮券、點數回饋、免費保養及彩妝服務等。

3. 平時，Sisley對折扣守得緊，為了回饋尊爵金卡的VIP，特別設計品味女人九折優惠券，讓尊爵金卡的卡友每年享有一次九折優惠，使用期限為4月至5月；卡友每年有一次購買護膚療程九折的好康機會，使用期限為6月至7月。但是，上述兩項優惠皆不得與折扣、特惠價或護膚活動同時使用。

（資料來源：《經濟日報》，2007年4月）

案例8　高雄漢神百貨邀請VIP主顧客參加週年慶開店儀式

每一年漢神週年慶的開店儀式，都是媒體關注的焦點。因為滿滿的人潮將挑高的漢神百貨一樓擠得水洩不通，除了排隊搶購當日限量化妝品組合的人龍之外，每一年漢神百貨還會邀請化妝品的主顧客來參加週年慶首日的開門典禮剪綵儀式。蔡杉源表示，在開店儀式的前一天，漢神百貨都會準備精緻的餐點及活動，預先邀請主顧客來參加說明會。為了讓主顧客們備感尊榮，漢神今年特別以彩妝秀的方式來款待客人，由MAC請到了伊林的名模們前來為貴賓們表演一場別出心裁的歌舞彩妝秀，同時還有MAC的首席彩妝師Kevin為貴賓示範聖誕彩妝的畫法，讓現場的客人個個都有著貴婦級的頂級享受。

案例9　資生堂邀請VIP出席體驗活動

(一) 邀請VIP出席體驗活動

資生堂集團旗下的頂級品牌「肌膚之鑰」（Cle de peau BEAUTE），為了寵愛品牌的愛用者，邀請顧客生日時至櫃上沙龍護膚室，免費享受一次按摩服務。

每年3月與7月，肌膚之鑰會依不同的條件，邀請VIP參加在五星級飯店舉辦的90分鐘沙龍體驗活動。該品牌在每個百貨公司專櫃皆設有一個美感空間，可替顧客進行約40分鐘的敷容療程，包含卸妝、清潔、敷容與基礎保養，讓顧客深入了解產品對肌膚的效果。

肌膚之鑰公關經理鈕安澤說，初次成為肌膚之鑰的貴賓，或與其他精品異業合作時的貴賓，都有機會享受敷容服務。

體貼貴婦經常有出國跑透透的行程，肌膚之鑰也讓VIP每年申請兩次旅行用保養組，依出國時間長短，從卸妝、洗臉、保濕、乳液到底妝商品都有，免去出國前準備瓶瓶罐罐的麻煩。

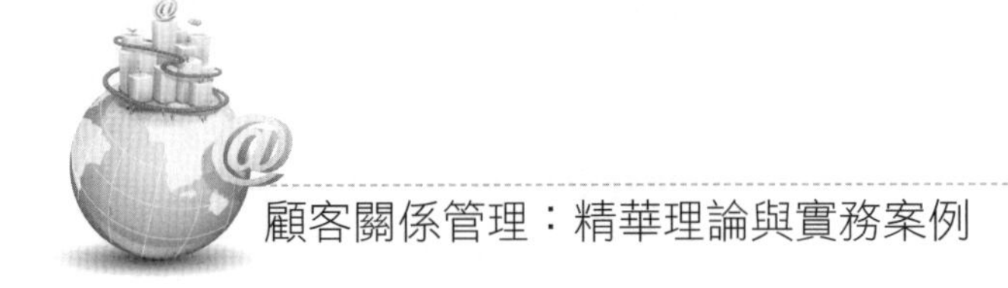

(二) 一通電話送貨到府

怕身分曝光嗎？一通電話，就有專業美容師親自登門服務，送上點購的商品，讓重視隱私的貴太太也能享受尊寵服務。

（資料來源：《經濟日報》，2007年4月）

案例10　禮客時尚會館推出VIP之夜，貴婦幫全力相挺

1. 拎著時髦的LV包，配戴著閃閃發亮的鑽石項鍊，禮客時尚館董事長翁素蕙寓工作於娛樂，開懷地打造LEECO禮客時尚館這個品牌，成為全臺最大的暢貨中心（Outlet）。

   在日前禮客時尚館的VIP之夜，就有八位來自臺南的「貴婦幫」全力相挺，搭乘高鐵北上，當天上午10時30分就抵達內湖的禮客時尚館，等著參加晚上的血拚之旅。
2. 在這群臺南幫貴婦人的貢獻下，館內的ESCADA女裝、夏姿及中信珠寶都是當晚的暢銷店，而這群大戶買得不亦樂乎，買到晚上8時30分，最後禮客趕緊調派三輛車送她們去機場。當晚還有另外一行十多人的臺中「醫師娘」，也在這場VIP派對中買得盡興。
3. 翁素蕙說，為了擴大高消費力的客源，這場VIP活動只邀請年消費30萬元以上、共150位的VIP，每位VIP還可帶一位伴參加，總計當晚有300人「刷」得很開心。單筆消費最高的血拚女王買了顆價值260多萬元、重3克拉的粉紅鑽。

（資料來源：《經濟日報》，2007年7月）

案例11　統一超商POS系統掌握顧客需求的即時性情報

1. 「POS對超商來說，就像是開車時的時速表，讓我們在經營的時候知道自己如何控制速度。」這是統一超商徐重仁總經理對於POS（Point of Sale，銷售時點情報系統，簡稱POS）系統的一段描述。今天7-ELEVEn發展速度能愈來愈快，主要就是POS的應用愈來愈成熟。

   在7-ELEVEn還沒有引進POS之前，主要仍是以EOS為主。EOS是以門市訂貨為出發點，只是門市和總部的聯繫和統計，無法將每一件商品的資訊直接從顧客串聯到供應商，而POS的特色恰好可解決問題。

2. 簡單地說，POS就是「收銀機」又加上「光學掃描設備」，當掃描器劃過商品上的條碼時，也將「商品資料」、「購買者資料」、「時間」、「地點」等全部輸入。

這些資料經過電腦分析、比對，再和「訂貨系統」、「會計系統」、「資料庫」、「員工管理」等全部連線，等於掌握了從顧客到庫存的全部資料，對於加盟主及總部掌握商品的銷售狀況有極大的幫助。

3. 對第一線的門市人員來說，有POS和沒POS的差別在於不用再背誦商品價格，且三分鐘就可以結完現金日報表，在沒有POS之前要兩個小時。

這對總部人員來說差別更大。POS可從四個方面提供分析資料：(1) 整個商品結構的分析；(2) 商品客層的分析；(3) 銷售時段的分析；(4) 銷售數字變化的分析。

所有商品在上市第一天結束，就可以知道「戰果」。什麼東西賣得最好？在什麼時間點賣出去的？哪一個年齡層的人在買？是男生還是女生？例如：清境農場門市的鮮食比例占30～40%，因為那裡賣吃的地方不多，但若是夜市旁的門市就不用賣這麼多鮮食了。

4. 「有了完整的情報，才能真正了解顧客的需求。」徐重仁總經理比喻POS情報就好像車子的速度表，根據這個表，7-ELEVEn才知道如何調整自己的時速。

有了這個速度表，7-ELEVEn可以更快地抓住顧客節奏。門市陳列空間有限，商品消化量也經常在變，必須機動地配合當地商圈的環境，甚至氣候等因素。畢竟，顧客是來買「即時性」的商品，而不是買回去「儲存」一個星期。

5. 「我們對顧客消費習性的了解，是一個很重要的資產。」徐重仁總經理指出。POS資料再加上和顧客互動的經驗，就可以更了解顧客的想法，來建構整個服務的網路。

「這是臺灣7-ELEVEn發展過程中最重要的分水嶺！」徐重仁總經理說。從此之後，7-ELEVEn可以每天、每小時、甚至每分鐘都與顧客「對話」，從POS的資料讀出顧客在不同時段、不同地點對不同商品的需求，也難怪徐重仁總經理會強調，POS情報系統已是7-ELEVEn的心臟。

（資料來源：《經濟日報》，2007年3月）

案例12　傲勝（OSIM）CRM緊抓會員

(一) 首度推出OSIM會員卡，突破10萬張

傲勝（OSIM）是國內第一大電動按摩椅品牌，2010年母親節前夕首度推出VIP會員卡，只要消費滿一定額度即可享有優惠。OSIM會員卡短短一年就衝破10萬張，未來將導入顧客關係管理（CRM）以提高會員滿意度。

傲勝首度推出VIP會員卡，並趕在母親節檔期推出，消費滿10萬元即可獲得黑鑽卡並享有九折優惠，消費滿1萬元可獲得白金卡並享有九五折優惠，因此帶動傲勝母親節檔期之銷售業績，較去年同期大幅成長30%。

傲勝預計年底前會員卡發卡量將達到15萬張。由於母親節檔期創造了5萬會員，預期父親節檔期可望再創佳績，15萬張會員卡可望提前達到。2013年是傲勝25週年，傲勝將推出一系列促銷方案。

(二) 會員數達一定規模後，即導入CRM

會員數達一定規模後，就會導入CRM（顧客關係管理）系統，讓會員享有各種不同的優惠。例如：會員生日期間可以享有折扣價，或是在特定的促銷期間，會員可以享有比其他非會員更多的優惠或是贈品，提高會員的忠誠度及回流消費。

傲勝蒐集會員資料後，將有利於未來更精準地推動會員行銷活動，產品線更為齊全。中低價位電動按摩椅全面上市，腿部按摩器由於單價僅1萬多元，吸引不少年輕族群加入，預期會員卡將有利於掌握會員的基本資料及未來的行銷策略。

案例13　SOGO百貨的CRM做法

SOGO卡的成功操作，敘述如下：

1. 在全省七家SOGO百貨中，臺北店的業績貢獻度近70%，2011年營收高達200億元，是國內百貨公司的龍頭大店。單店營收第二高的臺中中友百貨，年營業額大約是SOGO百貨的一半。

   SOGO百貨的成績，歸功於細心經營多年的顧客關係。首先是推出高附加價值的SOGO卡，這是祕密武器。

2. 所謂的「祕密武器」看似普通，就是幾乎每家百貨公司都會發行的會員

卡，不過，和大部分百貨公司與銀行共同發行的聯名卡不同的是，SOGO百貨擁有自己的發卡公司，自行推出會員卡。

一般的聯名卡無法記錄顧客的消費行為，百貨公司只能從銀行處得知顧客的消費金額，SOGO卡則詳細記錄了顧客的消費行為與傾向，包括顧客性別、年齡、職業、居住地區、購買品項、單價和頻率等。藉由卡友的資料分析，可讓SOGO百貨確實掌握消費者的喜好，嗅出流行趨勢的變化。同時，百貨也針對不同的客層與特性，設計不一樣的行銷模式。這是最好的市調機會，外面的市調都沒有SOGO卡來得敏銳。

3. 事實上，SOGO卡的用途不只是在蒐集顧客資料，它還發揮了強大的集客效果。

為了鼓勵消費者多使用SOGO卡，除了購物的折扣、簽帳外，崇光百貨平均一個月就會推出「卡友回饋禮」，顧客可以拿卡免費換贈品。

不過，根據SOGO百貨的計算，推出卡友回饋禮額外帶來的人潮，的確相對提高了業績。代理雅頓化妝品的誼麗公司業務經理嚴武隆指出，只要是卡友回饋日，單日專櫃業績幾乎會成長一倍。

另一方面，卡友回饋日也製造了顧客與SOGO百貨互動的機會。SOGO卡友平均一個月就要到百貨換一次贈品，雖然不買東西，但一旦有需要時，自然就會想到SOGO，這是人的慣性。

案例14　安田生命保險公司：綜合顧客資料庫及相互溝通

日本安田生命保險公司已將數百萬個壽險契約的顧客資料，建立成一套完整的CRM資料庫。此資料庫來自不同的營業通路來源，所獲得顧客的最新異動資料將會自動告知不同部門的營業相關人員。例如：在客服中心接到某位顧客變更地址通知情報時，隔天，客服人員即將此情報轉到該營業員的營業分公司去，讓此人知道保戶地址的變動。

安田建立這套CRM系統，主要有三個原因：

1. 保戶的各訊息情報累積及在公司內部的共有化，是不可或缺的。
2. 以累積的各種情報為基礎，然後再進行分析，是必要的。
3. 各種營業通路來源的提攜互通，可以提高營業活動。

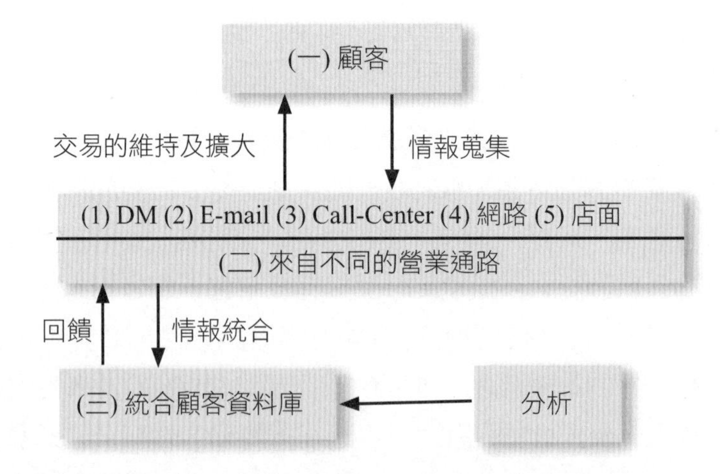

圖9-1　日本安田生命保險公司顧客資料庫統合

案例15　法國蘭蔻（LANCOME）化妝保養品會員分級經營

全新璀璨玫瑰風采，即將盡情展開！

單次消費滿6,000即可成為My LANCOME玫瑰佳賓！

從您加入My LANCOME玫瑰佳賓俱樂部這刻起，請盡情享受一連串的甜蜜禮遇與尊貴嬌寵。玫瑰佳賓就是享有與眾不同！

1. 會員權益：
   - 擁有優先獲知LANCOME新品上市最新訊息。
   - 每一筆消費均可累積玫瑰點數，並參與LANCOME「玫瑰精品兌禮計畫」。
   - 憑會員卡，每月可回櫃領取免費試用品一份。
   - LANCOME為您獻上精製專屬生日禮一份。
   - 享有LANCOME會員專屬雜誌，輕鬆掌握最新時尚與美麗資訊。
   - 您也可登入LANCOME網站，獲最新訊息通知、線上兌禮、更改個人資料等……。
2. 玫瑰卡及香頌卡尊貴禮遇：
   - 升級玫瑰卡及香頌卡另可享有兌禮點數八折優惠。

・精緻獨享的升級禮、優先邀請專屬活動美容保養講座……等更多優惠！

3. 升等禮遇：
   - 玫瑰卡會員於會籍內累計消費滿20,000元以上（不含首次入會金額），即可升等為香頌卡。
   - 香頌卡會員於會籍內累計消費滿50,000元以上（不含首次入會金額），即可升等為鑽石卡。

4. 續會資格：

   會籍內累計消費滿10,000元以上（不含首次入會金額），即續會玫瑰卡一年。會籍內累計消費滿20,000元以上（不含首次入會金額），即續會香頌卡一年。會籍內累計消費滿50,000元以上（不含首次入會金額），即續會鑽石卡一年。

5. 鑽石卡獨享尊寵，尊貴如您，頂級殊榮獨享！

   (1) 免費獲贈「完美貼心旅行組」（一年兩次，活動辦法請參照鑽石卡專屬活動DM）。

   (2) 每季限量禮品提前五天優先傳真兌換。

   (3) 享有整年兌禮贈品直接寄送到府服務。

   (4) 優先受邀參加品牌盛會。

我們以您成為我們的玫瑰佳賓為榮，希望您時時刻刻都能感受LANCOME對您的珍惜，與無止境的美麗呵護！

案例16　中華航空推出「頭等艙專屬報到區」服務

中華航空自2013年3月6日起於桃園國際機場第二航廈美、加、澳、日航線第三、四號櫃檯後方，針對頭等艙旅客及晶鑽卡會員，全新推出「頭等艙專屬報到區」服務。同時在第一航廈7A櫃檯，提供快速、便捷「自助報到專區」服務。華航並在第一及第二航廈貴賓室，與第二航廈頭等艙專屬報到區，展示故宮博物院文物，結合藝術與現代化設施，全面提升機場整體服務。

華航「頭等艙專屬報到區」以創新流程方式，採旅客與行李分流設計、嵌入式地面磅秤，提供雙螢幕服務櫃檯服務。室內並展示故宮經典文物藝術品，結合科技與藝術，展現尊榮舒適與優雅品味。

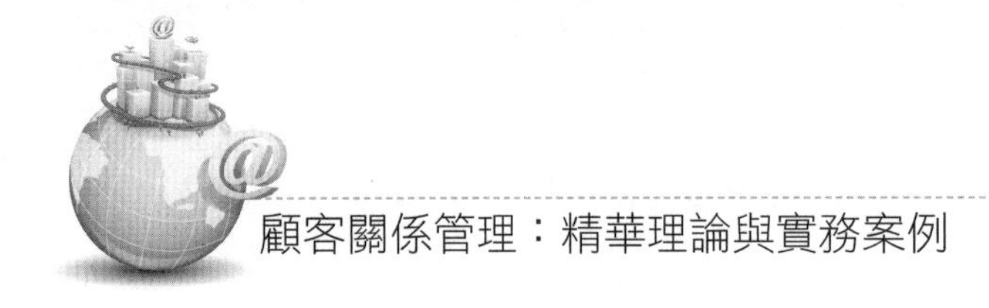

案例17　POS系統看不到的顧客需求

業者常以POS系統所呈現的銷售數據，作為行銷策略及企業營運的重要參考資料。不過，真正的顧客需求與心聲，卻是POS系統中無法顯示的，企業還能安心地只使用POS系統來經營店面嗎？

顧客情報資料蒐集已是行銷活動中重要且關鍵的一環。在很多使用POS資訊系統的賣場及店面中，系統裡的銷售統計資料，知道哪些產品賣得好或不好，以及賣給哪些類型的顧客。然而，也有很多消費者情報是POS系統中所無法看到及預判出來的。

因此，如何有效蒐集POS系統中所看不到的顧客需求，以及探索顧客為何不上門來購買的背後因素，日本的幾家零售業者有一些不錯的具體作法可供參考。

(一) 蒐集現場情報，了解客戶需求

日本東武購物中心一年多前推出稱為「DAMVO」專門蒐集現場顧客的情報系統。該公司規定各專櫃銷售人員在服務顧客之後，必須在電腦上輸入顧客購買目的、買或不買的理由、想買什麼樣式，以及顧客身高、年齡、職業、同伴者等，大約二十個基本情報項目記錄。

這個「DAMVO」顧客情報系統，特別重視顧客為何不買的情報蒐集，以掌握顧客的購買心理。但是，POS系統資料中，並不會顯示顧客為何不入店，或是即使進來看了一圈後什麼也沒買的原因，因此，POS系統只能告訴我們「發生什麼」，但不會告訴我們「為什麼」。

以東武池袋店四樓的女裝專櫃及女鞋專櫃為例，平均每月都會蒐集輸入約5,000件來自現場購買或未購買顧客的情報資料。例如：該鞋專櫃發現某品牌女士鞋的尺寸中，21.2～25.5公分是多數女性的需求，因此就多進此尺寸的量，以供應顧客的需求。過去，這往往都是店員暫時記憶起來，到了月終回公司討論時才提出來，但這樣時效太慢了。

如今，「DAMVO」情報系統是必須當天將資訊輸入電腦，總公司或供應廠商隔天看到市場訊息，就能即刻反應或改善，而不會失去販賣機會。

之後，東武更導入手持式的「攜帶型POS」結帳系統。店員可以在顧客面前將信用卡置入完成刷卡，不必再遠遠地跑到會計櫃檯去結帳。

此舉有兩個優點，第一是顧客不必擔心信用卡被拿去複製偽造；第二個優點是可利用刷卡結帳的一分鐘時間，與顧客聊天，蒐集要輸入「DAMVO」二十個項目的情報系統資料。由於這些IT工具的導入，使東武購物中心的賣場競爭力更加提升。

(二) 舉行顧客面談座談會

從2003年10月開始，伊藤洋華堂總公司規定各大型店，必須每半年一次定期由店長主持「顧客面談調查」座談會，每次找八個會員顧客，連續舉行十個場次。最主要的目的，是想了解許久未前來購買或是離開了不再回來之顧客的意見及心聲，以深刻探索其原因何在。

該顧客面談調查會議，除了由最高主管店長出席主持外，各女裝部門、生鮮部門、女鞋部門和家用部門的賣場負責主管，亦需一併出席。最後還必須撰寫完整的調查報告，提出問題所在與改革作法建議，然後到東京總公司與各相關總部主管共同開會討論，逐一解決問題，展開執行力。

伊藤洋華堂總經理山本俊介即表示，透過「顧客面談調查」的落實，可以聽到流失或離去顧客的心理或不滿的地方。另外，讓大部分賣場的高級主管出席與會，是希望讓顧客聲音的情報，為每一個幹部所共有。而讓最高主管主持會議，就是要讓現場的最高決策者能做出正確與及時的重大決策。最終目的是希望使每一個賣場都成為有魅力的賣場。

(三) 不依賴過去資料，創造新的市場

前日本7-ELEVEn董事長鈴木敏文表示，企業最大的競爭敵手，不是競爭對手，而是「顧客」。他每天早上起來，最擔心的事情是「顧客走了」，而不是競爭對手又使出什麼新花招。

他的思維重點，即在如何打破大家所共同面臨的困境，即市場飽和問題。他一向不認為有市場飽和的論調，其名言是：「不能依賴過去的資料，要經常創造新的市場及新的需求。而新商品的持續開發及誘發現場消費者的衝動性購買，則是兩個表現重點。」

打破「消費飽和」的夢魘，創造新的市場，引導新的消費需求，就應重視如何有效蒐集由POS系統中所看不到的顧客需求，將離去的顧客再找回來，這將是

今後行銷致勝的根本思考所在。

案例18　麗晶精品之夜，邀200名頂級貴客出席

百貨珠寶銷售不受景氣影響，9月秋季頂級珠寶登場，麗晶之夜打出40億元珠寶亮相，一只要價3億元的寶格麗藍寶石戒指話題十足；BELLAVITA、大立精品也將推珠寶活動較勁；微風廣場、太平洋SOGO則加強珠寶陣容來吸客。

麗晶精品的麗晶之夜僅邀年消費800萬元貴客參加，共有200名可享晚宴，重頭戲是秋季頂級珠寶，去年總價破35億元，今年總價更飆破40億元，行銷經理王采榛表示，對金字塔頂端客層來說，珠寶相對是穩當的投資，還可以保值。

這場晚宴9月10日登場，江振誠等四大名廚獻藝，產後復出的林嘉綺與香港名模琦琦走秀比美，展示GRAFF、Piaget及MIKIMOTO等億萬珠寶，光一只先曝光的寶格麗藍寶石鉑金戒指，主石重約16.51克拉，價格高達3億元，已有多位貴婦預約欣賞。

同樣鎖定貴婦的BELLAVITA邀梵克雅寶從8月31日至9月15日舉辦頂級珠寶展，以傳奇舞會系列為主力，珠寶以聖彼得堡的冬宮舞會到巴黎的東方舞會等百年經典舞會為靈感，超過50件作品，總價也高達數億元。高雄大立精品9月4日至8日將舉辦秋季珠寶尊榮活動，旗下各品牌各有折扣與滿額送等優惠回饋。

（資料來源：《中國時報》，2013年8月）

案例19　麗晶精品晚宴，VIP一晚業績破億元

有「董娘俱樂部」之稱的麗晶精品，上週五與美國運通卡聯合舉辦封館晚宴，百位重量級黑卡VIP受邀與會，一晚業績就破億。

麗晶精品館內群聚一線精品，是全臺精品店密度最高的賣場，一年有40張千萬大單在麗晶精品成交，不乏上億元的珠寶交易。儘管景氣低迷，但高價珠寶買氣居高不下，麗晶精品全年業績預估比去年成長15%以上，前100名的高消費客層實力驚人，在館內的消費金額比去年成長2成。

兩年前Graff在臺售出一套要價20億元的頂級珠寶，驚動品牌總裁專程來臺，親自把珠寶交到VIP手裡。為了嬌寵金字塔頂端的VIP，麗晶精品與美國運通卡合作封館之夜，Graff空運逾40億元的珠寶來臺。據悉能拿到邀請卡的黑卡VIP，都是年消費有400萬元以上的頂級客戶。

業者指出，頂級VIP採購高價珠寶，金額動輒破百萬、千萬。去年與美國運通卡合作點數5倍送的優惠，業績攀升70%，不少VIP持黑卡採購高價珠寶、手錶，紅利點數立刻折抵；最近有人買高價手錶，當場現抵10萬元臺幣。

為了持續精品賣場的定位，麗晶精品擴大香奈兒營業面積，打造全臺最大旗艦店，並會再引進一個重量級珠寶品牌，預計明年開幕。

（資料來源：《聯合報》，2013年12月）

案例20　日本型錄事業認為零售就是科技

日本第一大型錄公司千趣會社長認為：「做無店鋪通路事業，就是科學」。

(一)最近日本第一大型錄公司千趣會社長田邊道夫接受日本媒體專訪時，表達了在推動大數據（Big Date）時的一些見解與看法，茲摘譯重點如下：

1. 田邊社長在2006年時，就開始重視千趣會公司的資訊系統化建置，並與日本的IBM資訊服務公司簽約合作，在2013年開始正式導入大數據（Big Data）分析與應用專案。
2. 田邊社長認為在資訊化過程中，最重要的就是「顧客資料庫」（Database），千趣會公司目前資料庫中，計有高達1,500萬名會員的顧客情報，田邊社長認為這是千趣會最珍貴的財產。
3. 田邊社長強調指出：其實，做無店面通路生意，就是一種科學（Science）。田邊社長指出，早在多年前，千趣會公司就導入所謂的「RFM」科學分析法。所謂RFM即是指：
   - R：Recently（最近購買日）。
   - F：Freguency（購買次數／頻率）。
   - M：Money（購買總金額）。

   透過上述R、F、M三個指標，可以判斷出比較會來型錄上購買的會員顧客。並且，依據RFM分析法，給予全部客人點數分析，點數高的就寄送出當期型錄，回應率也提升不少。田邊社長指出，這是以科學方法來發現顧客在哪裡。因此，這1,500萬名會員RFM消費行為資料庫，將是千趣會的寶庫。
4. 不過，田邊社長同時也指出，推動大數據分析與應用專案固然很重

要，但是，在基本面的鞏固方面也要做好搭配，例如：產品開發力、服務力及行銷力等三大領域也要積極做好，再配合科學化資料庫應用，這樣才會對業績總提升帶來幫助。

5. 小結與分析：

(1) 根據田邊社長的日本經驗，顯示：提升總業績=產品開發力+服務力+行銷力+大數據分析應用力，唯有同時、同步做好、做強上述四項工作，才能提升公司的總業績！

(2) 經過系統化的建置、整理、分類和分群公司的「會員顧客資料庫」（Database）將是任何公司最寶貴的財產與寶庫。

(3) 無店面通路事業或生意，其實就是一種科學（Science）。因此，不管虛擬或實體零售通路事業經營與顧客維繫開發，都要立足在具有科學化的觀念及應用方法工具上。

案例21　百貨專屬牌，寵愛頂級客

頂級客層消費能力驚人，百貨業者以高規格來服務更多貴客。除了專屬試衣間，提供鑑賞精品，並與國際禮賓服務品牌合作。頂級服務內容外，也有專屬宴會廳，定時有鑑賞課程及會員活動，全方位滿足會員的生活。

台北101購物中心表示，目前約有2,000名左右的VIP會員，入會資格是當日消費累積達101萬元。頂級客層的「台北101尊榮俱樂部」，可預約品牌至VIP室試衣及鑑賞，另有一間獨立專屬試衣間，可在私人空間裡享受購物樂趣。也提供隨意鳥地方製作的義式鹹甜點、輕食及飲料，並與全臺藝廊合作，定期規劃多元主題的藝術品展覽。

麗晶精品的會員總數約1萬2,000人，平均年消費在1,000萬元以上。麗晶精品配置了2間獨特且隱密性高的VVIP Room與仕女室，VVIP Room有三面穿衣鏡、更衣室及獨立盥洗室，提供休憩與試穿，同時欣賞各家精品於此舉行的小型Trunk Show或鑑賞會，並提供黑卡貴賓專屬的麗晶學院尊榮服務，整合國際精品、五星級酒店和世界級生活藝術大師等多方資源。貴賓服務由晶華酒店訓練的私人購物管家與VIP Service貴賓服務團隊提供，不定時舉辦美食品嚐、廚藝教室、精品鑑賞等課程，提供貴婦學習。

BELLAVITA目前約4萬多位會員，會員一整年的消費金額，占了整體業績的一半，其中約3,000名年消費額超過150萬元的頂級金卡會員。BELLAVITA與國際禮賓服務品牌ASPIRE合作，提供金卡會員量身打造的服務，包括機場快速通關、個人旅遊行程規劃服務、限量精品代購及各項活動競賽門票代訂等。

頂級客層常有派對或私人宴會需求，重視隱密性，BELLAVITA提供8樓宴會廳作為會員專屬的宴會服務，並搭配有館內米其林星級法式餐廳、義大利餐廳、日式料理等多國精緻料理，因應季節時令打造專屬宴會菜單。

（資料來源：《聯合報》，2014年5月）

案例22　晶華酒店精品街麗晶VIP之夜，前100名每人平均年消費1,600萬元以上才能入場

晶華酒店一年一度的麗晶之夜，只邀請年度消費前100名的VIP封館消費，這百名貴客平均每人在麗晶精品年度消費達1,600萬元，較去年平均1,000萬元增逾5成，較前年800萬元增1倍。股市景氣表現好，富人消費力倍增。

主管也不諱言，這百名貴賓中的消費前3名，年度消費皆破億元，對於一般民眾，可以買好幾戶房子。不過這些貴賓並非隨意消費，都是以保值概念，購買珠寶投資，等價格上漲再出售。

晶華所屬的精品街是富人消費指標，晶華酒店主管表示，今日的麗晶之夜，是統計去年9月到今年9月，消費金額累計前100名的貴賓封館消費。除了各精品品牌努力培養客戶外，年度消費的成長，主因是股市和景氣好，富人賺到更多錢後，再來投資保值的珠寶。

晶華酒店主管形容，「去年麗晶之夜最貴單件珠寶價值1.5億元，今年截至目前，最貴單件珠寶是3億元的彩色寶石戒指，預估有100克拉」。

晶華主管表示，預計展售的珠寶商包括寶格麗（BULGARI）、HARRY WINSTON和GRAFF等11個品牌。

晶華主管進一步表示，所有珠寶品牌商這次展售的珠寶，保守估計會達25億元以上，讓這些賓客一次採買個夠。同時，這百名貴賓也並非全部都是老面孔，約有2成會替換。

（資料來源：《中國時報》，2014年9月）

案例23　新光三越貴賓卡之優惠項目

・新光三越貴賓卡

服務升級，優惠多更多

1. 全館購物優惠：持新光三越貴賓卡於全臺新光三越百貨公司消費，一般商品平時可享9折或95折優惠（公賣品、特價品及部分商品及專櫃除外），特賣期間部分商品可再享95折（優惠不得與新光三越聯名卡合併使用）。
2. 專屬卡友禮：過卡累計消費，獨享與眾不同的卡友專屬來店禮。
3. 集點回饋：全館單筆消費滿100元可享集點回饋，於特定時間可享點數折抵與贈品兌換。
4. 快速停車服務：卡片就是停車代幣，憑卡感應即可輕鬆入出場，免換代幣讓您停車更快速。
5. 禮券兌換：電子贈品禮券自動兌換、即時使用，快速又便利。
6. 行動貴賓卡：下載新光三越App，手機就是行動貴賓卡。

〈申辦方式〉

- 申請對象：年滿16歲以上顧客。
- 憑當日單筆消費滿2,000元（不含商品禮券、贈品禮券、提貨單及二、三聯手開式發票及禮券購買憑證、餘額代用卡、新光影城、7-11統一超商及購買與加值儲值卡）之銷貨明細表 + 有效身分證件（附照片），本人親洽各店指定辦卡處，即可申辦。

案例24　屈臣氏寵i卡優惠項目

(一)寵i卡

1. 回饋每1元付出：1元積1點

   持卡至全臺屈臣氏門市消費，結帳金額每NT$1元即可累積1點，讓你每1元付出都得到回饋。

2. 點點抵現金：折抵無上限

   持卡至全臺屈臣氏門市消費，累積之點數可於下一筆交易進行折抵，每300點紅利點數可折抵NT$1元消費金額，每次扣抵無最低消費限制、折抵無上限、折抵商品自由選。

3. 週六會員日：點數6倍狂飆

   週六消費，結帳金額每NT$1元累積6點，積點更快速。

4. 會員生日當月5號：點數飆20倍

   除外商品詳見公告。

5. 美麗超值：購買專櫃商品9折　活動限實體門市

   持卡至全臺屈臣氏門市消費，購買專櫃商品可享9折優惠（適用品牌詳門市）。

6. 省錢賺點：會員專屬優惠商品

   持卡至全臺屈臣氏門市消費，可享指定商品會員價優惠或寵i點數狂飆。

7. 手機簡訊、E-mail通知：全體會員或個人專屬優惠活動

   將依活動屬性推出全會員或個人化專屬活動，不定期以手機簡訊或E-mail，通知會員專屬優惠活動。

8. 會員好康跟著走，使用優惠0時差

(二)VIP點金會員

活動說明：

1. 會員於2018年度消費滿兩萬元，即可於隔月1號升等為VIP點金會員。
2. VIP點金會員效期：升等日至2019/12/31。
3. 大宗交易盤商不適用此升等活動。
4. 暫不發行VIP點金會員之實體卡片、VIP點金會員可下載／更新屈臣氏App，並開通「行動寵愛黑卡」。

(三)VIP點金會員仍保有原寵i會員所有優惠資格

1. VIP升等禮：6,000點免費贈：VIP升等當月即可享額外6,000點。
2. VIP生日當月5號點數飆36倍。
3. VIP季購物金：VIP每季可享$200元購物金，詳細活動說明詳見公告。
4. 點金價商品：
   (1) VIP購買點金價商品享有比一般會員更多點數優惠。
   (2) 不與一般寵愛會員價／加贈點併用，即不會同時獲得寵愛加贈點及VIP點金會員加贈點。

5. 不定期點金會員活動：不定期舉辦電影邀請會／美妝鑑賞會／健康樂活講座等，VIP點金會員享有優先參與資格。
6. 年度感謝慶回饋活動：每年年終依消費金額回饋豪禮，詳細回饋活動於12月分活動DM另行公告。

案例25　博客來網購：會員分級回饋方案

會員分級回饋方案

<table>
<tr><th rowspan="2" colspan="2">分級
福利
頻率</th><th colspan="3">VIP</th><th rowspan="2">一般會員</th></tr>
<tr><th>鑽石會員</th><th>白金會員</th><th>黃金會員</th></tr>
<tr><td>升等就送</td><td>升等禮</td><td>100元
E-Coupon（1張）</td><td>50元
E-Coupon（1張）</td><td></td><td></td></tr>
<tr><td rowspan="2">生日當月</td><td>生日禮</td><td>200元
E-Coupon（2張）</td><td>100元
E-Coupon（1張）</td><td>50元
E-Coupon（1張）</td><td></td></tr>
<tr><td>滿額再送</td><td>當月消費
累計滿2,000
再送200元
E-Coupon（1張）</td><td>當月消費
累計滿2,000
再送100元
E-Coupon（1張）</td><td></td><td></td></tr>
<tr><td rowspan="4">每月品牌月</td><td rowspan="2">7號
會員日</td><td>結帳滿千再9折</td><td>結帳滿千再9折</td><td>結帳滿千再95折</td><td>不定期活動</td></tr>
<tr><td>全館OP點數5倍送或購物金1%</td><td>全館OP點數3倍送或購物金1%</td><td>全館OP點數1倍送</td><td></td></tr>
<tr><td>17號
樂購日</td><td>全館OP點數5倍送或購物金1%</td><td>全館OP點數3倍送或購物金1%</td><td>全館OP點數1倍送</td><td></td></tr>
<tr><td>27號
讀書日</td><td>全館OP點數5倍送或購物金1%</td><td>全館OP點數3倍送或購物金1%</td><td>全館OP點數1倍送</td><td></td></tr>
<tr><td>每月</td><td>VIP活動</td><td>獨享優惠</td><td>獨享優惠</td><td>不定期活動</td><td></td></tr>
</table>

註1：OPEN POINT點數簡稱為OP點數。
2：品牌日OP點數倍送活動，其點數已包含【全館每筆訂單OP點數1倍送】。

1. 鑽石會員：有效消費金額達10,000元，且消費次數達10次以上。
2. 白金會員：有效消費金額達5,000元，且消費次數達5次以上。
3. 黃金會員：有效消費金額達1元，且消費次數達1次以上。

4. 一般會員：加入即成為我們的一般會員。

〈統計時間說明〉

- 年度結算日：每年12月24日。
- 統計期間：前年度的12/1統計至當年度11/30止。
- 公布日：次年1月1日。
- 等級有效期間：12個月（公布當年）。

案例26　歐舒丹會員優惠

(一) 如何成為普羅旺斯聚樂部會員？

凡於臺灣歐舒丹實體店櫃／官網單筆購買正價商品滿NT$6,000，即可成為普羅旺斯聚樂部會員，無會籍期限（特價品、特惠組合及贈品價值恕不列入累計消費金額）。

(二) 購物專屬優惠

會員持卡至實體店櫃消費，購買正價商品可享會員折扣優惠；在官網線上購物，於結帳頁面主動輸入會員卡號，亦可享折扣優惠（特價品、特惠組合及贈品價值恕不列入累計）。

(三) 購物享紅利積點回饋

會員持卡消費折扣每NT$20，可獲得紅利點數1點的回饋（9折以下、特價商品及特惠組合恕不列入累計），紅利點數可使用效期至次年3/31止。

(四) 紅利積點使用方式

1點紅利積點等同於現金NT$1，會員持卡至全臺櫃點消費正價商品可使用紅利積點抵扣消費金額，每筆最低折抵點數門檻為50點、100點以上，每100點為折抵單位，單筆最多可抵扣3,000點（9折以下、特價商品／特惠組合恕不抵扣；僅限實體店櫃抵扣，官網不適用）。

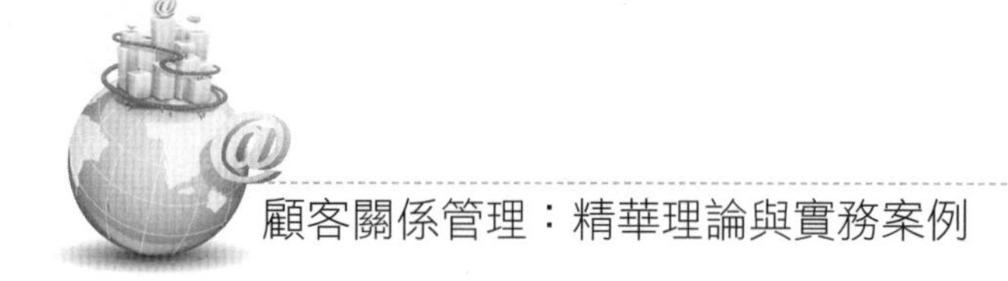

案例27　全聯福利中心福利卡6大福利

卡友專屬6大福利		
福利1 入會禮 300點 （滿100元送3點）	福利2　儲值免掏零錢 福利3　獨享購物優惠 福利4　折現10點=1元 福利5　電子發票中獎通知	福利6 全聯App 體驗新服務 ．餘額餘點顯示 ．交易紀錄查詢 ．電子發票服務 ．商品加入待買

案例28　SK-II會員分級

目前SK-II會員入會資格取得之條件如下：

- 凡購買SK-II產品不限金額，即成為SK-II之友。
- 單日單筆消費滿NT$8,000，即可入會成為晶瑩會員。
- 單日單筆消費滿NT$20,000，即可入會為成為風采會員。
- 單日單筆消費滿NT$50,000，即可入會成為尊貴會員。
- 個人一年內於全臺SK-II專櫃（不限單櫃）累計消費NT$8,000亦可升等為晶瑩會員。

案例29　85°C推會員App，目標衝5萬會員數

1. 85°C首推會員App，自2017年8月14日至16日上線首3天，下載85 Cafe App，每天前一萬名註冊者可獲得小杯冰美式、冰拿鐵或冰招牌，另外，18日前完成會員註冊，就送中杯拿鐵折價優惠券，預計2017年年底前招募5萬會員。
2. 85°C副總經理鐘靜如指出，85 Cafe App在8月14日正式上線，下載加入會員後，只要在全省85°C門市消費滿50元，即可獲得1點紅利點數以及1°C的VIP溫度。

3. App會員自註冊起一年內累積VIP溫度達85°C時，次日起升級成為VIP會員，期間為一年，每個月可享有單筆消費不限金額、不限商品的85折券乙張，全省門市都適用，不定期還有機會受邀參加新品試吃會。另外，消費獲得的紅利點數還可以兌換優惠券或參加玩樂賺遊戲。

案例30　麗晶之夜：3億珠寶大秀

1. 聚集頂級VVIP客層，向來有精品首府之稱的臺北晶華酒店麗晶精品年度封館盛事「麗晶之夜」登場；2019年以「Pretty Woman」為主題，將經典電影《麻雀變鳳凰》拍攝場景重現，更結合總價值3億2千多萬的珠寶大秀、頂級餐點及各式好玩有趣的小攤販，讓所有VVIP賓客享受愉快的夜晚，同時為今年的「購物黃金週」揭開序幕，預估今年業績會比去年增長10～15%；光是「麗晶之夜」開跑才半天的業績，就比去年增加了49%。
2. 今年（2019）由凱渥名模林又立、林葦茹、李曉涵等6人，展演眾家品牌頂級珠寶設計。另外，請來米其林三星榮耀的主廚李信男操刀今年的晚宴頂級餐點。還有推出多款經典的酒飲，現場也安排近20組時尚餐車。
3. 回饋好康方面，「麗晶之夜」當晚消費每滿5萬元即享有晶華大飯店禮券1,000元；消費滿25萬元，即購限量鑽石之王Henry Winston絲巾；消費滿50萬元，即享瑞士頂級護膚品牌La Colline護膚霜，其他還提供百萬加碼贈送現金禮券，都是史無前例的高額折扣與優惠。

案例31　全家超商：全臺950萬人下載全家App

1. 全家2016年起，就瞄準數位通路，迄至2019年底，全臺已有950萬人下載全家App，等於多開出了950萬家門市，只是這些線上門市是開在消費者的手機裡。
2. 貫穿全家會員經營的3大主軸，分別是點數、預售及支付。
   (1) 第一支箭，是點數。手機App一推出，會員綁定手機號碼註冊後，每筆消費的贈送點數就存在手機裡，消費者走到每一家分店，都可以累點及兌換，非常多元方便。
   (2) 第二支箭，是預售。2017年7月，全家透過手機App線上預售咖啡，咖啡可寄杯在手機App裡，走到任何一家門市都可領取。這項創新服務推出後，短短三個月，狂賣近300萬杯咖啡，創造破億業績。

(3) 第三支箭，是支付。全家能接受多元支付，從信用卡、悠遊卡到行動支付，均可用。

為了達成人人手機上都有全家，接下來還要把會員滲透度往下扎根，養出更多離不開全家的超級會員。

案例32　「點數經濟」年逾百億，3大超商割喉戰

1. 民眾消費愈來愈精打細算，透過消費累積點數及兌點，能幫荷包省不少，近年「點數經濟」發展快速，超商則是民眾累總點數最頻繁的通路。業者統計，民眾兌點還是以民生日用品為主，鮮食及咖啡是最大宗。
2. 統一、全家及萊爾富三大超商，各自集結旗下數千門市的力量，鼓勵會員開始集點，每年創造的點數兌換商機規模，超過百億元，也為超商創造不少業績。
3. 全家表示，2020年兌點超過150億點，最喜愛集、兌點的會員集中在30～49歲的輕熟族群。而點數兌換的民生用品又以鮮食、咖啡及衛生紙最受歡迎，顯見「會員點數」已成為精打細算消費者的購物利器，也是全家便利超商維持「會員黏力」的關鍵之一。

全家目前會員累點機制是消費一元即累積一點；為增加會員累點樂趣，會於特定日期舉辦會員累點加倍活動，增加消費者的消費誘因。

目前全家及統一超商的會員人數都超過1,000萬人。

案例33　統一超商跨業整合的會員經營系統

1. 從2004年推出icash卡做為會員卡開始，統一超商就已經開始經營會員制度。直到2019年7月，統一超商推出「OPEN POINT」App整合多元支付方式，奠基在icash基礎上，推出迄2020年12月底，已累積近1,000萬會員人數。
2. 對統一超商而言，集團旗下還有康是美、星巴克、統一時代百貨等不同業態，如何建構跨業態的會員系統，才是他們的目標。
3. 對統一超商來說，會員制度是要提升消費者體驗及增加黏著度，並可藉此創造更多消費頻率，提升客單價，也帶進更多新客群。另外，有效率的點數加倍活動，可以提升會員消費活絡度及增加會員數。

案例34 寶雅卡

1. 名稱：寶雅花漾卡
2. 點數：
   (1) 消費1元累積1點。
   (2) 每300點可現抵1元。
   (3) 不定期點數加倍送。
   (4) 累積點數於隔年12月31日終止。
3. 申請：
   (1) 可於門市店申請實體卡，入會費30元。
   (2) 可下載寶雅App入會，入會費0元。

案例35 SOGO百貨公司VIP會員優惠項目

1. 入會資格：
   (1) 年消費額滿30萬以上。
   (2) 須繳年費1,500元。
2. 入會優惠項目：
   (1) 尊榮入會禮（精緻碗盤一組）。
   (2) 會員生日賀禮一份。
   (3) 會員專屬識別卡。
   (4) VIP購物券。
   (5) 會員停車優惠（每日3小時）。
   (6) HAPPY GO卡點數雙倍送。
   (7) 專屬尊榮禮遇貴賓室休息。
   (8) 藝文活動欣賞。
   (9) 購物商品，免費宅配服務。
   (10) 品味生活。
   (11) 餐飲折扣優惠。

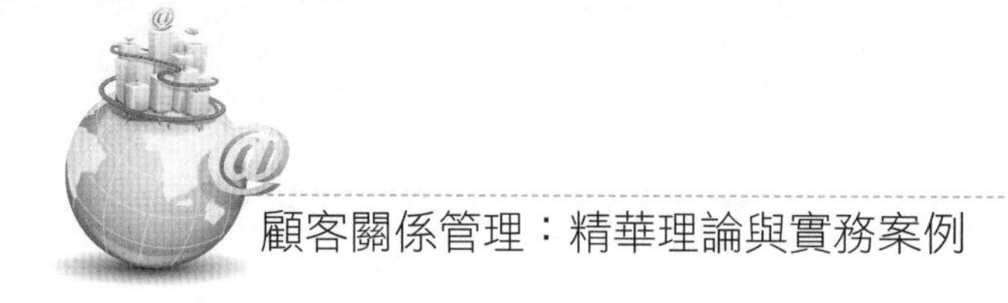

案例36　Bellavita貴婦百貨公司VIP會員優惠

每年消費滿15萬元，即可成為Bellavita百貨公司金卡會員。可享有下列優惠：

1. 入會禮／生日禮。
2. 生活美學講座（每年4次）。
3. 購物及餐飲優惠。
4. 會員專屬雜誌。
5. 貼心禮車接待（每年6次）。
6. 免費停車（每月10次）。
7. 免費禮品包裝服務。
8. 限量精品優先預購。
9. 專屬宴會服務。
10. 特約大飯店（寒舍艾美）餐飲優惠（85折）。

案例37　家樂福會員卡專屬福利八項

1. 免費申辦會員卡。
2. 每消費1元可累積1點紅利點數。
3. 每達300點，可折抵1元現金。
4. 生日點數以20倍計算。
5. 點數終生有效。
6. 購買指定商品。可再多賺點數。
7. 電子發票中獎通知 。
8. 多種類商品有特價活動。

案例38　路易莎黑卡專屬優惠

2020年11月1日～12月31日止，持有路易莎黑卡者，享有下列優惠：

1. 1/4磅咖啡豆，享75折。
2. 路易莎咖啡循環杯，享6折。
3. 100%一番宇治抹茶，享8折。
4. 任一飲品＋任一炊米堡／漢堡，享9折。

5. 任一冷藏蛋糕，享9折。

案例39　華泰名品城Outlet

成為會員，享有下列優惠：

一般會員	粉樂會員
①每半年一次品牌優惠券。 ②園區餐飲95折優惠。 ③停車優惠平日3小時。 ④華泰大飯店餐飲9折優惠。	一年內消費滿20萬元以上者： ①～④同左。 ⑤VIP貴賓室每月使用一次。 ⑥生日禮：商品抵用券300元。

案例40　家樂福好康卡專屬福利

1. 一般好康卡福利：
   (1) 免費申辦會員卡。
   (2) 生日點數賺20倍。
   (3) 消費1元累積1點。
   (4) 每300點可折抵1元。
   (5) 點數終生有效。
   (6) 特定商品，點數加倍送。
   (7) 驚爆會員價商品。
2. VIP好康卡福利：
   (1) 消費每1元，可累積1.5點紅利點數。
   (2) 生日點數送30倍。
   (3) 享受免費宅配到府服務。
   (4) 可享免費停車2～6小時。

案例41　新光三越貴賓卡申請方式及優惠項目

1. 申請方式：
   (1) 憑申辦當日單筆消費滿2,000元之銷售明細表 + 有效身分證件（附照片），本人親洽各店指定辦卡處，即可申辦。

(2) 持新光三越聯名卡親洽各店指定辦卡處，即可申請。

2. 優惠項目：

(1) 消費滿百點數回饋：全臺新光三越單筆過卡消費滿100元可集1點，單筆滿200元可集2點，依此類推（特定檔期除外）。

(2) 生日賀禮點數2倍：會員生日當天持卡於全臺新光三越過卡消費，即享點數2倍送（含原始1倍，指定點數加倍活動期間除外）。

(3) 貴賓卡購物優惠：

①一般商品可享9折或95折優惠（黃金、菸酒、特價品、部分商品及專櫃除外）。

②不定期提供獨家限量商品優惠。

(4) 貴賓卡友專屬活動：活動時間過卡消費滿額或扣會員點數，可享卡友專屬商品及贈獎優惠活動。

(5) 滿額升級銀卡待遇：當年度消費金額達新臺幣20萬元，次月1日即升等為貴賓卡銀卡會員，享專屬禮遇。

(6) 折抵回饋，輕鬆購物：於指定期間享點數折抵購物消費金額。

(7) 免費無線上網：全臺新光三越會員登入，每次可享有60分鐘免費無線上網服務。

（資料來源：新光三越官網）

案例42　台北101百貨尊榮俱樂部：一天消費101萬元，才有入會資格

1. 聚集眾多品牌旗艦店的台北101購物中心，每天都接收上萬的參觀人潮，然而在這熱鬧的購物場所裡，還有一個僻靜的角落，便是6樓的VIP尊榮俱樂部；其僅開放給1,500名尊榮會員使用，並可提供會員預約用餐。

2. 想要成為101購物中心的尊榮會員，須要達到一天內於購物中心消費101萬元，才能申請入會，且僅有一年會籍，下一年則必須再度單筆消費101萬元才能續卡。

3. 101尊榮俱樂部共有150坪大，人流量最多控制在60～65人，也是臺灣少數高門檻的俱樂部之一。

案例43 Sisley高檔美妝會員等級區分

1. 成為珍珠卡會員：凡任何一筆消費，即可成為Sisley珍珠卡會員。
2. 成為金卡會員：凡於會籍有效年度內，累計消費達6萬元整，即可升等成為Sisley金卡會員。
3. 成為白金卡會員：凡於會籍有效年度內，累計消費達20萬元整，即可升等成為Sisley白金卡會員。

10 CRM案例（長案例）

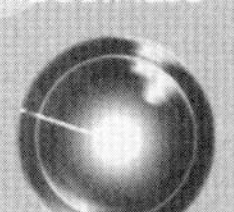

- 案例1 日本Dr. Cilabo化妝品公司CRM系統導入實例
- 案例2 日本三越百貨「超優良顧客」核心的行銷術
- 案例3 國泰人壽導入CRM系統效益顯見
- 案例4 王品餐飲集團的CRM策略
- 案例5 花旗銀行客服中心電話解決客戶9成問題
- 案例6 美國聯合航空公司的顧客忠誠優惠計畫
- 案例7 日本SEIZYO藥妝連鎖店的CRM模式
- 案例8 日本顧客情報再生術案例
- 案例9 臺灣某公司CRM工作進度會議報告摘要
- 案例10 百貨公司鎖定金字塔頂級客層，討好尊榮貴賓
- 案例11 大遠百——大攬VIP客戶群，才是週年慶衝業績的王道
- 案例12 SOGO——傳遞生活美學，靠沙龍黏住貴婦
- 案例13 統一時代百貨——預購會舉辦VIP時尚派對
- 案例14 日本JCB信用卡CRM革新與促銷活動成功結合
- 案例15 晶華酒店導入CRM系統與推動數位行銷
- 案例16 雅虎超級商城耗時一年半，獨立開發CRM
- 案例17 易飛網（ezfly）OLAP的應用分析
- 案例18 和泰汽車CRM的推動
- 案例19 國外零售業擁抱資訊科技，掌握顧客
- 案例20 博客來網購：會員經營學
- 案例21 星巴克：會員經營業
- 案例22 統一星巴克推動「星禮程」忠誠顧客計畫
- 案例23 健身中心開闢VIP專區
- 案例24 麥當勞的會員經營策略
- 案例25 臺中五星級大飯店頂級會員卡，拉攏金字塔頂端貴客
- 案例26 Bellavita：貴婦百貨公司的最頂端客戶招待術
- 案例27 好市多：經營會員，賣起黑鑽卡
- 案例28 ○○百貨VIP CLUB入會邀請函及其尊榮禮遇
- 案例29 誠品看好會員經濟，推App衝黏著度
- 案例30 Sisley高檔彩妝保養品的三種會員尊榮禮遇

案例1　日本Dr. Cilabo化妝品公司CRM系統導入實例

原本以型錄販賣為主的Dr. Cilabo公司，自從導入CRM系統之後，廣受顧客的好評，業績也蒸蒸日上，足見CRM幫助你做一些競爭者還沒有做的事。

最近日本有一家新創五年的Dr. Cilabo中小型企業的化妝品及美容機器設備銷售公司，自成立以來，連續在營收及獲利上均有顯著成長。2005年營收額預計有150億日圓及獲利30億日圓，目前員工人數為250人。這家公司係以皮膚科醫生創新研發保養肌膚之利基新市場。

(一) CRM系統廣受好評

Dr. Cilabo公司從2004年開始導入CRM系統，對顧客實施新的商品開發及促銷溝通方法，使該公司的獲利率均能維持在20%的高水準。該公司在皮膚科專業醫師協力下，開發出護膚的美容保養品，受到使用者的好評。因為消費者對此類產品比一般面膜及化妝品等，更要求信賴感及安心感。另外，該公司要求任何公司新進員工，包括客服、業務及幕僚人員等，均必須具備護膚及保養的專門知識，通過測試後，才可以正式任用。除此之外還有：

1. 建立顧客基礎資料庫

該公司的CRM系統，包括兩大資料庫系統。第一個是一般性的「顧客管理基礎資料庫」，係以蒐集：(1)銷售情報、(2)顧客情報及(3)商品情報等三種資料庫，進行資料倉儲（Data Warehouse）一元化管理，包括了客服中心、現場直營店面、委外市場調查和網站調查等蒐集管理，並且設有專責單位及專責人員負責詳細規劃及分析。

2. 建立肌膚診斷資料庫

另一個CRM系統比較特殊且具特色的，亦即該公司建立「肌膚診斷資料庫」，目前亦已累積了15萬人次的顧客肌膚診斷結果。由於該公司導入肌膚診斷資料庫，並且適當地提出對顧客應該使用哪一種護膚保養品，該公司在此類產品的購買率呈現2倍成長，其效果遠勝於廣告支出的效果。目前該公司15萬人次顧客肌膚診斷的資料，主要是來自直營店的現場診斷紀錄、郵寄問卷答覆、在網站上開設網頁的E-mail答覆，以及客服中心、顧客與美容師詢答。這些詢答問卷，包括了21個問題項目，涵蓋顧客的生活型態、工作型態、肌膚不同狀態、對肌膚的日常處理方式、需求分析、過去使用哪些產品、目前出現的問題和季節不同的影響等問題點，可以說對資料的要求非常精細與完整。

(二) CRM的兩大用途功能

該公司在建立各種來源管道的顧客資料倉儲之後，再進行OLAP（線上分析處理）系統，以及行銷部門的資料採礦（Data Mining）系統。而該公司目前成功地運用CRM系統，主要呈現在兩個大方向，如圖10-1所示。

1. 對於新商品開發及既有產品的改善上，出現了非常好的效果

在數十萬筆資料倉儲及資料採礦過程中，可以發現到使用顧客對該公司產品的使用後效果評價、優缺點建言等，可以作為既有商品強化之用。另外，對於顧客的新問題點，亦有助於開發出新產品，以解決這類別顧客對肌膚問題保養及治療的問題需求。此外，對於衍生出健康食品及保健藥品之新多角化商品事業領域的拓展，也可以從這些顧客資料庫的心聲及潛在需求，而獲得反應、假設、規劃、執行及檢證等行銷程序。

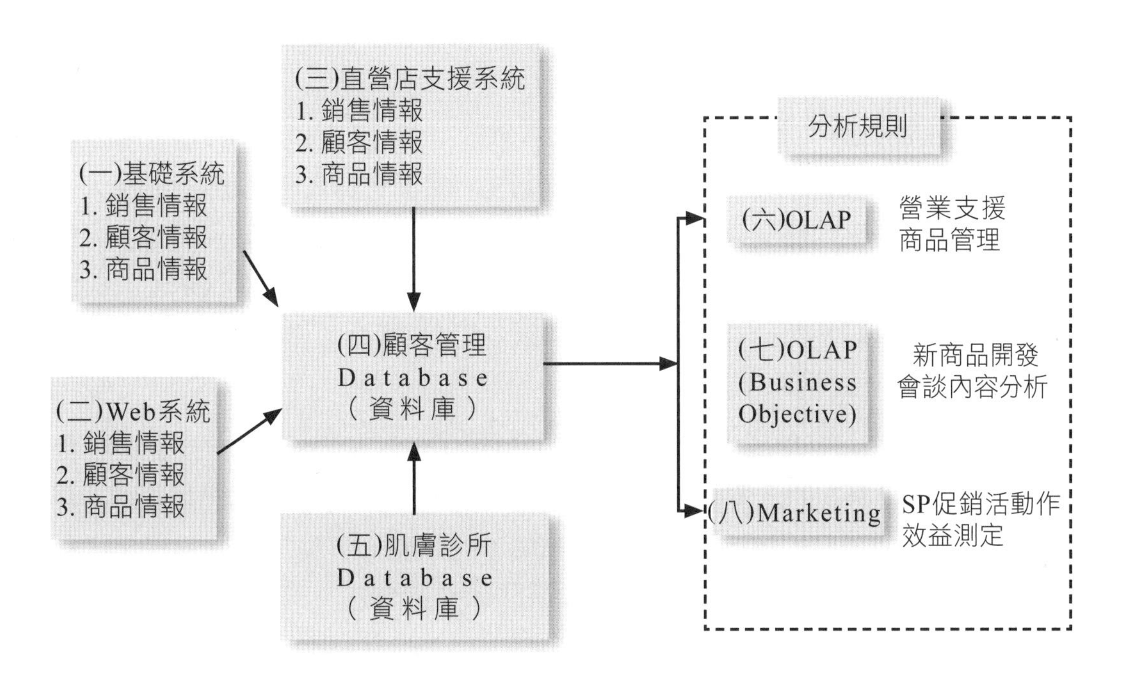

圖10-1 CRM系統導入架構圖示

2. 對於顧客會員的SP促銷正確有效地運用

最近該公司依據顧客不同的年齡層、購入次數、購入商品別、生活型態、肌膚不同性質和工作方式等，將每月寄發給會員誌刊物，並區別歸納為二至四種不同的編製方式及促銷方案。此種精細區分方法，主要目的是在摸索出最有效果的訴求方式、想要的商品需求，以及最後的購買商品回應率之有效提升。

(三) 傾聽顧客需求，全員成為「行銷人」

長久以來，Dr. Cilabo公司總經理石原智美，即要求營業人員、客服中心人員、幕僚人員及推動CRM部門人員，務必要盡可能親自聆聽到顧客對自身肌膚感覺的聲音，並且有計畫、有系統、有執行作為地充分有效蒐集及運用，然後成為新商品的開發創意、販促活動的創意及事業版圖擴大的最好依據來源，並且納入每週主管級的「擴大經營會報」上，以提出反省、分析、評估、處理及應用對策。

換言之，石原智美希望透過活用這套精密資料的CRM系統，成為公司的特殊組織文化及企業文化，深入全體員工的思路意識及行動意識。她說：「希望達成公司全員都是行銷人（Marketer）的目標。」

(四) 發掘顧客更多「潛在性需求」

五年前，Dr. Cilabo公司是以型錄販賣為主，目前會員人數已超過190萬人，重購率非常高，平均每位會員每年訂購額為5至10萬日圓。最近該公司也展開了直營店的開設，希望達到虛實通路合一的互補效益，以及加速擴大Dr. Cilabo的肌膚保養品品牌知名度，加速公司營運的飛躍成長，進而能達到從中小型企業邁向中型企業規模的目標。

由於這套CRM系統的導入，實現了有效率的新商品提案及既有商品改善提案，發掘了更多顧客的「潛在性需求」，迎合了個別化與客製化的忠誠顧客，最終對公司營收與獲利的持續年年成長帶來顯著的效益。這是一個CRM應用成功的個案分析，值得國內企業及行銷界專業人士做借鏡參考。

案例2　日本三越百貨「超優良顧客」核心的行銷術

顧客必須是經常性或花費較大金額的顧客，才是有效顧客，也才是公司應該積極維繫的「真客戶」。而在現在極度分眾化與區隔化的目標行銷下，企業如何以「超優良顧客」為核心，專注經營好這些目標顧客，將是致勝關鍵。

2004年，創業即將屆滿100年的日本第二大百貨——三越百貨公司，自2003年起，展開營業組織大變革，並導入以「超優良顧客」為核心重點的行銷活動，冀望保持日本第二大百貨公司的市場地位，並且迎戰日本長期的景氣低迷。

(一) 專攻消費力前30%之客層

目前日本三越百貨公司最上層10%的會員顧客，平均每人年消費金額約為1,000萬日圓（折合新臺幣約320萬元），而最上層30%的會員顧客，平均每人年消費金額約100萬日圓（折合新臺幣約32萬元）。而這30%會員顧客占約60%的營業額，總人數達2萬人。

這些超優良顧客亦可以說是較富裕的族群。日本三越百貨公司將這些超優良顧客區分為兩個族群。第一個是以60歲以上有錢顧客為中心，將其家族成員納入，包括他的太太、小孩和孫子等。這些家族成員都被列入顧客資料庫檔案內，作為行銷活動的目標對象。

第二個是以在三越百貨公司年消費金額超過100萬日圓以上、30歲左右，比較年輕富裕的個人消費者。

這些消費前30%客層的顧客，對三越百貨而言，才是具有意義的有效客戶或稱為頂級的顧客。三越百貨以他們為行銷活動的目標，並將之稱為「以特定顧客（非全部顧客）為主軸的主題行銷活動」。

(二) 成立「顧客營業部」

日本三越百貨公司從2003年1月起，大膽地進行營業組織變革——將過去被動式的營業部更名為「顧客營業部」，並將東京及橫濱地區的營業人員合併為專案小組。平均每個營業擔當（營業代表），必須負責500個超優良顧客之服務、維繫與促銷之任務。對於年消費金額超過100萬日圓的超級顧客，每人負責數量則以不超過200人為目標。換句話說，這就是每個人的具體業務轄區，每個營業擔當必須負起責任照顧好這些顧客。

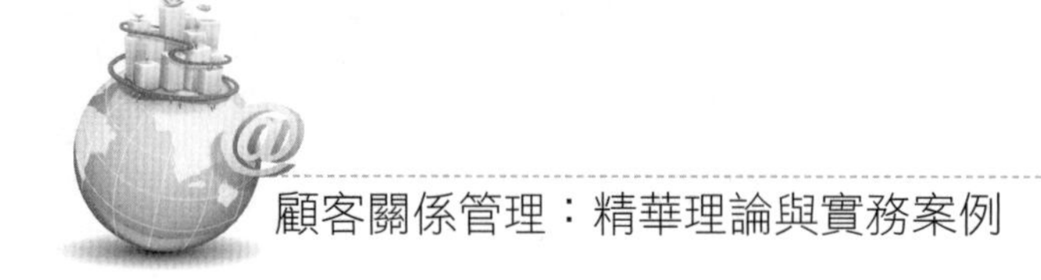

(三) 區隔顧客

日本三越百貨公司首先以大東京地區為示範，將該地區10萬名顧客依其消費次數與消費金額之貢獻，區分為A、B、C三級顧客。

1. A級顧客：由公司聘用250人業務擔當，以面對面方式，落實經營這些超優良顧客。
2. B級顧客：由公司聘用30人業務擔當負責，以電話招呼的方式，落實經營這些顧客。
3. C級顧客：以E-mail電子郵件方式一般對待經營。

此制度的改革，對於營業擔當的個人業務績效考核，也有了具體的評估指標。例如：由250人業務擔當負責經營的超優良顧客，每月必須進行檢討每個人轄區的顧客，這個月到店裡消費了多少次與多少金額的貢獻。因此，這250人業務擔當就必須更細心、更主動地去經營所分配到的超優良顧客。

(四) 差異化對待服務

目前在日本三越百貨公司對超優良顧客的差異化對待服務包括：

1. 對於A級顧客如果事先經過聯繫，必須站在百貨公司門口，專門迎接顧客到來，並且全程陪同顧客選購（前提是顧客不拒絕全程陪同）。
2. 設立A級顧客專用的「貴賓室」（VIP室）。有點類似在機場內的各航空公司招待頭等艙及商務艙的貴賓室一樣，裡面也有沙發、書報、上網、飲料和簡餐等可以自由取用。
3. 對於A級顧客的小孩，如果他們長大要結婚時，還主動安排相關的結婚活動或是協助找房子安居等附加服務。
4. 專門為超優良顧客與舉辦活動或主題行銷活動，如有品牌商品降價促銷機會，一定會先告訴這些A級顧客。
5. 其他多項專屬服務措施等。

(五) 有效顧客情報資訊系統

事實上，要推動顧客分級制經營與行銷活動，當然要有健全的顧客情報資訊系統的支援才行，否則這些專責業務擔當如何知道顧客及其家人的訊息呢？日本三越百貨公司經過多年的努力，再配合聯名卡的既有資訊系統，已建立好一套具有10萬人，包括購買資料及基本個人資料及進一步的世代（即顧客本人、顧客的兒女及顧客的孫子等三代）之相關資料。

(六) 超優良顧客行銷術

從上述日本第二大百貨公司三越百貨轉型，以超優良顧客行銷術經營來看，可以歸納出三大核心要點：

1. 建立「有效」顧客才是「真」顧客的方針

顧客必須是經常性或花費較大金額的顧客，才是有效顧客，也才是公司應該積極維繫保存的「真客戶」。有些公司號稱其所發行的信用卡、現金卡和會員卡達到幾十萬到上百萬的數量，但到底有多少比例的人是經常有消費的呢？我們應該掌握這些關鍵數據才行，否則只會迷失在華而不實的巨大幻象中。

2. 建立CRM顧客情報資料庫

「顧客情報系統」是落實顧客分級制與分級行銷營運的基礎工程。透過顧客本人、顧客家族成員以及顧客的實際購買紀錄，就可以整合出A級顧客的可能消費行為模式與消費特色及偏好等。

3. 營業組織必須配合變革

在顧客分層分級管理制度下，營業組織必然也要做出大變革才行。在專屬轄區與特定對象顧客的劃分下，很容易可以看出營業人員或專屬貴賓服務人員的績效，然後才能汰劣存優，培養出一批優秀的A級顧客專屬服務營業人員。最後，也才能貫徹所謂的一對一（One to One）客製化與個別化的行銷理想目標。

案例3　國泰人壽導入CRM系統效益顯見

(一) 個人化的E-mail

週末即將迎接35歲生日的張先生，和往常一樣，早上八點半走進公司，打開電腦。今天收到一封來自國泰人壽的E-mail，本來以為是一般的廣告信，在刪除之前，卻注意到它是一封個人化的訊息。除了祝福張先生生日快樂，還提供一項優惠服務——張先生成為國泰人壽的保戶已滿五年，因此今年可用30歲的保險費

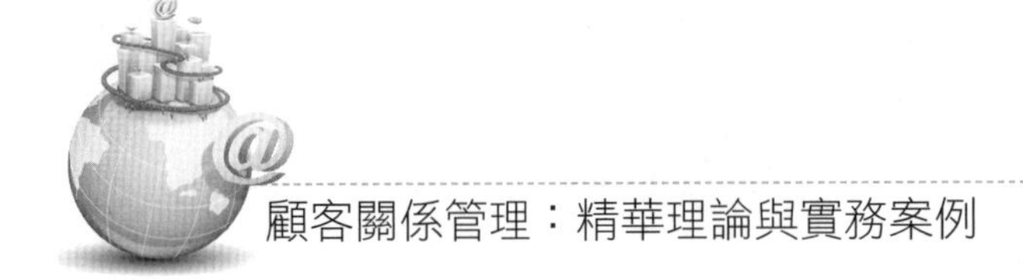

率（意味著更少的保險費）增購新的保險商品。

這段訊息不可能廣發給國泰人壽資料庫裡所有的顧客，對所有顧客提供相同優惠的成本太高了，顯然國泰人壽十分清楚張先生的生日以及保險成交時間。他決定晚上回家好好考慮這項優惠，也許打個電話，向自己的保險業務員詢問更進一步的訊息。

國泰人壽如何能從數以百萬計的顧客中，找到適合這項產品的張先生？

(二) CRM系統的效益——從以前亂槍打鳥到現在能精準提供顧客所需要的服務

「首先要讓業務員找到清楚的行銷目標。」國泰人壽資訊服務中心專案經理林佩靜表示，國泰人壽希望能為每位顧客提供量身規劃的資訊，擺脫以往顧客對保險業務員的偏見。而要達到這樣的目標，除了提供顧客「最充足、專業、完整、即時」的資訊外，更要讓業務員尋找顧客時，能夠從地毯式轟炸，到有如精靈炸彈命中目標一般的精準。國泰金控資訊長張家生表示，讓業務員「從以前的亂槍打鳥，到現在能精準提供顧客所需的服務」，是國泰人壽CRM（顧客關係管理）系統帶來的最大效益。

CRM系統必須清楚且正確地掌握顧客資訊，但是這些資料都要由業務員逐筆輸入。國泰人壽曾經舉辦汽車抽獎，鼓勵業務員將資料輸入CRM系統，半年內就獲得216萬筆顧客資料。而由於早在1996年就開始企業e化的工作，即使業務員平均年齡較高，但在2000年CRM系統建置時，也早已具備IT的基礎。頂尖業務員之一、擁有1,000多位顧客的國泰人壽高級主任鄭淑方表示，在導入CRM系統時困難不大，輸入資料是「麻煩一次就夠，但從CRM系統得到很大的幫助」。

(三) 貼心訊息，利用手機簡訊提醒業務員

CRM系統究竟能提供哪些幫助？我們從國泰人壽業務員一天的生活來看看……。

每天早上業務員到公司，開完早會就得出門找顧客，CRM系統的第一步：提供業務員行銷的「目標」。找到目標顧客，才能提供他們適合的商品，例如：前面提到保險滿五年，就能用五年前的年齡增購新保險，甚至能增購五年前推出

但現在已經停賣的優惠商品。當顧客數增加到一定規模，業務員很難記得每位顧客的各種狀況，「電腦會提醒你，幫你找顧客」，鄭淑方說，哪位顧客有車子、有房貸、家庭狀況和子女人數等，CRM系統裡有二十多個項目能幫助業務員找到目標顧客。

另外，像是生日即將到來的顧客，業務員應該提醒他每增加一歲，保費也會有變動；或是上個禮拜有理賠、昨天晚上要求道路救援的顧客，業務員應該傳達對他們的關心。不只能在電腦裡查詢，系統也會利用手機簡訊直接傳達給業務員。

(四) 綜合分析，一分類馬上了解保單缺口

保險的複雜度很高，比方說保險金的支付有年金制，也有隨著年齡變動的支付方式；即使同一張保單，不同狀況下也有不同的理賠，消費者35歲和40歲時的保障也有所不同。一般人如果有兩張以上的保單，幾乎很難知道自己在什麼情況下有哪些理賠。那麼，誰來幫消費者回答這些問題？

國泰人壽CRM系統中有一項「保單健檢」的功能，能將顧客的保單總合在一起做總體檢，回答顧客已經有哪些保障？還需要哪些保障？保單健檢的系統是國泰人壽獨家提供的服務，如果顧客願意提供別家保險公司的保單，國泰能將不同公司的保單合併在一起，給顧客最完整的解答。

業務員與目標顧客第一次見面，先了解顧客需求，第二次見面時，就可以利用系統整理出顧客的保障狀況。鄭淑方表示：「每一家保險公司的商品都有優點，能幫顧客詳細規劃，顧客就更願意向你投保。」在保單健檢的過程，業務員從顧客處拿回哪些東西，都會簽下收據，下次見面時還回，取得顧客的信任。舉例來說，當業務員知道顧客有小孩，卻缺少子女教育的保障規劃，如果能提供專業的資訊與建議，這個過程就是與業務員產生「顧客關係」了。

了解顧客的需求後，要怎麼銷售呢？CRM系統中另有「保單規劃」的建議。如果顧客有子女教育年金的缺口，業務員只要用NB或手機連上網路，直接在現場就可以呈現各商品的比較，提供顧客選擇。選好商品，還能再丟回「保單健檢」系統，讓顧客了解保單缺口是否補足。如果顧客覺得保費太貴，只要立刻再退回，即可選擇其他商品。CRM系統能讓業務員快速地應變任何疑問，在「Critical Moment」（關鍵的時間點），便為顧客提出解決方案。在以往，這麼

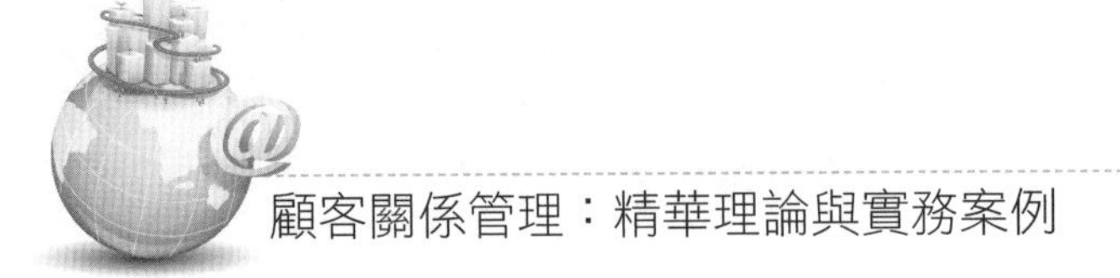

多保單加總起來，用紙筆去算，可能要耗掉業務員半天的時間，現在利用電腦工具，快速歸納、分析，一分鐘之內即能完成。

(五) CRM系統必須讓顧客覺得有價值

在CRM系統建置之前，國泰人壽已經有單機版的電腦工具，而且這些「單一工具」每家保險公司都有，並不稀罕。的確，工具能夠加快業務員的效率，但只有能幫顧客規劃保單的工具，並不足夠稱為CRM。「幫顧客規劃保單之前，國泰人壽的業務員已經知道要去哪裡找顧客、知道他們為什麼需要這個商品。」林靜佩說，背後有整個過程的支撐，才能算是顧客關係管理。「不單單只是找客戶賣保單，我們不但了解顧客的需要，為顧客解決問題、進而建立關係，甚至更要去想顧客沒想到的、去發現顧客的需要。」

「保險業跟其他行業的不同處，在於業務員和顧客的關係是持續的，不是賣出商品就結束，而我們的CRM希望讓這個『關係』科學化，而且讓顧客覺得有價值。」林靜佩一語道出顧客關係管理的精髓。顧客在一次次的服務過程中感到滿意，慢慢就建立對公司的忠誠度。將服務和銷售結合在一起，將創造更大的顧客價值，這就是國泰人壽CRM的精神。

(六) 邁向真正的顧客導向

導入CRM系統之初，國泰人壽擁有500萬筆顧客資料，乍聽之下很寶貴，但那僅僅是顧客填寫保單的制式資料，比如顧客家庭成員的背景、教育狀況，甚至「家裡有養大狼狗，拜訪時請小心……」等訊息。藉由CRM系統，建立的關係不再僅止於業務員和顧客之間，公司才能真正地認識顧客，了解「顧客的面貌」，作為行銷模式的依據。而即使業務員離開，顧客與公司的關係還是能繼續存在。

國泰人壽希望顧客對他們的印象，不再只是建立於信用評等或資產能力這些冰冷的數據指標上。除了建立顧客關係，更希望能讓顧客信任。「如果2萬多位業務員都能從顧客的觀點出發，多給他們一些關注，就能為公司建立起新的核心價值。」林佩靜表示。現在，國泰人壽愈來愈重視顧客的聲音，了解顧客的面貌，並且真正以CRM作為實際行動的基礎，從過去產品導向的行銷模式，逐漸轉往顧客導向的目標。

（資料來源：http://www.managertoday.com.tw/?p=770）

案例4　王品餐飲集團的CRM策略

(一) e化特色

1. 透過POS，掌握250家直營店銷售狀況和禮券管理。
2. 利用CRM，讓顧客管理公司，並進行顧客消費歷史管理。
3. 採購物流系統，控制採購配送流程，降低採購成本。
4. 以VoIP作為各分店聯絡方式，一年能省120萬元電話費。
5. 視訊會議讓海外直營店同步開會。
6. e化原則為選擇e、慢慢e、節儉e、自己e。

(二) e套餐1——導入POS，掌控250家連鎖店

大型連鎖店管理複雜，是王品在十一年前「非e不可」的原因。

目前王品集團旗下擁有250家餐飲連鎖直營店，為了有效管理全臺灣，王品導入POS（銷售時點系統），甚至包括遠在中國、美國的分店，從此不但能精確掌握各店銷售狀況，還能夠整合各分店配合行銷活動。例如：2002年的「買十送一」活動，以及王品特有的禮券管理制度。

(三) e套餐2——CRM，讓顧客管理公司

1. 所謂「吃飯皇帝大」，王品對顧客非常重視。王品旗下的250家餐飲連鎖店，在顧客用餐之後，都會請他們就餐點、服務態度和整潔三部分填寫問券。王品牛排每天回收約1,000份、西堤牛排2,300份、陶板屋有2,000份。「這麼大筆的資料，如果不靠CRM（顧客關係管理），實在很難管理！」戴勝益表示。
2. 「每天早上，我一定要看到前一天各店的成績單，否則就渾身不對勁，沒辦法上班！」戴勝益笑稱，他每天起床的第一件事，就是檢視前一天各分店的顧客滿意度報表。每家店的各色餐點、服務細項和環境整潔的分數一字排開，哪一家低於平均、哪一項做得不好，一目了然。
3. 「我是將企業交給顧客來管理。」戴勝益表示，各店的年終考績有高達70%是依據這張顧客評分成績單。原來，CRM的目的不在管理顧客，而是「反客為主」，讓顧客管理公司。

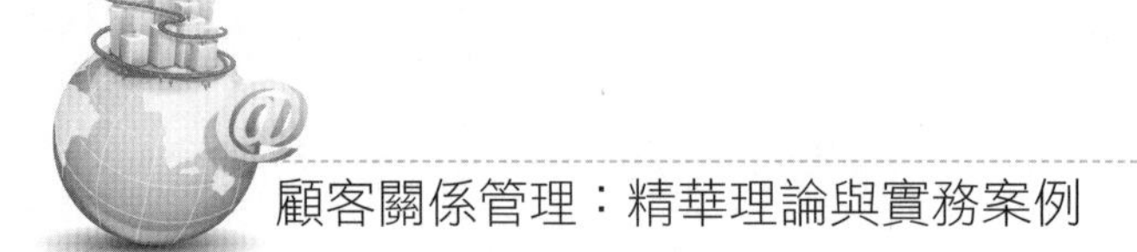

4. 除了量化數據，問卷裡顧客提出的每一個意見，甚至包括透過免付費電話或電子郵件所傳達的申訴，都會被鍵入CRM系統，當作專案處理。
5. 「只要一出現抱怨的聲音，就算是嫌湯不夠甜，第二天店經理就要提著禮物登門道歉，直到顧客肯點頭原諒。」戴勝益強調，餐飲業的口碑最重要，如果不讓顧客氣消，一傳十、十傳百的殺傷力驚人，這也是王品堅持深化CRM的主因。

(四) e餐飲3——以資料庫做「消費歷史管理」

1. 目前王品的資料庫已建立1,000萬筆顧客資料。「我們可以從中進行顧客的『消費歷史管理』。」戴勝益舉例，遇到顧客的生日或結婚紀念日，王品都會寄送折扣券和禮品兌換券，而且哪一類的客層喜歡什麼、討厭什麼，「全逃不出我們的手掌心！」
2. 1,000萬筆資料中，約有300萬是重複來店的忠實顧客。「彙整Heavy User（重度使用者）的意見，據以調整、改進我們的菜色與服務，是我們成功的祕訣。」戴勝益透露，王品就是要以這批資料，作為VIP卡的核發依據，緊緊抓住死忠客層。

(五) e套餐4——採購物流系統，摳小錢成大錢

1. 大型餐飲連鎖店，消耗最大、最需要節省的成本是食材價格。王品在這方面，也是透過e化的採購物流系統精打細算。「王品的主要食材，如牛肉、海鮮等，有8成仰賴國際採購，加上全省配貨，其實很麻煩。」戴勝益發現，有了這套系統後，就能嚴密控管採購和物流配送的過程，大大降低過去在採購配送作業上的花費和誤差。
2. 至於青菜蘿蔔這類各店的零星採購，另有一套「比價系統」。「過去南北、甚至同一個區域的採購價差常大得離譜。」戴勝益指出，自從各店每天的蔬果時鮮採購價全都上公司內部網站超級比一比之後，各店經理立即能做進貨成本評估。「說穿了，我們就是很『摳』。」他戲稱。

案例5　花旗銀行客服中心電話解決客戶9成問題

(一) 只要1/15的成本

在臺灣，花旗銀行只有12家分行，在租金、人力成本都偏高的情況下，花旗與客戶接觸的最佳介面就是電話。根據花旗的統計，客戶透過電話語音接受理財服務，平均成本是8元，在電話中由專人處理是60元，如果是經由分行行員處理，則成本高達120元。

為了將顧客導進花旗營運的最適流程（Prefer Process），習慣並接受電話理財服務的模式，花旗的24小時電話理財中心擁有一套相當完備的管理系統。

藉由電腦的輔助，電話理財中心可以隨時掌握電話量、接話服務率和掛斷率等數字，以及在客戶打電話進來時立即確認客戶身分。更重要的是，根據電腦提供的統計資料，花旗可以不停地在人力與資源上做調整，以提供更好的服務。

(二) 建立有效率的客戶互動模式

舉例來說，每一位電話理財專員在接完一通申訴電話後，都必須在機器上按下代表各類問題的按鍵，電話理財中心每個月會針對客戶前五項申訴類別進行分析，提出解決之道。

另一方面，當電腦顯示電話量突然增加，或是客戶某一類型的問題突然增多時，理財中心會立刻增派人手，並即刻請專人研究問題的原因及解決辦法。

此外，為了讓電話理財服務快又有效率，花旗有一套標準的客戶互動模式。花旗有一組專員，負責蒐集資訊、跟行銷及公關等人員聯絡，寫出客戶每一個問題的最好解答內容，並且隨時更新，而這個資料庫就是理財專員回答問題的依據。

陳諧表示，電話理財中心基本上是個資訊通路，「通路講求的是方便，我們就從方便著眼，改善所有流程。」

(三) 客戶問題9成以電話解決

因為大多數人都不耐等候，因此，在花旗電話理財中心讓客戶在線上等待超過15秒就算不及格。花旗銀行為自己設立的目標是：在電話中解決客戶90%的問題。

現在，幾乎所有花旗銀行的客戶都已習慣在電話中進行金融交易及理財。甚至客戶到了國外，也會透過電話理財中心繳臺灣的會錢及房租。

除了順利將顧客帶進企業的最適流程外，花旗銀行也以經營「顧客關係中心」的理念經營電話理財中心，進一步拉住顧客的心。

(四) 適時提供適當的服務

以信用卡為例，顧客的忠誠度普遍都不高，為了降低流失率，花旗堅持：「花心思在既有的客戶身上，比花心思在外面的客戶更重要。」因此，花旗理財專員會細心地注意每一位客戶的變化，適時提供適當的服務。

例如：有一位客戶打電話要求更換帳單地址，理財專員會詢問他是否搬新家了，是不是有消費性貸款或房屋貸款的需求。遇到客戶想剪卡，理財專員會詳細詢問原因，予以慰留，而慰留的成功率高達5成，希望在顧客不同的生命週期提供不同的服務，維持長遠的關係。

因為信賴花旗的服務，花旗電話理財中心平均一天湧入5萬通電話，負責應答的理財專員只有280位，在有限的時間內，要照顧客戶9成以上的需求及問題，進而與客戶維繫長久的關係，除了電腦科技幫了大忙之外，服務的巧思更是關鍵。

(五) 電話中心當虛擬分行

全球世界各地的花旗銀行都訂有兩項客戶電話服務指標：第一項是接話服務率（Service Level），85%以上的電話必須在15秒內（大約三響半）接起來，否則即使客戶沒有掛斷，也要算為失誤；第二項是掛斷率，每100通電話，不能有超過2個以上的客戶真正掛斷。

花旗銀行訂的是業界很高的標準，因為花旗的客戶覺得他買的是服務，所以必須在市場上做出區隔。

銀行是一個很容易將原來的服務電子化的行業。花旗從12年前開始在臺灣推廣電話理財服務，鼓勵客戶將電話理財中心當成虛擬分行，將自動語音系統當成自動提款機的延伸。

多年耕耘的結果，花旗在臺灣擁有該行全亞洲營運量最大的電話中心，目前每天5萬通來話、一個月超過100多萬通的話務量，早已超過分行通路，省下可觀的分行經營成本。

(六) 迅速掌握客戶需求

花旗規模近300人的電話理財中心，結合理財（包括銀行、投資、信用卡、物流、郵購與保險等業務）與服務（查詢、訴怨）的功能，是國內第一家採用電腦電話整合系統（CTI）的電話中心。客戶打電話進來時，在語音輸入帳號認證後，電話會自動轉接到理財服務專員，客戶的基本資料也同時出現在專員的電腦螢幕上，可以馬上知道客戶是誰、剛剛在語音系統做了哪些交易。

先進的資訊系統，讓花旗可以很快掌握客戶需求。「希望做到在客戶打進來之前就已經認識客戶，讓他有一種『你好像很了解我』的感覺。」

要讓2、300個專員在通話的瞬間，就了解100多萬個客戶的個別需求，並不容易。靠的是蒐集客戶過去的資料，並加以分析，跟客戶做快速的溝通，讓客戶有貼心的感覺。

(七) 導入第二代CTI系統

花旗銀行2000年推出的第二代CTI系統，進一步運用資料倉儲的觀念與資料採礦（Data Mining）的技巧。

客戶打進來，電腦立刻叫出更多的顧客資料，包括前幾次打來時做了什麼交易，或留下哪些建議和要求，甚至可以主動提示客戶款項何時到期、資金應該如何處理。

電腦螢幕右方還有一列紅橙黃綠的「燈號分類」功能，電話理財中心可以根據客戶以往的交易歷史，計算出客戶的交易頻率高低或偏好的產品等消費行為模式，再利用不同顏色的燈號設定客戶的屬性，提供專員授權上的知識，以增加服務品質與生產效能。

案例6　美國聯合航空公司的顧客忠誠優惠計畫

(一) Mileage Plus

1. 龐大規模的飛航哩程酬賓計畫。
2. 任何人都可以免費成為該計畫會員。成為會員後，只要搭乘聯合航空、星空聯盟或其他聯盟航空業者的班機，甚至在與聯合航空有異業結盟的公司消費，或是加入會員回饋計畫，都能累積哩程數，藉以換取免費機票或機艙升級等優惠，並在各項服務上享受優惠。

3. 已被視為最成功的顧客忠誠度計畫之一。

(二) Mileage Plus 的結盟對象

此計畫成功的最大原因在於優異的策略聯盟能力。聯盟夥伴分成如下九類：

1. 星空聯盟：全球最大規模的航空策略聯盟。聯合航空為創始成員之一，會員可享受全球超過500個機場貴賓室及互相通用的特權及禮遇；且只要搭乘任一成員的航班，皆可累積哩程至帳戶內。
2. 區域性航空業者。
3. 飯店業者：包括Regent International HotelSM、Holiday Inn等知名旅館，住房亦可累積哩程。
4. 租車業者：包括有Hertz、National Car Rental與Thrifty Car等六家知名租車業者。
5. 旅程規劃業者：包括有cruise4miles.com及Radisson Seven Seas Cruises等多家業者。
6. 金融業者：例如與VISA發行聯名卡。
7. 電信業者：MCI WorldCom的用戶亦可依照消費金額累積哩程數。
8. 餐飲業者。
9. 網路聯盟行銷網站。

(三) Mileage Plus尊榮會員計畫

1. 提供各項獎勵措施，以求回饋並激勵其忠實顧客持續消費。
   (1) 哩程累積加乘／更優惠的機艙升等／特別禮遇。
   (2) 消費折扣回饋。
2. 顧客分群：依照每年累積的哩程數來分群。
   (1) Premier：一年內付費搭乘累積25,000哩。
   (2) Premier Executive：一年內付費搭乘50,000哩，會員資格可持續14個月。

(3) Premier Executive 1K：一年內付費搭乘100,000哩，會員資格可持續14個月，是最為優渥的會員資格。

(四) 善用顧客資訊

1. 重視顧客資料庫建立

購併US Airways，創造全球最大的顧客資料庫。

2. 挖掘顧客知識

(1) 透過縝密的分析，加強對金字塔頂端顧客持續追蹤與經營。

(2) 例如：由機長親自手寫問候卡並由空服員交給重要顧客。經統計，這5.2%的顧客為聯合航空帶來22%的收益。

3. 導入新興應用工具

善用各項新興的網路技術與應用工具來輔助其執行行銷活動，並改善行銷活動績效。

(五) 品質改善

1. 透過訓練與激勵提升人員服務品質

例如：由顧客親筆寫的感謝卡，將顧客對員工的肯定直接反應給員工，進而塑造以客為尊的文化。

2. 提供顧客更便利的使用經驗

(1) 充實網站服務內容，提升網站功能的效率。

(2) 無線應用：透過手機、PDA及呼叫器等，提供顧客有關航班的傳呼服務。

案例7　日本SEIZYO藥妝連鎖店的CRM模式

(一) 圖示：兩大作業模式的組合，提升CRM效果

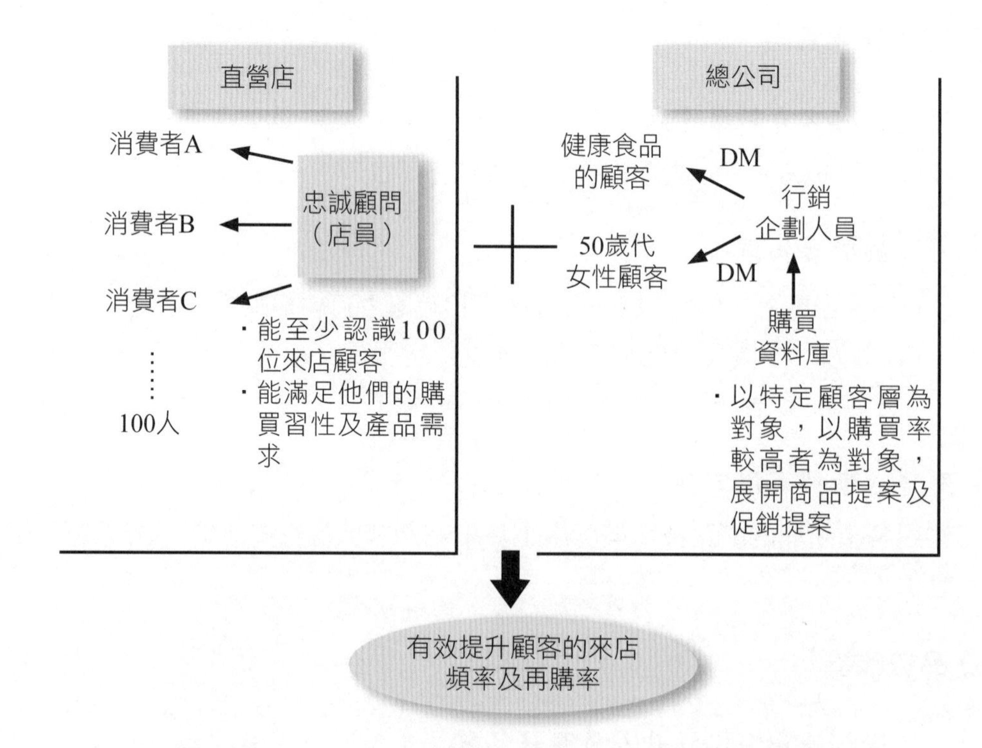

圖10-2　日本SEIZYO藥妝連鎖店的CRM模式

(二) 說明

1. POS data及顧客購買履歷資料（如圖10-2），是一種定量的資料分析，然而應該再加上顧客的購買心理洞察，才能促進銷售，提升業績，並養成優良顧客。
2. 日本SEIZYO藥妝連鎖店在東京有300家直營店，展開新世代CRM模式。
   (1) 一方面，挑選及培養出較高水準的店長，他們均擁有較豐富的商品知識，較高品質的服務待客能力，能夠順暢地與顧客對話，了解他們的嗜好、需求及價值觀，以一對一的待客技能，滿足顧客的購買需求。這些店長就是消費者的忠誠顧問。
   (2) 另一方面，在總公司方面，透過80萬會員卡的購買資料庫及Data Min-

ing作業，可以篩選出曾經多次購買過某些類的產品或是某些年齡／性別層的消費群，然後提供給行銷企劃單位使用，包括寄出DM、發出電子郵件，以推薦消費群適用的新產品或新促銷活動或新服務等措施。

3. 結果：

(1) 今年營業額比去年成長5%。

(2) 有忠誠顧客的店，比沒有的店，其業績額要多出2～3倍。

(3) 曾針對50歲以上女性客人抽出，寄發介紹大正製藥某種女性專用產品的DM，結果約有10%的回應購買成效。

(4) 點數優待卡的販促奏效，有卡會員的客單價比非會員要高出2倍。目前全公司使明卡會員的銷售占比已達50%。

案例8　日本顧客情報再生術案例

(一) 一流企業面對顧客情報再生術挑戰

不論是商品開發或販促活動，都必須仰賴顧客情報資料的蒐集與有效的資料採礦（Data Mining），才會有助於一切的行銷活動。

因此，我們不應只有了解顧客的年齡、職業及購買狀況，更應該進一步了解消費者的生活型態、價值觀，以及消費心理與消費行動。能夠真正掌握這些，企業的行銷活動才能產生真正的差異化競爭優勢與行銷力量。因此，一流企業必將面對顧客情報再生術的挑戰。以下舉幾個日本企業在這方面有不錯成果的案例，作為參考。

1. 日本JCB公司：依「價值觀」及「生活型態」將顧客分類

日本JCB是一家大型信用卡處理公司（類似VISA、MASTER），目前約有4,800萬名會員。JCB公司在1999年即已導入Data Mining資訊情報分析工作。

該公司將這4,800萬人依照兩種取向，區隔成不同類型或模式的顧客群：

(1) 依據消費者的「生活型態」（Life-Style）區分為九種不同的Life-Style Model。例如：投資自我在所不惜的model；跟家庭緊密相處的mod-

el……等。

(2) 依據消費者的「使用動向」，歸納為十種派別，例如：喜名牌高級派、喜工作導向派……等。

然後，日本JCB公司又將刷卡族，依刷卡金額的大小，區別為具有獲利貢獻不同程度的五種等級；其中，最Top 10%的會員貢獻了刷卡70%的獲利來源。這些區隔清楚之後，日本JCB公司舉辦販促活動時，均會先挑出販促的目標對象，再結合此次販促的活動內容。例如：在會員資料庫中，A小姐是屬於餐飲旅行派，且屬於跟家庭親子一起出遊的型態，那麼只要有屬於親子活動的販促訊息，一定將A小姐納入宣傳對象。

另外，JCB公司每月還定期寄送給4,800萬名會員刊物，且寄發不同內容編輯的*JCB News*，真正做到客製化、區隔化與目標行銷的作為。

2. 日本高絲化妝品公司：解讀「顧客心理變化」，以因應潮流趨勢

日本高絲化妝品公司推出一種創新的、以黑色系列為主的「清肌晶」藥用美白面膜，連續8週均列名日本暢銷商品排行榜之內。過去的面膜都是白色的，黑色面膜的挑戰商品，並以藥用特性加入，終成暢銷人氣商品。

該黑色面膜商品係以20歲世代的年輕女性為目標市場，這些女性對事情都充滿好奇心、新鮮感和追求人生驚奇，因此蠻可以接受黑色系列面膜。而且在高絲專櫃旁邊的店頭廣告招牌，也都是以黑白對稱凸顯的臉型加上面膜出現在銷售據點，極為醒目。

該商品的研發出發點是從「否定現狀」為起始點，並且經過一段很精確的民調結果而採取行動。高絲化妝品公司每年一次以650名女性為對象，長時間調查她們的化妝意識與化妝品購買狀況，以發掘這些女性消費者是否有任何微妙的變化及傾向，以及發生了什麼流行的潮流趨勢，並了解女性心理的改變狀況。高絲化妝品公司敢於推出黑色系列面膜，是因為在民調中發現，黑系列流動的Cycle（循環）似乎恰好到了；經過多次深入調查，顯示黑系列面膜購買是可行的，此即顯示掌握消費者心理變化時刻的重要性。茲以圖10-3表示之。

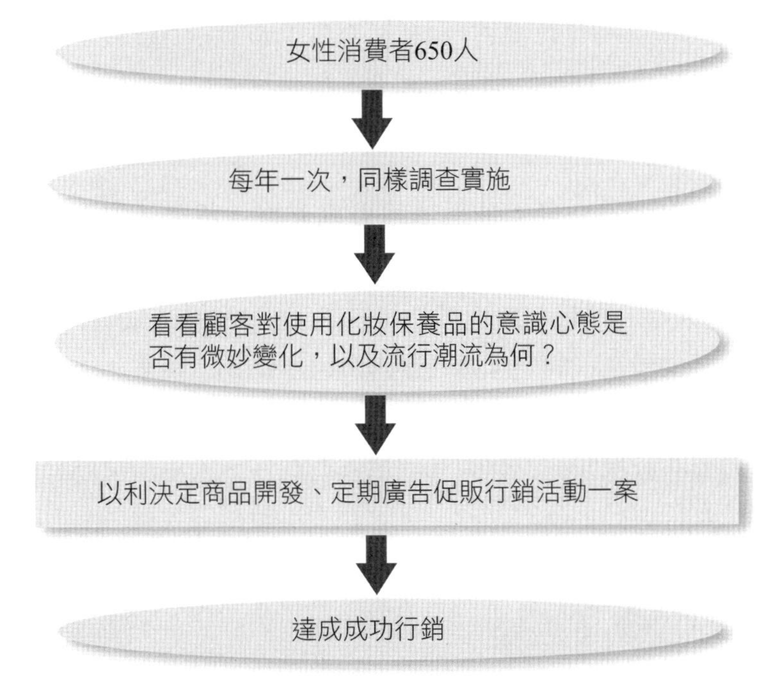

圖10-3　日本高絲化妝品公司解讀顧客心理變化

3. 日本雀巢Nestle公司：建立長期友誼的顧客關係

日本雀巢公司在2000年時，成立雀巢會員俱樂部，目前已有130萬日本人加入。日本雀巢公司將所謂的客服中心（Call Center）區分為兩種：一種是一般消費者的Call Center；一種是會員專用的Call Center。會員專屬的Call Center，客服小姐素質水準較高，平均每天接到100多通電話。日本雀巢族的來電詢問，詢問時間平均為六分鐘，最長的也有一小時之多。對談的內容包括：詢問商品、詢問親友關係處理、詢問餐飲料理技術、抱怨，也有對雀巢的讚美與肯定。客服人員都以與親朋好友聊天的方式跟打電話來的雀巢會員做互動良好的溝通，因此建立了會員與雀巢公司雙方間長期的友誼關係。日本雀巢公司稱此中心為：「Together Nestle Communication Center」（雀巢歡樂一起溝通中心）。

日本雀巢此舉無不希望透過輕鬆自然的居家生活對話，掌握會員顧客的生活型態、價值觀以及關心事項，然後才能提供給商品開發及販促活動的執行部門人員參考。

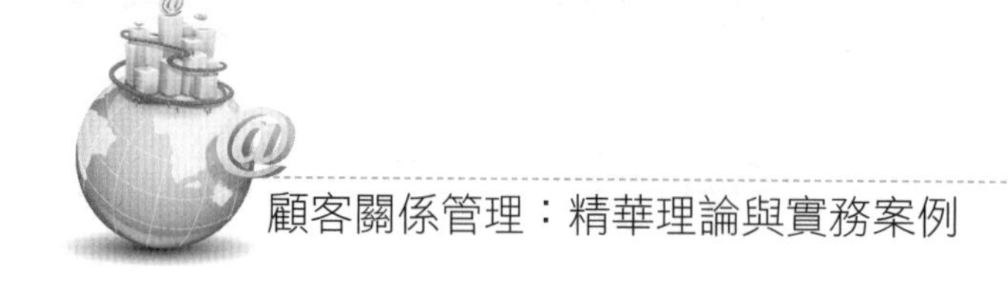

日本雀巢每月會寄給130萬名會員「會員誌DM」，裡面有宣傳商品及販促活動，也有詳細的健康、美容、瘦身、營養與親子關係專文，提供給會員閱讀。

4. 日本JTB旅遊公司：區隔不同世代族群，提供差異化行程

日本最大的JTB旅遊服務公司，已有700萬人次透過該公司旅遊，因此建構了700萬人次的情報。最近該公司成立了「Senior Market Project」，針對50歲世代及60歲世代的老年龐大族群為目標市場，提供不一樣的旅遊行程及餐飲服務。

該公司發現50歲世代與30歲世代的女性，人生價值已有顯著不同。35歲的單身女子與已結婚的家庭主婦，即使年齡相同，其生活型態與價值觀也大有不同。因此，JTB旅遊公司將其700萬人情報，以年齡世代為區隔變數，建立他們的Life-Style及旅遊需求偏好資料庫，作為業務拓展的提案對象。

(二) 以「商品」及「人」為不同出發點的行銷思考主軸

事實上，最近幾年來行銷技術亦較以往有很大的提升。過去行銷的思考點是在「商品」之上，現在則是在「人」之上，兩者有很大區別，如圖10-4所示。

(三) 結語：「顧客心理」是行銷致勝最大的突破口

坦白說，在今日商品充分且多元供應的時代中，在產品功能、周邊服務甚至是價格上，已不太容易有很大的差異化。未來，「顧客心理」將是行銷致勝的最大突破口。過去，心理分析的障礙是資訊取得困難，取得成本代價高，以及缺乏資訊科技條件的支撐，如今這些都已不再是難題，因為行銷能力強的公司已經可以做到了。

因此，未來行銷人員對於會員顧客及目標顧客的人口統計變數（Demographic）深入研究後，如何依顧客不同的生活型態（Life-Sytle）、偏愛（Preference）、價值（Human Value Concept）、消費行動取向（Consumer Action Orientation）以及消費心理（Consumption Psychology）等，加以有效分級、區隔，並且認真經營管理這些顧客，將是未來行銷販促活動與商品開發管理很有力的助手。

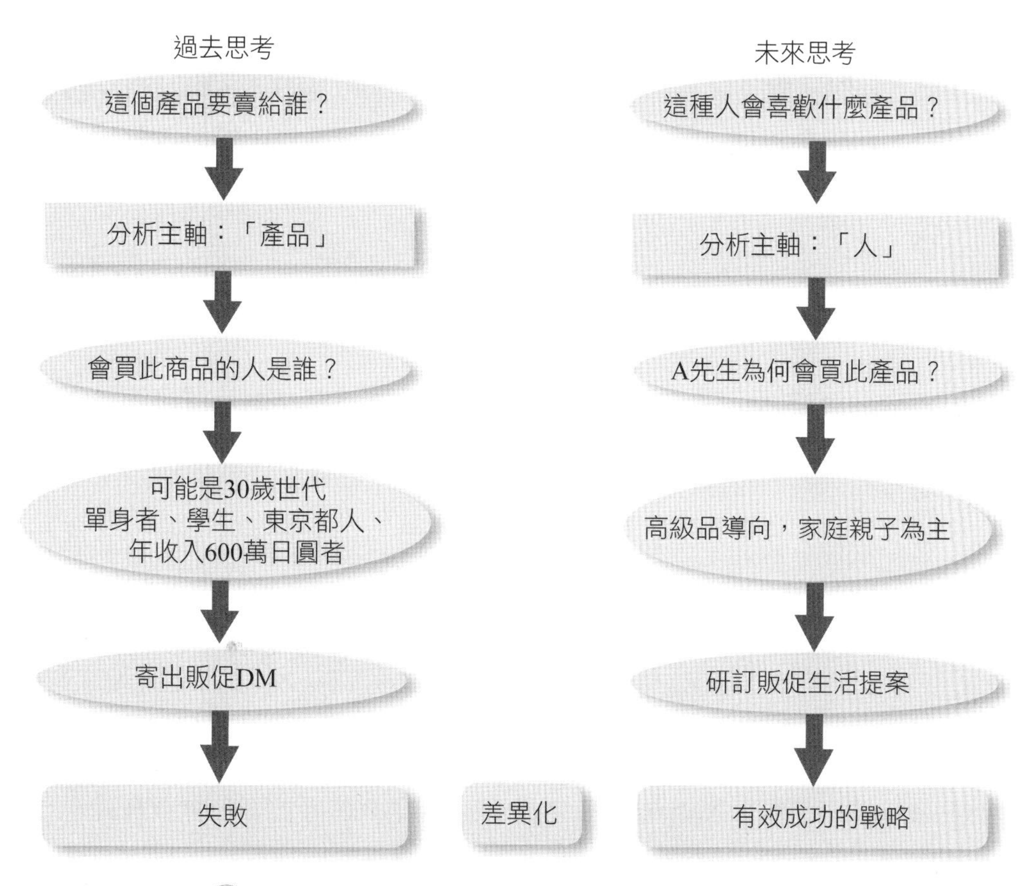

圖10-4 傳統與未來思考銷售的方式不同

案例9 臺灣某公司CRM工作進度會議報告摘要

(一) 完成五月第四週（5/23～5/29）營業狀況研析報告

1. 本週業績較上週成長17.6%，成長因素來自於客數成長7%且客單價亦成長9%，通路別除型錄通路五月號型錄進入第四週，較上週下滑10%，其餘通路則呈現14～30%的成長。截至5月29日止，成功消費總客戶數已達242萬6,000人。
2. 本週日（5/29）業績達1億7,300萬元，創下了本公司當日銷售業績的歷史新高，主要原因之一是商品置入能確實符合收視族群，能同時提高新客率及產值，且就當天銷售最優異之商品——Acer寬螢幕奈米筆記型電腦，因事前周延企劃，商品具市場獨特性，與一般市場上販售筆記型電

腦規格與價格做市場區隔，加上前兩天CF宣傳，搭配節目部事前討論操作手法，廠商也投入大手筆資源，抽機車作為贈品，與該商品族群相符，促販效果佳。前一天亦請廠商做事前教育訓練，使得接單速度加快且訂購率提高，因此可知事前規劃使得每個環節皆能配合，方能締造佳績。

(二) Data Mining作業進度

1. 各通路客戶回應預測模型之應用，完成下列進度：進行行企部簡訊名單效益評估及MMA預核卡名單累積回應分析，作為精進模型提高回應模型參考。
2. 客戶價值分析作業，預計完成下列進度：持續進行網路通路核心客戶消費行為及型錄客戶生命週期研究分析，提供相關單位掌握核心客戶屬性、消費特徵及相關預計機制，預計於6月3日完成。

(三) 會員資料管理

1. 會員資料管理，預計6月2日完成下列進度：進行各等級會員升降級預核名單。在升降級調整前30天，掌握目前會員的購買狀況，找出有潛力升級或維持等級之客戶，給予貼心的提醒並刺激消費，以提供更精緻的會員服務。
2. 會員消費觀察與統計，預計6月3日完成下列進度：提供白金（A+與A級）會員消費輪廓分析給貴賓服務處頂級會員維運參考，以及進行2004與2005年5月分○○通路客戶基本輪廓同期比較分析，作為行企部規劃通路促銷活動參考。
   (1) 短期營運效益分析：進行12月第二週營業分析報告，預計12月24日（五）完成。
   (2) 專案分析預計於12月24日（五）完成有：
      ① 24期分期效益分析。
      ② EDM回應分析。
      ③ 團結力量大及購物臺效益分析。
      ④ 型錄投遞狀況分析。

⑤ 平面媒體簡訊回應分析。

(3) 長期營運績效及行銷活動評估：

① 進行2003年至2004年各通路行銷活動中使用購物金之深度分析，目的在於解析何種類型的行銷活動、銷售何種商品，以購物金作為行銷手段最有效，預期成效為提供行銷人員設計行銷活動之參考，預計12月24日（五）完成初稿。

② 持續進行資訊蒐集並分析，進行2003年10月至2004年9月保健食品銷售與消費行為分析○○購物營收資料、產業規模、○○營運狀況及消費者購買行為，預期成效為提供商品開發計畫及行銷促販方式之參考，預計於12月30日（四）完成。

(4) CRM作業進度：

① 型錄通路12月分簡訊專案模型效益評估，預計12月27日（一）完成。

② 電視通路客戶集群資料分析，預計12月31日（五）完成。

③ 型錄發行量研究模型驗證（8A及10A），預計12月30日（四）完成。

④ 進行會員分級方式及標準等相關資料之蒐集與彙整，預計12月24日（五）完成初稿。

⑤ 網路通路客戶之重購商品週期分析，預計12月31日（五）完成。

(5) 會員分級制度研討：

① ○○教授建議短期的行銷活動，可依據F（訂單次數）與M（平均訂單金額）來撈取回應率高的名單以刺激其消費，但長期的會員經營則以購物金分級制度來運作較佳。此外，於會員經營時，可採行購物金與得易指數並行的方式來經營，且可培養一些榮譽會員，以其消費經驗與知名度來搭配公司做宣傳。而「折扣」對於公司的獲利會造成很大的侵蝕，因此需先進行成效效益的評估，再決定是否要以折扣的方式來經營會員。

② ○○○○年新會員開發規劃：

○○教授提及，金融業通常都是以Top 10%客戶的貢獻來彌補其餘90%客戶所造成的損失，且金融業之所以獲利，其重點在於公司的CRM系統建置是否完善，再加上科技的發達，使得許多的交易都

可透過手機與網路來完成，因此，或許得易購可以此來思考其會員經營的方向。另外，分割會員資料庫有助於CRM的運作效率，因此可先就不同的期間來試行分割。

a. Data Mining作業：各通路客戶回應預測模型之應用，進度如下：

a) 應用型錄通路客戶集群模型：產出2月分簡訊兩次行銷專案名單○○○筆，協助型錄部針對不同客群找出最適的行銷誘因，提升客製化行銷活動之精準度。

b) 商品推薦Outbound專案：配合型錄部業務建立預測模型，找出美容保養與塑身保健類商品偏好的客戶特質，產出商品推薦Outbound作業最適名單，提升活動效益。

c) Data Mining軟體教育訓練：針對部內同仁進行Data Mining軟體訓練課程，以期提升軟體運用範圍，發揮軟體工具最大效度。

b. 會員資料管理作業進度：

a) 彙整公司現有會員評核相關作業程序，擬訂作業程序整合草案，以提供會員價值管理專案及作業管制部進行正式作業依據。

b) 地址歸戶應用：更新10人以上公司戶資訊，提供會員經營部MGM專案推廣方案規劃參考。

c) 會員貢獻度分析：進行各類付款方式手續費與通路成本攤提驗算工作，逐步提升模組精準度。

d) 會員輪廓分析：95Q1各等級會員基本輪廓資料，維度有性別、年齡區間，鄉鎮市、通路、商品中分類、時段及週間。量度有：消費金額、消費次數、貢獻度和會齡，提供會員經營部維運作業參考。

@ 案例10　百貨公司鎖定金字塔頂級客層，討好尊榮貴賓

正當新光三越聯名卡出現兄弟雙卡爭之際，百貨業看中金字塔頂級消費額已悄然從10%提高至營收占比20%，包括微風、台北101、麗晶和SOGO等無不積極拉攏所謂無限卡、尊榮卡和黑卡等貴賓到店消費。

(一) 微風廣場

微風常董廖鎮漢基於三年半前曾親自接待某一貴客指定服務，準備今年起正式提案專人服務預約，備受業界矚目。

2012年5月在麗晶精品新開的Korloff頂級珠寶出現單次消費達2億元的單子，因係獨家櫃位，立即引起總部關切，並為了服務臺灣消費者，Korloff執行長多次來臺親自接待。此舉在三年半前的微風廣場也出現過，微風廣場常董廖鎮漢在接到客人指定服務之後，亦曾在時間許可下親自接待。

姑且不論當天消費額多寡，2012年刷卡最高額3,000多萬元也不是出自於無限卡會員，但為了讓頂級消費客擁有更不一樣的禮遇，今年將提案推出專人服務。由於微風轉投資旗下擁有經紀公司，未來出現昆凌等旗下簽約藝人陪同貴賓購物，可不要太驚訝。

(二) SOGO百貨

SOGO百貨對貴賓們推出年終年菜與紅酒的搭配課程。SOGO董事長黃晴雯說，為了讓VVIP有更溫馨的服務，請來前駐法代表楊子葆一起與貴賓們吃年菜與品酒，應景的食尚美學點子全是來自於好友何薇玲送她一套日本漫畫《神之雫》，這套漫畫在紅酒界造成風潮，黃晴雯決定與貴賓們分享。她說，SOGO無限卡會員講究服務，門檻也只要年消費30萬元，目前全臺5,000人，有8成集中在臺北市，但貴賓們忠誠度相當高。

(三) 台北101購物中心

台北101於2012年底新換董事長宋文琪，出身金融體系，最重視國際級服務，一上任即注意到全館並未提供免費的Wi-Fi網路，立即交辦資訊工程著手進行。緊接著尊榮俱樂部也將進行改裝，服務內容更著重於藝文交流。

目前台北101共擁有1,000位尊榮卡會員，每卡一年，與麗晶精品一卡一年的黑卡會員不相上下，但麗晶黑卡至今已累積至3,000張。台北101強調，為了不讓外界誤解該百貨只服務富人，並不會額外說明俱樂部特別服務內容，但還不致於做專人服務。

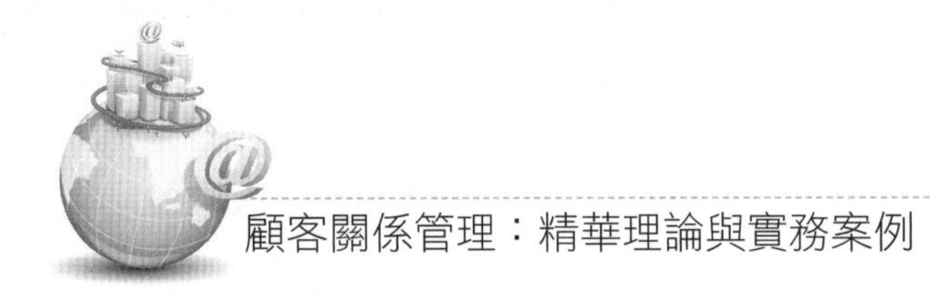

(四) 貴賓俱樂部概況

百貨業	貴賓數	優惠禮遇	預期規劃特別服務
微風	無限卡700多人	貴賓室使用	專人服務，採預約制
台北101	尊榮卡1,000多人	貴賓室預約使用	專門服務
麗晶	黑卡3,000人	貴賓室使用	特別服務
太平洋SOGO	無限卡5,000人	貴賓室使用	活動服務

案例11　大遠百——大攬VIP客戶群，才是週年慶衝業績的王道

・設置專屬貴賓室，板橋大遠百一年砸200萬元，VIP貴客業績占全年業績1成

2012年10月初開跑的首波週年慶陸續傳出捷報，除了「滿千送百」、「滿額贈」和「來店禮」這些每年一定要的行銷熱戰外，鞏固消費實力不受景氣影響的VIP貴客，更是今年百貨搶客、衝營收的祕訣。

討好消費大戶，備受尊榮的預購會與VIP之夜是不能少的。今年首波開戰的板橋大遠百，就在週年慶前夕為VIP舉辦「寰宇之旅」時尚之夜，邀請消費金額前1萬名的貴賓攜伴入席。當晚，各樓層還規劃不同的服裝主題，總計湧入2、3萬人潮，彷彿一個熱鬧的大型派對。

結算這一夜的業績，居然高達1億元，出現10位以上的百萬刷手；相較隔天的週年慶首日湧入12萬人，締造1.8億元業績，這兩天人潮差了5、6倍，業績卻相差不到1倍，可以對比出VIP客人的消費力。

究竟，2011年底才開幕的板橋大遠百，如何快速培養出這群貴客？走進板橋大遠百，祕密就在於二樓和八樓有兩間隱密在樓層最角落、門面雅致的貴賓室，各約五十坪，分別提供給VVIP（年消費額累計達60萬元）和VIP（年消費額累計達25萬元）使用。目前板橋大遠百VVIP與VIP加起來近1,000人，消費額約占全年預估營收60億元的10%。

「這裡的客人很多是住在附近新板特區豪宅中，板橋大遠百一次設兩間貴賓室，就是希望可以養住這些貴客，讓他們不再跑到臺北市消費！」板橋大遠百顧客服務處長林雪肌說，貴賓室還提供免費的餐飲服務，並容許VIP帶一位客人來。

負責服務這1,000位貴客的團隊之首、等於扛下6億業績的林雪肌表示，板橋大遠百一年砸下200萬元的VIP服務與行銷費用，例如：每三個月換一家合作餐點品牌，或在淡季時買3萬元就送一張體驗券，讓還不是VIP的客人免費到貴賓室享用一次服務，藉此吸引他們也想晉升為VIP！

（資料來源：《今周刊》，2012年10月）

案例12　SOGO——傳遞生活美學，靠沙龍黏住貴婦

(一) 為全臺5,300位VIP舉辦新生活沙龍活動

在這場VIP競爭中，全臺第一家設立貴賓室的SOGO百貨，自然不會缺席。為了區隔出VIP服務的特色，SOGO為全臺近5,300位VIP，舉辦一系列的VIP New Life SALON（新生活沙龍）。

「我們的沙龍不以銷售為目的，而是希望作為交流平臺，傳遞新生活價值與新美學態度！」SOGO董事長黃晴雯說。她以沙龍主人身分舉辦時尚、美學、餐旅或電影欣賞等主題聚會，目標族群就是年消費額30萬元以上的貴婦VIP，期待透過聚會來增加這些顧客的黏著度。

有趣的是，SOGO的搶客大戰也打到了鄉鎮。SOGO中壢店設立貴賓室，不到兩年，VIP人數就超過450人，成長近2倍。「縣市級城鎮有許多中小企業家，經濟實力雄厚，當然也是SOGO極力要開發的VIP新族群！」黃晴雯笑說。

(二) VIP服務有更多細節要照應

介析SOGO的VIP客群，臺北四店超過3,900人，而這75%的VIP消費額，就占了全臺VIP的87%。其中以精品定位著稱的復興店服務超過2,000位VIP，可說是SOGO最重要的貴賓祕密基地。

「VIP服務有更多細節要照應。例如：VIP多半很有眼界與品味，總不能連她今天穿戴了顯眼的蕭邦（錶）都認不出，這樣怎會有交集？」駐守於復興館九樓貴賓室、擁有22年顧客服務經驗的SOGO復興店課長余采蘋表示。

余采蘋訓練服務人員要記住VIP的臉、姓名，最好連咖啡想喝多少糖分、濃度都一清二楚。同時，為了讓客人更享有尊寵感，服務人員應避免頭仰得太高；和坐著的客人說話時，則必須屈膝至與客人同樣高度。

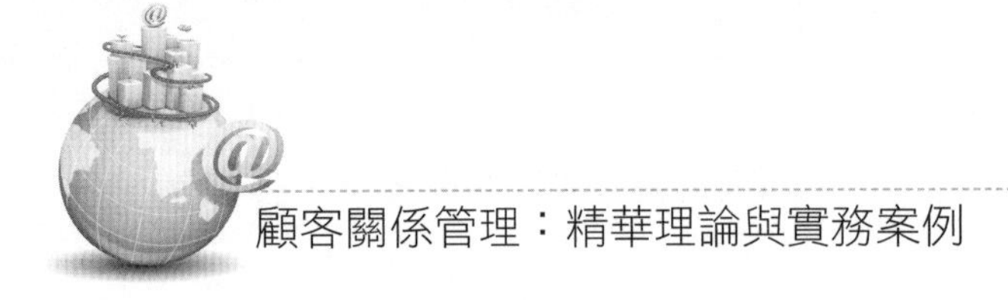

案例13　統一時代百貨——預購會舉辦VIP時尚派對

位於臺北市政府轉運站的統一時代百貨，因為有五樓「美人塾」的特殊服務場域，而發展出專屬OL（女性上班族）的貴客服務學。白色與粉紅色系交織出的美人塾，有著自家經營的一方咖啡空間，且不時有時尚顧問在講臺上說明本季流行元素，一旁則有專人幫你梳化妝髮，整體氣氛流露出濃濃的時尚女人味。

「阪急有80%是女性顧客，30萬元消費額的VIP也大多是30歲上下的女性上班族，這些客人需要許多流行、時尚的穿搭與妝髮概念。」行銷部販促經理陳秀珊說。為了進一步經營VIP關係，阪急在9月底也辦了一波檔期維持一週的預購會，並第一次在預購會首日邀集八大品牌舉辦VIP時尚派對。

初次舉辦VIP預購會的，還包括有「百貨界南霸天」稱號的漢神百貨。「南部的VIP通常忠誠度很高，而且對於活動的出席率也高達9成，所以經營這群顧客，最要緊的就是多辦活動！」漢神百貨副總蔡杉源說，他們舉辦了兩次時尚派對，甚至把場地移師到船上舉辦。

蔡杉源分析說，「愈是不景氣，VIP的營業額貢獻占比就愈高。把VIP這群老主顧顧好，比去外面霰彈打鳥、找新客，來得安全多了！」

（資料來源：《今周刊》，826期，2012年10月）

案例14　日本JCB信用卡CRM革新與促銷活動成功結合

(一) 過去：以人口統計變數為基礎的促銷活動

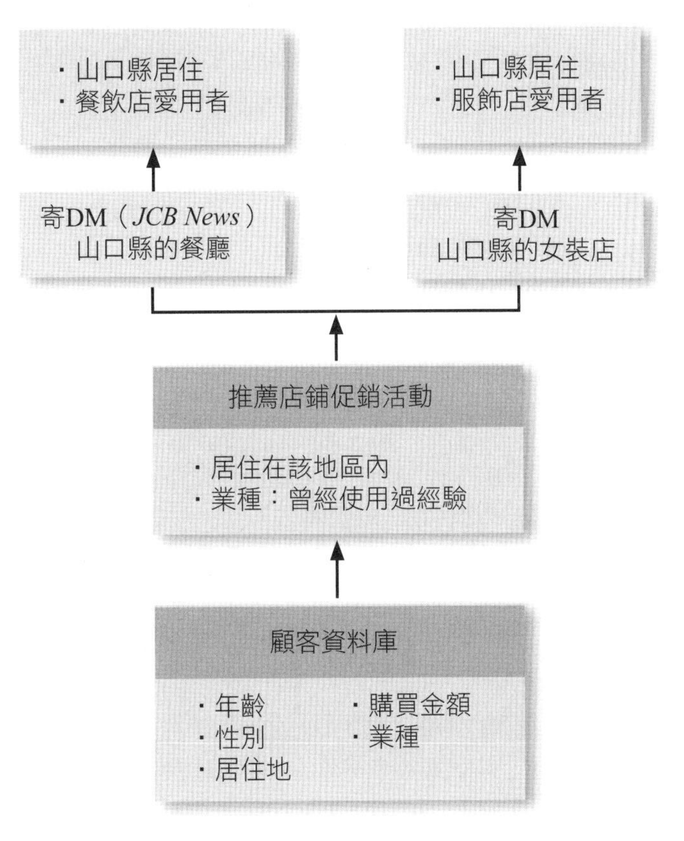

圖10-5　以人口統計變為基礎的促銷活動

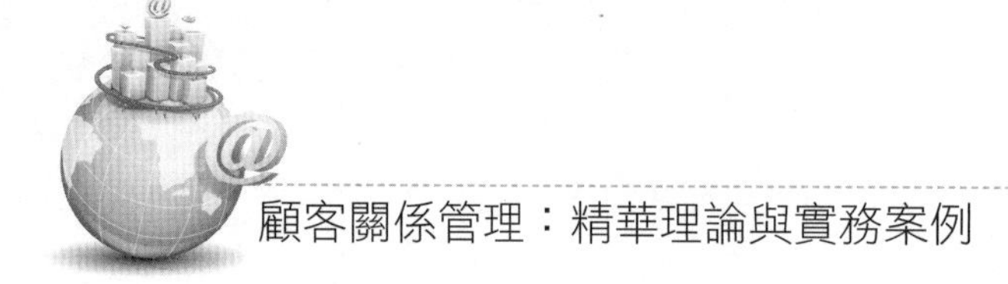

(二) 改革後：加入心理變數的促銷活動

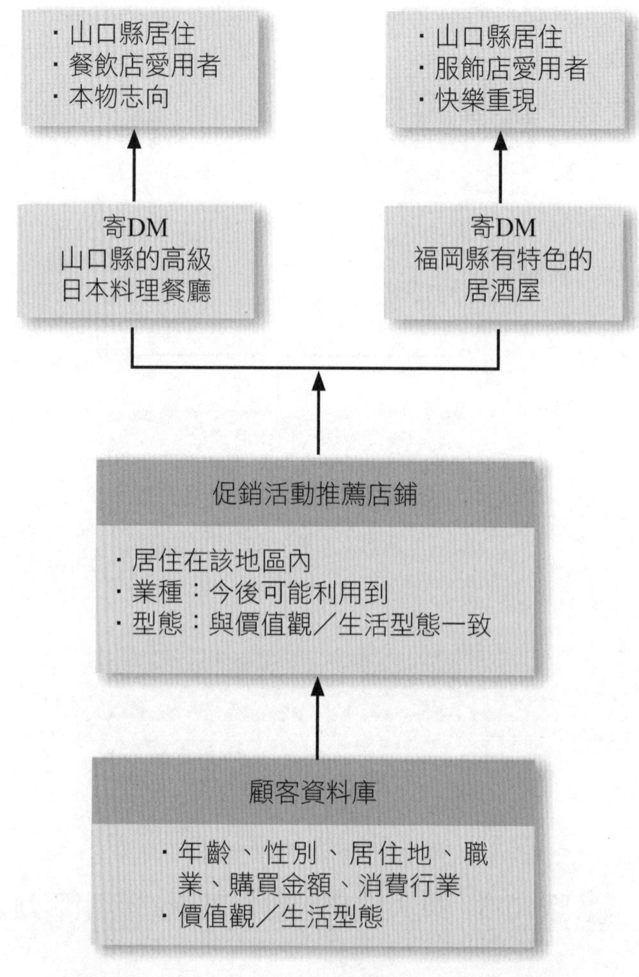

圖10-6　加入心理變數的促銷活動

(三) 與促銷活動的結合

1. 分群：每年從5,000人中，做大規模分類調查。可依：

   (1) 八種價值觀：本物志向、快樂重現……。

   (2) 九種生活型態：家族行動……。

區分為72個不同的顧客消費群（Group）。

2. 圖示如下：

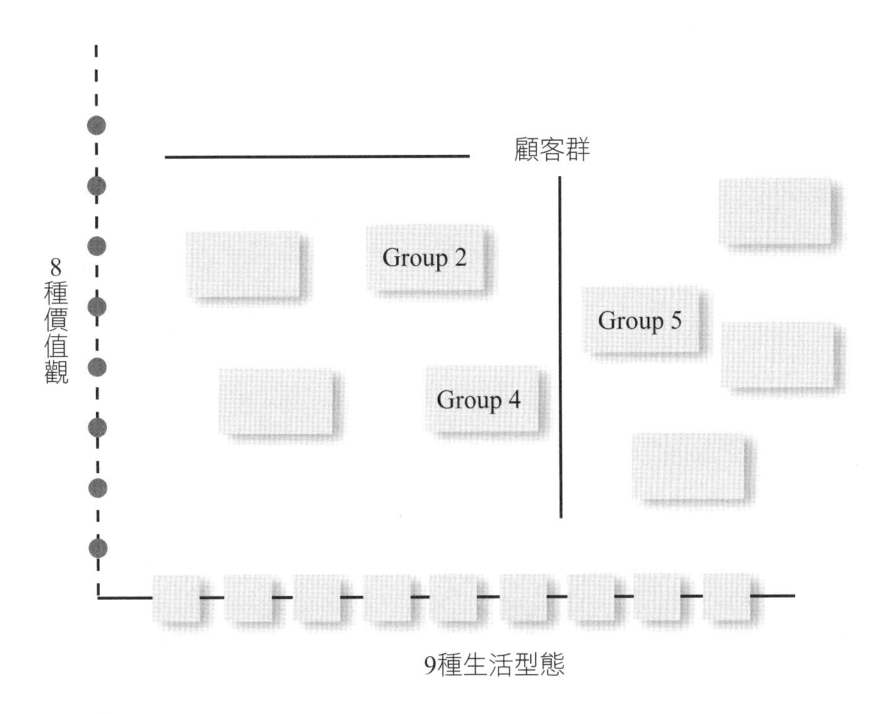

圖10-7　8種價值觀與9種生活型態形成分群顧客

3. 發行每月《促銷特刊》（*JCB News*）：
   - 介紹各種特約店（折扣店）。
   - 介紹各種SP促銷活動。
   - 全國各縣市分版而不同。
   - 各區隔顧客群收到的特刊也有不同內容。
4. 效益：信用卡刷卡額上升5%，退會（退卡）率下降20%之成果顯見。
5. P-D-C-A管理循環的工作思路，即：計畫→實行→檢證（考核）→再修正行動。
6. 業務革新之四大點：
   (1) 能有效掌握好顧客心理變數下的不同嗜好（即不同的價值觀及生活型態之組合）。
   (2) 對販促效果要能比較精準地預估與設定。
   (3) 要徹底檢證（考核）販促活動實施的結果。
   (4) 每月從顧客的觀點及情境，去思考商品、服務及活動的必要改革與員工意識的深化。

案例15　晶華酒店導入CRM系統與推動數位行銷

1. 晶華酒店在三年前成立「數位行銷部」，成員大約2位，都具有資訊統計與經營分析方面的背景經歷；另外「資訊部」成員有3位，行銷公關部成員有5位，合計10位共同支援晶華酒店的數位行銷合作團隊。
2. 該部門初期導入CRM系統時，很需要第一線餐飲各單位人員協助輸入顧客問卷的基本資料，但是最初各單位配合度很低，輸入量很少，後來經上報潘思亮董事長，並且規定第一線單位人員必須把輸入資料這件事納入標準作業流程內，而且在每天輸入完成後才能下班。目前已完全上軌道，每天有固定100多份新顧客資料輸入。
3. 目前晶華酒店從50萬名訂房及餐飲客戶名單中，篩選出10萬筆有效名單，每一次寄出去的電子郵件，都有8成以上的開信率。如果是顧客自己上網填寫資料而加入會員時，開信率更高達95%，整體退信率只有1%。在這些基礎上，晶華酒店已正式跨入eCRM時代，也逐漸發現一些消費軌跡。
4. 潘思亮董事長認為「數位行銷部」對晶華酒店的貢獻，主要有三點：

   (1) **網路訂房率提升**

   過去網路訂房率很低，不到5%；但到目前已提升到20%，不但掌握了直接訂房的會員顧客資料，而且跳過國際訂房系統中間網路商，對公司業績與獲利提升有具體貢獻。

   (2) **節慶活動訂購商品增加**

   晶華在中秋節推出「晶華月餅」及過年的「晶華年菜」，透過網路訂購比率也很高，帶動商品業績收入，一年約有1,000～2,000萬元收入。

   (3) **即時掌握客人的意見反映**

   晶華酒店最近導入新加坡一套最新系統，能夠反映出客人對在晶華住房及餐飲的建議意見，作為晶華「服務品質」不斷改善與追求進步的科學化依據。
5. 潘思亮董事長對「數位行銷部」的未來期待有四點：

   (1) 希望進一步做好顧客會員的深耕工作，做到「客製化了解客人」及「客製化行銷活動」。

   (2) 希望提高網路訂房率到30%，降低對旅行社及國際訂房系統中間商的依賴，並從而增加收入與利潤。

(3) 希望做更多顧客滿意度調查的科學化數據調查，以及改善服務品質的顧客聲音來源。

(4) 持續網路優化，並建立晶華在海外各國消費者的品牌形象與知名度，使海外客人能夠經由網路直接訂房。

6. 目前臺北晶華酒店的團客與散客比為6比4，平均客房價格達6,000元，平均住房率為70%，到旺季時可達90%。

7. 晶華推動CRM數位行銷的關鍵成功因素有：

(1) 潘思亮董事長本人的高度支持與深入了解，並非門外漢。

(2) 第一線住房及餐飲各部門後來已全面支持顧客資料庫與CRM系統的推動及配合，因為他們發現對他們有幫助效果。

(3) 訂定短、中、長期目標，按目標有計畫的推動。

8. 晶華酒店想做的不只是多了解顧客，而是要在顧客走進門的那一刻，就能知道他是什麼樣的人，或者會做什麼樣的事。

晶華酒店在導入CRM之後，餐飲消費與住房客人的資料都可以經過分析再加值運用，並且發掘潛在的商機。

晶華七個餐飲部門，目前透過CRM系統，已經知道部分今晚來客有些什麼消費特性，並做客製化因應。例如：有哪位客人不喜歡吃辣、牛排要吃幾分熟、不喜歡坐在窗邊、需要一杯白開水吃血壓藥、不能喝冰水……等消費行為。

9. 三年前在CRM初上線之後，在端午節一個行銷案的成果，就讓投入的成本立刻回收了。（註：CRM資訊系統投入成本在500萬元以內。）

10. 舉例來說，如果在一封會員EDM電子報中，會員點選了A促銷方案，但是一週之後如果沒有下單，會再寄出一封關於A促銷方案更詳細的內容，甚至再寄出第三次，直到成功為止。

11. 晶華酒店近來也利用CRM平臺找到新的消費客群，並對既有客群鞏固了對晶華酒店重複的消費頻率。

12. 晶華酒店CRM會員經營三步驟：

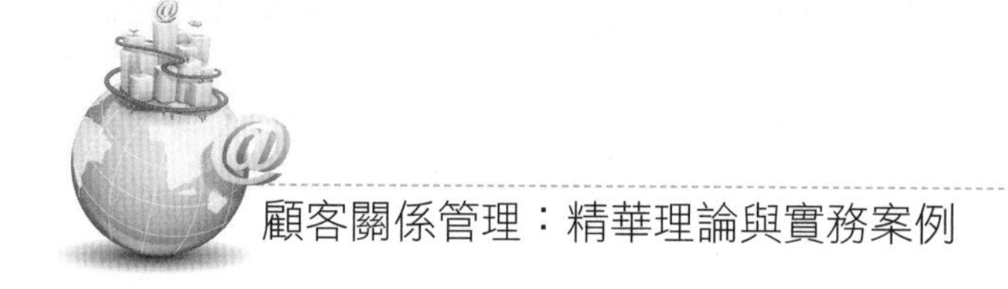

13. 目前潘思亮董事長正在整合國外及國內晶華體系的七、八家大飯店及旅館的共同流通資訊系統，使彼此能夠資訊情報共享與共用。

案例16　雅虎超級商城耗時一年半，獨立開發CRM

眾所皆知Yahoo奇摩拍賣是臺灣規模最大的C2C商城，但許多人可能不知道，成立僅四年多的Yahoo超級商城，同樣以驚人的成長速度，躋身臺灣屬一屬二的B2B2C商城。據統計，該商城已累積300多萬會員，吸引3,800多家廠商在商城開店，總品項超過260多萬件。Yahoo超級商城事業部資深總監王志仁表示，雖然臺灣大環境電子商務產值成長已經從過去的每年30%以上降到現在的17%，但Yahoo超級商城由於策略奏效，2012年成長率超越50%，且2013年第一季亦較去年同期相比成長40%，預估2013年營收有機會突破100億元。

(一) 永遠以滿足消費者需求為核心價值

王志仁指出，Yahoo超級商城最核心的價值就是永遠以消費者為核心。例如：透過各種數據分析發現有「超商取貨」是消費者最需要的，Yahoo超級商城便軟硬兼施要求其他店家，就算超商取貨成本比較高，也應該要開通超商取貨服務，才能滿足消費者的所需。

Yahoo超級商城認為，就算同業的PChome商店街有1萬多家店，但沒有消費者真的需要那麼多店，每個人頂多常常去幾家店消費而已。Yahoo超級商城觀察到這樣的統計結果，很快就推出「最愛商店」功能，讓消費者可以將喜愛的店家加到最愛商店列表後，就可以於Yahoo超級商城首頁快速前往喜愛的店家商城。這同樣是基於滿足消費者需要所做的改變。

(二) 耗時一年半獨力開發CRM系統

Yahoo超級商城規劃與建置階段一年半的CRM服務於今年4月推出。

Yahoo超級商城推動CRM服務共規劃三個階段，分別是：(1)規劃與開發；(2)宣傳與訓練；(3)行銷活動導入。因此，Yahoo超級商城兩個月後將導流量盛大舉辦聯合行銷活動，並將限定有使用CRM工具且有對Yahoo會員推出VIP會員制度的店家才可以參加行銷活動。

王志仁表示，導入CRM服務給店家的好處在於，讓店家可以透過CRM看到每個顧客的消費情形，以利店家將消費者分族群，再精準行銷，對特定族群做不同的購物促銷活動。如此針對性的精準行銷在傳統百貨公司或賣場都是做不到的，所以，Yahoo超級商城可以透過此服務吸引到很多實體零售業者上來使用。

目前CRM服務推出一個多月以來，3,800家店中已成功吸引500家店付費使用CRM服務（費用20,000元，付一次，服務終生），而Yahoo超級商城這段日子以來開了非常多場針對CRM的教育訓練與宣傳課程，並特別編制了《超級商城會員管理工具操作手冊》作為教材，未來還將推出網路版學習教材給導入的店家線上學習使用。

（資料來源：http://www.ettoday.net/news/20130610/220438.htm）

案例17　易飛網（ezfly）OLAP的應用分析

1. 如果一家店沒有實體通路，而是完全專注在網路平臺上經營電子商務，那麼它的成與敗勢必都緊繫於電子商務平臺，而易飛網（ezfly）正是一家這樣的企業，10年前從遠東航空專屬的電子商務網站，演變成今日橫跨多種票務與旅行組合銷售的電子商務公司。
2. 易飛網資訊部系統經理黃子豪說：「完全網路化的營運特性，讓易飛網在市場上的發展策略，一開始就著重在產品線開發以及建置順暢的交易操作機制」，然後用好的產品與方便的交易平臺，把消費者吸引到易飛網來下單。少了實體店面的沉重成本支出，讓易飛網的產品價格有比較好的競爭優勢，但是，電子商務平臺也成了唯一的服務窗口。

   易飛網資訊部系統經理黃子豪說：「為了即時掌握銷售脈動，易飛網每3小時就做一次分析，並且隨時調整商品數量與內容組合。」
3. 為了建置順暢的交易平臺，易飛網在多年前就開始發展線上交易分析平臺OLAP，並且透過OLAP來分析各個營運環節的順暢性與有效性。

   以往易飛網對於OLPA的應用，大多是與上個月或去年同期等歷史資料的分析與比較，但是，最近這一年來卻逐漸演變成即時調整商業策略的工具，除了可以讓相關人員隨時進行各種交叉分析，進而找出易飛網的利基點與經營弱勢，也可以根據分析結果，即時調整產品線內容或作業流程。
4. 對於易飛網來說，OLAP不僅可以作為新商品規劃的依據，同時也是商品

採購的價格談判基礎。黃子豪說：「由於易飛網電子商務平臺所銷售的商品，完全是對外採購而來，一般情況下，通常是在消費者下單後，才會向航空公司等供貨商採購，所以，易飛網必須先證明自己有能力銷售某種價位或商品組合，才能在競爭激烈的市場中，取得想要銷售的商品與價格。」

這樣的前提下，易飛網必須找出經營平臺上的黃金店面，究竟在是首頁還是其他子網頁，如果是在首頁，又是在首頁的哪個角落，而不同的產品是不是又有區隔等，這些易飛網都必須精準掌握。此外，當使用習慣因為某些因素改變時，也要能夠即時發現，並且適當調整相關策略。

5. 以往，在沒有分析數據支撐的情況下，每個單位都有自己的認知與想法，有人說首頁右上角是最好的位置，所以要把最好的商品放在首頁右上角，但是，其他人也許會有不同的想法，一來一往的溝通過程非常耗時，而且不容易取得共識。
6. 根據OLAP的分析，易飛網發現自己的黃金店面，並不是大家所猜想的右上角，而是在左上角。黃子豪說：「這是依據使用行為與實際下單比例的交叉分析結果。」不僅讓內部的爭吵有了一致的共識，也是相關人員在對外採購時的談判依據。
7. 現在，易飛網非常依賴OLAP。除了一般的訂單分析、會員分析等等，甚至也會針對自由行會員的消費行為進行分析。此外，近來也開始關注未成交訂單記錄的分析，黃子豪表示，每一項分析結果，都是易飛網檢視電子商務平臺與作業流程的契機。

   針對每一件行銷活動，都可以進行績效分析，如果想進一步知道其中的細節，還可以消費行為與實際下單比例等資料進行交叉分析，並且找出想要的結果。

8. 以電子報來說，過去易飛網會把每一封電子報，寄送給旗下所有會員，但是，在沒有區隔會員特性的情況下，等於沒有掌握到會員的需求，使得易飛網的電子報開信率從原本的6～7成減少到4成，這個數據讓易飛網驚覺必須調整相關策略，否則持續下去恐怕得不償失。

   為了把電子報的開信率拉回到50%以上，易飛網開始做會員分群，並且依據年齡、地區、會員類別和是否曾有下單記錄等四大構面，把120萬會員區隔出20多個分群。黃子豪說：「會員分群做完之後，電子報的發信速度與行銷精準度都提高了。為了讓分群機制最佳化，易飛網還會依據會員最新的資料動態，每半年重新檢視一次，並且進行適當調整。」

在會員分群的機制建立之後，易飛網也開始積極耕耘這些會員，並期望藉此增加會員的忠誠度與黏著度。黃子豪表示，易飛網目前擁有120萬名會員，但是，由於透過消費所累積的點數每年都會歸0，所以，易飛網必須想出其他辦法，例如：與HAPPY GO等進行異業結盟，讓會員在HAPPY GO累積的點數，可以在易飛網直接抵扣金額等，吸引會員回到易飛網的平臺上下單，才能把會員的生命週期拉長。而透過OLAP比對會員與訂單資料之後，確實發現這樣的合作有很好的效益。

9. 易飛網把OLAP應用在各個作業環節中，所以匯集的資料也必須要很完整。黃子豪指出，OLAP的資料來源，包括客服的值機資料、客訴處理資料、客戶基本資料、Web瀏覽資料和訂單交易資料等，匯集到資料倉儲後，再依據需求開發出各種OLAP應用分析，包括會員分析、銷售分析、消費行為分析和異常分析等。未來，易飛網將會在既有基礎上持續擴大OLAP的應用，並且成為營運決策的好幫手。

（資料來源：http://www.ithome.com.tw/node/57778）

案例18　和泰汽車CRM的推動

1. 如果今年的新車銷售狀況不好，那就代表未來三年的維修保養需求也會減低，這是汽車業在看的景氣循環指標。而去年，臺灣的汽車銷售已經墜到谷底，明年的情況如何，沒有人知道。以現況而言，汽車業可以做些什麼呢？目前旗下擁有TOYOTA以及Lexus兩大品牌的和泰汽車，決定讓轄下八大經銷商的部分資料庫互通，彼此都可以看到對方銷售異常的車款，然後進行分析，試圖找出突破銷售瓶頸的對策。
2. 以往景氣好的時候，大家都不需要、也不會去關注庫存情況，只要把心力投入在暢銷車款上，就可以達到一定的業績目標，完全沒有多餘的心力去分析或了解那些銷售冷門的車款究竟有什麼改善空間。但是，在景氣低迷的情況下，消費者花錢也變得保守，不論新車銷售或是維修的週期都拉長了，庫存的壓力也自然就浮上檯面。

3. 和泰汽車資訊部經理戴恆祐說：「該公司將從落實客戶分群與銷售異常車款分析等多方面著手，並期望藉此突破銷售瓶頸。」

　　和泰汽車的想法是進一步分析銷售異常的車款，並藉此找出新的消費軌跡，例如：在南部銷售不佳的車款，其實是北部的暢銷車款，而其中的影響要素有可能是區域性偏好的顏色或車型設計等。和泰汽車資訊部經理戴恆祐表示，原本旗下經銷商的資料並不互通，但是為了進一步分析銷售異常的車款，經銷商的部分資料將會互通。

　　除此之外，和泰汽車也開始落實客戶分群的機制。戴恆祐說：「過去，和泰汽車的想法是，所有的客戶都是一樣的，但是，從今年開始，和泰汽車決定把客戶分成三種，然後依據不同的客戶特性，提供不同的配套服務」，主要是希望可以根據客戶與和泰汽車的互動情況，找出客戶真正的需求。

　　舉例來說，同一位客戶名下有兩臺以上TOYOTA汽車，或是每一次換車都是選擇TOYOTA，那麼，當TOYOTA要推出新車的時候，就可以把這位客戶列為主要的潛在銷售對象。如果再進一步與現行駕駛車輛的年限資料比對，就可以更精準了解客戶的需求與現況，戴恆祐說：「這樣一來，連發DM的策略都會跟著改變。」

4. 同樣的情況，如果是從維修的服務來看，也可以發現有些TOYOTA的客戶，在三年保固期限屆滿之後，就比較少會再進廠維修，但是，板金保養一定會回原廠，針對這樣的客戶，和泰汽車就可以在這位客戶採購TOYOTA汽車五年後，透過手機簡訊等方式，把板金相關的優惠訊息傳送給他。戴恆祐說：「一般情況下，一輛車開了五年之後，板金烤漆也差不多要進廠保養了，但是，哪一位客戶在什麼時候需要這項服務，然後結合適當的方案吸引他來，就要對客戶有細緻的了解。」

　　今年開始，和泰汽車的客戶分群機制普遍運用在各個專案中。以最新推出的Rav4來說，行銷部門就經過嚴格的客戶篩選，並且找出既有客戶中，哪些是潛在客戶，然後再根據整體市場狀況，推估出Rav4的消費結構與銷售目標。

　　目前和泰汽車在臺灣市場占有40%左右，在各個品牌中TOYOTA的回購率也是最高。市場調查機構JD Power去年針對臺灣市場所做的調查顯示，TOYOTA汽車的表現，不論是銷售數量與維修滿意度，都名列第一。戴恆祜說：「要做到市場第一，每個服務環節都馬虎不得。」

5. 和泰汽車的客戶關係管理機制，也因此與每個作業流程緊緊綑綁。戴恆祜指出，客戶下單後，相關資料進入系統，後續就會啟動一連串的配套機制，而且隨著客戶生命週期的改變來提供不同的服務，每一個階段的服務都有相對應的績效考核，來保證和泰汽車服務的一致性。舉例來說，車輛進廠維修結束，三天內車主就一定會接到相關人員的電話，進一步了解服務的滿意度等。

   每天早上業務接待人員登錄系統之後，系統就會自動提供需要聯絡的客戶名單，業務接待人員只要點選客戶名稱後，該客戶的相關資料，包括個人基本資料以及往來記錄等，系統都會自動帶出。

6. 現階段和泰汽車的客戶關係管理雖然偏重已經擁有TOYOTA汽車的客戶，但是，為了更精準地掌握銷售預測，進而讓汽車製造端能有充分的時間生產、備料，未來將會加強潛在客戶的管理。不過，戴恆祜也不諱言地指出，每一位潛在客戶的資料都是業務人員賴以維生的命脈，這些資料該如何取得，並且取得正確的資料，還需要進一步研究。

7. 戴恆祜指出，和泰汽車有八大經銷商負責第一線的銷售與維修，和泰汽車主要負責所有的業務流程規劃、客戶接待的教育訓練以及零件調度等。和泰汽車為了掌握消費者的想法，高專以上的資深員工，假日都要輪班接聽0800免付費撥打進來的電話，而且包括總經理在內都必須輪值，主要就是希望可以直接了解消費者的想法，並且在擬定相關策略時可以更貼近客戶的需求。

   為了讓各個部門的人都能了解客戶的想法，和泰汽車要求資深人員必須假日輪值，直接在第一線接聽0800免付費電話。每位客服專員更由三個螢幕呈現不同的內容，以最短的時間回應客戶。

（資料來源：http://www.ithome.com.tw/node/57778）

案例19 國外零售業擁抱資訊科技，掌握顧客

國內文化大學大傳系助理教授朱灼文（2013）曾撰文分析國外零售業者如何擁抱資訊科技，贏得取之不易的顧客忠誠度，如下摘述：

(一) TESCO如何向顧客表示品牌忠誠？

來自英國的TESCO是全球三大零售業者之一，他們自知大型企業在面對消費者行為的變化時，反應格外遲鈍。因此，它一直把會員卡和會員資訊，視為追蹤消費趨勢的利器。TESCO不是發明會員卡制度的公司，卻最早把它運用在個人化銷售上。

1997年該公司就成立了由統計學、地理學與電腦專家組成的「洞察顧客團隊」，深入研究會員的消費紀錄，讓TESCO掌握了最成熟的個人化行銷決策模式。他們每週抽取全部資料的10%為分析樣本，基於「消費行為」識別顧客，透過「買什麼決定你是誰」（you are what you buy），揚棄了傳統上只識別顧客居住地的地理人口模型。

TESCO前執行長禮西爵士（Terry Leahy）曾說過：「如何創造顧客忠誠，取決於我們對顧客生活的理解。」

TESCO把會員群體劃分為若干個市場區塊，形成所謂的「利基俱樂部」（niche club）。例如：有由年輕母親所組成的媽媽俱樂部，也有由偏好購買體育用品的男性所組成的運動俱樂部等。TESCO認為，發行會員卡不只是為了鞏固顧客的忠誠，更重要的是展現TESCO對顧客的忠誠。

因此，TESCO會針對這些俱樂部進行明確的行銷活動，諸如製作不同版本的俱樂部會訊、在社區賣場為各俱樂部成員舉辦不同的活動，從而把利基俱樂部發展成一個實體的社群組織，在TESCO的品牌之下，滿足顧客個人化的消費與社交需求。

(二) Walmart精準判讀大資料

美國最大、也是世界最大的零售業者Walmart，向來以薄利多銷聞名，但近年它積極向個人化、社群化與行動化轉型，旗下的零售科學實驗室Walmart Labs不但收購了媒合產品與勞務的社群平臺Tasty Labs，以及應用程式後端開發平臺OneOps，還宣布與甲骨文（Oracle）及Neteeza等軟體大廠合作，研發資料探勘的尖端工具。

Walmart的顧客只要裝有該公司的App進入其賣場，就可以接收到即時更新的一週優惠和新品資訊，也可以用行動裝置感應商品條碼得知價格，並由App在結帳前先把總價總計出來。

這些App不只對顧客有好處，它向總公司資料庫回報的消費資訊，也將成為Walmart Labs個人化行銷的依據。隨時更新的顧客行為紀錄，會回饋到行動物流系統，讓Walmart全美分店都能分享得自大數據的消費趨勢。

(三) 個人化定價漸風行

1. 美國辛辛那提的零售連鎖超市Kroger，則是透過個人化優惠券，來間接進行差別定價。每當顧客到Kroger消費後，Kroger的會員卡就會記錄他們購買的商品資訊。在消費者研究公司dunnhumby USA協助分析資料後，Kroger會根據每名顧客的消費偏好，每個月定期寄送專屬的電子優惠券。

如果你在Kroger經常買某個品牌，你就會發現自己常收到該品牌商品的專屬優惠券，而其他人則得用原價購買；如果你常買多人份的某件商品，你就會發現自己常收到該商品大包裝的優惠券，諸如此類。收到個人化優惠券的消費者，只須從電子郵件下載它，該優惠就會自動同步傳送到Kroger會員卡，供你消費時出示。

這項措施相當受到歡迎，Kroger的發言人指出，有高達7成收到優惠券的消費者，至少使用了一張優惠券。透過個人化優惠券執行差別定價有許多好處，除了不會打擾到沒興趣的人，而有興趣的人收到專為自己的偏好和需求而設計的優惠券，則會產生「獨享優惠」的尊榮感。

此外，差別定價常被人質疑不公平，但Kroger以優惠券的名義進行折扣，並以隱蔽性高的會員卡為媒介，也較能緩和旁人的厭惡感。

2. ZARA是一個執行個人化行銷的高效企業。在世界各地的分店裡，店員會向經理回報客人們對產品的各種意見，隨身帶著PDA的經理，每天至少兩次透過該公司內部的全球資訊網路，把這些第一線的客人反應，回報給總部設計人員。

每天打烊後，銷售人員結帳、盤點、總結當日成交報告和分析熱銷商品排名，這些資料也立刻上傳ZARA全球倉儲系統。2010年與2011年，ZARA進軍歐、美、日的網購市場，網站使用者所有點選過的品項、下單數量與金額，都被詳細記錄在交易系統內，並呈現在ZARA總部的中央主機上。

位於西班牙西北部濱海小城拉科魯尼亞（A Goruña）的ZARA總部，有90個

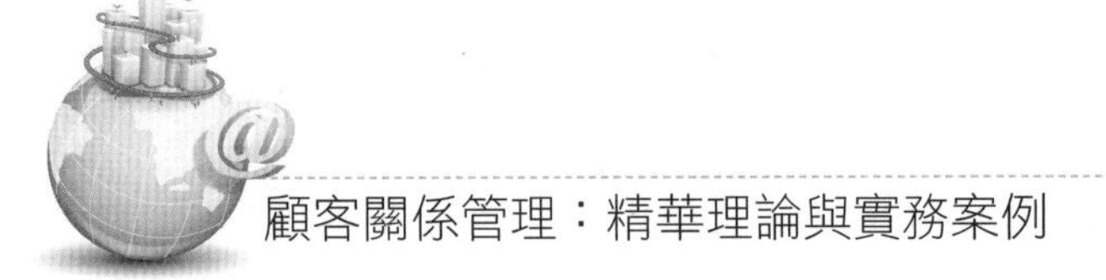

足球場大，從全球消費者的大數據中，總部的分析人員兢兢業業地辨識正在各個地區流行的顏色和剪裁，以做出最接近消費者偏好的市場區隔。ZARA總部一旦掌握了各消費市場中最受歡迎或最有潛力的趨勢，就會第一時間做出改款決策，並通知相應的設計人員與生產線加以執行。

ZARA總部的區域業務經理每週兩次接受全世界1,700家分店的訂單，並根據最新的消費者動態調整出貨到各國的產品組合。

作為成衣零售業中最接近個人化行銷的企業，ZARA有隨市場動態而改變的強大機動性。從設計到生產都在內部完成，ZARA不假外包，衣服打版到上架，總部的設計團隊僅需兩到三週即可完成。

ZARA把45%的生產線留在西班牙，少掉了跨國溝通與協調的時間，並利用自建的物流系統，來完成快速、準確的全球配送。因此，ZARA每週可有兩次新品上架，快速因應消費者的最新品味變化。

(四) 小結

資訊科技的革命使消費者擁有更多資訊優勢，無論是對商品的認識、選擇範圍與價格的透明度都大大增加，世界上多數企業的行銷負責人都察覺，他們與客戶的互動方式發生了永久性的改變。

其實，透過同樣的資訊科技，精準分析與分類購買行為的資料、定型顧客的角色特質及喜好，企業也能夠更加清晰地認識每一個消費者的面貌。

案例20　博客來網購：會員經營學

(一) 會員分級制

以前都說：對顧客要一視同仁。但在會員經濟時代，得學會：差別待遇的智慧。

從行為經濟學的觀點來看，人都喜歡被另眼相看。依據不同會員級別所給予的差別待遇，常能觸動人類心中不理性的一面，刺激消費。過去，信用卡與航空公司會員的各種卡籍，便是最傳統的分級制度。

成立二十一年的購物網站博客來，是國內網購書市龍頭；會員數七百四十萬，是臺灣少數將會員分級經營的電商，其將會員從一般至鑽石分為四級。其中，頂級的鑽石會員每月回購率達70%，平均貢獻金額是其他會員的2.5倍，交易頻次則高出其他會員1倍。

博客來針對不同級別會員，提供不同百分比購物金回饋、折價券，每月針對特定商品給予不同折扣。「他們對不同等級會員的照顧、甚至廣告都不一樣，讓客人回流速度比較快，這是我們也想做的。」一位綜合型電商高階主管觀察。

(二) 差別待遇，用戶不抱怨祕訣：守住基礎服務，別斤斤計較優惠

但博客來並非從創立第一天，就將會員分級，而是從七年前開始，在其他電商競爭下，選擇的差異化作法。

「這是個選擇，你用什麼方式強調你的品牌？當商品你有、我也有，你折扣、我也可以跟上，接下來怎麼做出差異？有分級制度，我們就可以在玩法上做出區別。」博客來會員經營經理鄭雅琪表示。

把客戶分等級，是門智慧，這制度即便做了七年，博客來仍還在修練。

以會員分級制度為例，過去，博客來會員分級制度，是每個月按照該會員過去十二個月的購買金額與次數，即時的升降、調整會籍，「對企業來說，其實可以即時掌握到最核心、最忠誠的這群人。」

但精準計算的副作用是，「你這樣不停（即時）升降等，會員會亂掉（不清楚自己會籍）。」鄭雅琪表示。

去年開始，博客來將制度改為，只要會員達到升等資格，隔年一整年就都能享有該級別優惠。這要承擔的風險是，會員去年貢獻度高，不代表隔年也會有同樣貢獻，但企業卻得提供高等級的回饋，增加營運成本。

沒想到跟會員算得不那麼精，卻讓博客來得到更多。改制至今逾一年，鑽石與白金級會員的貢獻金額，較改制前有兩位數百分比提升。

「過去會員享有的優惠很浮動，他們要很辛苦維持身分等級，但改制後，會員優惠享有一整年，好感度提升、他記得自己有哪些優惠，更願意消費。」博客來廣告公關經理何珍甄觀察。

別跟會員算得這麼精，他們反而給你更慷慨的回報。

但該如何驗證，是原先就有高消費客群存在，只是如今企業將這群人標示出

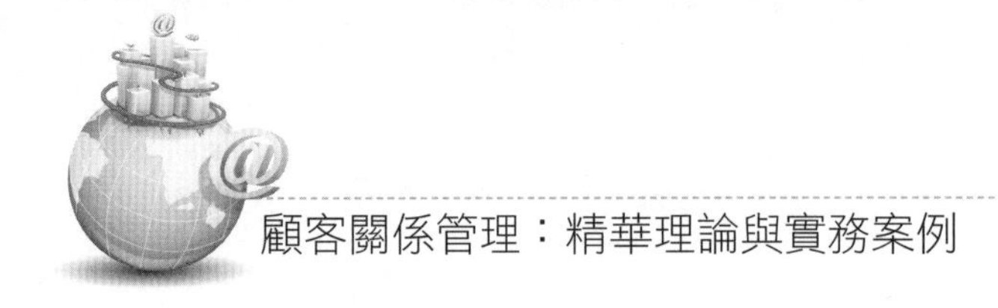

來，還是會員經營制度發揮功效呢？

依據博客來觀察，近幾年，當會員往上晉升到核心的白金與鑽石會員後，消費金額都較前一年又有雙位數百分比成長，證明會員經營能提升貢獻。

分級，是場人心的拿捏考驗。鄭雅琪透露，會員分級制度上路前，內部曾討論，例如：鑽石會員的訂單是否該優先出貨？愈高等級的會員撥客服電話時，是否該優先進線？但最後決定，只在折扣與回饋等「紅利」分等級，顧客與企業交易該享有的基礎服務，則一視同仁，「基礎服務不能分級，這很明確，不然，新會員會覺得被排外。」

對優先順序的大方向要更果決，但對分眾的處理要更細膩，這門差別待遇的功課，是門藝術，但誰修得好，就能在這場會員經濟競爭中，脫穎而出。

（資料來源：吳中傑，《商業周刊》，第1512期，2016年11月，頁68-72）

案例21　星巴克：會員經營業

(一) 星禮程計畫

你是否想過，大家都會做消費集點，但為什麼連鎖咖啡龍頭就能養出一批更具忠誠度的消費者？

臺灣星巴克自今年二月底，正式導入美國星巴克已推行五年的忠誠會員制度「星禮程」計畫，將會員依累計消費金額分為三級，目前會員總人數逾一百萬，最頂級的「金星」會員約占10%，消費頻次是全體會員的兩倍，平均客單價也高出一成。

雖然，形式上是消費積點的會員計畫，但商發院經營模式創新研究所流通產業組組長林原慶觀察，星巴克給會員的，其實是「歸屬感」，「與其說它做消費集點，不如說它社群經營，創造歸屬感尊榮感。」

星巴克行銷部經理何權烈坦承，星巴克絕對不是通路中給折扣最大方的，「我們沒辦法像一些品牌砸大錢，但希望讓顧客感受到溫度。」

歸屬感與溫度聽來很抽象。但曾任網飛、雅虎等公司顧問的《引爆會員經濟》一書作者巴克斯特（Robbie Kellman Baxter）以航空公司的制度做出有趣的舉例。

他說，航空公司的哩程計畫乍看是會員制度，但對很多消費者而言，其實跟忠誠沒有太多關係，「你飛兩萬五千哩，就可以升級艙等，如果你飛五萬五千哩，就可以獲得免費機票，這是用折扣去鼓勵提升消費頻次和消費額度，這只是一種財務交易而已。」這樣的結果是，當其他人有類似或更好的優惠時，這些顧客將沒有忠誠度的轉移。

(二) 創造歸屬感，一筆搞定：寫名字、祝福語，讓顧客備感重視

相反的，若航空公司的人可以認出顧客是誰，甚至可以滿足超忠誠顧客的要求，例如：可以優先check in，或是對顧客說：「我們了解你比較喜歡搭乘我們的班機，這樣好了，我們能滿足你一些特殊的要求。」顧客自然因感覺被重視，進而展現高忠誠度。

回到星巴克的例子，星巴克其實是用「個人化」概念，創造歸屬感。

每一位星巴克頂級會員都能得到一張實體的金卡，上面可以刻上名字，此外，還能參加頂級會員專屬的派對，在派對中購買活動當天限定販售的商品，「我們透過問卷、線上和線下的市調，發現臺灣會員就是喜歡很有尊榮感的東西。」何權烈表示。

此外，星巴克的門市人員已經習慣性的會問顧客姓什麼，請你來拿咖啡時，會呼喚你的姓，而不是如其他店是「叫號」。平時，他們會在杯上寫祝福小語，送上會員生日禮時要口頭祝賀、或唱生日歌，甚至細緻到全公司都習慣稱會員為「熟客」，只因熟客兩個字更帶有情感連結。

自今年三月起，星巴克並在內部溝通刊物上，增加會員服務案例分享的欄目，讓門市人員都能學習服務會員的正向案例，例如：有門市人員主動替高齡的熟客下載會員App，教他們用行動支付。

因利而聚，必也因利而散，只有與會員建立歸屬感，才能使關係長久。如果你與核心會員的關係「窮得只剩下錢」，只想著靠優惠留人。將來得小心你的會員會是最先被挖跑的一群。

（資料來源：吳中傑，《商業周刊》，第1512期，2016年11月）

案例22　統一星巴克推動「星禮程」忠誠顧客計畫

統一星巴克兩年前決定，引入美國母公司的「星禮程」忠誠顧客計畫，開始減少針對不特定散客的「買一送一」促銷。去年2月24日迄今，統一星巴克星禮程會員已經高達116萬，占營收比近半。直接用手機App付款，占比數24%，都是星巴克亞太區數一數二的市場。

現在星巴克的買一送一活動，大多只開放給貢獻度較高的綠星與金星會員。就連與統一超商合作，吸引新客戶的促銷方案，也是讓超商顧客集點後，可以打七折買星巴克會員卡，變成會員。「這兩年，臺灣咖啡市場很競爭，游離型客戶（switcher）比例很高。」統一星巴克行銷部主管經理何權烈分析，他們為何發展忠誠顧客方案的背後原因。

過去一年，統一星巴克累積了數據庫，讓他們可以更了解會員的行為、口味喜好與面貌。今年下半，臺灣就會開始針對會員做分眾與個人化的優惠活動。「未來，除了節日、季節性的固定促銷活動，我們的行銷活動會直接推播給會員，門市看板上不見得看得到。」譬如：只有喜歡喝星冰樂的會員，才會收到星冰樂的折價券。

「其實數據項目不一定要很多。」波士頓顧問（BCG）合夥人兼臺灣董事總經理徐瑞廷指出，在美國BCG與星巴克聯手投資了新創公司Takt，負責研發星巴克App。最新App加入天氣功能，會員若同意訂閱此服務，就會提供所在位置的資訊給星巴克。星巴克因此可推測顧客上班地點、職業是業務或內勤。再搭配購買紀錄、天氣，星巴克就可針對會員，變化各類促銷方案。

案例23　健身中心開闢VIP專區

1. 隨著運動人口愈來愈多，健身俱樂部業者也提供更多元的服務、課程，同時針對願意付出更多費用，以及注重隱私的消費客群，另闢專屬運動區域或休息區，分眾市場儼然成型。
2. 沒有兩個人的身體是相同的，SpaceCycle以這樣的信念與訴求推出「客製化私人課程」，就是希望提供針對不同需求的消費者，例如：在運動上的特殊需求、想要尋求更隱密的訓練、在運動裡遇到瓶頸的初學者、產婦、受傷復健等，教練會利用其他專業輔具提供協助，甚至教練還可以是專屬動態心理治療師。不過相較於一般的團體課程，這樣客製化的收費可能高數倍之多，因此也形成了以價制量的效果。

3. 而在TRUE Yoga Fitness全真瑜伽健身中，則有所謂的黑卡VIP會員，資格是必須一次購買5年（或以上）會籍，才能享有專屬的服務。包括了持會員卡即可任選會館無限使用；而一般會員需藉由訂課系統選課，額滿無法上課， 但黑卡VIP無需透過訂課系統，人到可隨時上課。同時提供了私人休息室，運動後可自由使用按摩椅舒緩身體，另外還擁有專屬置物櫃、專用的紫毛巾、黑色瑜伽墊，與一般會員為白色毛巾、紫色瑜伽墊做出區隔。
4. 全臺擁有最多營業據點World Gym世界健身，則是率先在臺中新據點施行消費分眾的概念，成為54家分店的首創。這家新分店除了有恆溫雙水道室內泳池，進駐5個系列、超過240臺重訓器材和經絡放鬆課程專區都是其他據點少見。不過專屬運動區才是賣點，業者觀察到因為地處臺中七期豪宅區，來運動的客群中，除了附近上班族，多是講究運動品質的豪宅住戶。為了提升服務等級，以飛機艙等的概念規劃VIP個人訓練區，要讓購買教練課的會員，享有專區使用的尊榮感。

（資料來源：《經濟日報》）

案例24　麥當勞的會員經營策略

1. 最近在麥當勞門市，出現許多持卡消費者，一改過去只能付現的畫面。這張卡，開啟麥當勞數位轉型的第一步。

　　臺灣麥當勞在五月底開賣首張具儲值、消費、集點功能的「點點卡」，這是全球麥當勞首例。
2. 透過實體卡片，結合手機App「麥當勞報報」，麥當勞開始提供儲值支付服務，並建立數位會員。其中，麥當勞報報的下載數，不到一年半已達四百萬次，實名登記會員達300萬人，而相較速食業會員數第二名的摩斯漢堡，花了十年累計70萬會員，點點卡則是上市不到兩週，首波35萬張銷售一空，三個月就破50萬張。

　　至今，點點卡帶動麥當勞整體業績提升約10%，讓他國的麥當勞也忍不住來打聽作法。
3. 其實，身為臺灣速食業的龍頭，麥當勞卻比其他業者還晚切入儲值市

場。摩斯漢堡推儲值卡逾十年，發行量破百萬張；漢堡王也曾經推儲值卡，現正改版中；而麥當勞遲至近年才急起直追，背後是籌備了全盤的會員經營策略。

「如果剛開始就只想透過（累積優惠）點數，取得顧客資料，這樣可能不會長久。」麥當勞行銷部副總裁寇碧茹說，過去，麥當勞並沒有系統性的客戶資料，如今則從消費需求端出發，有步驟的建立會員資料庫。

4. 其作法是每半年推出一個新功能。先是在去年五月底推出麥當勞報報App，提供優惠券，開拓數位會員名單；去年底在App導入問卷，讓消費者填寫意見；今年五月底再推出「點點卡」，增加儲值功能。因此，能從會員的個人資料、消費意見到消費習慣，累積客製化服務的數據資料。
5. 點點卡後臺系統商、精誠資訊流通暨支付事業部副總經理班鐵翊解釋，服務業要導入支付系統、建立會員，僅須兩個月即可推出，但麥當勞卻花了近兩年。「麥當勞的作法是將金流和會員行銷綁在一起，整合人、事、時、地、物的全面性行銷，是其他家較沒有的。班鐵翊說，這考驗行銷人員掌握顧客樣態的能力，亦即從資料解讀中擬訂行銷內容。
6. 這過程，麥當勞先花了半年做內部測試和溝通，寇碧茹坦言，各大業者都在建立數位會員，科技的複製並不難，重點是第一線員工能不能買單，成為行銷大隊。因此，麥當勞針對兩萬名員工，在全臺舉辦十五場教育訓練，每個人都要回答三十道產品測驗題，並給予回饋。到了門市，初期配有種子員工幫忙指導，讓第一線服務員快速上手。
7. 據了解，目前麥當勞的行銷團隊，有不少人是來自屈臣氏，擁有操作百萬名會員的經驗。 但寇碧茹說，每個業態經營會員有很大不同，對餐廳而言，不能專做集點方案，「消費者不會因為加贈十點，就突然要吃兩份餐點，必須看中長期的效果，培養出忠誠顧客。
8. 麥當勞如何黏住粉絲？寇碧茹分析，每個人手機平均有五十個App，但常用的僅有六個，「我們希望不要成為那六個之外，要從每天的使用來發想。」於是，麥當勞App推出天氣、鬧鐘的功能，只要一設定，就天天推播餐點優惠券，增加使用率。
9. 會員經營人人都在做，難度在於持續力，麥當勞抓住消費者喜歡驚喜的心理，不斷透過貼紙、集點、優惠券等多種方式吸引會員。「許多業者將集點當作很小的行銷活動，但麥當勞聚焦在會員經營，懂得延續顧客的依賴度。

10.速食業推儲值卡，3大業者比一比！

速食業	執行時間	特　色	發行量
摩斯漢堡摩斯卡	2007年	國內速食業首張非晶片接觸式的儲值卡，二代卡轉型線上虛擬卡	百萬張
漢堡王儲值卡	2011年	儲值×消費×積點換商品	—
麥當勞點點卡	2017年	全球麥當勞首例，結合「儲值×消費×積點換商品」	上市3個月破50萬張

（資料來源：《工商時報》）

案例25　臺中五星級大飯店頂級會員卡，拉攏金字塔頂端貴客

1. 臺中觀光飯店為爭取高端客群商機，大推頂級會員卡，年費從4萬至8萬元不等，持卡會員可享住房升等與餐飲折扣等優惠，吸引許多企業主、科技新貴、醫師、律師等加入，新開幕的福華大飯店「Be ONE健身房」更祭出獨家療癒課程搶客，就是要贏得頂級客戶的心。
2. 其中，寶成國際集團旗下的裕元花園酒店距離中科園區、臺中工業區皆不遠，該飯店附設的「ALFA俱樂部」大推會員卡，「頂級卡」年費7萬9,800元、「尊榮卡」年費5萬5,800元；且購買「頂級卡」贈送飲料券100張、指壓療程6次、私人教練課程2堂、房型升等5次，雙會員卡銷售至今已近百位會員。
3. 緊鄰裕元花園酒店的福華大飯店最近砸下重金、全新裝潢「Be ONE Wellness Center身心靈空間」；有別於坊間健身房，將近200坪休憩空間規劃為品茗區、健身房、男子銅鑼浴，昨日正式對外營業。
4. 臺中福華飯店為推動頂級會員卡，今年首度推出「御璽饗樂卡」月費8,000元、年費6萬2,400元，即日起至6月底加入會員可享早鳥優惠，包括健康及獨家療癒課程，另享餐飲消費最高8折優惠，以及會員專屬美樂琪自助式午、晚餐「3人同行1人免費」，初期限量500張。針對餐飲部分，福華飯店將原本的500張「福華卡」升級為「福璽美饌卡」，年費8,800元，可享餐飲與住房折扣優惠。

（資料來源：《經濟日報》）

臺中五星級飯店推健身房會員卡一覽

飯店名稱	福華飯店	裕元花園酒店	永豐棧酒店	金典酒店
硬體設備	戶外戲水池、男女三溫暖、健身房	男女三溫暖、室內游泳池／戶外水療池、健身房	溫水游泳池、三溫暖、健身房	恆溫游泳池、三溫暖、健身房
多功能教室	水晶缽及銅鑼浴等獨家身心靈課程，以及專業茶藝師	有氧運動教室	有氧運動教室	有氧運動教室／運動生理評估室
贈送券	送等值禮券	飲料券100張、指壓療程6次、私人教練課程2堂、房型升等5次		價值2,000元
年費（元）	62,400元（價格以月、季、半年、一年區分，使用彈性）	79,800元	39,600元	48,000元

資料來源：飯店、市場調查。

案例26　Bellavita：貴婦百貨公司的最頂端客戶招待術

Bellavita（寶麗）是全臺灣最神祕的頂級百貨公司，2019年營收達100億。

面對信義區內，同樣主打精品的百貨同業，就有台北101、微風信義、及新光三越A4，市場競爭白熱化，寶麗廣場究竟如何抓緊這批金字塔最頂端的客戶？

答案是「牡丹薈」。這個藏身在商場深處，從未在人前曝光的頂級會所，只有每年全館消費前200名、金額約1,000萬元左右的貴賓才能踏入，這批人貢獻了全年總營收的23%之多。

(一) 千萬元門檻的聚會：牡丹薈

牡丹薈會員能享有怎樣的頂級服務？基本款包括：出入商場可預約賓士禮車接送到府、不定時的鮮花與小禮物、音樂或戲劇表演門票、珠寶與服裝提前選購等。

這些服務，其實不少百貨的VIP室也都能提供，差異僅在品牌知名度與細節精緻度。這批頂級會員真正的福利 ，在於能夠參與寶麗廣場最大盛事，一場斥資500萬元，為期三小時，僅供200人享用的Gala Dinner（年度晚宴）。

這場晚宴多選在十一月份舉辦，邀請名單看的是全館消費貢獻度。它並非在特定餐廳，而是依據不同年度主題，重新在館內打造一個獨一無二的場景。有一年是「皇家歌劇院」，另有一年是「城堡酒窖」，均將賣場現場打造成富麗堂皇的現場實景，令人讚嘆。

每位牡丹薈會員，都有一個累積多年的電腦資料夾，唯有最高層級的客服人員，才有權限開啟，內容約分四項：

1. 興趣：例如：品酒、旅遊、電影、花藝、品茗等，可做為餐會中的談話資料，或者日後舉辦相關活動的邀請依據。
2. 消費記錄：平時最常購買哪些品牌及品項，是珠寶、鐘錶、鞋子或用品。
3. 出沒時間：牡丹薈不須事先預約，會員隨時可出入。
4. 人脈關係。

(二) 做好頂級服務的高滿意度

寶麗廣場為服務這些牡丹薈會員的VIP客服團隊共十人，平均年資近八年，幾乎從開幕就做到現在。她們最關鍵的KPI（效績指標）就是：1.會員數、2.客單價及3.顧客滿意度。面對這批頂級客戶，只要服務做得好，錢自然跟著來。

專心做好這20%核心客戶的生意，讓寶麗廣場犧牲了人流、坪效與快速獲利模式，卻也換來一批難以撼動的死忠顧客。Bellavita果然有一套它生存的經營模式，那就是如何贏得金字塔頂級客層的心。

（資料來源：取材自《商業周刊》，第1652期，2019年7月20日，頁50-54）

國內四大百貨公司，如何服務VVIP客戶

百貨	VIP等級	年度活動	特殊服務
Bellavita	牡丹卡，年消費1,000萬 金卡，年消費150萬 珍珠卡，年消費15萬	Gala Dinner，約200人的邀請制晚宴	可進入「牡丹薈」用餐。賓士禮車接送、品牌新品優先鑑賞、國家音樂廳與戲劇院門票、貼身購物管家服務等，可客製化頂級隱密服務
微風廣場	鑽石卡，年消費500萬 琉金卡，年消費100萬	微風之夜，約3萬人的VIP封館派對	可進入VIP Lounge用餐。新品優先鑑賣、專人訂位、餐廳客座主廚VIP Night席次等，預計推出購物管家服務
台北101	尊榮卡，當日消費101萬 禮讚卡，當日消費1萬	珠寶腕錶大賞，全館性活動，約40個頂級品牌參與	可進入「尊榮俱樂部」用餐。新品優先鑑賞、免費停車、兩倍購物金等
SOGO百貨	VVIP Club，年消費200萬 VIP Club，年消費30萬	VIP Night，約3萬人參加的大型活動，VIP可享特殊優惠	可進入VIP Lounge用餐。新品優先鑑賞、館內餐廳預約、停車優惠、品酒會及私人手作體驗課程等。

資料來源：《商業周刊》，2019年7月15日。

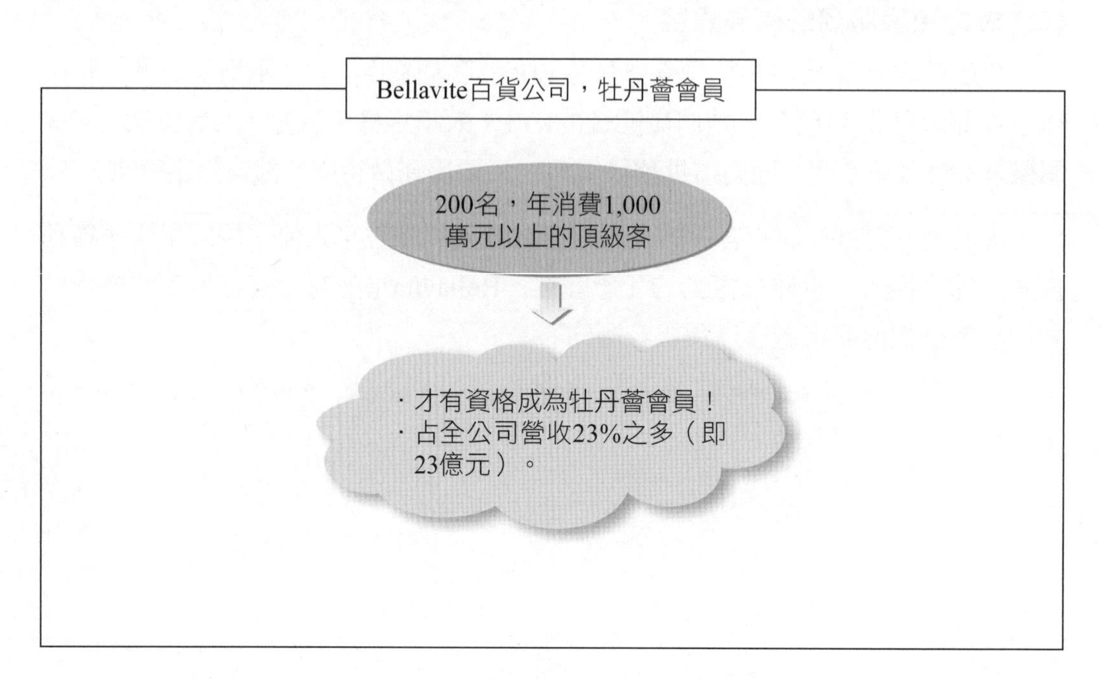

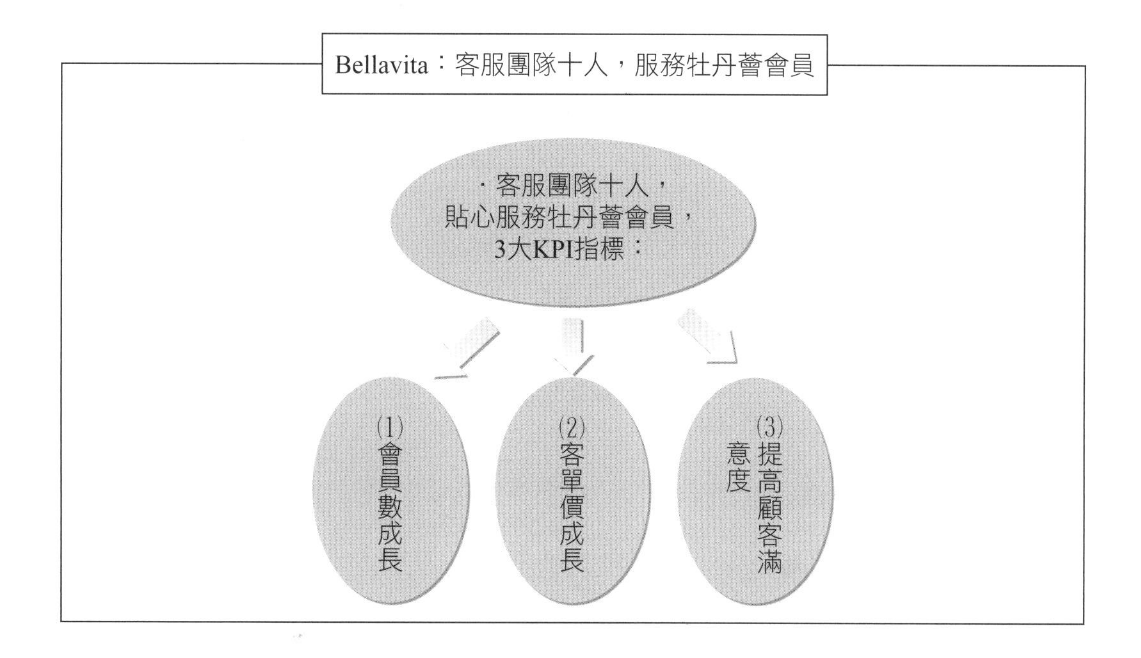

案例27　好市多：經營會員，賣起黑鑽卡

2020年7月1日，臺灣好市多（COSTCO）再度出招，推出「黑鑽卡」，其會員費及回饋全都較一般級會員加倍；這是好市多來臺二十三年，第一次新增會員等級。

(一) 黑鑽卡內容

1. 年費：3,000元。
2. 好處：黑鑽卡會員除了享有多數消費2%回饋外，還可享有許多專屬優惠及多元會員服務。根據試算，會員每年最高回饋可達3萬元。黑鑽卡在好市多實體店及線上網購之消費，均可獲得2%消費回饋金，即打98折。
3. 何時會收到2%回饋：2%消費回饋，將會以「回饋券」方式，在會員卡到期前二個月，核發給主卡會員。
4. 如何使用2%回饋券：2%回饋券僅限抵用於臺灣好市多賣場內消費；且須一次用完，不可找零。

(二) 發行黑鑽卡目的與效益

1. 希望藉由區分更高等級的會員，給予更多優惠與服務，提高黏著度、消費力、及營收額再增加。

2. 希望提高持卡者的尊榮感心理，滿足一群高所得者及高消費者的尊榮、寵愛滿足感。
3. 希望增加發卡淨收入，目前好市多一般卡的卡友高達300萬人，每人每年付1,400元，這樣每年光卡費淨收入就達42億元；如果，有20%申請黑鑽卡，就有60萬的會員數，其會費會從1,400元上升到3,000元；故卡費淨收入就會再增加1,600元×60萬人 = 9.6億元；如此，總卡費淨收入，就會從過去的42億元 + 9.6億元 = 51.6億元；臺灣好市多的每年淨獲利將增加許多。

總結，這三點好處，好市多發行升級黑鑽卡，當然是必然與值得的。

(三) 全球黑鑽卡發行量

2020年，好市多在全球擁有5,300萬會員中，其中35%都是黑鑽卡等級；若以這平均比例來看，臺灣的黑鑽卡申請量恐怕在100萬張卡以上：臺灣300萬張卡×35% = 105萬張卡的商機潛力。

(四) 臺灣好市多做好準備工作

臺灣好市多為了黑鑽卡發行，這二年來做了二件事情的準備：

1. 第一步是成立100人客服軍團。

   好市多表示，過去客服都是由賣場人員兼任，未受過完整訓練，多數時間忙於賣場工作，造成顧客體驗不好。此次為了做好黑鑽卡，於是投入上千萬元建立近百人客服中心，包括建立資訊系統及人力，只要客戶提供卡號，系統就能立即顯現顧客的購買資料，解決問題。此外，也將特別成立一支團隊服務黑鑽卡顧客，希望做到顧客用手機來電，客服一接起電話就可立刻掌握其名字與消費資料。
2. 為了刺激會員升級，黑鑽卡結合外部夥伴提供優惠。

   例如：黑鑽卡將與雄獅旅遊旗下高端旅遊品牌——雄獅璽品，針對國內團體旅遊，提供持卡者5%的折扣，以一套3萬元旅行商品，折扣現省1,500元，出遊二次就省下了會員年費。此外，好市多將來也會跟保健品、保險、健檢等結合活動。

(五) 續卡率高

好市多全球一般卡續卡率達到88%，但臺灣好市多是一般卡續卡率更達到95%最高國家，忠誠度是深耕會員制的最大靠山。

(六) 結語

這次會員分級、升級，讓臺灣好市多跨越到服務型產品，也考驗它對會員了解是否夠深，以及能否創造升級的價值感是否充分。

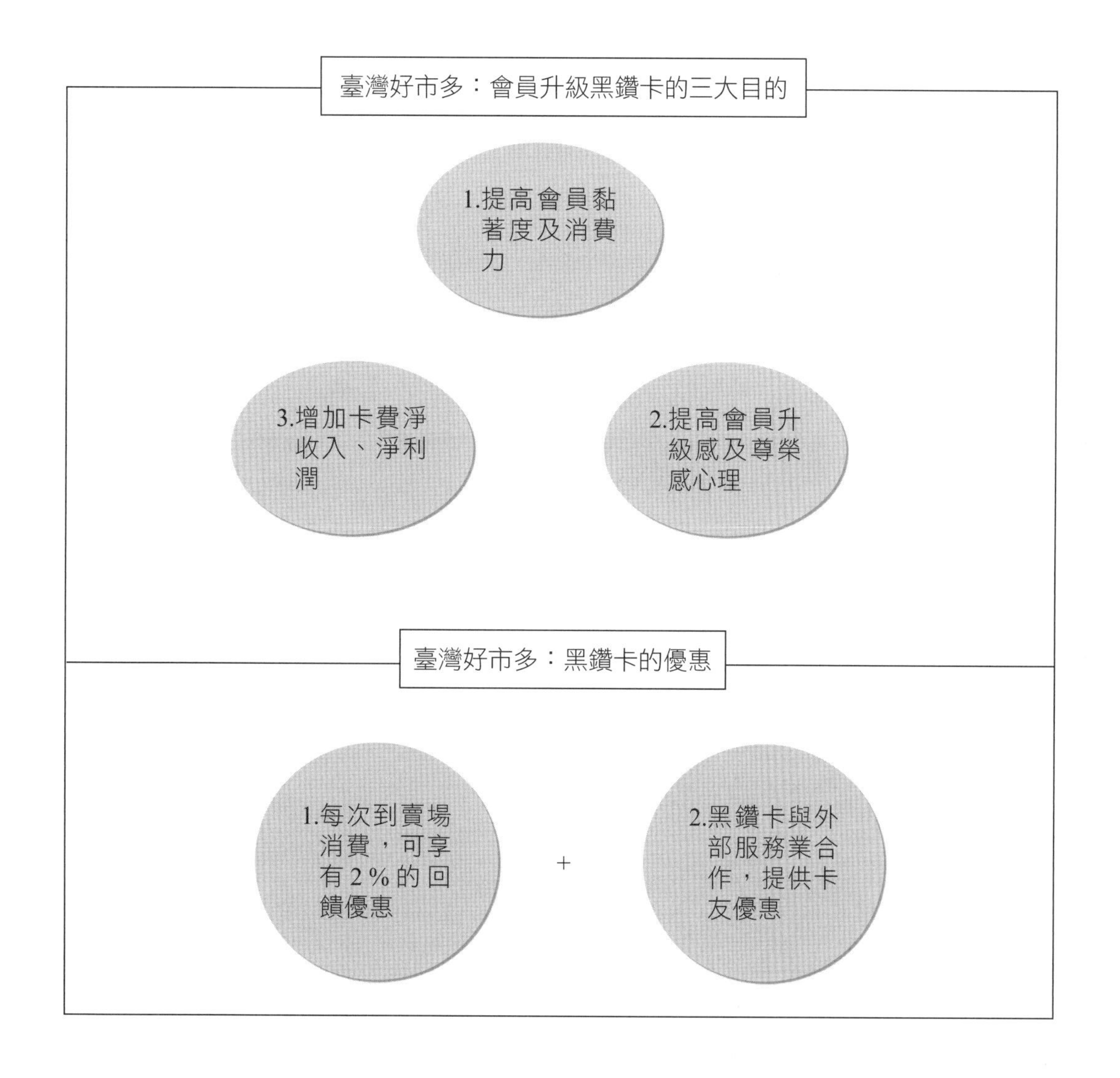

案例28　○○百貨VIP CLUB入會邀請函及其尊榮禮遇

○○百貨 VIP CLUB
入會邀請函

親愛的尊榮貴賓，您好：

感謝您長久以來對○○百貨的支持，
您的鼓勵與期許，就是我們追求卓越的最大動力！

提供最頂級的商品與服務、最感動的購物體驗，
滿足您的極致品味、豐富您的精采人生，
是我們引以為傲的使命與目標！

歡迎您加入○○百貨「VIP CLUB」，
期盼我們的溫暖與貼心，
為您創造美好的幸福體驗！

○○百貨
董事長　○○○　敬邀

VIP專屬尊榮禮遇

*專屬VIP Lounge休憩空間
（臺北店忠孝館、復興館、敦化館、天母店館、中壢店、新竹店、高雄店）。
*會員每日可享3小時免費停車優惠一次。
*VIP Lounge內提供iPad平板電腦使用。
*使用HAPPY GO卡點數兌換購物抵用券（1,000點兌換400元）。
*持HAPPY GO卡消費達指定金額，享有點數雙倍送。
*百貨店內指定餐廳95折優惠／訂位服務。
*美容／護膚／護髮優惠（施舒雅／Qi SPA／男士護膚DANDY HOUSE）。
*館內超市折扣優惠（Fresh Mart 9折／city' super 95折／GREEN&SAFE95折）。
*專業彩妝服務。
*汽車美容優惠。
*課程／購物優惠（ABC Cooking Studio／臺北遠東國際大飯店廚藝教室）。
*購物商品全臺免費配送（特殊／精品／珠寶／生鮮／需低溫商品，無法配送）。
*臺北遠東國際大飯店指定餐廳折扣優惠。
*飯店住宿優惠禮遇。
*World Gym健身房／臺北遠東健身俱樂部……等30項VIP優惠禮遇。

※詳情歡迎來電或至全臺○○百貨貴賓廳或VIP Lounge洽詢。
※本公司保有VIP CLUB舉辦、停止、修變或終止各項優惠服務之權利。

入會申請方式：
1. 邀請函限受邀請本人使用。
2. 請您攜帶此邀請函、信封名條、本人身分證件及本人HAPPY GO卡，於申辦截止日期前，至本公司全臺貴賓廳或VIP Lounge辦理入會。
3. 年費：2,000元。
即可成為○○VIP CLUB尊榮會員。
VIP會員會期為一年；
從入會當日起計算，至滿一年之同月月底。

2020年精選入會禮：

Noritake 漢默克—馬克杯　四入組

申辦入會截止日：2020-03-31

（資料來源：作者蒐集）

案例29　誠品看好會員經濟，推App衝黏著度

(一) 會員人數突破257萬人

會員經營已經成為新一波經營顯學，誠品對於會員經營極度重視，會員消費的營收貢獻，更是維持極高的六成比例；為提高會員貢獻度，誠品在2020年9月1日推出全新的「誠品人App」，配合電子商務佈局，目標在2021年底前，會員人數要一舉突破300萬人。

於2020年底，誠品臺灣會員計有257萬，平均每十人就有一人是誠品會員，貢獻業績占比約為60%之高，誠品營運表現良好，會員扮演相當重要角色。

(二) 推出新App

誠品希望透過加強服務，提升會員黏著度；此次推出新App，主要是希望帶給會員更好的資訊查詢功能，其中包含書目、產品查詢、餐廳訂位、點數轉移等功能，以及自有支付的eslite pay，希望誠品會員會覺更友善、更好用。

(三) 新增加「黑卡」會員等級

同時，誠品還將現有會員機制增加了「黑卡」會員等級，除了有升等禮、書店全年消費折扣更低之外，也多了其他級別沒有的誠品酒窖特殊優惠，瞄準消費單價更高的族群，目標2021年會員業績貢獻占比要升到70%之高；有忠誠的會員支持，誠品未來營運將有更多功能支持。

誠品會員分級制度，除了原有的會員無期限「白卡」，以及年消費滿6,000元的「金卡」會員外，還新增年消費累計滿5萬元的「黑卡」會員，這是誠品首度推出如此高的會員分級，比會員將享有書店全年消費85折起，更有消費滿50元集二點，也就是25元消費可集一點之高度優惠回饋率。

案例30　Sisley高檔彩妝保養品的三種會員尊榮禮遇

(一) 珍珠卡會員寵愛禮遇

入會方式　凡任一筆消費，即可獲邀成為Sisley珍珠卡會員

會員卡效期　發卡日起算一年

續卡資格　珍珠卡會籍有效期限內，於全省Sisley專櫃任一筆消費，即可於會籍期滿後自動續籍一年

續會禮遇　珍珠卡續會禮：Sisley優質商品或等值禮品（市價約1,800元）

尊榮服務　女性貴賓專屬

- 專櫃護膚服務1,000元現金抵用券乙張（限於全省各專櫃護膚室使用）
- 修眉服務券乙張
- 頂級髮肌養護體驗服務券乙張（限於全省各專櫃髮肌體驗服務）

男性貴賓專屬

- 護膚服務等值替代精選商品（市值約1,800元）

限定驚喜

- 生日購物：600元現金折價券二張
- 新春驚喜：新春購物600元現金折價券乙張
- 母親節驚喜：母親節購物600元現金折價券乙張

(二) 金卡會員珍寵禮遇

入會方式　凡於會籍有效年度內累計消費達60,000元，即可獲邀升等成為Sisley金卡會員

會員卡效期　發卡日起算一年

續卡資格　金卡會籍有效期限內，於全省Sisley專櫃累計消費達60,000元，即可於會籍期滿後自動續籍一年

迎新禮遇　金卡入會禮：Sisley優質商品或等值禮品（價值約3,500）

續會禮遇　金卡續會禮：Sisley優質商品或等值禮品（市價約4,000元）

尊榮服務　女性貴賓專屬

- 頂級護膚服務2,500元現金抵用券乙張（限於全省各專櫃護膚室使用）

- 亮眼明眸拉提服務券乙張
- 頂級髮肌養護體驗服務券乙張（限於全省各專櫃髮肌體驗服務）
- 修眉服務券乙張
- 彩妝服務券乙張

男性貴賓專屬

- 護膚等值替代精選商品：賦活重生豐盈洗髮精200ml + 賦活重生深層潔淨髮精露50ml

限定驚喜
- 生日購物：800元現金折價券三張
- 新春驚喜：新春購物600元現金折價券二張
- 母親節驚喜：母親節購物600元現金折價券二張、母親節9折優惠券乙張

(三) 白金卡會員尊榮禮遇

入會方式　凡於會籍有效年度內累計消費達200,000元，即可獲邀升等成為Sisley白金卡會員

會員卡效期　發卡日起算一年

續卡資格　白金卡會籍有效期限內，於全省Sisley專櫃累計消費達200,000元，即可於會籍期滿後自動續籍一年

迎新禮遇　白金卡入會禮：Sisley優質商品或等值禮品（價值約9,000元）

續會禮遇　白金卡續會禮：Sisley優質商品或等值禮品（市價約9,000元）

尊榮服務　女性貴賓專屬

- 尊榮植物香薰護膚服務券乙張（可折抵專櫃護膚室價值3,500元或Sisley頂級美膚中心4,200元護理一堂）
- 頂級護膚服務2,500元現金抵用券乙張（限於全省各專櫃護膚室使用）
- 亮眼明眸拉提服務券乙張
- 頂級髮肌養護體驗服務券乙張（限於全省各專櫃髮肌體驗服務）
- 修眉服務券乙張
- 彩妝服務券乙張

限定驚喜	男性貴賓專屬 ・護膚等值替代精選商品：男士極致全能精華乳50ml乙瓶 ・生日驚喜：生日專屬Sisley尊榮生日禮 ・生日購物：1,000元現金折價券五張 ・新春驚喜：新春購物600元現金折價券三張 ・母親節驚喜：母親節購物600元現金折價券三張、母親節9折優惠券乙張

（資料來源：作者蒐集）

大數據（Big Data）之發展

11 大數據之介紹與案例

第一節　Big Data的特性、機會、挑戰與應用趨勢

一、Big Data的特性與意義

(一) 廣義的大數據意義

我們將大數據定義為「難以利用現有的一般技術進行管理的大量資料群」，並對大數據的特性以3V來表示做了說明。不過，筆者認為欲說明目前對大數據的種種議論，上述的定義仍稍嫌不足，理由是這個定義僅著眼於資料的性質。因此，遂將上述的定義稱之為狹義的定義，以下則作為大數據廣義的定義（請詳見圖11-1）。

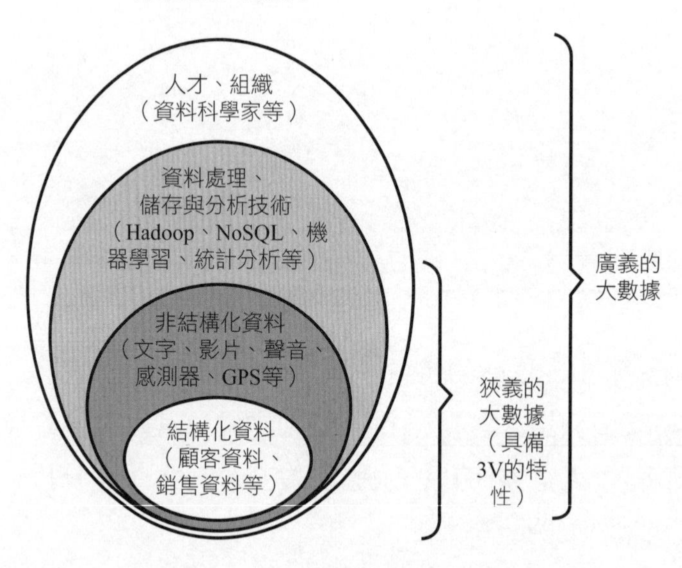

圖11-1　廣義大數據的意義

資料來源：野村總合研究所。

「所謂大數據，指的是在3V（Volume、Variety、Velocity）等方面難以管理的資料，以及為了儲存、處理與分析這些資料的技術；此外，更包括分析這些資料並能夠從中萃取出有用資訊或洞見的人才與組織之全盤概念。」

所謂為了儲存、處理與分析資料的技術，指的是大規模資料分散式處理架構的Hadoop、擴充性優異的NoSQL資料庫，以及機器學習與統計分析等。而分析資料、並從中萃取出有用意涵或洞見的人才與組織，指的則是目前在歐美炙手可熱的「資料科學家」（Data Scientist）與能夠有效運用大數據的組織型態等。

(二) 大數據的三個特性

1. 大量（Volume）

聽到大數據，大多數人直覺想像的便是Volume，也就是資料量。從先前所述之大數據的定義可知這是無法以現有技術進行管理的資料量，但現狀是以數10TB（Terabyte）到數PB（Petabyte/Petrabyte）之譜來詮釋「量」的看法居多。當然，隨著技術的進步這個數值也會有所改變。比方說，五年後可能要到數EB（Exabyte）的資料量，才有資格稱為「大數據」。

2. 內容龐雜（Variety）

除了過去便存在於企業內部的銷售與庫存等資料之外，網站的日誌資料（Log Data）、客服中心的通話紀錄、推特或臉書等社群媒體的文字資料、從配備在行動電話或智慧型手機內的全球定位系統（Global Positioning System, GPS）所產生的位置資訊、每分每秒產生的感測器資料以及圖像、影片等，企業應蒐集與分析的資料種類比數年前大幅增加。

尤其是這幾年快速增加的網路文字資料、位置資訊、感測器資料與影片等資料，都難以儲存在目前企業資料庫主流的關聯資料庫，它們都是尚未結構化的資料（非結構化資料）。

3. 速度快（Velocity）

資料的產生與更新頻率，也是大數據的重要特性之一。比方說，來自全國各地便利商店24小時源源不絕的銷售時點情報系統（Point Of Sales, POS）資料、每當使用者存取電子商務網站時所產生的網頁點擊串流資料、尖峰期平均1秒上看約7,000篇的推特推文、裝設於全國各地道路的塞車感測器或路面狀況感知器（檢測出結冰或積雪等路面狀態）等，每天持續產生數量龐大的資料。

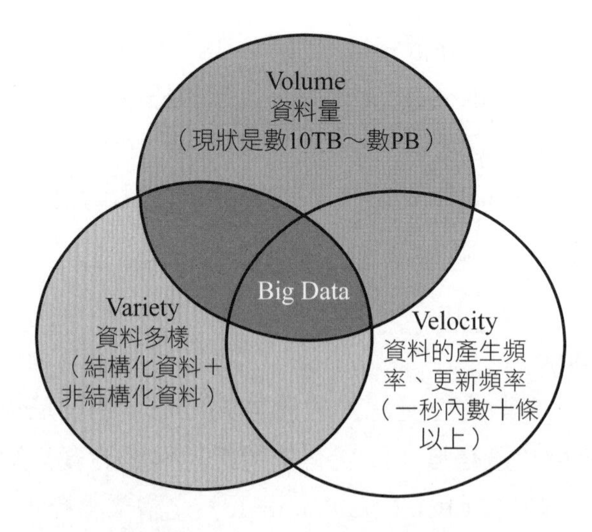

圖11-2　大數據三個特性

資料來源：野村總合研究所。

(三) 大數據分析五部曲

1. Big Data大數據，2010年由IBM所提出。
2. Big Data具有四個特性：
   (1) 大：資料量龐「大」，人類存放資料總量呈爆炸性成長。
   (2) 雜：種類繁「雜」，資管人員只處理了20%的結構化資料。
   (3) 快：變化飛「快」，資料擷取時間不到1秒。
   (4) 疑：真偽存「疑」，全球有80%的資料不可靠。
3. 資料大爆炸的Big Data時代：

   但究竟什麼是Big Data？有人稱為「大數據」。

   事實上，Data從古到今一直存在，關鍵在於如何分析，並提煉成有價值的決策。例如：將天何時下雨的氣象資料彙整起來，就成了有用的農民曆；人會生什麼病、要吃什麼藥，也歸納出救命的《本草綱目》。只是過去的Data產出量不大，必須靠經驗值累積，慢慢蒐集。邁入行動裝置時代後，每個人的手機都變成了感測裝置，上傳的照片、網購買書、買衣服或在臉書上按的讚和打的卡，都產出大量的Data，資料大爆炸因而進入Big Data時代。

4. 科技的創新使得大數據的蒐集與分析得以實現：
   (1) 網站
   (2) Billing
   (3) ERP
   (4) CRM
   (5) RFID
   (6) 感應器
   (7) 影片
   (8) 聲音
   (9) 圖片
   (10) 社群媒體

5. Big Data不僅僅是資訊技術，真正的意涵在於將資訊轉化為資本，萃取、分析及創造之商業策略。

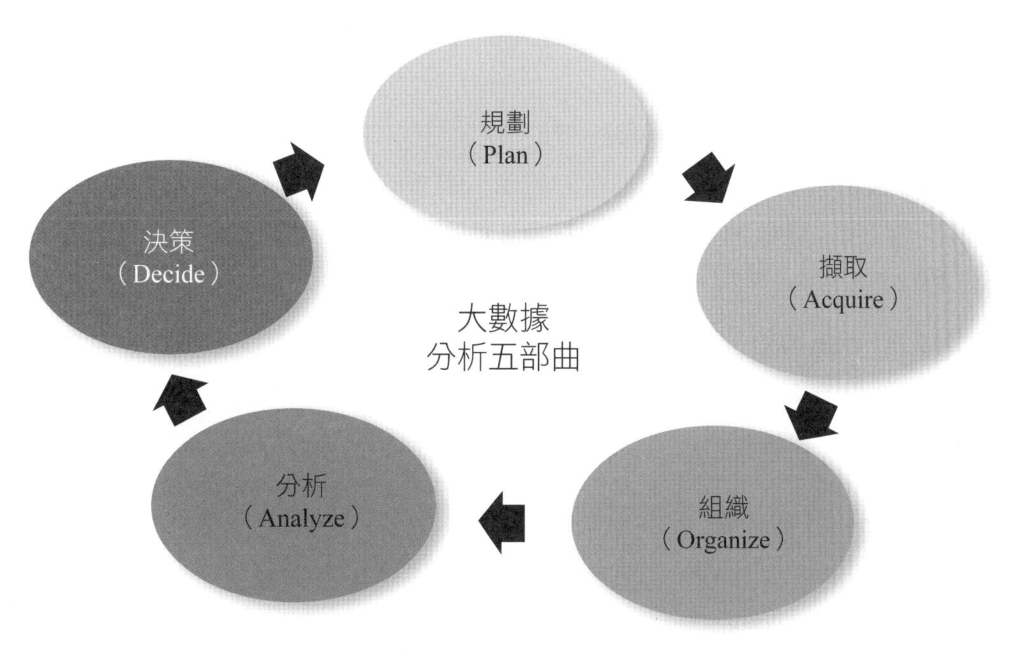

圖11-3　大數據分析五部曲

6. 持續地進行商品企劃、行銷、IT等功能面向之創新，營造更佳的品牌使用經驗。

創新案例：Get This

提供的是商品內容和電子商務的探索與集合，用娛樂串聯觀眾與品牌。

- 社群媒體可聚集某些「擁有共同愛好者」，於是開始成為促進電子商務發展的一大動力。品牌商開始發掘這塊尚未開發的資源，並試著將這些忠實觀眾轉變為忠實顧客。
- Get This擁有強大的娛樂圈人脈做後盾，團隊成員在娛樂產業均擁有相當豐富的實務經驗。目前Get This透過與85個不同的品牌及廠商合作來賺錢，未來將和更多全新的影集、品牌合作。

二、Big Data運用日益普及，各種層面都可用到

(一) Big Data現身《鋼鐵人3》

好萊塢電影《鋼鐵人3》裡，主角史塔克為了找出壞蛋滿大人的行蹤，運用雲端技術Oracle Cloud比對全球各地的爆炸事件；隨後又利用Exadata資料庫駭進美國五角大廈，把恐怖集團的成員一一揪出來。這些科幻電影的橋段，正是Big Data的應用範例。

(二) 獵殺賓拉登也靠Big Data

臺灣IBM軟體事業部副總林世偉表示，過去的數據只有文字、數字，如今有了聲音、影片、圖像，甚至即時性Data如GPS（全球定位導航），快速計算和反應的效率提高很多。

例如當年美國聯邦調查局（FBI）追捕隨時處於逃亡狀態的恐怖份子賓拉登，必須比對大量的即時圖像和數據，而FBI最後向總統歐巴馬簡報的資料，使用的就是IBM的分析軟體i2。

(三) Big Data打擊犯罪

Big Data不只創造獲利，也改善人類生活。美國警方就透過Big Data分析，達到「預防犯罪」。

美國南卡羅萊納州的查爾斯頓警局，運用IBM的i2及SPSS分析軟體，發現宵小有固定的犯罪模式，例如：竊盜及搶劫案通常發生在雨天，地點大多是罪犯自家附近或者熟悉的地盤。因此，警方在特定時間地點加強巡邏，成功降低犯罪率。

查爾斯頓警局局長穆勒（Gergory Mullen）表示：「過去警方的思維是，在案件發生後盡快破案；現在有了分析工具，已經提升到預防犯罪。」

(四) Big Data降低成本

Big Data分析也有助降低成本。加拿大英屬哥倫比亞省的蛋品行銷協會（BCEMB），旗下逾130家蛋農，飼養270萬隻雞，每年生產超過8億顆雞蛋。過去要記錄雞的下蛋週期、雞蛋的大小和品質，都需靠人工手寫，耗費極大資源和人力，分析起來更不容易。

近年開始，該省運用分析工具，將所有雞舍的即時資料，透過現場人員的平板電腦，上傳彙整分析，結果每年省下60%的監測人力及10萬美元的支出。

(五) ZARA服飾集團充分運用Big Data提高獲利率

1. ZARA平均每件服飾價格只有LV的四分之一，但是打開兩家公司的財報，ZARA稅前毛利率比LVMH集團還高，達到23.6%。
2. 走進店內，櫃檯和店內各角落都裝有攝影機，店經理隨身帶著PDA。當客人向店員反映：「這個衣領圖案很漂亮」、「我不喜歡口袋的拉鍊」，這些枝微末節的細項，店員會向分店經理匯報，經理透過ZARA內部全球資訊網絡，每天至少兩次傳遞資訊給總部設計人員，由總部做出決策後立刻傳送到生產線，改變產品樣式。
3. 關店後，銷售人員結帳、盤點每天貨品上下架情況，並對客人購買與退貨率做出統計。再結合櫃檯現金資料，交易系統做出當日成交分析報告，分析當日產品熱銷排名，然後，數據直達ZARA倉儲系統。
4. 蒐集海量的顧客意見，以此做出生產銷售決策，這樣的作法大大降低了存貨率。同時，根據這些電話和電腦數據，ZARA分析出相似的「區域流行」，在顏色、版型的生產中，做出最靠近客戶需求的市場區隔。
5. 以線上店為實體店的前測指標：

   2010年秋天，ZARA一口氣在六個歐洲國家成立網路商店，增加了網絡大數據的串聯性。次年，分別在美國、日本推出網絡平臺，除了增加營收，線上商店更強化了雙向搜尋引擎、資料分析的功能。不僅回收意見給生產端，讓決策者精準地找出目標市場，也對消費者提供更準確的時尚訊息，雙方都能享受大數據帶來的好處。分析師預估，網路商店為

ZARA至少提升了10%營收。

6. 此外，線上商店除了交易行為，也是活動產品上市前的營銷試金石。ZARA通常先在網路上舉辦消費者意見調查，再從網絡回饋中，擷取顧客意見，以此改善實際出貨的產品。
7. ZARA將網路上的大數據看作實體店面的前測指標。因為會在網路上搜尋時尚資訊的人，對服飾的喜好、資訊的掌握和催生潮流的能力，比一般大眾更前衛。再者，會在網路上搶先得知ZARA資訊的消費者，進實體店面消費的比率也很高。ZARA選擇迎合網民喜歡的產品或趨勢，果然在實體店面的銷售成績也表現亮眼。
8. 這些珍貴的顧客資料，除了應用在生產端，同時被整個ZARA所屬的英德斯（Inditex）集團各部門運用，包含客服中心、行銷部、設計團隊、生產線和通路等。根據這些大數據，形成各部門的KPI，完成ZARA內部的垂直整合主軸。
9. ZARA推行的大數據整合，獲得空前的成功，後來被ZARA所屬英德斯集團底下八個品牌學習應用。可以預見未來的時尚圈，除了檯面上的設計能力，檯面下的資訊／數據大戰，將是更重要的隱形戰場。
10. 有了大數據，還要迅速回應、修正與執行。

H&M一直想跟上ZARA的腳步，積極利用大數據改善產品流程，但成效卻不彰，兩者差距愈拉愈大，這是為什麼？

主要的原因是，大數據最重要的功能是縮短生產時間，讓生產端依照顧客意見，能於第一時間迅速修正。但是，H&M內部的管理流程卻無法支撐大數據供應的龐大資訊。H&M的供應鏈中，從打版到出貨，需要三個月左右，完全不能與ZARA的二週時間相比。

因為H&M不像ZARA，後者設計生產近半維持在西班牙國內，而H&M產地分散於亞洲、中南美洲各地。跨國溝通的時間，拉長了生產的時間成本，如此一來，大數據即使當天反映了各區顧客意見，也無法立即改善，資訊和生產分離的結果，讓H&M內部的大數據系統功效受到限制。

大數據運營要成功的關鍵，是資訊系統須能與決策流程緊密結合，迅速對消費者的需求做出回應、修正，並且立刻執行決策。

三、Big Data的機會與挑戰

1. Big Data的挑戰已是不爭的事實，但在前所未見之資料「大」、「快」、「雜」和「疑」的時代裡，若懂得妥善應用資料以滿足消費者On Demand需求，便有機會創造極大的商業價值。
2. 麥肯錫提出企業面臨Big Data的三大關鍵議題：
   - 在消費者購買決策全程中設計互動體驗。
   - 持續地優化分析平臺，挖掘大數據。
   - 持續地進行技術創新及流程創新。
3. 在使用情境中設計多樣的互動體驗，吸引消費者參與：
   (1) 金融業：當你人老珠黃時會變怎樣？還不快存退休金？
   Merill Edge的Face Retirement應用程式，乃根據史丹佛大學「若人們看見自己年老時的樣子，會更加樂意為退休後的生活做打算」的研究而製成，藉由臉部辨識讓使用者看到自己從50歲到100歲時的模樣，讓使用者興起為退休生活存錢的打算。
   (2) 美妝業：試幾百種妝都沒問題！
   日本最近推出的VOGUE模擬化妝應用程式，能讓使用者下載並試用Clinique等品牌的化妝品在自己的照片中，透過臉部辨識科技與模擬效果，讓顧客「親身試用」各種品牌的產品，產生個人化的效果。
4. 善用工具平臺，快速地蒐集、整合與分析多維度消費者行為資訊：
   - 掌握市場發展脈動，消費者行為趨勢。例如：追蹤使用者之搜尋紀錄及線上、行動或實體店面之消費行為，或從每天熱門消息中（社交監控），推出與社會時事呼應的商品，創造消費需求。
   - 整合各通路、客服中心及行銷等面對消費者之部門，勾勒出消費者購買決策全貌及影響決策之關鍵要素。
   - 察覺並滿足消費者獨特之期望值。

四、Big Data的應用趨勢

1. Big Data算出消費基因，提高行銷精準度。

「挖掘」顧客需求	「創造」消費需求
資料探勘，發展關聯性行銷	掌控社群，定義消費方式
90年代初，Wal-Mart「啤酒與尿布」案例：內部IT工程師分析結帳資料時，發現到了週五晚上，啤酒和尿布的銷售量呈高度正相關。經過追蹤發現，週五晚間，許多年輕父親下班後到Wal-Mart買尿布時，會順手帶回幾瓶啤酒，為週末開打的球賽轉播做準備。因此，Wal-Mart刻意將啤酒和尿布擺在一起，銷售量馬上提升30%。	2011年Wal-Mart以3億美元高價購併了Kosmix，打造的Big Data系統稱為「社會基因組」（Social Genome），可連結到Twitter、Facebook等社群媒體，掌握消費者動態。例如：分析社群平臺上的打卡紀錄，分析出在黑色星期五，不同地區消費者最常購買的品項，然後針對不同地區送出購買建議。

2. On-Demand行銷時代即將到來：Big Data將形塑消費者Anytime、Anywhere的個人化使用經驗。

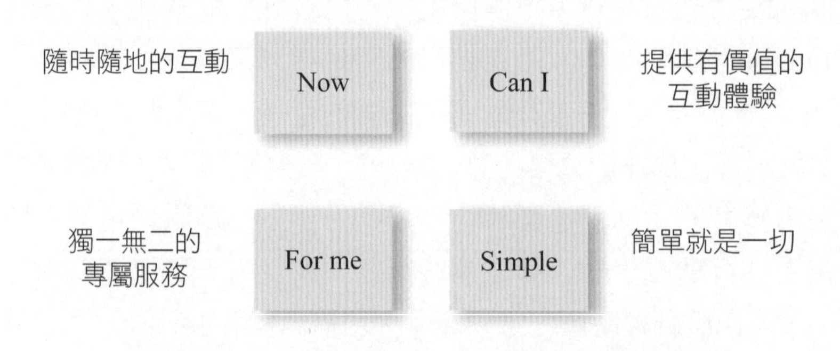

圖11-4　麥肯錫未來消費者需求分析

五、商業智慧概述

(一) 商業智慧（Business Intelligence）的意義

資料經整理而成為有用的資訊，資訊經分析而萃煉為智慧。

商業智慧（Business Intelligence）乃是IT業中資料管理技術的一個領域，主要是以IT技術整合與分析業務資料，提供線上報表，業務分析與預測，以供企業決策所需。

(二) BI系統架構

由各資料源匯整資料到產出「智慧」，BI系統採用諸多技術與架構，圖11-5為一個標準的系統模型：

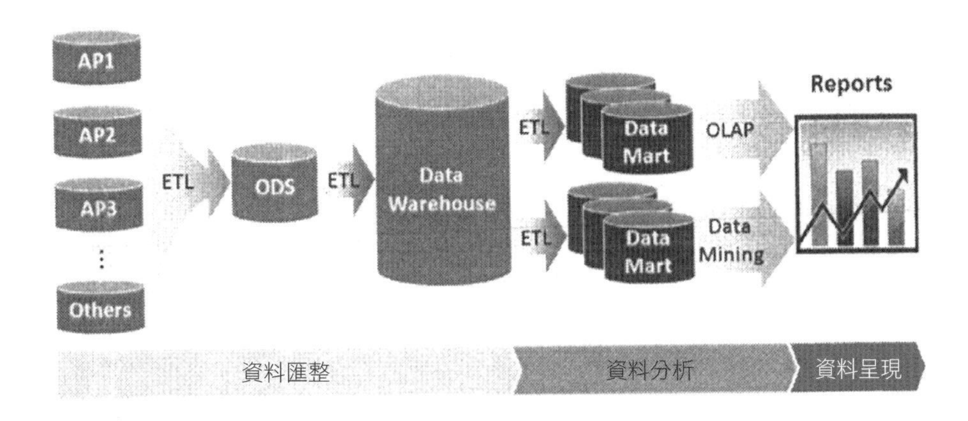

圖11-5　BI（商業智慧）系統標準模型

(三) BI的三階段

依圖11-5流程，BI可概分為三階段：

1. 資料匯整。使用ETL工具將來源資料庫資料篩選，匯入ODS資料庫；再經整理，累積於資料倉儲（Data Warehouse）資料庫中。
2. 資料分析。使用ETL工具將資料倉儲的資料萃取而出，儲存於基於分析而建構的資料超市（Data Mart）資料庫中。然後再以OLAP（On Line Analytical Processing）或資料採礦（Data Mining）技術作資料分析。
3. 資料呈現。以報表工具產出報表或Web Portal等方式將資料分析結果呈現予使用者。

(四) OLAP與Data Mining之說明

1. OLAP

線上即時分析係採用多維度之資料結構（Cube）將資料載入，以進行多項不同維度整合的分析。OLAP的應用多為報表：相較於未導入BI時，IT部門須先

以批次方式將所需資料自各來源資料庫匯出，再以人工或程式加以計算後得出結果（靜態報表）；若想要依不同角度分析，又再需人工作業或新增運算程式以產出另一份報表。這導致IT無法支援企業快速變動之需求。經由OLAP，主管或決策者可以線上（不必假IT之手）得出動態（多角度分析）的結果，加速了決策流程。近年的趨勢是為加速OLAP產出，有業者推出「Cubeless」OLAP產品，號稱不建Cube，其實是將之載入至記憶體中執行，所以可達到「Real-time」產出結果的效能。

2. Data Mining

資料採礦是利用統計、人工智慧（AI）或其他的分析技術，在巨量歷史資料內深度尋找與發掘未知、隱藏性的關係與規則，從而達成分類（Classification）、推估（Estimation）、預測（Prediction）、關聯分組（AffInity Grouping）和同質分組（Clustering）等結果。

六、商業智慧（BI, Business Intelligence）的發展概述：從「過去的可視化」到「預測未來」

在探究「為什麼到現在大數據才受到眾人的矚目？」的真相時，有必要了解大數據與商業智慧（Business Intelligence, BI）之間的關係。所謂商業智慧，指的是有組織、有系統地對儲存於企業內外部的資料進行匯集、整理與分析，並創造出有助於商務上各種決策的知識與洞見之概念、機制與活動。

商業智慧是1989年，當時任職於美國國際研究暨顧問機構Gartner的分析師Howard Dresner所提出的概念。當年Howard Dresner指出，應由資料之終端使用者（End User），也就是經營高層或一般商務人士等，親自經手原本100%仰賴資訊系統部門之銷售分析、客戶分析等資料處理業務，以達到迅速決策與提高生產力的目標。

商業智慧迄今以分析並報告「從過去到現在發生了什麼事？」「為什麼發生這件事？」為主要目的，也就是「過去及現在的可視化」。比方說，過去一年內產品A的銷售量如何、在各個門市的銷售量又分別如何等資訊。

不過，現今商務環境的變化程度令人眼花撩亂。對今後的企業活動來說，除了「過去及現在的可視化」之外，更重要的是「接下來將會發生什麼事」的「未來預測」。也就是說，商業智慧正由過去與現在的可視化朝向預測未來的方向進化（詳見圖11-6）。

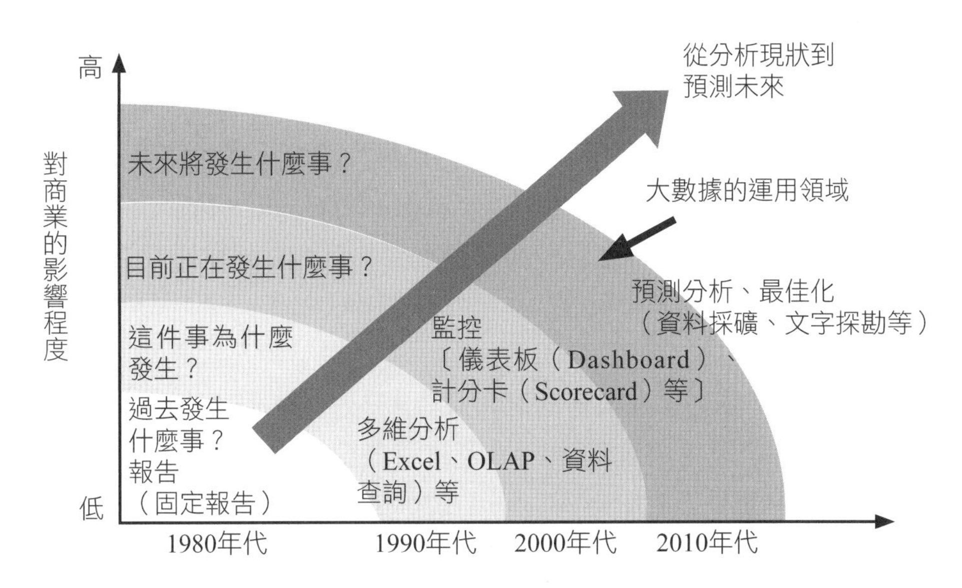

圖11-6　商業智慧（BI）的發展過程

在對未來進行預測時，從數量龐大的資料中發現有益的法則或樣型（Pattern）之「資料採礦」，是相當有幫助的方法。很多人曾經在某處聽說過「有不少購買啤酒的人，也一併購買紙尿褲」這樣的話，其背後運用的便是資料採礦（Data Mining）。

為了有效率地進行資料採礦而使用的技術，便是從大量資料中自動學習知識與有益法則的「機器學習」。機器學習的特性是資料量愈多，學習成果愈好，也就是說「機器學習」與「大數據」相輔相成，非常匹配。

過去機器學習發展的最大瓶頸，在於缺乏學習所需之大量資料的儲存與有效率的資料處理方式。不過，這個問題隨著硬碟單價的大幅下滑與Hadoop的問世，以及雲端環境的運用變得理所當然，而漸漸獲得解決。實際上，也出現了將機器學習運用於大數據的例子。

總之，透過大數據的運用，可有效率地實現作為商業智慧進化成果且當今急

需之未來預測；同時，也可望提升其預測的準確度。

第二節　何謂大數據分析、如何啟動及其六大關鍵概念

一、未來五年，為何大數據分析將成為全球企業決勝關鍵？

1. 今年7月29日的《紐約時報》提到，全球最大的兩家廣告公司不得不合併成世界最大的廣告公司，因為FB、Amazon跟Google太強了，因此兩家公司為了生存只好合併，且合併後，最重要的任務就是整合雙方客戶，並發展大數據分析能力。
2. 而過去，很多美國有先見之明的公司，懂得提早導入大數據分析能力，因此基於一份關於這些公司的財報蒐集調查（2002年蒐集到2011年），由於這些公司很善用資料分析，因此這些公司歷年來的營收成長率比S&P500企業還要還高出64%，甚至在2008年經濟蕭條時，這些企業也能恢復更快、更早重返榮耀，這都是拜掌握資料分析能力並掌握市場走勢所致。
3. 其實，就算知道大數據分析很棒，對行銷、對策略很有幫助，但很多公司仍然還不知道如何應用！這是因為當今企業面對的資料，已經朝向更多、更快、更複雜及更非結構化的趨勢發展。
4. 當年凱撒大帝說：「我來、我見、我征服」，其中「我見」就是一種資料掌握，洞察戰場局勢，才能快速征服。所以當年歐巴馬選舉總統會贏，也是因為用大數據分析，快速掌握了社群輿情並彈性調整選舉政策，最後才能獲得大勝。
5. 又例如：多數零售業者常問「有些顧客儘管現在買的少，但其實可能有很高的購買力，我該如何辨別顧客的實際購買力呢？為什麼顧客不向我們多買一點呢？如何能使顧客多買一點呢？我該投資多少預算？我該備多少貨？……」，這些也都是大數據分析的問題。

二、何謂大數據分析（Big Data Analytics）

1. 大數據分析的定義與演進，是從過去的分析敘述性的資料（資料倉儲→

大數據→度量與報告→商業智慧與計分卡）發展到現今的預測性分析（建立預測模型→即時分析→大資料分析→提供最佳化建議）而來。

2. 過去曾經透過其專業，於中國地區承接過一個客戶，當時只用客戶10%的date建立預測模型，然後用以跟現有銷售數據做比較，結果就能透過對客戶做精準商品推薦，結果導致銷售量多7倍，成功藉由預測分析，讓行銷更精準！
3. 所以，大數據分析就是將散亂又龐大的data轉變為有效的「商業洞見」的方法，正如商業世界是volatile（動盪的），透過大數據分析可以幫忙找出趨勢，透視動盪！如當今HTC，若能透過大數據分析，就能從不明（Uncertain）變成預測（Predicting），讓複雜商業問題變成簡單的洞見（Insights），也就能推出更受歡迎的手機了。
4. 英國知名的Big Data顧問公司Dunnhumby創始人Clive Humby曾說：Data是新時代的石油，Data就跟原油一樣，儘管珍貴，若未經提煉，也無用武之地！至於如何提煉？從原油到提煉油的過程，是萃取精華價值，提供可具體行動的資訊，改善決策結果。重點是，每家公司都必須要量身建置專屬的預測模型與軟硬體配置，不可能買一套軟體就一體適用。

三、全球有何成功應用大數據分析實際案例？

1. 針對不同銷售階段的大數據分析應用都不一樣，例如：針對售前、售中、售後，都有不同的銷售與分析目的，當然也就必須建立不同的模型來做分析跟預測。
2. 案例一：中國知名零售百貨業者，希望能透過數據分析，真正認識客戶的價值以及回應率。
   (1) 方案：業者舉辦高價值客戶酬謝封館活動。
   (2) 目標：於中國各大城市的分店，邀請當地真正的高價值會員消費者，來參加封館酬謝活動。
   (3) 成果：透過預測分析，挑選出高價值且推測回應率較高的客戶後，結果回應率高於傳統透過銷售員推薦聯繫的客戶數倍，並於封館期間，獲得到5倍以上優於過往經驗的營業額。
3. 案例二：全世界最大科技公司，希望透過大數據分析，了解如何透過多元行銷管道增加更多收入（該案例並得到2004年全球金獎）。

(1) 該公司主要透過DM、E-mail、OB銷售軟體和服務給中小型企業客戶。

(2) 過往透過行銷活動蒐集來的客戶資料，業務員聯繫起來往往效果不穩定。

(3) 透過大數據分析後，挑選出來的潛在客戶，並讓業務員聯繫後，實際驗證收入高出過去2倍。

4. 希望獲得快速成長的保險代理人公司，也在透過大數據分析後，更精準有效地針對不同保險公司、不同保險產品，找出不同的推薦名單，然後讓OB業務團隊聯繫，結果增加潛在顧客價值約50%。

四、企業應如何才能啟動成功的大數據分析？處理大數據？善用分析人才？

1. 企業應如何才能啟動成功的大數據分析？

(1) 確保分析得以執行（先檢視資料數量與品質）。

(2) 最大化領導價值（大數據分析必須獲得高層支持）。

(3) 最佳化領導路徑（大數據分析執行團隊與各子公司單位間的合作需順暢）。

(4) 增加顧客保留率與忠誠度（大數據分析的目的，不外乎為了這一點）。

(5) 用數據與科學方法確保能重複持續達成目標（分析出來的結果，要持續有效）。

2. 所以，與企業合作大數據分析時，都會依序：

(1) 先做概念驗證（確定企業的目標，與透過大數據分析想解決的問題在何處）。

(2) 首階段小規模試做（隨客戶需求量身訂做）。

(3) 指標測試（依據商談結果希望達到的實質效益設計KPI，並檢視是否達成）。

(4) 策略系統顧問（效果好，成為長期夥伴，持續協助企業透過大數據分析獲利）。

3. 踏出大數據分析第一步要小心，最好能透過有做過且有成功經驗的人協助。

4. 建議客戶，針對公司成長到大、中、小公司階段，都應有不同的大數據分析團隊規劃方式，才會運行順暢，例如：
   (1) 小型企業：適合集中式的大數據分析團隊。
   (2) 中型企業：適合分散式的大數據分析團隊。
   (3) 大型企業：適合集合各子單位相關人員，共同成立「大數據分析中心」，效果最好。
5. 大數據分析要成功，最好的生態環境為何？如下：
   (1) 首先，要有量大質優的基礎數據，且最好是即時性的數據。
   (2) 接著，是要有一個好的資料倉儲。
   (3) 然後，要有好的新工具（如SAS、Knime……）。
   (4) 再來，關鍵是要有個資料分析「總舖師」，負責帶領分析團隊執行有效的分析工作。
   (5) 最後，就是賺錢商機！也就是分析出對獲利有幫助的洞見，幫助主管做決策、或幫助行銷規劃有效的活動、幫助業務提供有效的名單……。
6. 麥肯錫顧問公司曾說：「單單美國目前就缺少14～19萬位大數據分析建模的專業人才，且缺少150萬位大數據分析師跟決策者。」換句話說，未來大數據分析人才將是各行各業最搶手的人才！在美國光是請一個還可以的大數據分析師，年薪就是30萬美元起跳！

五、執行長、行銷長、業務長……最需要的大數據分析六大關鍵概念有哪些？

1. In god we trust, others bring data.（神我信，別人得帶數據。）
   意指：除了神諭之外，其他所有一切決策，都需要有分析獲得的證據支持。
2. Ask business questions, demand analytics answers.（問商業問題，要求大數據分析解答。）
   意指：主管要用大數據分析的態度跟觀念來問問題，並要求部屬用大數據分析獲得的證據來回答，且絕不接受沒有分析證據的低品質回答。

3. Insist on measurable metrics with control groups.（堅持可測量的控制群。）
   意指：舉例，十多年前一個美國快倒閉的賭場，死馬當活馬醫，找了一個MIT博士幫他們做大數據分析，讓輸贏機率及推出的賭博商品服務都量化為可衡量的控制群，並時時監控，以便快速回應與調整。結果十多年後，反而從快倒閉變成美國最大賭場！現在還養了300位博士在這個團隊裡，每天的工作就是建模、蒐集資料、分析、提供對決策有幫助的提案或建議等。
4. Invest & deploy（投資並依賴）
   意指：很多老闆都以為大數據分析單位只是資訊單位的一部分，充其量就是附屬單位……，錯！大數據分析單位才是一個公司中，幫助老闆賺錢的很重要的「利潤中心」。
5. Treat analytics as your innovation hub and growth engine.（看待大數據分析中心，要看作如創新中心或公司成長引擎一樣重要！）
   意指：海量中心未來會是公司或集團中，最能洞察市場情形、了解會員或客戶偏好，並能預測未來適合推出的產品或服務等的核心單位。
6. Keep your business savvy analytics leader in your core strategy team.（讓你的大數據分析負責人成為你核心策略團隊的一員。）
   意指：例如美國使用大數據分析成功的公司，都懂得最重要的一點，就是把大數據分析主管當成策略幕僚團隊內的極重要角色，甚至有重大決策前，都會先問過大數據分析主管的建議，這是因為大數據分析主管是最能用科學化方法，提供科學化分析結果，透過證據來回答問題的人！

第三節　大數據時代的決勝關鍵：贏在大數據分析簡報

Highlights

- Big Data Analytics為何將成為全球企業決勝關鍵？
- 為何需要Big Data Analytics?
- 全球有何成功應用Big Data Analytics的案例?
- 企業如何啟動Big Data Analytics?
- 執行長、行銷長、業務長最需要的海量分析關鍵概念

一、Data的趨勢朝向更多、更快、更複雜

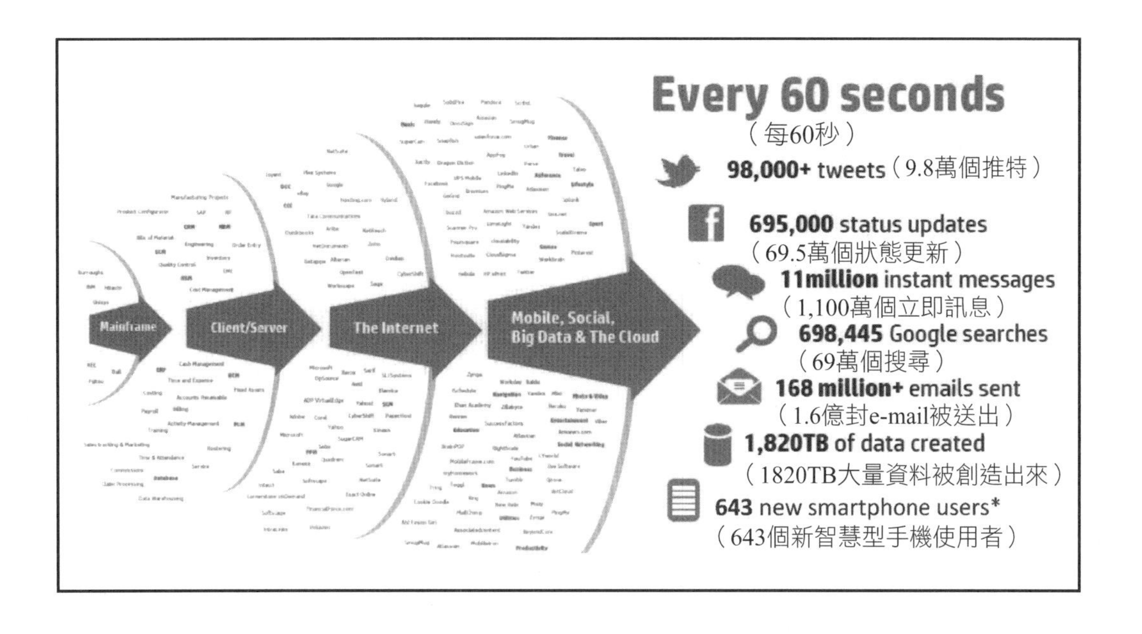

二、善用大數據分析的企業有更卓越的表現及更強的恢復力

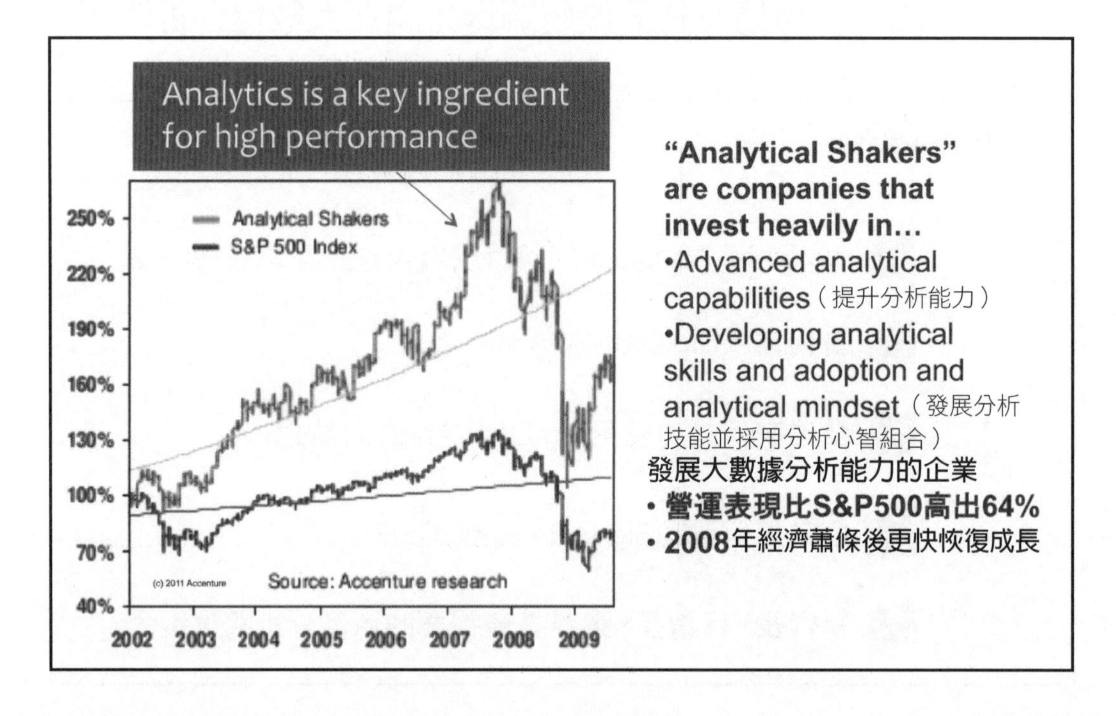

三、我來，我見，我征服，贏在看見

四、多年前困擾百貨管理者的問題，今天仍存在……

五、首先，定義Analytics大數據分析……

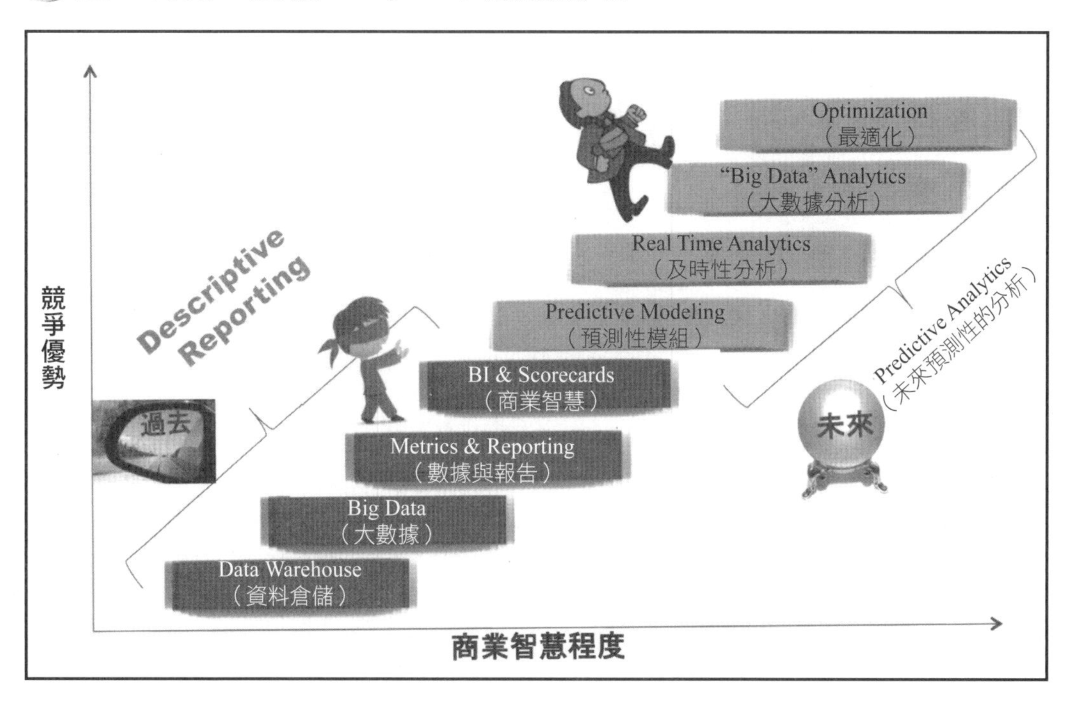

六、大數據分析將Data轉化為有效的商業洞見（Business Insights）

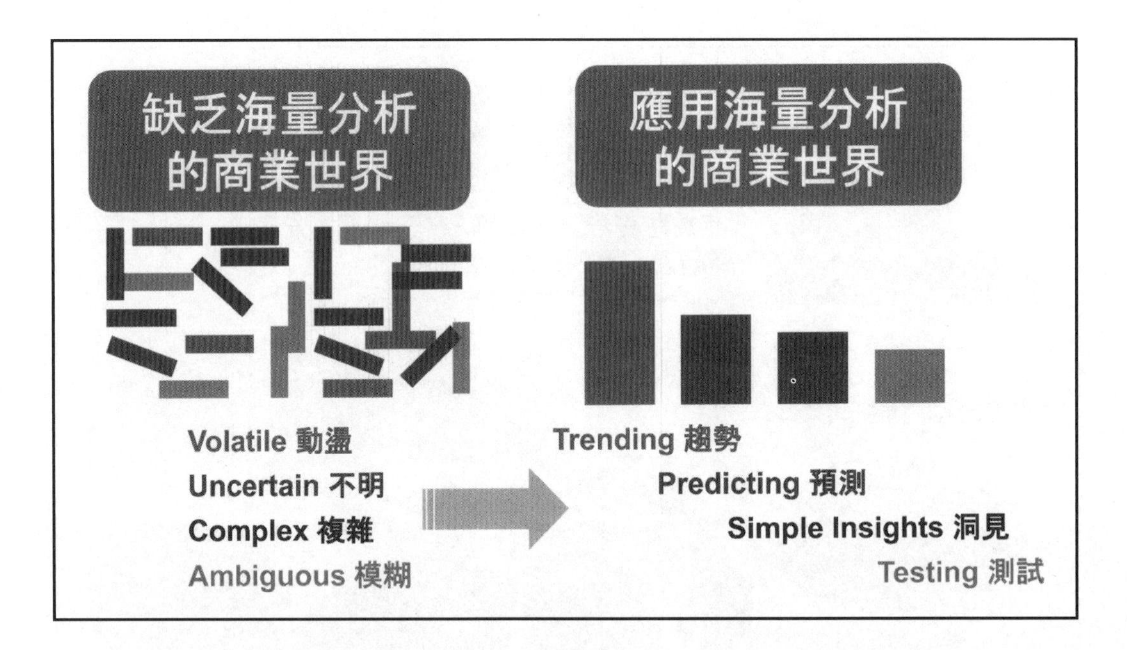

七、Data必須再經提煉才有用！

dunnhumby
essential customer genius

Data是新時代的石油
Data和原油一樣，儘管珍貴，
若未經提煉，也無用武之地。

Quoted from Clive Humby, author and founder of Dunnhumby, which uses big data to personalize customer experience of brands.

八、Analytics Makes the World Smart!（分析使世界更聰明）

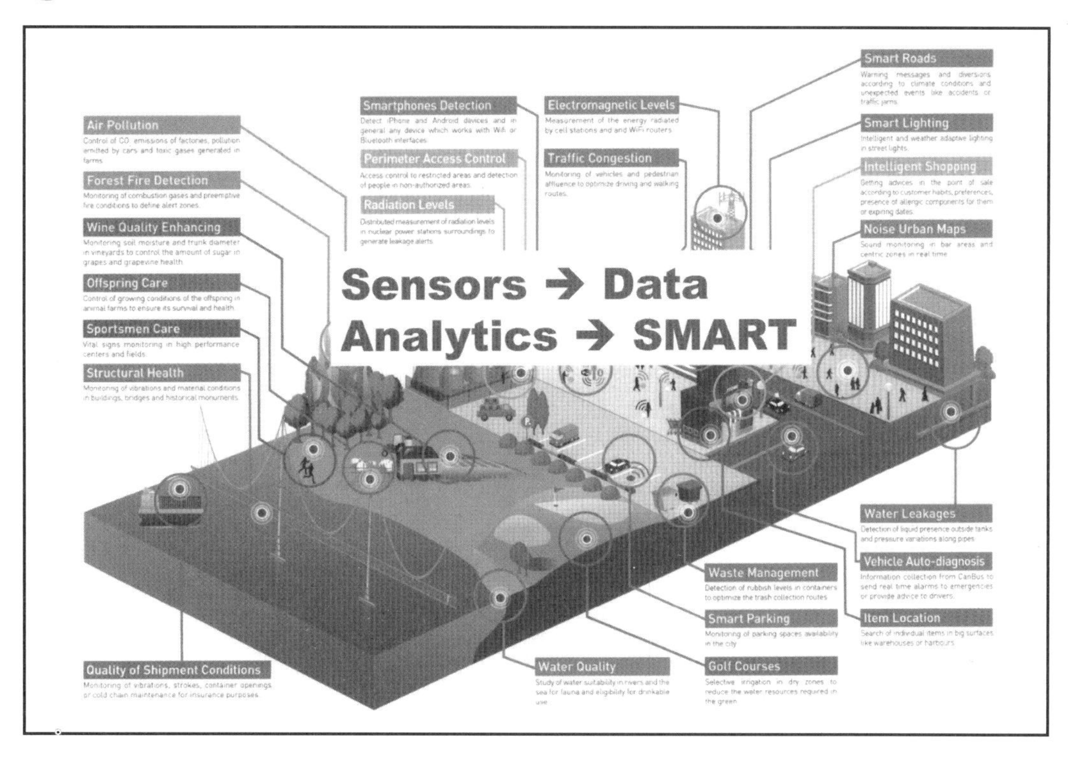

九、數據需要集結、分析、萃取出菁華

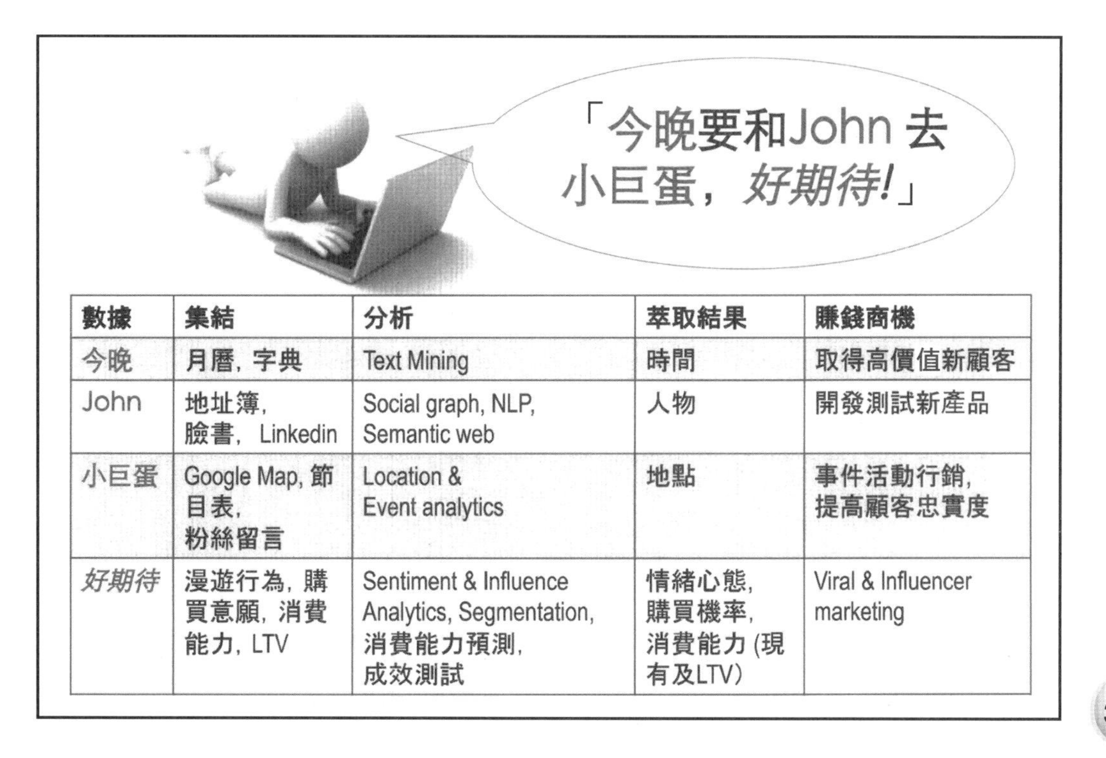

數據	集結	分析	萃取結果	賺錢商機
今晚	月曆，字典	Text Mining	時間	取得高價值新顧客
John	地址簿， 臉書，Linkedin	Social graph, NLP, Semantic web	人物	開發測試新產品
小巨蛋	Google Map，節目表， 粉絲留言	Location & Event analytics	地點	事件活動行銷， 提高顧客忠實度
好期待	漫遊行為，購買意願，消費能力，LTV	Sentiment & Influence Analytics, Segmentation, 消費能力預測， 成效測試	情緒心態， 購買機率， 消費能力 (現有及LTV)	Viral & Influencer marketing

十、不同銷售階段的大數據分析應用

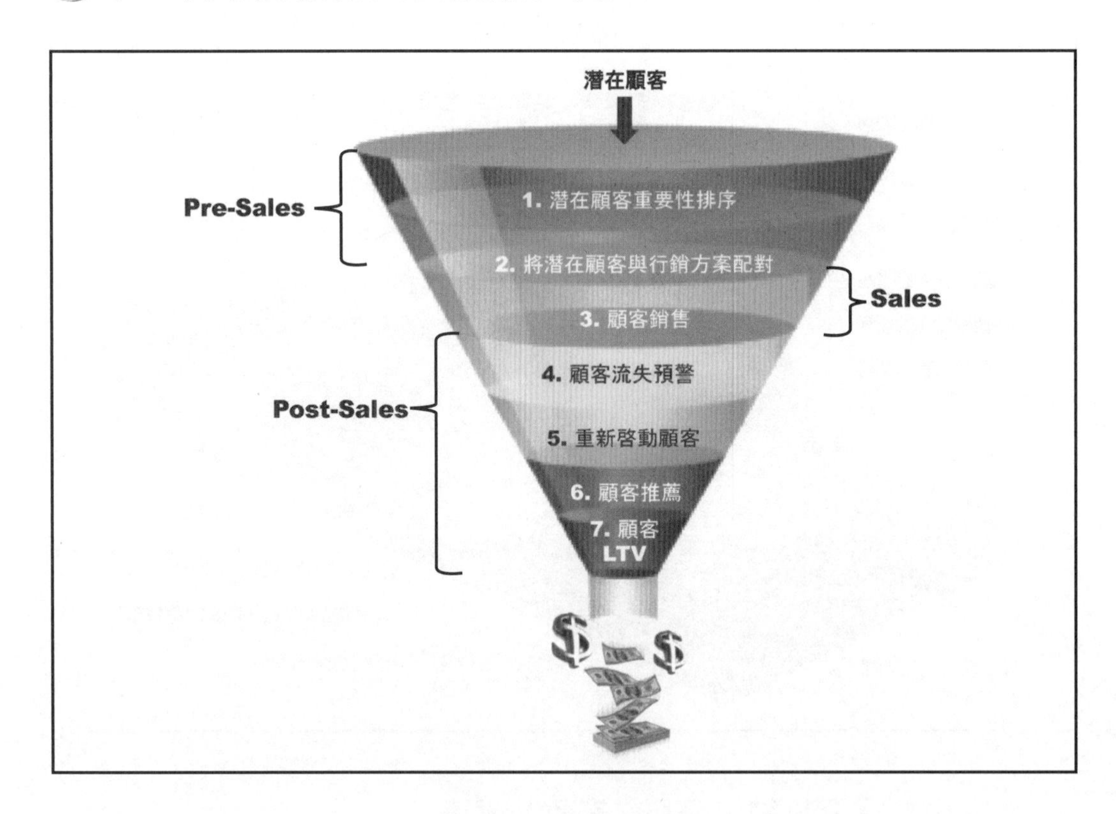

十一、案例1：真正認識客戶回應與價值

- 方案：高價值客戶酬謝活動。
- 目標：全中國各大城市邀請高價值客戶酬謝促銷活動。
- 成果：預測分析結果：回答率高於銷售員推薦的客戶，並得到5倍的購買意願金額。

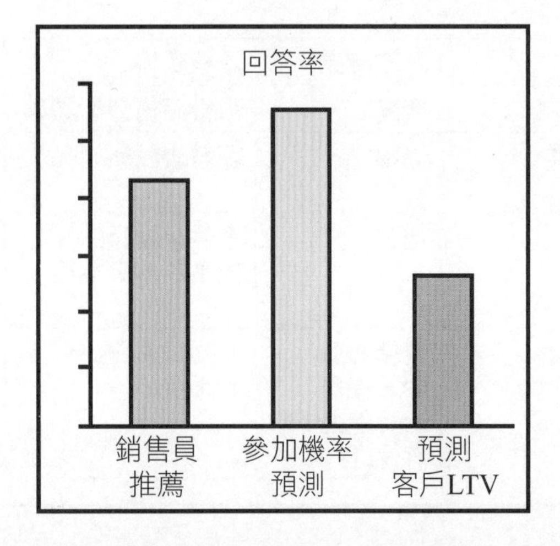

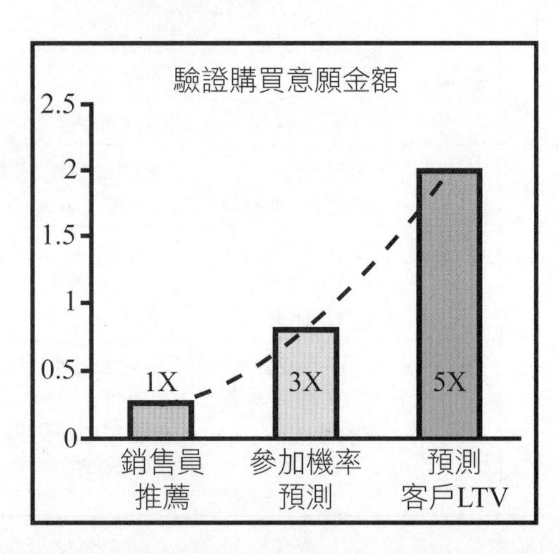

十二、案例2：大數據分析透過多元行銷管道增加收入

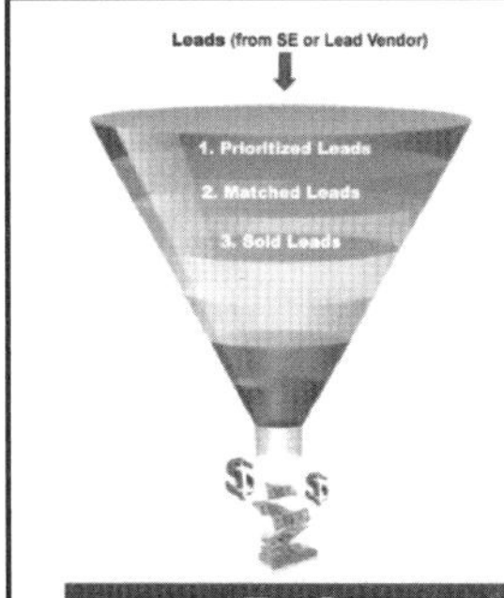

客戶：
全球最大的科技公司之一，透過DM、E-mail和call center銷售產品、軟體和服務給中小型企業客戶。

挑戰:
透過行銷活動蒐集來的潛在客戶名單,由電話業務員評估並銷售
✧銷售機制複雜且需要不同的銷售週期
✧業務表現成長停滯

Before > **What We Did** > **After**

Before

行銷經理制定年度電話行銷活動策略:
- 業務從被分配到的潛在客戶名單中,自行挑選聯絡對象與決定聯絡頻率
- 業務通常只會打給名單上<5%的潛在客戶且大部分是近期內曾購買的客戶

What We Did

利用海量分析預測客戶購買機率與 LTV
- 將潛在客戶名單依照優劣分級,並建議接觸點路徑順序安排
- 將分析後的名單與業務員的名單比對,除去已在業務員名單上的潛在客戶,產生一份全新不重複的新名單,每年額外提供數百名高價值潛在客戶
- 所有業務行為都透過Siebel sales system追蹤

After
- 大數據分析挑選出來的新名單比業務員挑選的名單要有效3倍，促成收入高出2倍
- 達成ROI高於40比1

十三、多元行銷管道──收入營利最大化

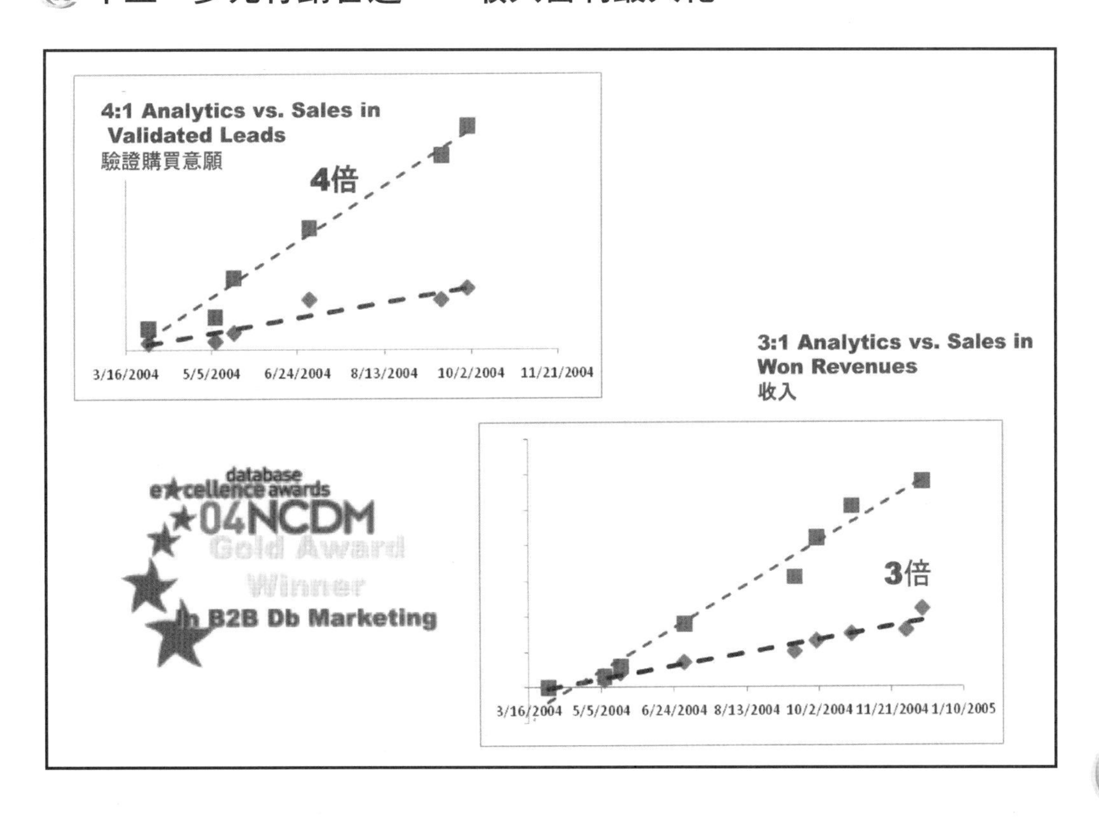

十四、案例3-1：大數據分析透過網路擷取潛在顧客

客戶

- 快速成長的線上保險仲介
- 透過call center替不同保險公司銷售
- 產品包括汽車險,人壽險,與房屋險

挑戰

顧客擷取成本很高,因為

✧從搜尋引擎SEO & SEM 來的潛在客戶名單不足

✧過於依賴線上潛在客戶轉介供應商

✧需以高價購買潛在客戶名單但品質優劣混雜

十五、案例3-2：大數據分析透過網路擷取潛在顧客

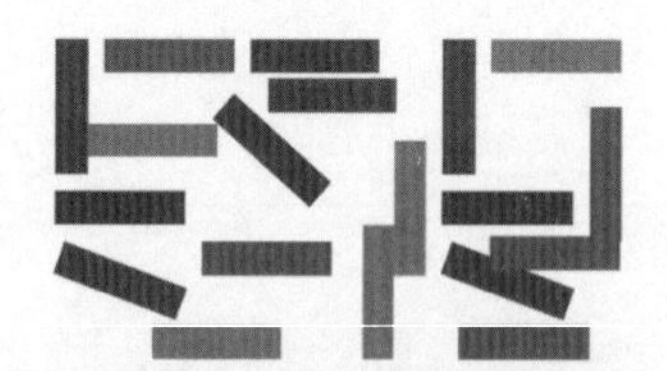

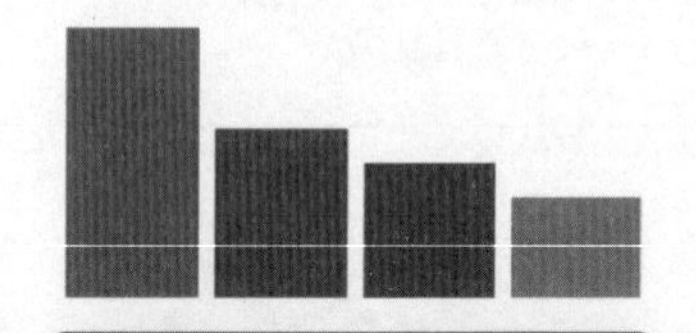

Before	What We Did	After
• 寬鬆制定的名單購買準則與供應商挑選標準 • 基本的名單購買準則與銷售電話法則 • 無法分辨名單上的顧客實際可能購買率 • 沒有顧客區隔和顧客價值預測	• 清理與標準化供應商的潛在顧客名單數據 • 用大數據分析預測顧客購買機率與價值 • 用PMML即時分辨顧客名單優劣及決定接觸點路徑 • 依不同要素的重要性制定潛在顧客價值的決策準則	• 增加潛在顧客價值約50% • 更有能力選擇潛在顧客名單供應商 • 與名單供應商議價時更有憑據 • 不斷優化提升顧客價值預測效能

十六、大數據分析進行過程

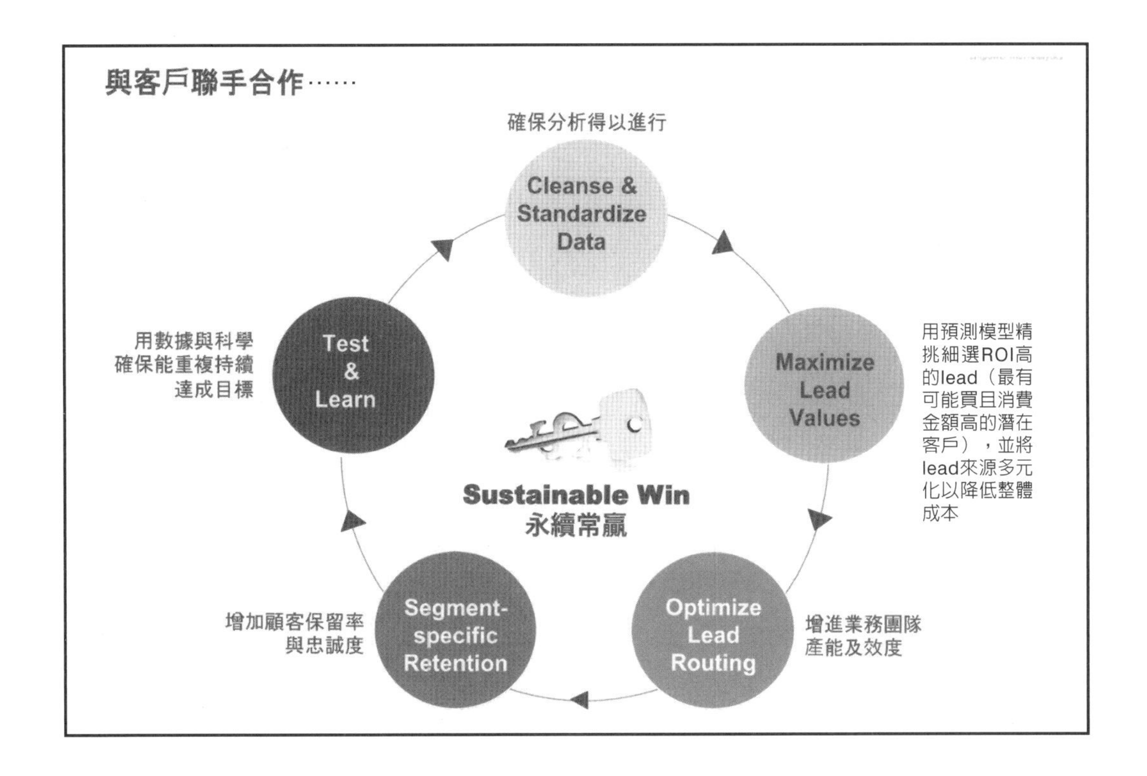

十七、如何啟動大數據分析效益

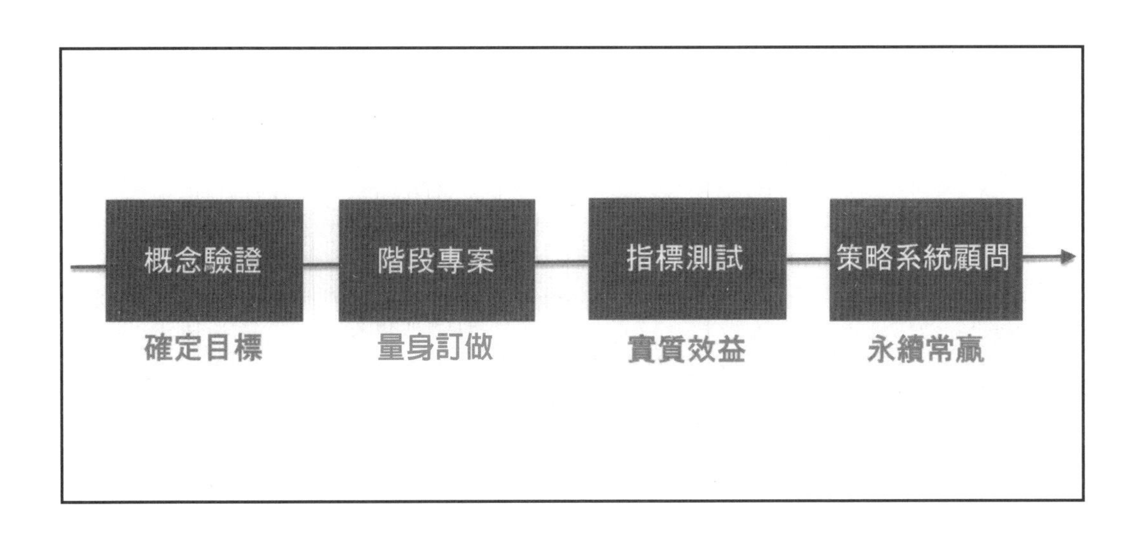

十八、大數據分析生態環境

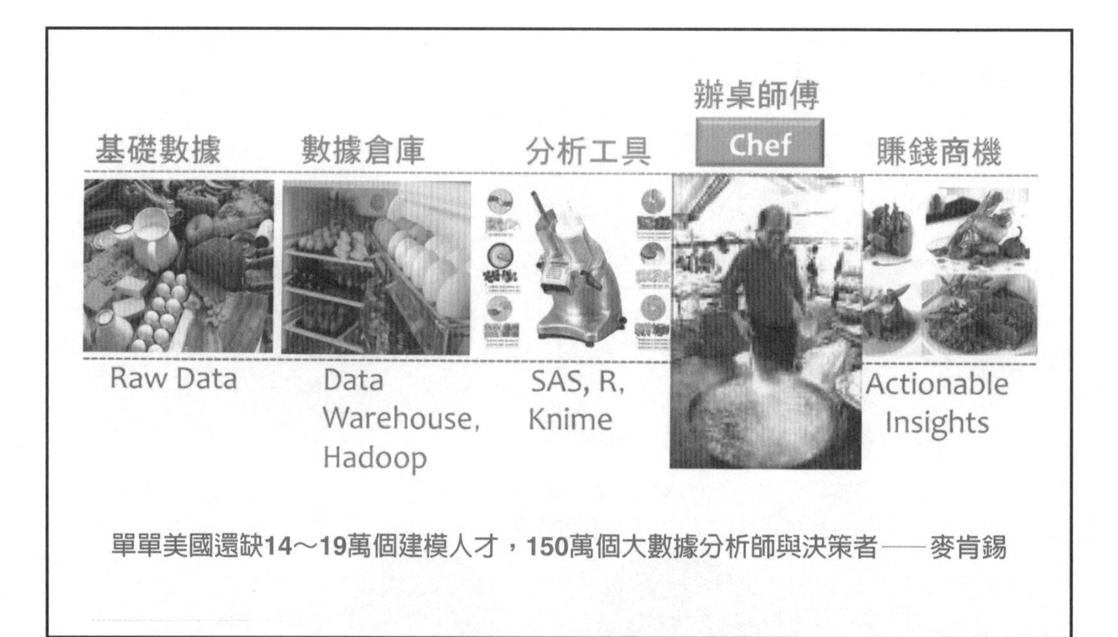

十九、六大決勝關鍵

六大決勝關鍵

1. In God we trust, others bring data（神我信，別人得帶數據）。
2. Ask business questions, demand analytics answers（問商業問題，要求大數據分析解答）。
3. Insist on measurable success metrics with control groups（控制群）。
4. Invest & deploy（投資並依賴）your analytics team like your best sales team。
5. Treat analytics as your innovation hub and growth engine（創新成長機制）。
6. Keep your business savvy analytics leaders（分析領導）in your core strategy team（核心策略團隊）。

第四節　案例分享

案例1　日本企業從大數據中發掘行銷新商機

(一) 大數據已展開實際應用

這張折價券的寄送對象是今年32歲、家住日本東京練馬區、在港區工作的女性。她每月會在影音租售店TSUTAYA租一片西洋歌曲CD，每週到全家便利商店購買兩次甜食——現在的業者行銷，已經能把客群目標鎖定到如此精準的程度。

其背後的機制是，由Culture Convenience Club（CCC）公司所發行的共同集點卡「T卡」。

T卡的會員目前已達4,408萬人，會員只要在日本全家便利商店等97家與T卡合作的商店消費集點，系統就會把消費的地點與商品全都詳細記錄下來。這樣的大數據（每分每秒都在產生的龐大資料）猶如一座寶山。

CCC常務董事北村和彥說：「就算顧客未到本店消費，一樣能得知其消費傾向，因此可望提高業者行銷的精準度。」

如今，行銷已經漸漸出現典範轉移的現象了。

應用大數據的先進國家——美國，還把它活用在政治上。2012年，歐巴馬總統之所以能在選戰中大勝羅姆尼，背後的關鍵之一就是大數據。

歐巴馬陣營花了18個月的時間，把前次總統大選中蒐集到的支持者名單整合起來，再配合社交網路服務等多樣化的資料進行分析，得到了詳盡的結果；在「擁有休旅車、最近購買了西裝的50歲以上白人男性」當中，起居室擺放《聖經》的人支持共和黨，喜歡用現代畫當裝飾的人則會支持民主黨。後來在選戰中，他們就運用這樣的發現，有效地掌握了支持者的心。

(二) 硬體成本下降，處理速度大增

根據美國的資料分析軟體大廠SAS的資料推算，用於記錄資料的硬碟，每GB（10億位元組）和平均價格已由2000年的近20美元，跌到目前的5美分左右。硬體儲存成本的低廉化，也使得大數據能夠被鉅細靡遺地儲存下來。

再加上電腦處理能力的精進，分析資料的速度變得更快。例如：iPhone 5的CPU（中央處理器）運算能力，比富士通在1970年代後期開發出來的超級電腦高出20倍以上。免費軟體「Hadoop」的出現，帶來了定性分析資料的可能性，這一點也有助於大數據的活用。蒐集、儲存以及分析資料的環境，都已齊備。

(三) 有些企業認識不足，未善加運用

IT業者也希望藉著這股潮流抓住商機。美國的思愛普（SAP）、IBM、甲骨文等企業，都透過購併強化自己在這方面的能耐。

日本國內廠商也很積極，日本IBM軟體事業部行銷經理中林紀彥說：「過去，IT投資多半是為了刪減成本，但大數據卻可以用來增加營收。」

雖然大數據帶來高期待，但也伴隨著必須解決的問題，首先就是企業對它的認識不足。

為企業分析口碑資料的Datasection公司營運長林健人說：「很多企業導入了工具，卻未能善加運用。」協助企業導入相關工具的Brainpad公司社長草野隆史則表示：「也有許多企業過度相信它，以為它是馬上就能提供答案的魔杖。」

要想精確分析資料，門檻也很高，全球各國都極缺乏專精於分析資料的「資料科學家」。尤其是日本，大學多半沒有統計專門學院，能夠習得相關資料分析技能的管道有限。而且就算獲得正確的資料分析結果，「假如企業不重視資料分析，或缺乏予以支持的部門組織，就很難活用。」SAS Institute Japan的行銷暨事業推進本部部長北川裕康說。

(四) 日本第二大便利商店Lawson已開始應用

2010年，羅森（Lawson）開始推出共同集點卡「Ponta」，除了可用於羅森便利商店外，在昭和殼牌石油、影音出租店GEO的消費，也一樣能夠集點。目前Ponta會員人數約5,300萬人，到羅森消費的顧客中約有45%是Ponta會員。

只要在收銀臺拿出Ponta卡，除了集點外，也會同時登錄會員性別、年齡層、居住地和購買商品等資料。羅森的消費群中以年輕男性居多，但在女性與銀髮客群上還有開發空間，Ponta剛好可以用來抓住這些客群。

2010年秋天，羅森希望擴大來店顧客只有30%的女性客群，於是著手開發

「受女性喜愛的便當」。負責開發的部門設想了「健康」、「蔬菜」等一些女性可能會喜歡的關鍵字，也試做、試賣了幾種便當，但銷售狀況不好，以失敗收場。

便當開發部門去找分析Ponta資料的行銷部門「Marketing Station」商量，在分析後發現，和其他便當相比，購買便當的女性比例變高了，因此不能直接當成失敗看待。接著，又在其他食品中找尋女性的偏好，發現受女性歡迎的商品都和「辣」、「湯類」、「色彩」有關。

便當開發部門根據這樣的關鍵字重新開發便當，並更換包裝與菜色，在2011年3月推出親子丼等六種便當，結果開賣一個月後，男性購買人數與先前相同，但女性的購買人數急增為1.5倍，大獲成功。

Ponta也有助於預測銷售。羅森店內有3,000種商品，每週都有新商品上架。店長必須預測暢銷狀況判斷進貨量，避免出現缺貨或庫存過多的情況，但這是極為困難的工作。

預測銷售時，關鍵在於重複購買率。在導入Ponta前，POS（銷售點管理）系統固然可蒐集到商品的購買數量，卻無法判斷同一個人是否買了好幾個。羅森行銷部副主任倉持章說：「重複購買率高的商品，購買量不一定高；但購買頻率高的商品，就是吸引固定客群時絕不能斷貨的商品。」

因此，羅森認為，真正的暢銷商品應該是重複購買率與購買率都高的商品。2012年2月發售的起司蛋糕，在上架的第一天，重複購買率與購買率就比另一款暢銷商品草莓瑞士捲要來得高，因此可以確知「這個一定賣」。隔天，行銷部門馬上建議全國分店增加進貨量，結果在六天內就緊緊抓住熱潮，狂賣了100萬個。

2006年起，羅林行銷部門的人數擴增一倍，約在20人左右。由於是商品熱賣背後的功臣，未來應該也會愈來愈有存在感。

案例2　玉山銀行靠大數據採礦，挖出大金礦

1. 小說中的大偵探福爾摩斯，可以透過犯罪現場的蛛絲馬跡描繪出凶手的面貌型態；而現實生活裡，善用科技能力也可以讓銀行精準地掌握每位顧客的消費行為以及生活型態，進而開發出最適切的產品與服務。玉山

銀行就是最典型的例子。

2. 這三年來，玉山金控得以出現業績爆發，絕不只是靠親切的服務。真正拉抬獲利的關鍵，在於玉山內部一支約30人、稱為CRV（客戶風險與價值）的祕密部隊，運用最新的統計技術，讓玉山精準掌握每位顧客的需求。

   「在運用Big Data（大數據）跟Data Mining（資料採礦）上，玉山絕對在同業的領先群內。」黃男州總經理分析表示，大多數銀行還停留在風險控管和消費分析的階段，玉山則投入更多人力資源和技術，去試圖捕捉個體消費者的生活風格和行為模式，早先一步提供預先「客製化」的服務。

3. 由於資訊科技的推波助瀾，行動科技的發展對於金融業已然造成根本性的變革。「過去銀行要提升便利性，重視的是分行數以及Call Center（電話理財），但現在人手一支智慧型手機，如果能直接在上面提供服務，對客戶的價值反而更高。」黃總經理進一步指出，資訊科技對金融業最大的意義，就是讓即時性服務、客製化商品這些口號式的理想，有了實現的機會。為了創造玉山的差異化，早在2004年，玉山就成立了由「資料科學家」組成的CRV小組，針對客戶的各種理財行為挖掘出新商機。「金融業使用資訊科技的普及度其實很高，但目前大部分都只做到風險評估的程度，作為放款徵信時的參考。」黃男州總經理強調，玉山的CRV小組早已脫離單純的風險評估，而是把重點放在進階的顧客行為分析、單一客戶檢視，最後再提出客戶真正需要的金融服務。

4. 以最常見的電話行銷為例，黃男州總經理分析，目前業界電銷的成功率大約是0.5%，也就是每1,000通電話中，最後成交件數在5筆左右。「如果我能夠透過資料的比對分析，事先把成交機率高的客戶先篩選出來，成交筆數立刻增加10倍，等於壓低9成的電銷人力成本，成功率也大幅提升。」

5. 從今年開始，黃總經理為玉山設下了三大目標：營收倍增、亞洲布局以及金融創新。而他更是對第三項寄予厚望。「Innovate or die（不創新即死亡）。」黃男州認為，「以前談創新與差異化，我們可以用比較好的服務提供同樣的產品，創造較佳的客戶體驗；但未來除了服務、流程，連產品本身都要差異化，才能真正創造出價值。」黃總經理舉一篇

《哈佛商業評論》雜誌的文章為例，「二十一世紀最有價值的工作將會是資料科學家，單靠人的服務不可能做到，一定得透過科技的輔助，才能夠真正做到為每位客戶量身打造的差異化。」為了強化CRV這支祕密部隊的戰力，玉山銀行開始與賽仕電腦（SAS）合辦資料採礦競賽，在全臺大專院校巡迴宣傳，還提供客戶資料作為賽程演算之用。而谷歌（Google）最近也找上門，與玉山一起進入校園推廣資訊應用的概念。「為尋找資訊人才，我們在校園內可是非常高調。」黃總經理最後定調，「虛實整合」將是推進玉山金控未來領先同業的獲利引擎，藉這股科技狂潮的力量後發先至。

案例3　中國團購網——美團網：凡事先看數據分析

中日因釣魚臺情勢緊張，日本料理餐廳團購券在網頁的排序立刻遭調整後移；河北邯鄲Buffet團購券供不應求，兩年內，市區Buffet餐廳由6、7家增加到30家，家家高朋滿座；成都人愛吃火鍋，最新熱賣榜前幾名就是其他城市上架的新品；兩人餐券在襄陽銷售不如預期，首創「襄陽多人餐」團購券，則創造出另一波團購佳績。

以上這幾個例子，是中國最大團購網站美團網在不同城市的團購實例。光靠挖掘各地消費者新需求，再連結本地店家，推出各式各樣的團購服務，就讓他們打破團購網無法盈利的魔咒。

從2010年初上線至今，銷售額從第一年的2、3億人民幣，到2011年14億人民幣，經過中國團購網的「5千團大戰」洗禮，2012年更衝破55億人民幣，穩坐中國團購網冠軍寶座。

(一) 凡事先看數據，挖掘實時購買需求

美團網，不是全球第一個團購網站，卻能在團購這個低毛利率的產業特性中，成為中國第一個有盈餘的團購網，其勝出關鍵就在於它從創立開始，就重視數據分析。

「美團從創辦人王興到所有員工，每人都重視讓數據說話這回事。」美團網市場總監左瀟指出，在美團網內部，數字分析是每日工作，分析結果是決策基礎。「在美團，數據分析就像每天要呼吸一樣，是很自然的事。」開發新市場、

新城市，先看數據；市場要推新產品、新店家，也是先看數據；提高社群黏著度、客製化服務，同樣先看數據。

美團網在北京辦公室設立龐大的資料運算與分析中心，串起Online to Offline（O2O，線上線下）市場，即時進行超過450個城市、數以萬計的商家，以及4,000多萬會員的數據資料分析，以利客服、品保與行銷人員快速回應市場需求。這也是它2012年營收比2011年增加4倍，每位員工效率提高3倍的關鍵。

數據分析讓這位中國團購始祖，順利打開中國各大城市的團購市場，培養出新型態消費者。

過往，要讓中國消費者先買單再到店家消費，幾乎是不可能的事，但現在，團購成為中國消費者習慣，衍生出「實時購買、實時消費」（編按：意即「即時」）的新消費型態。比如，一位消費者現在想吃火鍋，他會先搜尋附近的火鍋店，在美團網購買團購券後，再走進店家消費。

換言之，美團網要能隨時、隨地因應團購會員的各種消費需求，才能在需求產生的當下，準確又即時送上相關產品，提高成交率與銷售額。

(二) 數據分析，改變產品短銷週期

「購買行為就是一次數據紀錄，每次消費完成的評分，就是優質店家的產生機制。」左瀟指出，IT系統會自動蒐集、萃取有的用數據，數據工程師與數據分析師會判讀最新商情，提供給相關單位的主管與人員。

例如：北京下大雪，發現火鍋的點閱率與下單率增加，因此即時推出優惠，刺激更多的成交額；也可以針對一段時間未消費的會員，寄送折扣券，提高下單欲望；若某項產品短時間湧進大筆訂單，系統會主動通知店家延長團購券有效期，好消化這些即將上門的顧客量；發現某些限時促銷商品，銷售佳績不斷，也能由限時促銷改為常態性商品。

此舉也改變中國團購產品短銷週期模式，線上團購產品的銷售週期從1天變成7天以上；本地服務類產品更可達3個月、6個月，有的甚至長達1年。顯示以低折扣刺激團購的消費模式，已被能夠大量運用數據分析，精準媒合市場供需雙方，提高互利的優惠團購服務所取代。

(三) 扎根社群媒體，著眼O2O行動商機

同時，透過Big Data分析技術，扎根社群經營，24小時跟消費者「always online」，了解個人的喜好、習慣與需求。「我們是Connect business and people（連結商業與人），在不同的城市採取差異化策略，透過EDM、手機等管道，對每位消費者進行個性化營銷。」左瀟說。

美團網把消費者的心抓多緊？它有70%以上的新用戶是經由口碑推薦而來的；北京總部亦設有品保中心，協助店家提升服務品質；此外，為了避免商家電話不通，還建立300人的客服中心，透過消費者5分評價制度，篩選優質商家，低於3.7分的店家就不再合作。

社群媒體加上Big Data技術，也讓美團網跟著大陸快速增長的智慧型手機普及率，創造出可觀的O2O行動市場銷售額，2012年，美團網全年總交易額有30%來自手持行動裝置，預估2013年可達50%。

與其說美團網是團購網站，倒不如說它是社群媒體、Big Data與電子商務的消費平臺，在創立時，就把數據分析納入核心競爭力，讓原本在國外走每日交易（Daily Deal）路線的團購，變成引爆中國新消費型態的長期大商機。

案例4　某型錄公司「回應率」提升，大數據專案報告

一、專案目的

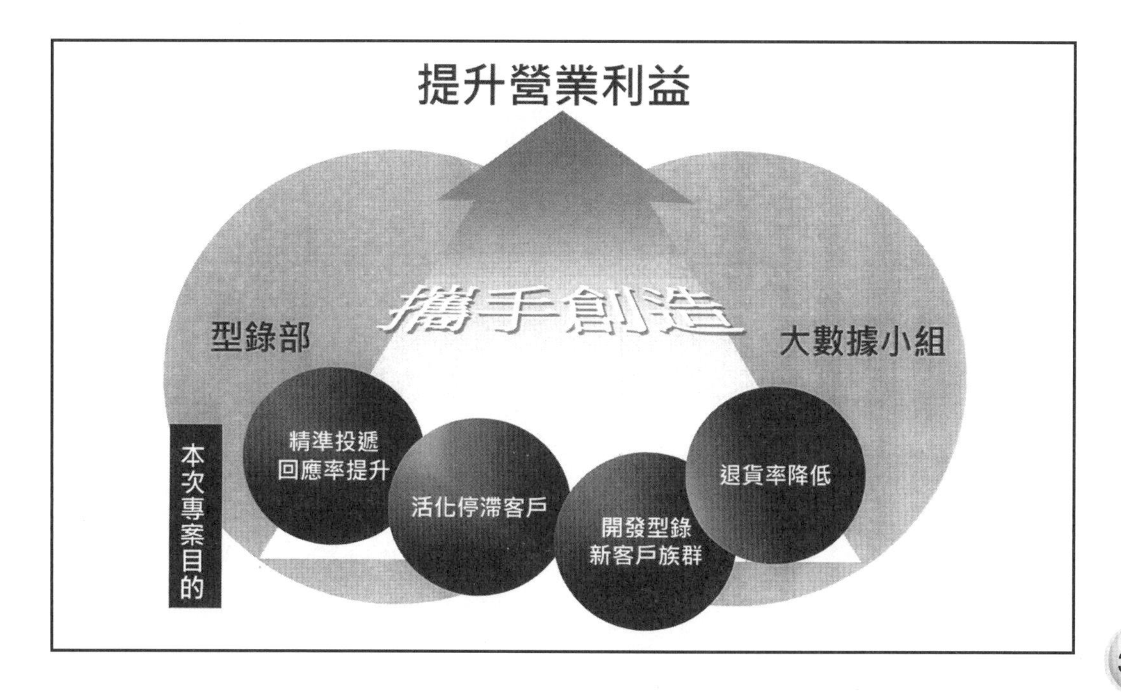

二、資料庫系統概述

・型錄現況：
型錄以〇〇資訊資料庫客戶及客戶交易資料為分析基礎。

・大數據加入：
建構新的商業模型

客戶基本屬性：
01_性別
02_居住縣市
03_年紀
04_星座
05_生肖

客戶消費行為1：
06_購物中分類偏好
07_購物通路偏好
08_購物價格帶偏好
09_距前一次消費間隔天數
10_購物中分類集散度

客戶消費行為2：
11_購物通路集散度
12_購物價格帶集散度
13_平均每月交易金額
14_平均每月交易件數
15_件數折扣使用率
16_平均件數退貨率

大數據重新建構客戶變數：

三大類
會員輪廓
會員交易歷程
會員商品組成

三、預期產出

- 型錄投遞名單── 新模組
- 行銷流程調整策略建議
- 新型錄名單獲取── 流失會員SMS測試
- 型錄分版及社群── 新商機發展策略建議
- 退貨率降低

精準投遞模組

型錄分版策略建議

建立全新型錄模組及發行策略

行銷流程策略建議

新商機開發策略建議

四、預期效益——內部效益

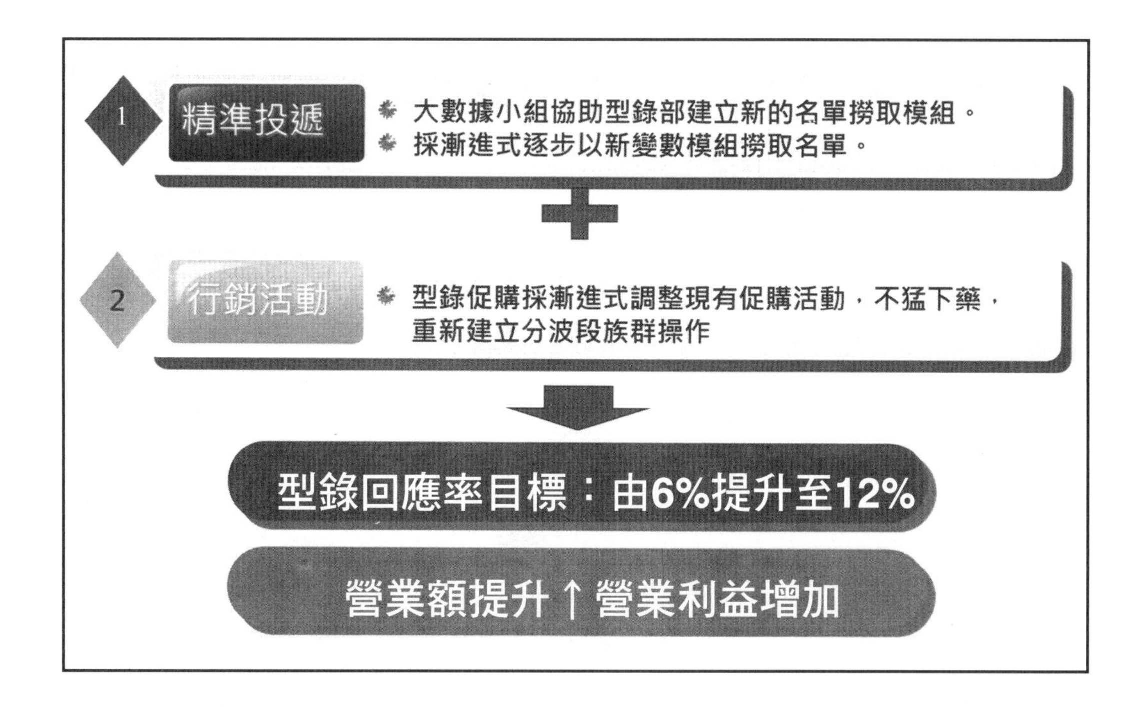

五、預期效益——外部效益

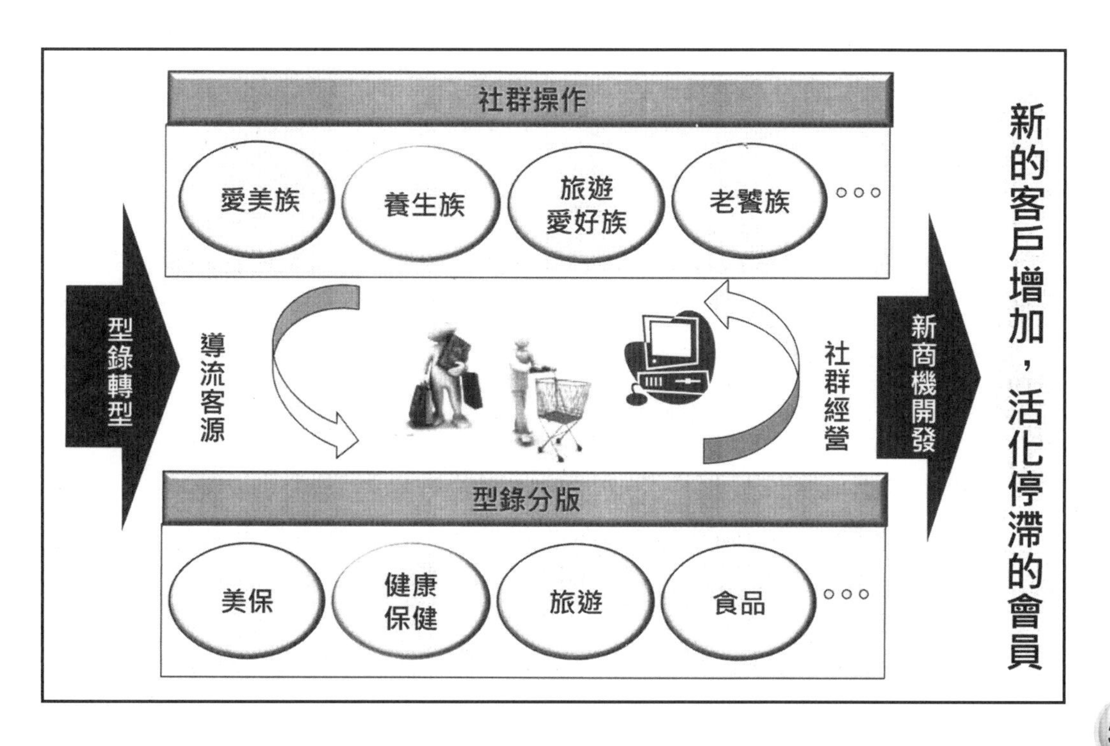

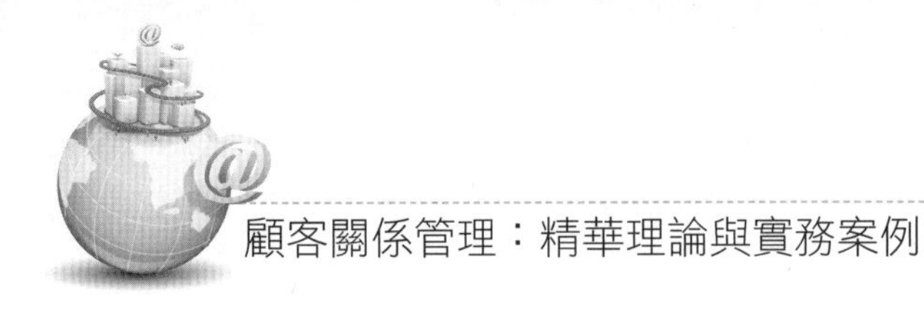

六、執行架構

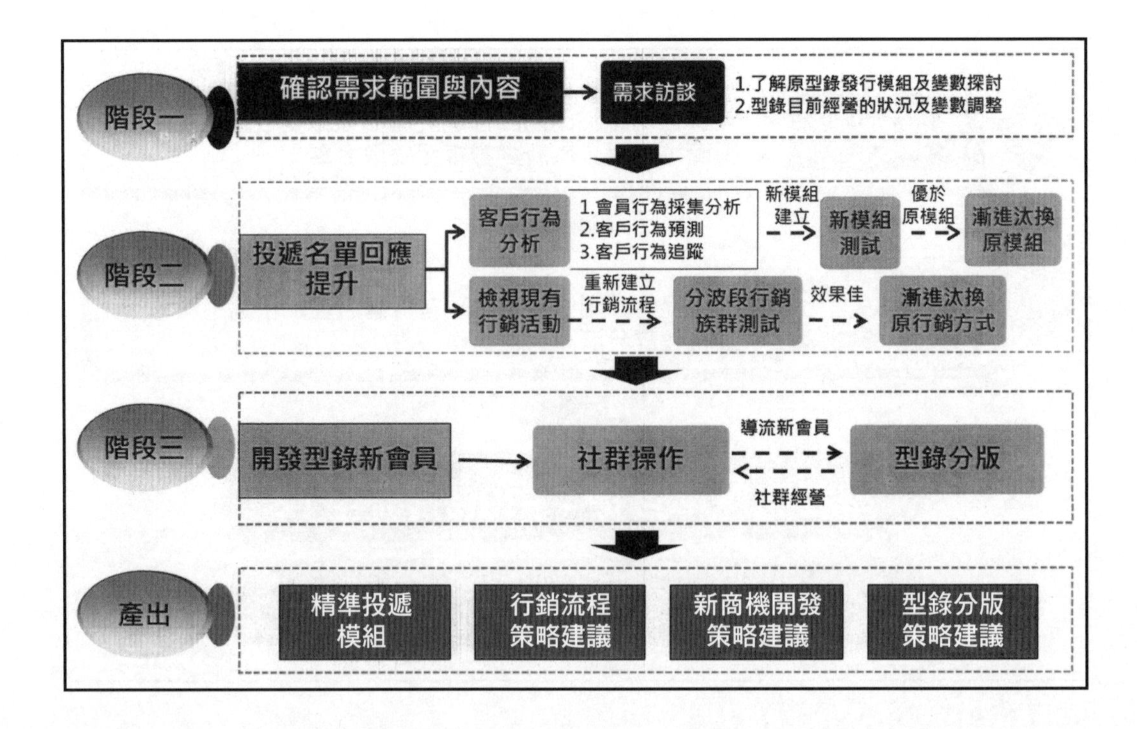

案例5　日本企業如何在大數據中，找出有用的資訊

(一) 大數據是金脈？有目的的分析才有意義

根據美國調查機構愛迪西（IDG）統計，2013年全世界的資訊流量大約是2.7階位元組（Zeuabyte，10的21次方），但是，到了2020年可能成長15倍，達到40階位元組。

假如沒有任何目的或課題，只是一頭栽進這些大數據大海裡，並不能得到任何訊息。目前被利用最多的是企業用來尋找消費者的興趣或嗜好，還有用來防範故障或事故發生等用途。在過去，防患於未然的判斷只能仰賴經驗豐富的資訊員工所擁有的第六感與經驗，現在則可以利用大量的數據分析來代替。

(二) 連購買率高低都能分析，解開結帳前購物行動謎題

日本折扣商店試辦公司（Trial Company）在九州一家分店引進了紅外線感應器實驗系統。感應器與監視器畫面連接，可以完整記錄顧客在展示架前拿起哪

些產品端詳、將哪些產品放回架上，最後又將什麼產品放進購物車裡。這是目前零售業者最難取得的「結帳前購買行動」資料。如果能夠將這些情報加以分析，相信對於產品的多樣化與陳列擺設都會有所幫助。

哪一項產品賣了多少數量，透過現有的店頭電腦銷售點管理系統便能夠清楚地掌握；如果再加上紅利點數集點卡的資料，就能更進一步了解顧客的年齡、性別與住址等個人資訊。但是，這些畢竟都是「已賣出商品」所能揭示的資料，並無法預測消費者做決策時的心理過程。

也就是說，消費者在付錢之前，究竟有多少產品曾經從架上被取下來端詳比較，最後卻沒有賣出去，這道過程一直是業者無以得知的訊息。更何況有高達8成的消費者都表示，他們在選購食品或日常用品時，「實際購買哪一項產品，都是到了店頭後才決定的」。由此可見，結帳前的購買行動訊息有多麼的重要。

試辦公司使用的這一套新系統便是把複雜的購買過程藉由數據化而顯現出來，例如：「A公司的產品雖然經常被取下來端詳，最後又放回架上的比率頗高」、「經常被用來與B公司產品做比較」、「立刻被決定購買的機率很高」或「促銷成果非常顯著」等。有了這些訊息，零售業者或廠商就能加以利用在賣場布置及產品促銷活動上。

開發這套系統的米迪公司（Midee）表示：「過去也曾推出分析消費者店頭購買行為的服務，那是由人工觀看監視器所拍下的影像，再加以記錄分析而來，這種資料有時間上的特定性與落差。」

相較於此，當某產品的代言人發生負面影響的事件時，「對於該項產品的購買行為有了什麼變化」等訊息，就能透過這套系統即時得到結果。甚至當顧客在店頭拿起某項產品的瞬間，智慧型手機裡就會立刻收到競爭對手產品的促銷情報等。米迪社長深谷由紀貞表示：「有了這套系統，就能除去實體店鋪與網路虛擬店鋪之間資訊不對等的狀態。」

在網路世界裡，使用者在決定購買前，或在尋獲滿意的資訊之前，究竟瀏覽了哪些網頁，一直是網路業者得以完全掌握使用者動態的最大優勢。不僅網路產業龍頭的亞馬遜（Amazon）和Google早已充分利用這些情報，即時提供使用者最佳推薦商品或廣告。有許多IT相關產業的公司也開始利用這些瀏覽情報，提供客戶相關產品和廣告訊息。

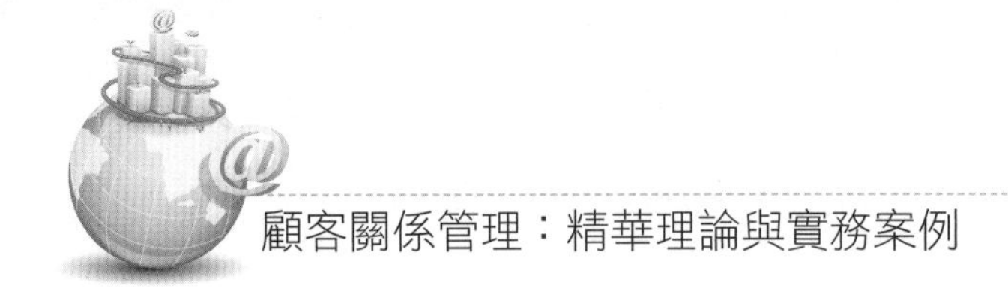

(三) 連熟客購買品項也掌握，找出提升業績的暢銷商品

「原來熟客購買的都是生鮮商品啊！」擁有13家超商羅森（Lawson）加盟店的社長前田明看著羅森總部提供的資料，一臉難以置信。例如橫濱車站前的境木本町店，距離不遠的地方就有一間大型超級市場。自認在售價與種類上無法戰勝超市的羅森，壓根沒想過生鮮商品竟然就是自己的魅力所在。

這份報告是根據羅森參與Ponta紅利集點活動中的會員資料統計製作而成。行銷公司預先保密處理5,000多萬名會員的資料，然後才提供給參與活動的商家。1萬多間羅森門店得以藉此了解自己門市附近「有多少會員」「從哪個方向、多遠的距離來店裡消費」，以及「熟客與新客消費的品項或來店時間有何不同」。

前田看了報告之後才知道，在境木本町店購買生鮮商品的熟客大多居住在北邊社區，南邊的大型超市敗給羅森，竟是因為一條長斜坡。「原來是不想提著一大包生鮮商品爬上坡，所以才來我們店裡購買啊！」前田恍然大悟。

「趕快增加生鮮商品的進貨量！」前田一聲令下，4月下旬起店裡開始多進奇異果和蘋果，沒想到5月分的生鮮商品業績竟然暴增一倍。前田說：「過去從總部拿到的資料都是羅森的平均數。但是其他店的暢銷商品不見得會成為我們的暢銷商品。現在可以收到個別店鋪的資料，實在和過去的統計資料相差太多了。」

(四) 連顧客想找什麼都知道，加強辨識命名文字的落差

「語言的精準度只要稍微提升零點零幾個百分點，影響營收的結果就會產生很大不同。」樂天公司執行董事森正彌這番話正是強調，將廣大消費者的瀏覽紀錄、搜尋紀錄等大數據加以分析後，再找出最佳化表現，對業者而言是一件多麼重要的事。

舉例來說，在樂天市場的搜尋引擎中輸入「One Piece」時，被解讀為連身洋裝還是暢銷動漫畫，搜尋結果的顯示將大不同。因此，樂天正努力透過每個顧客的消費、搜尋紀錄和當時網站上登錄的商品做連結，以提供顧客最精準的搜尋結果。

其中最值得一提的是建立全商品的完整目錄。由於在網路虛擬商店街的賣家

很多，所以即使是相同商品，商家登錄的名稱卻可能不同。至於沒有條碼登錄的地方名產，在名稱前面加上「超划算」等促銷字眼，就可能變成完全截然不同的新商品，因此，如果沒有同樣的認知，語言的準確度就會很低。然而，要求數量龐大的商家以統一的方式登錄商品名，更是一件困難的事。所以樂天便引進了一種能夠辨識文字表現落差的系統，在發現商品類別輸入錯誤時會自動補上修正。雖然目前還在測試階段，不過卻已經有銷售業績成長16%的案例發生。

案例6 日本樂天購物網站，成立「超級大數據庫」

日本日文版的第一大購物網站官網上看到介紹一篇由該公司「Big Data部」部長森正彌所做的一份簡報指出。如下重點（註：日本樂天與美國亞馬遜及中國大陸淘寶網；列為全球前三大網路購物公司，在Big Data的應用，亦屬典範先驅）：

1. 樂天擁有大量資料（Data）；包括：
   (1) 會員人數：7,800萬人。
   (2) 曾經購買過的累積筆數：8億筆。
   (3) 上架商店家數：3.7萬家。
   (4) 商品品項：超過8,000萬品項。
2. 森部長指出：樂天將該集團各關係企業的交易資料，都集中儲存在一個「超級資料庫」（Super-DataBase），彼此交叉使用及交叉行銷，創造了更多的綜效及拉抬業績良好效果。這些關係企業包括：
   (1) 樂天購物網站公司。
   (2) 樂天旅遊公司。
   (3) 樂天卡公司。
   (4) 樂天證券公司。
   (5) 樂天銀行。
   (6) 樂天入口網站。
   (7) 樂天市調公司。
   (8) 樂天運動公司。

3. 樂天「大數據超級資料庫」的運作架構，如圖11-7所示：

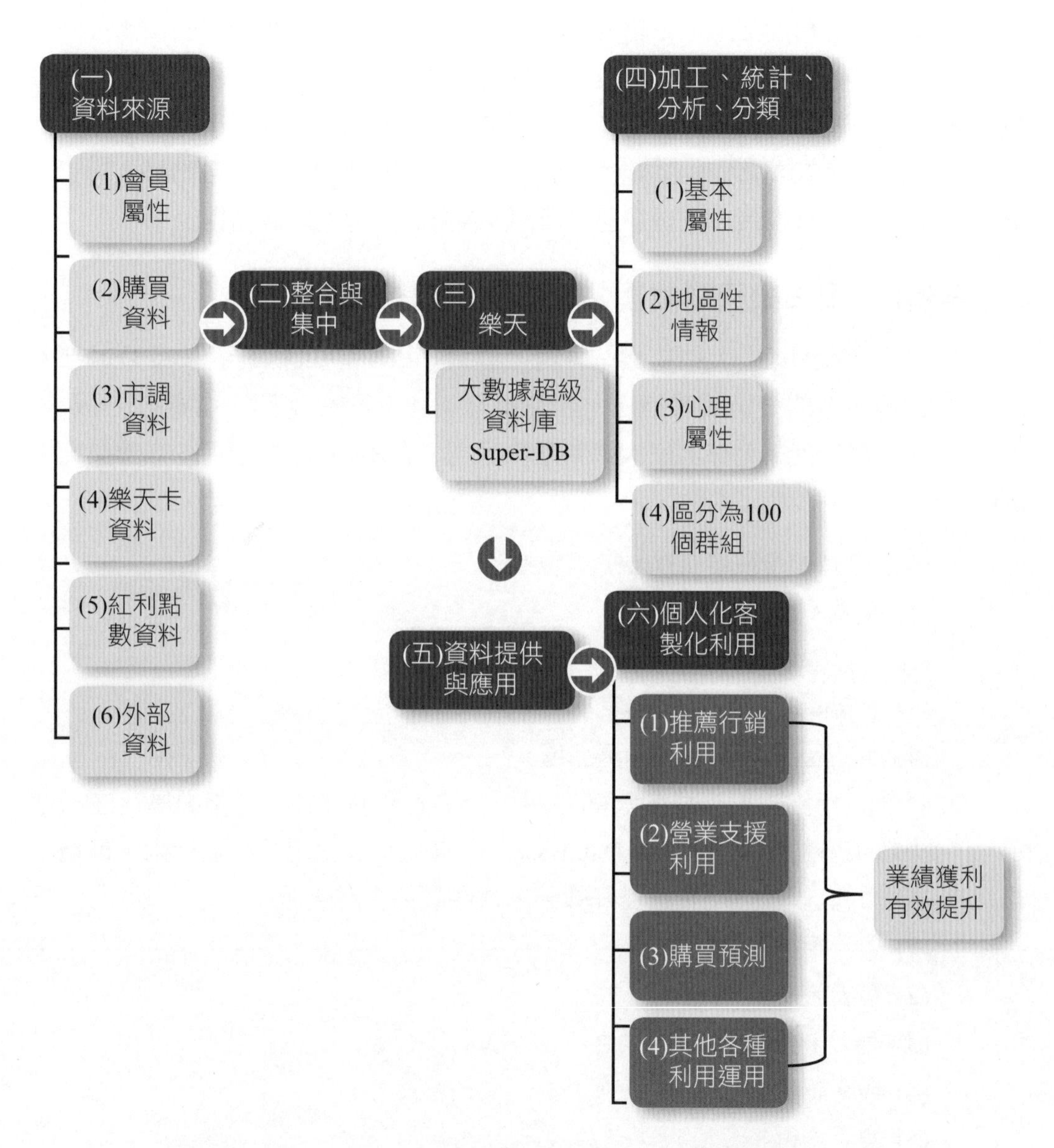

圖11-7　日本樂天購物網站的大數據超級資料庫架構

4. 森部長表示，該公司的「Big Data部」，計有50位專業的大數據與資料庫處理與分析工作人員，這些（資料科學家）每天都投入如何有效分析及運用大數據庫，以提高營運績效。

案例7 日本應用Big Data近況

日本各大企業發展及應用Big Data成效戰略情況彙報：

最近上日本日文各大新聞網站，查看日本各大企業在發展及應用Big Data的最新情報如下，可供本集團借鏡參考：

(一) 日本樂天網購公司

日本樂天是日本第一大，全球第三大的網購電子商務公司。該公司「Big Data」部長森正彌表示，該公司導入應用Big Data大數據庫分析與應用，已經有將近一年半時間了。這一年半來，已經陸續產生了良好的績效成果。這些績效成果主要表現在下列幾點上：

1. 平均每位會員購買金額明顯上升10%了。
2. 平均每位會員購買頻率（頻次）增加了（例如：過去有些會員每個月平均只買一次，現在每個月增加為買二次了）。
3. 總結上述二點，使得樂天網站的總業績，比在還沒有導入Big Data應用時，總業績有明顯15%的成長效益！
4. 另外，在寄發EDM（電子報、電子目錄、E-mail）的點閱開信率，也比過去提高了。如圖11-8所示：

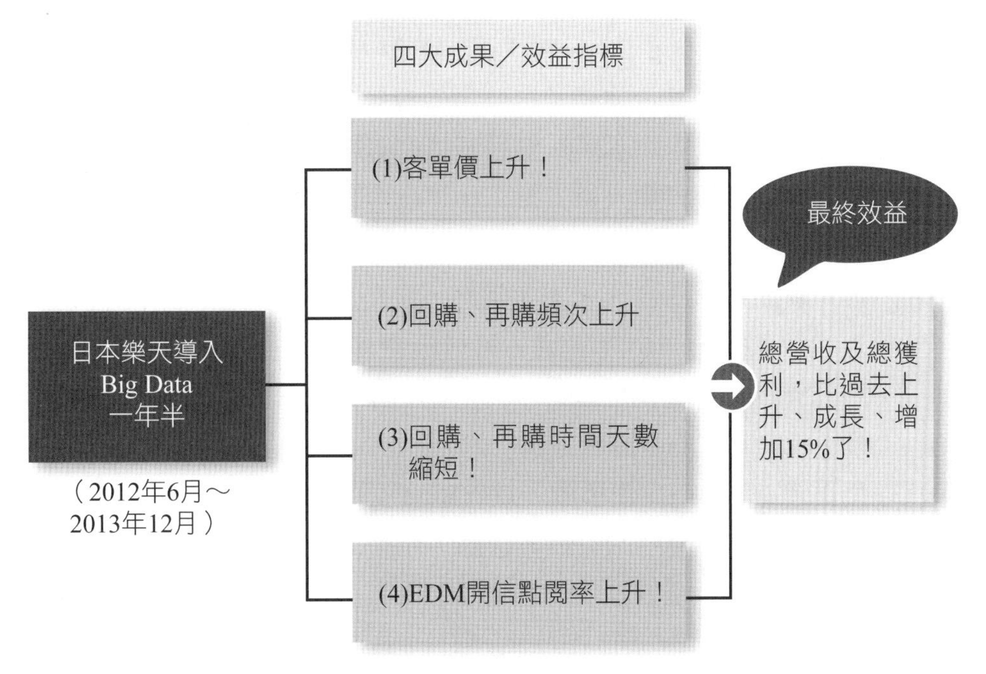

圖11-8 日本樂天購物網站導入大數據應用之效果

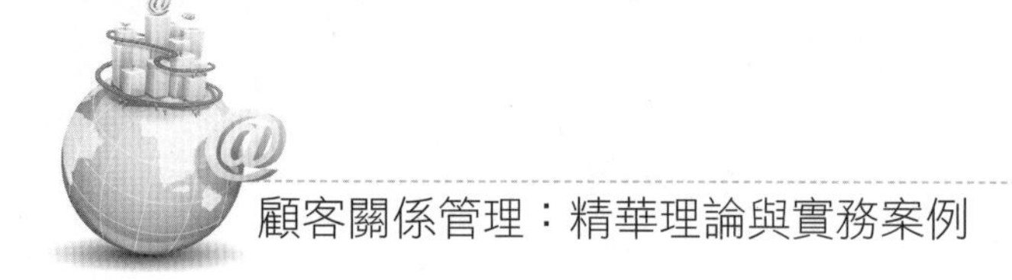

(二) 日本第二大全家便利商店公司

1. 該公司決定將負責Big Data的「資訊系統部」與「行銷營運部」二個部門組成「聯中心」，打破組織官僚圍牆，以提升Big Data的有效及快速應用。
2. 該公司有發行日本最大的紅利積點卡Ponta卡（類似臺灣HAPPY GO卡），計5,000萬卡。該公司也利用5,000萬筆該卡的會員消費行為資料，作為全家便利商店成功開發新產品之實戰應用，並得利良好的成果。

案例8　SAS電腦公司專訪：導入Big Data成功三要素

1. SAS公司係國際知名的Big Data分析與應用軟體的美商公司，筆者專訪了該公司的高芬蒂業務副總，專訪稿請參閱本週工作報告的最後報導內容（賽仕電腦SAS貢獻專業　助各產業淘金Big Data）。
2. Big Data要成功導入，高芬蒂認為有三個關鍵點：
   (1) 資料的準備：資料準備的工作沒完成，或資料蒐集與整理的不完整，都無法順利運作Big Data分析，更遑論分析出有意義的「關聯」資料。因此，欲速則不達，從資料的準備開始一直到分析出有意義的關聯資訊，一般來說平均需要半年左右。建議有意願導入的企業不要著急，必須按部就班地紮穩基本功，才能獲得好的成效。
   (2) 人才的專業：Big Data分析所需要的人才，跟傳統統計分析需要的人才不一樣，因此，建議各單位對外尋找或對內培育Big Data人才時，應注意相關人才除了需具備最基本的統計分析能力外，更須具備資管能力（或有資管類人員支援），才更容易導入成功。也因此，SAS公司特別培育其自家全球近10,000多位Big Data相關成為統計、商業管理、資訊科學三合一人才。當然，很多企業客戶也提到目前Big Data人才很難找。高副總建議，可從國內外知名企管、工業工程、統計和經濟研究所尋找可造之才。至於判斷是不是Big Data人才的關鍵指標，就是人才的「邏輯分析」能力。
   (3) 用正確工具：高副總強調，選對Big Data工具真的很重要，例如SAS為了提供給客戶最好的服務與產品，幾乎每半年就更新釋出一個新版本產品，其並深信唯有不斷進化與進步，並強化各類功能，才能長久獲得客戶青睞。

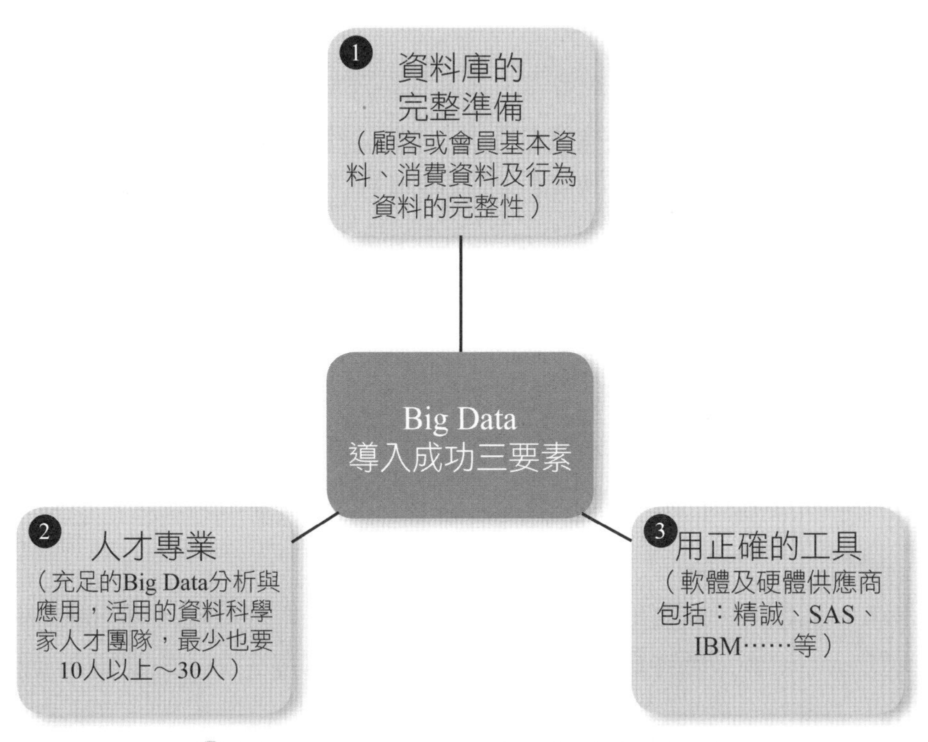

圖11-9　Big Data導入之成功三要素

案例9　臺灣屈臣氏會員卡發揮威力

(一) 會員卡比非會員卡的平均消費金額多出25%

「請你當我永遠的VIP！」5年前，藥妝通路龍頭屈臣氏的電視廣告中，藝人羅志祥的一句真情呼喊，吸引許多女性渴望被寵愛的心；5年後，全臺灣持有「寵i會員卡」的人數突破400萬，幾乎每6位女性就有1位是屈臣氏會員，不僅是藥妝通路會員最多的品牌，更是屈臣氏迎向未來的重要里程碑。

「我們想要提升顧客的忠誠度，比其他競爭者更了解消費者的行為模式。」臺灣屈臣氏董事總經理安濤（Toby Anderson）說道，屈臣氏提供會員上百項商品價格優惠，來吸引顧客加入會員，結果發現這群會員的忠誠度確實比較高，平均消費金額也比非會員多了25%。過程中，屈臣氏透過大數據（Big Data）分析，掌握會員的消費習慣，且運用於展店、行銷和採購等策略擬定。

(二) 透過Big Data分析資料

以往我們在門市跟消費者溝通，無法全面了解顧客的消費行為，但是有了寵i會員卡之後，可以分析這些資料，進一步了解顧客的背景，再根據不同的客層，推出客製化的促銷活動。例如：我們發現有一群客人，每次新品上市都會有興趣購買，那麼我們就可以透過E-mail或EDM等方式，主動告訴他們新品上市的訊息，或寄發電子Coupon讓顧客使用。

但是要建立會員資料庫並不容易，持續維護會員資料庫更是一筆很大的投資。比如說我們需要提供獎金，鼓勵店員推廣寵i會員卡。有了會員基礎與消費紀錄等數據，才能進一步分析並了解顧客平常都購買哪類商品，而同類型的消費者買了這個產品之後，還會買哪些產品？讓我們有機會主動推薦其他適合的產品。

另外，我們也可以更有效率地跟廠商溝通，像是跟廠商說，你的產品通常在哪些地方會比較賣？顧客買了A產品，同時也會想買哪些產品？這些資訊都可以提供給上游廠商參考。當然，我們也可以用這些分析結果，來決定要在哪裡展店？要開哪類型的店？裡面要陳列哪些商品？

@ 案例10　英國TESCO如何提高客戶滿意度和忠誠度

TESCO（特易購）是英國最大、全球第三大零售商，年收入為200億英鎊，TESCO客戶忠誠度方面領先同業，活躍持卡人已超過1,400萬。TESCO也是世界上最成功、利潤最高的網上雜貨供應商。截至1999年，網上購物的客戶數量達25萬人，網上營業收入為1.25億英鎊，利潤率為12%（零售業一般利潤為8%）。最近TESCO出資3.2億英鎊收購了中國樂購的90%股份，是外資零售巨頭在中國的最大收購案，藉此大舉進入中國市場。

TESCO同沃爾瑪一樣在利用訊息技術進行數據挖掘、增強客戶忠誠度方面走在前列。該公司透過磁條掃描技術與電子會員卡結合的方式，來分析每一個持卡會員的購買偏好和消費模式，並根據這些分析結果為不同的細分群體設計個性化的每季通訊。

TESCO值得借鑑的方法是品牌聯合計畫，即同競品的幾個強勢品牌聯合推出一個客戶忠誠度計畫，TESCO的會員制活動就針對不同群體提供了多樣的獎勵，比如針對家庭婦女的「MeTime」（我的時間我做主）活動；家庭女性可以在日常購買中積累點數，換取從當地高級美容、美髮沙龍到名師設計服裝的免費體驗或大幅折扣。

而且TESCO的會員卡並不是一個單純的集滿點數換獎品的忠誠度計畫，它是一個結合訊息科技、創建和分析消費者數據庫，並據此來指導和獲得更精確的消費者細分，更準確的消費者洞察，和更有針對性的營銷策略的客戶關係管理系統。

經由這樣的過程，TESCO根據消費者的購買偏好識別了6個細分群體；根據生活階段分出了8個細分群體；根據使用和購買速度劃分了11個細分群體；而根據購買習慣和行為模式來細分的目標群體更是達到5,000組之多。而它所為TESCO帶來的好處包括：

1. 更具針對性的價格策略：有些價格優惠只提供給價格敏感度高的組群。
2. 更有選擇性的採購計畫：進貨構成是根據數據庫中所反映出來的消費構成而制定的。
3. 更個性化的促銷活動：針對不同的細分群體，TESCO設計了不同的每季通訊，並提供不同的獎勵和刺激消費計畫。因此，TESCO優惠券的實際使用率達到20%，而行業平均僅有0.5%。
4. 更貼心的客戶服務：詳細的客戶訊息使得TESCO可以對重點客戶提供特殊服務，如為孕婦配置個人購物助手等。
5. 更可測的營銷效果：針對不同細分群體的營銷活動，可以從他們購買模式的變化看出活動的效果。
6. 更有信服力的市場調查：基礎數據庫的樣本採集更加精確。

以上所列帶來的結果，自然就是消費者滿意度和忠誠度的提高。

第五節　Big Data大數據簡報內容

一、商業活動依賴於對資料的處理；商業資料量的大量增長，要求更為先進的資料處理技術與平臺

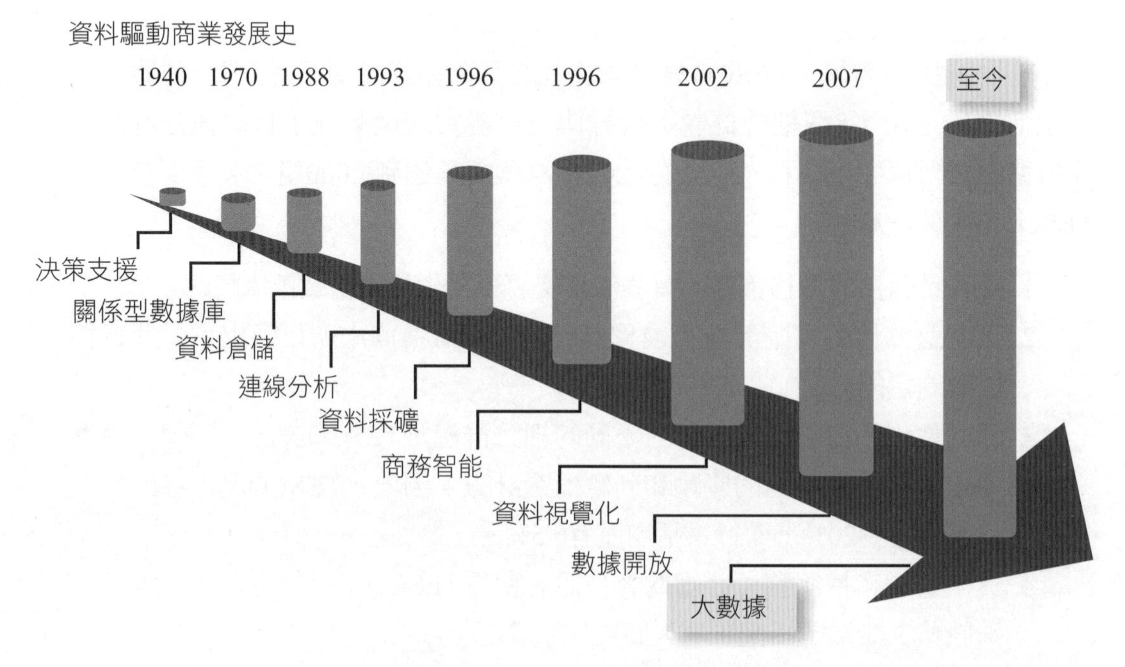

圖11-10　大數據進化史

二、資料採礦技術是大資料方案中基礎的環節，也是關鍵的環節

(一) 定義與特徵

1. 定義

資料採礦（Data Mining），就是從存放在資料庫、資料倉儲或其他資訊庫中的大量資料中獲取有效的、新穎的、潛在有用的、最終可理解的模式之非平凡過程。

2. 特徵

- 處理海量的資料。

- 解釋企業動作中的內在規律。
- 為企業運作提供直接決策分析，並為企業帶來巨大的經濟效益。

(二) 資料採礦技術與商業決策

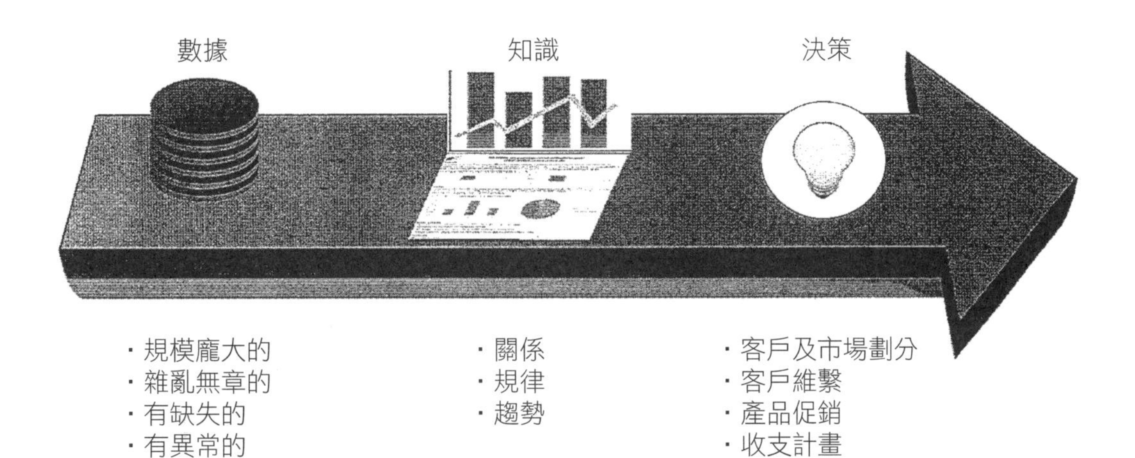

圖11-11 資料採礦技術與商業決策

三、資料採礦舉例：聚類分析

(一) 聚類分析定義

1. 聚類分析

(1) 思想：

按照「物以類聚」的思想，利用資料採礦的方法，將事物聚集成組內差異盡可能小、組間差異盡可能大的幾個小組。

(2) 用途：

將客戶或監管物件自動聚集成具有明顯不同特徵的群體，從而使決策人員和商務人員能夠盡可能做到精細化行銷和科學化管理。

- 從複雜商業資料中提煉共同特質。
- 制定針對性的管理及運營策略。

(二) 聚類分析演示

- 生動展示不同類型商業因素分布情況。
- 針對不同商業客戶群體制定針對性策略。

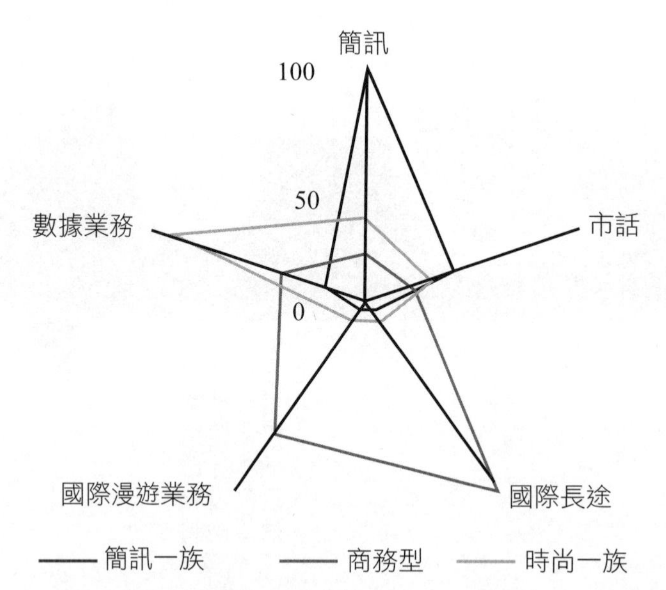

*將通信客戶自動聚成「簡訊一族」、「商務型」和「時尚一族」三個具有不同特徵的群體

四、資料採礦由於商業需求和海量數據的生產和累積，催生對大數據技術的需求

資料採礦

商務智能
- 商務智能（Business Interl-ligence）：一系列以事實為支援、輔助商業決策的技術和方法
- 連線分析：透視性探測
- 資料採礦：挖山鑿礦性開採
- 商務智能：預測性分析

數據視覺化
- 用圖形來表達資料和思想
- 資料整合、分析、挖掘

數據開放
- 開源運動：自由、平等、協作、責任、樂趣
- 從軟體開源到資料開放如：
  - Google analytics, Alexa
  - 世界銀行、世界衛生組織
  - 政府統計署、海關總署等

大數據

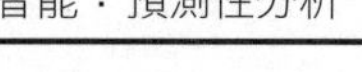

圖11-12　資料驅動商業發展路線圖

五、大數據將持續提升商業價值，個性化行銷與顧客關係管理是其中兩個重點領域

(一) 大數據應用方向：個性化

- 使用者資訊饑餓感與日俱增。
- 使用者對非關聯資訊的容忍度與日俱減。
- 使用者興趣資料與日俱增。
- 使用者甄別資訊能力占比與日俱減。

個性化與資料市場是大數據精細化和融聚力的兩個發展方向。

(二) 個性化促銷：優勢

- 交叉銷售。
- 向上銷售／升級銷售。
- 囤貨管理＋新品促銷。
- 吸引新客戶。
- 保留老客戶。
- 品牌／商家轉換（從競爭對手轉化）。
- 提升銷售額。
- 提升總利潤。
- 精準定位目標客戶。
- 一度價格歧視。

(三) 個性化行銷主要特點

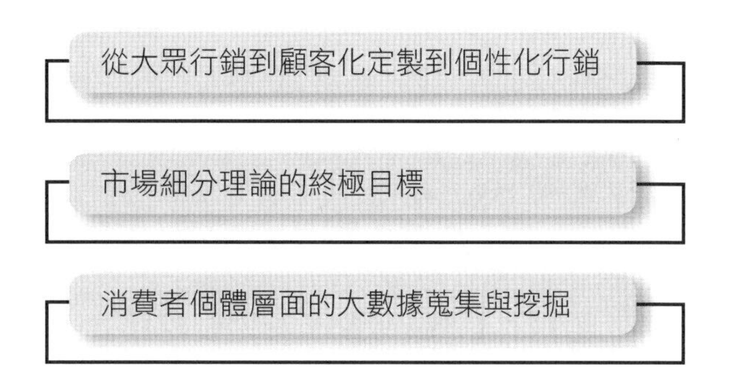

圖11-13　個性化行銷之主要特點

(四) 個性化行銷與顧客關係管理系統

1. 個性化行銷是基於對CRM資料庫進行大量模型搭建，以及資料分析結果之後的更高層次行銷解決方案。
2. 大多數的CRM系統缺乏對資料庫的海量資訊處理與分析。
3. 個性化行銷是基於對資料庫的分析與行銷模型的一整套解決方案，包括：
   - 關聯分析。
   - 價格敏感度分析。
   - 促銷敏感度分析。
   - 顧客忠誠度分析。
   - 顧客購買行為分析。
   - 資料採礦等。

六、大數據時代的顧客資產管理理論，專注於客戶終生價值

(一) 顧客資產管理戰略理論

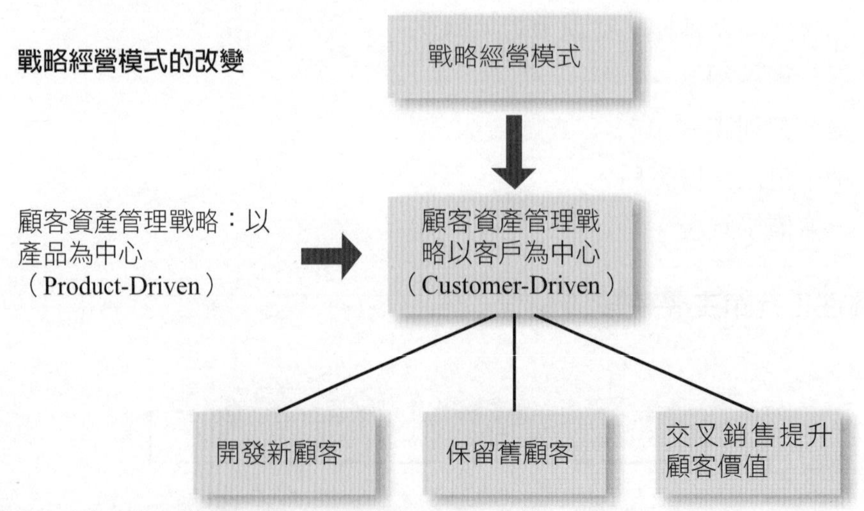

・大數據時代的客戶資產管理戰略，以客戶為中心。

・「以客戶為中心」的管理思想，契合某公司「多平臺、多管道、多產品類別，共同目標客戶群體」的業務現狀。

圖11-14　顧客資產管理戰略模式

(二) 為什麼需要分析顧客終生價值？

1. 所有的顧客都是上帝？
   - 顧客的價值和成本並不是平均的。
2. 建立顧客關係需要考慮每位客戶的價值和成本：
   - 哪些客戶值得獲得或保留？
   - 對於每位客戶，花費多少的獲得／保留成本是合適的？
3. 顧客終生價值能告訴我們：
   - 為哪些客戶關係投資？
   - 應該為建立／保留每一個客戶關係投資多少？
   - 客戶關係投資的未來價值。
4. 穩定、優質客戶為企業帶來穩定、長遠的回報。
5. 「顧客終生價值」是世界甄別穩定優質客戶的通用方法。

七、顧客終生價值定義及演進趨勢

(一) 顧客終生價值定義

- Customer Lifetime Value（CLV）

  ——顧客終生價值即「從一個客戶身上所得到的其生命週期中全部銷售額，減去公司用來獲取該客戶和銷售與服務於該客戶所花費的總成本的淨額」。（科特勒，1995）

  ——CLV即是公司將從該顧客身上所得到的未來所有現金流的淨現值。

(二) 顧客終生價值發展階段

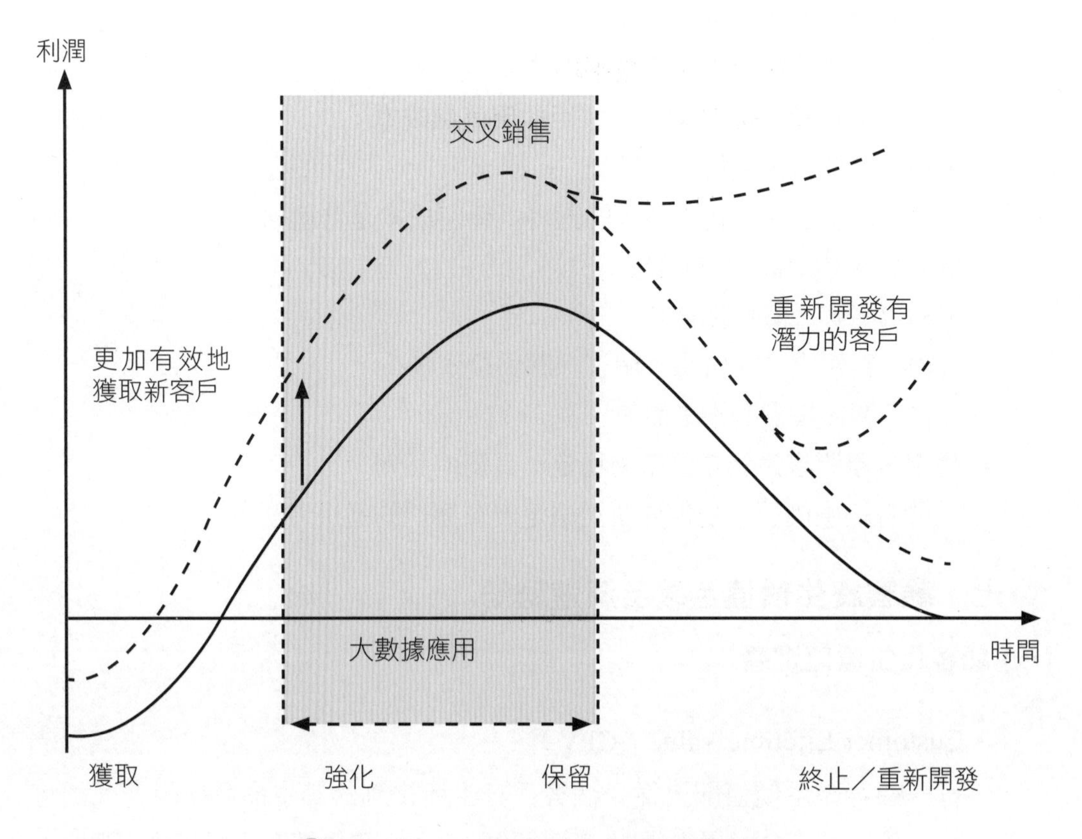

圖11-15　顧客終生價值發展階段

核心問題

- 如何優化顧客終生價值（CLV）？

八、借助大數據方案，企業可以設計優質客戶保留計畫，並予以實施

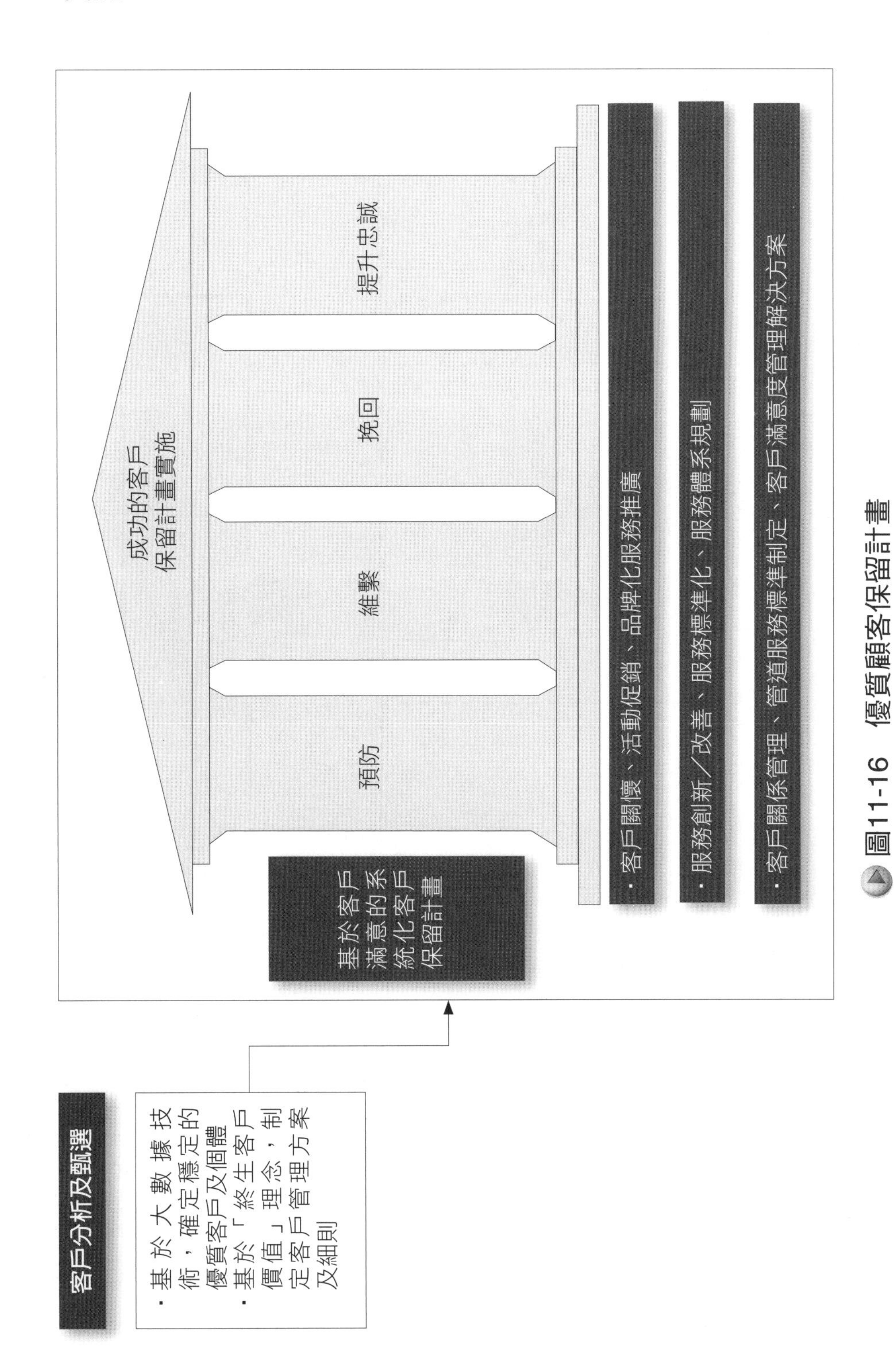

圖11-16 優質顧客保留計畫

九、基於大數據方案的客戶保留計畫流程

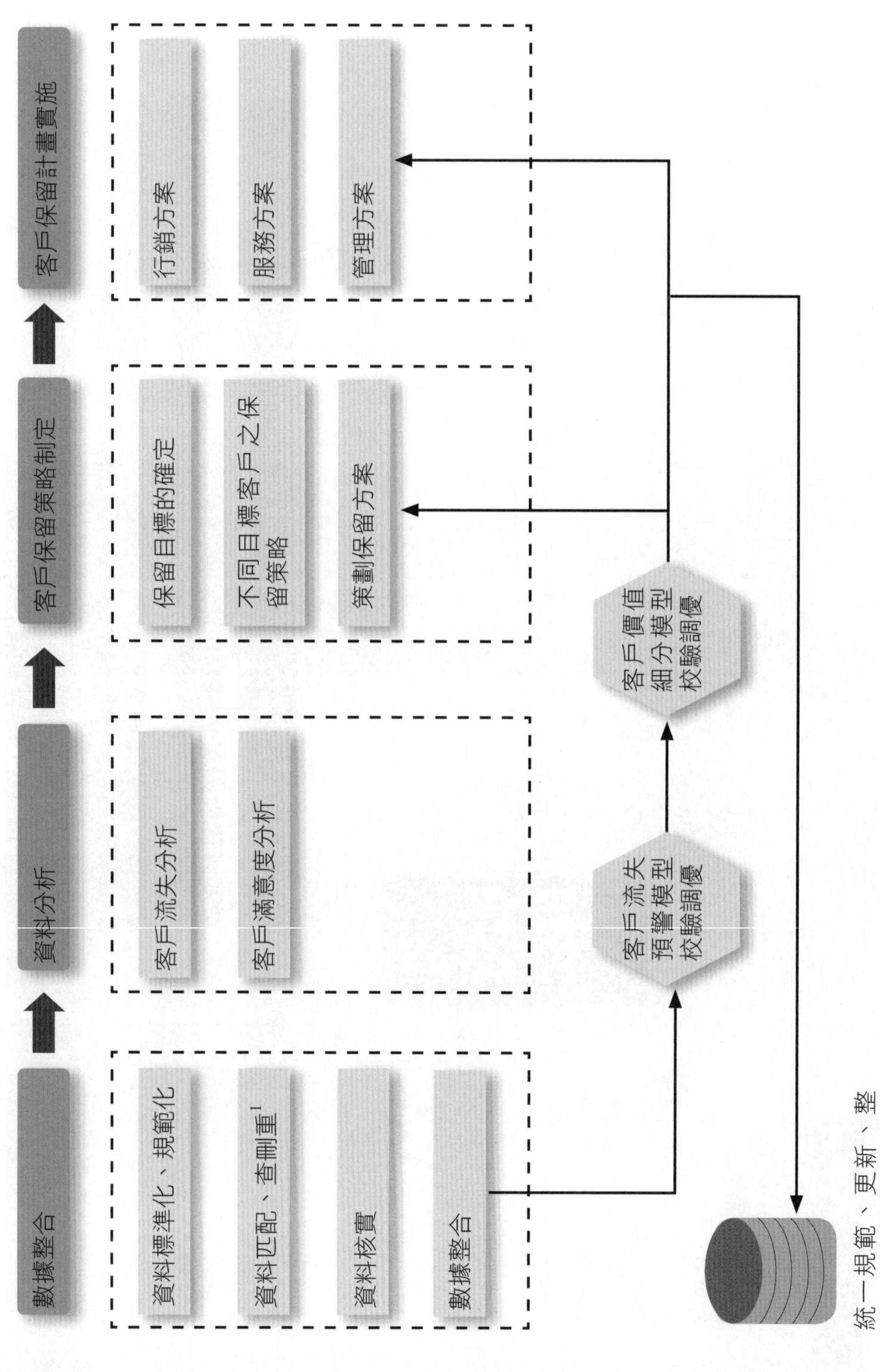

註：
[1] 查刪重：翻查、刪除、重撥

圖11-17　大數據方案下的顧客保留計畫

十、基於大數據的數據整合方案

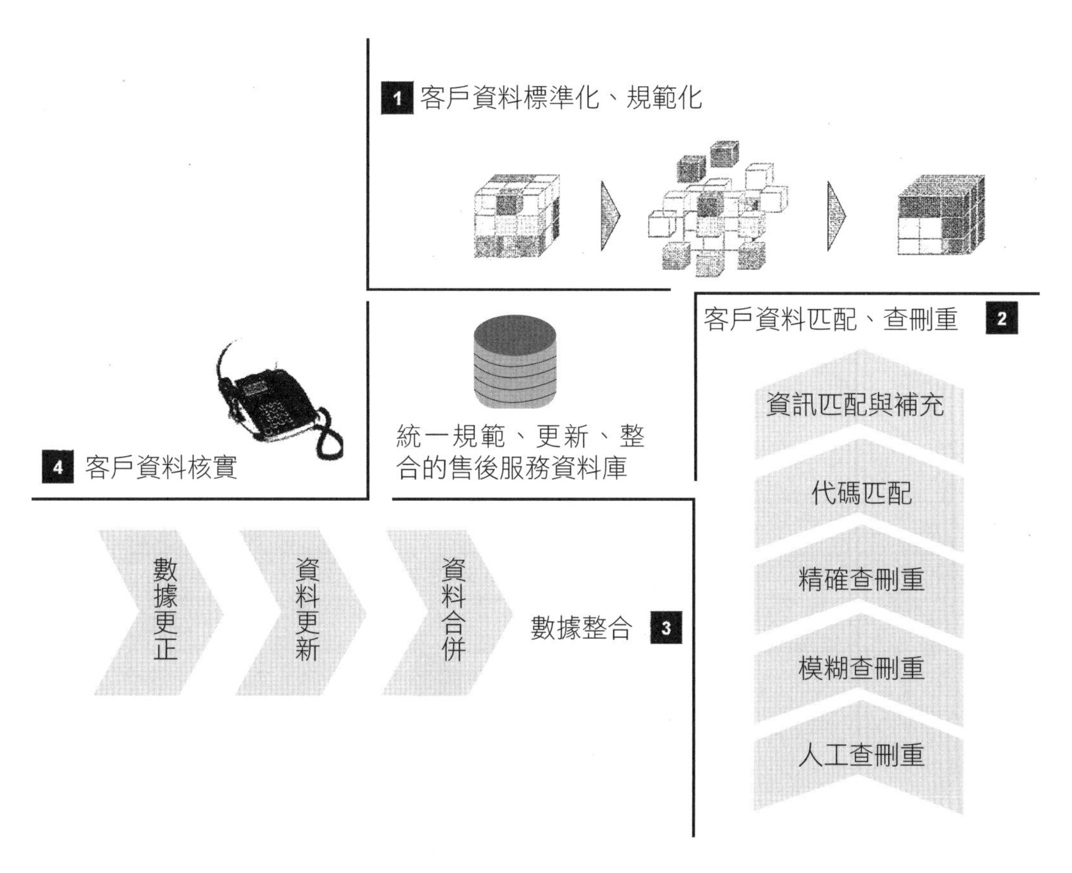

圖11-18 基於大數據下的數據整合方案

十一、大數據方案：採用協同過濾法，分析客戶資料

協同過濾法：集體智慧

－使用目標消費者和其他消費者的歷史資料
－基於用戶vs.基於產品
－計算使用者之間或產品之間的相似性

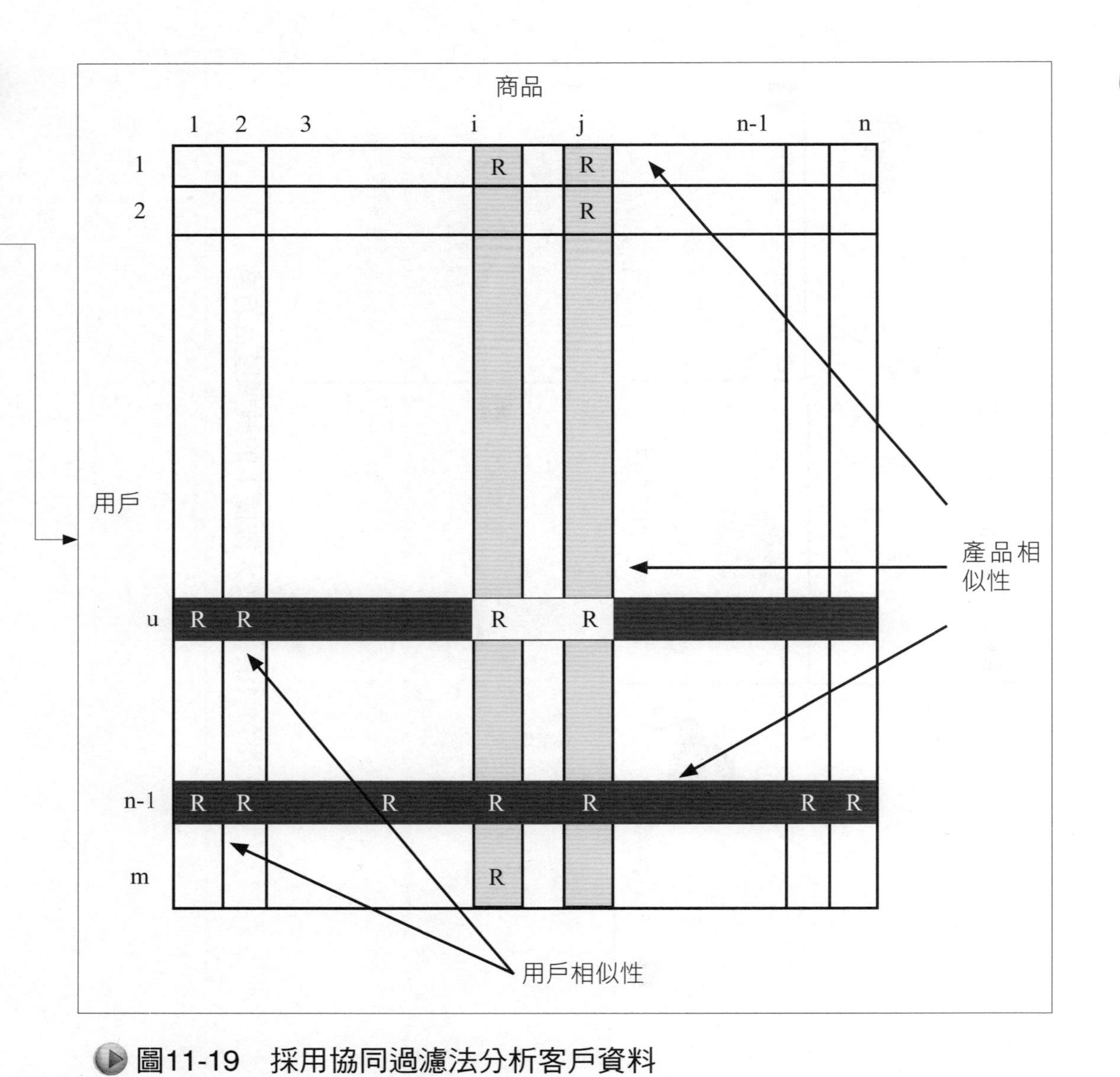

圖11-19 採用協同過濾法分析客戶資料

十二、大數據時代產業發展的三大趨勢

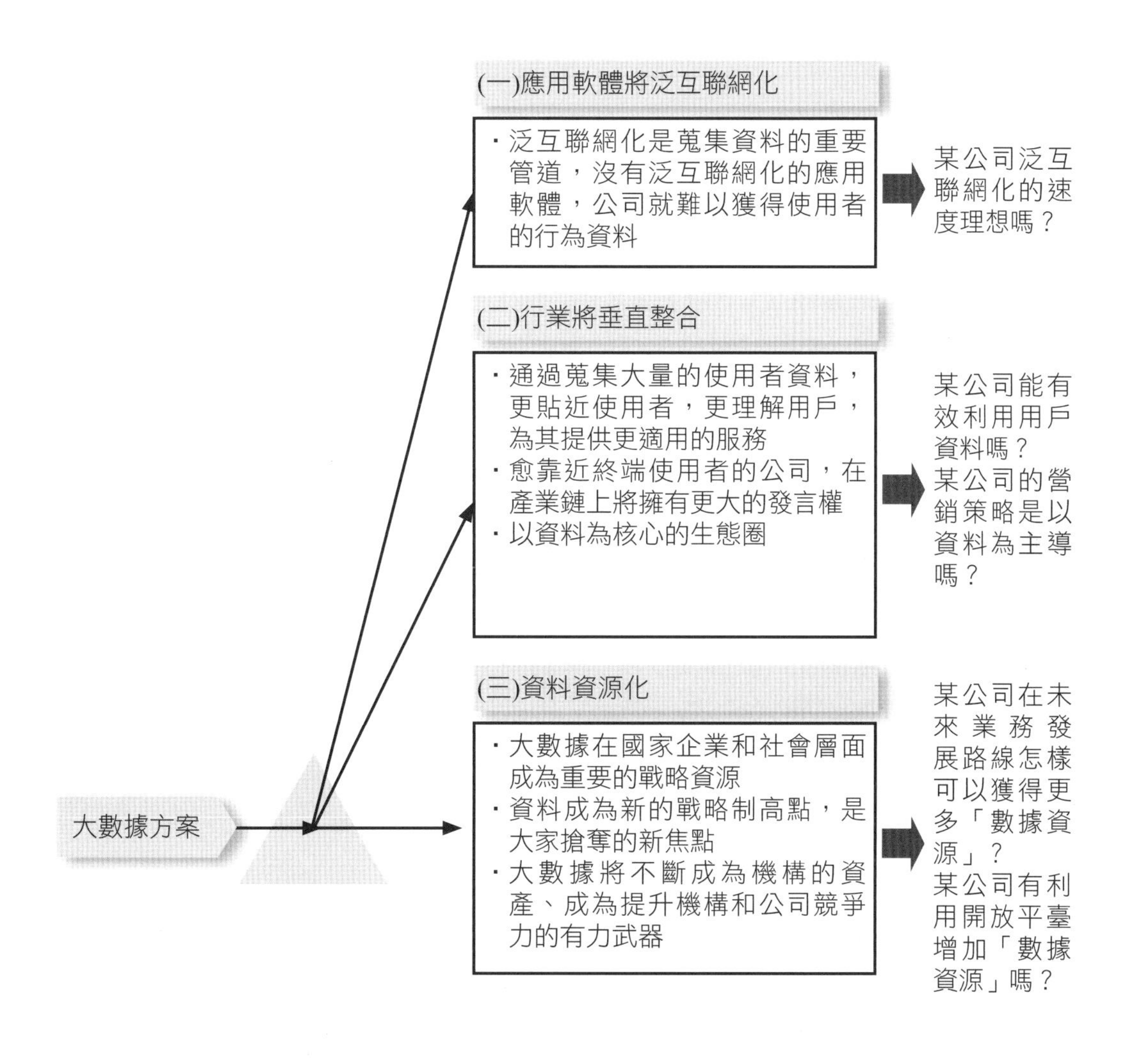

圖11-20　大數據時代產業發展3大趨勢

十三、大數據（Big Data）商業價值的七種模式

模式1：數據存儲空間出租

企業和個人有著大數據儲存的需求，只有將數據妥善儲存，才有可能進一步挖掘其潛在價值。具體而言，這塊業務模式又可以細分為針對個人文件儲存和針對企業用戶兩大類。主要是藉由易於使用的API，用戶可以方便地將各種數據對

象放在雲端，然後再像使用水、電一樣按用量收費。目前已有多個公司推出相應服務，如亞馬遜、網易、諾基亞等。運營商也推出了相應的服務，如中國移動的彩雲業務。

要提升差異化的競爭能力，運營商應該專注於數據分析上。對於個人文件儲存，應在提升關係鏈管理及個人效率；而在企業服務上，將其從簡單的文件儲存、分項逐步擴展到數據聚合平臺，未來的盈利模式將有無限可能。

模式2：客戶關係管理（CRM）

客戶管理應用的目的是根據客戶的屬性（包括自然屬性和行為屬性），從不同角度深層次分析客戶、了解客戶，以此增加新的客戶、提高客戶的忠誠度、降低客戶流失率和提高客戶消費等。

對中小客戶來說，專門的CRM顯然大而貴。不少中小商家將簡訊作為初級CRM來使用。比如把老客戶加到簡訊群裡，在朋友圈裡發布新產品預告、特價銷售通知，完成售前售後服務等。中國移動不妨在此基礎上，推出基於數據分析後的客戶關係管理平臺，按行業分類，針對不同的客戶採取不同的促銷活動和服務方式，提供更具針對性的服務，然後將提供線上支付的通道打通，形成閉環，打造一個實用的客戶關係管理系統。

模式3：企業經營決策指導

運營商可以利用用戶數據以及成熟的運營分析技術，有效提升企業的數據資源利用能力，讓企業的決策更為準確，從而提高整體運營效率。簡而言之，將運營商內部數據分析技術商用化，為企業提供決策依據。舉個簡單的例子，某商店賣牛奶，透過數據分析，知道在本店買了牛奶的顧客以後常常會再去另一店買包子，人數還不少，那麼這家店就可以考慮與包子店合作，或直接在店裡出售包子。

模式4：個性化精準推薦

在運營商內部，根據用戶喜好推薦各類業務或應用是常見的，比如應用商店軟體推薦、IPTV視頻節目推薦等，而透過關聯算法、文本摘要抽取、情感分析等智能分析算法後，可以將之延伸到商用化服務，利用數據挖掘技術幫助客戶進行精準營銷，今後盈利可以來自於客戶增值部分的分成。

以日常的「垃圾簡訊」為例，訊息並不都是「垃圾」，因為收到的人並不需要而被視為垃圾。透過用戶行為數據進行分析後，可以給需要的人發送需要的訊息，這樣「垃圾簡訊」就成了有價值的訊息。在日本的麥當勞，用戶在手機上下載優惠券，再去餐廳用運營商DoCoMo的手機錢包優惠支付。運營商和麥當勞即可藉此蒐集相關的消費訊息，例如：經常買什麼漢堡、去哪個店消費、消費頻次多少等，然後精準推送優惠券給用戶。

模式5：建設本地化數據集市

我們都知道，數據是非常有價值的東西。因此，能夠下載或者訪問數據平臺，自然而然也就成了商業需求。運營商可以透過建設數據集市，數據提供者可以將數據上傳至平臺供人免費下載，或者以一定的價格銷售，讓每個人都能找到自己需要的數據集。

運營商具有的全程全網、本地化優勢，會使運營商所提供的平臺，可以最大限度地覆蓋本地服務、娛樂、教育和醫療等數據。典型的應用是中國移動「無線城市」，以「二維碼+帳號體系+LBS+支付+關係鏈」的閉環體系推動，帶給本地化數據集市平臺多元化的盈利模式。

模式6：數據搜索

數據搜索是一個並不新鮮的應用，隨著大數據時代的到來，實時性、全範圍搜索的需求也就變得愈來愈強烈。我們需要能搜索各種社交網路、用戶行為等數據。其商業應用價值是將實時的數據處理與分析和廣告聯繫起來，即實時廣告業務和應用內移動廣告的社交服務。

運營商掌握的用戶網上行為訊息，使得所獲取的數據「具備更全面之維度」，且更具商業價值。典型應用如中國移動的「盤古搜索」。

模式7：創新社會管理

對運營商來說，數據分析在政府服務市場上的前景無限。比如在大數據的幫助下，什麼時間段、哪條路壅堵等問題，都可以通過分析得知。透過同一條路上多個用戶手機位移的速度便可以判斷當時的路況，為壅堵做出準確預警。美國已經使用大數據技術對歷史性逮捕模式、發薪日、體育項目、降雨天氣和假日等變量進行分析，從而優化警力配置。

附錄：有關CRM專業名詞解釋

〔摘自Jill Dyche（2003），《*The CRM Handbook*》，頁351-364〕

1. 分析型顧客關係管理（Analytical CRM）：

公司採用自前端獲得的資料或操作型顧客關係管理來加強顧客關係，結合其他部門或外部資料來評估重要的商業措施，例如：顧客滿意度、顧客獲利率或顧客忠誠度，以支援企業決策。

2. 應用服務供應商（Application Service Provider, ASP）：

為客戶代理應用服務的廠商，包括應用解決方案如帳務系統，或決策解決方案如顧客關係管理（目前顧客關係管理應用服務供應商約占了整個應用服務市場的一半）。

3. 顧客流失（Attrition）：

顧客離開原公司而流向其他同業（見Churn）。

4. 工作流程自動化（Automated Workflow）：

讓工作流程不經由人為運作而自動「流動」，工作流程系統通常會將資料自動轉換，例如：一項訂單經由不同部門和系統而自動進入履約狀態。

5. 電話自動分配系統（Automatic Call Distribution）：

話務中心軟體會將打進來的電話平均分配到每個工作人員手上，有效提高人員效率並縮短顧客等待的時間。

6. 企業對企業（B2B）：

企業對企業普遍使用的縮寫。

7. 企業對顧客（B2C）：

企業對顧客的常用縮寫。

8. 後端顧客關係管理（Back-Office CRM）：

顧客關係管理領域中進行分析以改善面對顧客流程和企業營收。也見Analytical CRM。

9. 商業智慧（Business Intelligence, BI）：

通常是指對詳細商業資料進行深度分析的結果，包括資料庫、應用科技和分

析系統等。有時也可作為「決策支援」（Decision Support）的同義字，但商業智慧在技術上來說範圍比較寬廣，在一些其他狀況下也包含了企業資源規劃和資料探勘的能力。

10. 企業流程再造（Business Process Reengineering, BPR）：

重新設計主要的企業流程來提高部門和科技效率，主要是在麥可・韓默（Michael Hammer）和詹姆斯・錢皮（James Champy）於1993年合著的《企業再造》（*Reengineering the Corporation*）一書中成為流行名詞。

11. 話務中心（Call Center）：

負責直接支援顧客的部門，通常是指傳統的電話支援架構，但目前多由「客服中心」（Contact Center）或「顧客照管中心」（Customer Care Center）取代，後兩者一般具備更複雜的科技和多管道支援。

12. 話務中心自動化（Call Center Automation）：

可便利話務中心內部和外部的溝通功能，例如：電話分配自動化就是其中一例。

13. 顧客流失（Churn）：

顧客拋棄一家企業到另一家競爭業者，以後可能回頭，但也可能一去不回。降低顧客流失率（Churn Reduction）是另一種留住顧客的方式，也是顧客關係管理的主要目標之一。通常流失這個名詞是用在商品產品高度競爭化的產業，例如：通訊業、公用事業或航空業。

14. 合作商務（Collaborative Commerce）：

即所謂的合作商務（C-Commerce），在供應鏈當中和各廠商分享產品、存貨水準和訂單等各種重要資訊。

15. 互動式顧客關係管理（Collaborative CRM）：

可以經由各種管道讓顧客和企業間進行雙向對話的特定功能，以方便改善顧客互動品質。

16. 電腦電話整合系統（Computer Telephony Integration, CTI）：

以電腦科技如軟體應用、資料庫到自動化功能等，結合所有電話系統。例如：電話分配到客服專員手上後，使用來電者身分辨識以提供顧客資訊。

17. 客服中心（Contact Center）：

比傳統只有接線人員的話務中心更複雜的部門，通常科技層次更複雜，包括多種模式的顧客支援、電話行銷和顧客自動服務等業務。

18. 交叉銷售（Cross-Selling）：

根據顧客過去的採購歷史或行為來對顧客進行銷售，通常企業必須要很了解可能「帶出」另一種產品彼此之間的關聯。

19. 顧客關係管理（Customer Relationship Management, CRM）：

可以吸引顧客並提高顧客價值的基礎架構，以及鼓勵高價值顧客維持忠誠度、再度購買的正確方式。

20. 顧客區隔（Customer Segmentation）：

見「50.區隔（Segmentation）」。

21. 客服專員（Customer Service Representative, CSR）：

企業中的顧客支援人員（或第三方的話務代理中心），負責處理電話和網路即時互動來回答顧客的問題、記錄，以及問題卡，或者向顧客介紹產品使用等業務。

22. 客製化（Customization）：

顧客將網站內容修整為符合自己特定需求、興趣和使用偏好的能力。

23. 資料採礦／探勘（Data Mining）：

高階分析法，用於做出資料內的某種模式，通常和預測性分析較有關。

24. 資料市集（Data Mart）：

通常指儲存為決策支援用的摘要資料的操作平臺，一般適用於個別部門或團體進行特定分析之目的。

25. 資料倉儲（Data Warehouse）：

蒐集經整合過的資料以用於決策，此系統一般是彙集來自全公司各部門不同系統的顧客所有詳細資料紀錄。

26. 決策支援（Decision Support）：

資料分析的目標是有助於做出正確而有效的企業決策，一般所謂「DSS」（Decision Support System）的決策支援系統，即為用來自資料庫抓取之資料以支援決策。

27. 電子顧客關係管理（Electronic Customer Relationship Management, eCRM or e-CRM）：

透過公司網站通路進行銷售、支援、管理和維繫顧客等商業活動，線上個人化就是eCRM的例子之一。

28. 電子市場（e-Marketplace）：

可以讓同一個供應鏈的買家和賣方網路共同上網進行電子撮合交易的平臺，提供比傳統方式更好的資訊交換，以及主要商業流程自動化的功能。

29. 企業顧客關係管理（Enterprise CRM）：

在各個不同部門和組織所使用的具交叉功能系統，例如：銷售人員在進行銷售電話前先檢視顧客最近的問題卡。

30. 企業資源規劃（Enterprise Resource Planning, ERP）：

將公司運作的各種要素蒐集起來並進行自動化，包括訂單、履約、人力和會計等，這種整合工作通常都由企業資源規劃軟體工具來進行。

31. 事件行銷（Event-Based Marketing）：

找出一項可以作為特定行銷宣傳或商業活動的主要議題，用來提高顧客忠誠度或獲利率，例如：給予突然存入大筆款項的顧客更優惠的利率。

32. 常見問題（Frequently Asked Questions, FAQs）：

網站上公司回答顧客一些基本問題的頁面，像「如何變更名字和地址」、「如何回到原來地方」等這類問題，減少客服人員不停重複回答同樣問題，而可以專注在處理其他問題之上。

33. 前端顧客關係管理（Front-Office CRM）：

顧客關係管理中面對顧客的能力，通常屬於銷售自動化以及其他直接和顧客互動的系統，可以將紀錄支援給後端分析。

34. 語音系統（Interactive Voice Response, IVR）：

組合人類語音指示或鍵盤數字按鍵的電話軟體，可以配置來電給適當的話務中心人員或代理人。

35. 知識管理（Knowledge Management, KM）：

公司內部已中央化管理的知識和資訊資產，盡可能提供給員工參考以做出更好的決策。

36. 生活價值模式（Lifetime Value (LTV) Modeling）：

採用顧客過去的行為和財務資料來計算其價值及和公司的關係。

37. 購物籃分析（Market-Basket Analysis）：

分析在同一次採購過程中一起購買的產品項目，譬如傳統的例子是花生醬和果醬放在一起採購；但不僅是零售商會採用這項分析方式，銀行或電話公司產品分析也會採用。

38. 大眾行銷（Mass Marketing）：

傳統的產品行銷方式，不區隔消費者族群，一律採取同樣的行銷方式，也稱為「無目標傳播」（Spray and Pray）或「整批散播」（Batch and Blast）。

39. 行動顧客關係管理（mCRM）：

即行動顧客關係管理（Mobile CRM），透過無線科技提供重要資訊給顧客和內部顧客支援工作人員。

40. 多重通路（Multichannel）：

多個銷售或服務通路支援，例如：零售商的網站和郵寄目錄。

41. 線上分析處理（On Line Analytical Processing, OLAP）：

深入各個不同面向的系統「鑽取」（Drill Down）更多不同點的細節資料，

例如：使用者可能開始只是尋找北美銷售資料，接著深入至地區性銷售資料，再來是州，到主要首都城市等，同樣的主題但可以得到不同層面的資料，有助於進行決策。

42. 操作型顧客關係管理（Operational CRM）：

牽涉面對顧客業務功能，銷售力自動化和顧客服務即為兩個範例。並見 Front-Office CRM。

43. 夥伴關係管理（Partner Relationship Management, PRM）：

審核、追蹤和確認公司第三方銷售夥伴（例如：經銷商），了解如何定價、行銷和互補夥伴通路，以有效率的方式提供顧客最好的購物管道。

44. 個人化（Personalization）：

公司了解顧客或潛在顧客，並視其為個別性區隔出不同互動方式的能力。雖然這個名詞較常用在網站上，但也可以用在目標行銷上、電子郵件個別化或線上廣告顧客化。

45. 關係行銷（Relationship Marketing）：

根據對於顧客的行為以及和公司關係的了解進行行銷，包括顧客的購買和不購買的產品、購買頻率和如何使用支援服務等。

46. 顧客維繫（Retention）：

企業以產品、服務甚至是正確資訊留住顧客的能力，提高顧客滿意度並避免顧客流向競爭業者。

47. 投資報酬（Return On Investment, ROI）：

衡量顧客貢獻和成本的比例，在實施顧客關係管理且可以評估改善狀況後，即會進行精確的計算。「模糊的」投資報酬，例如：顧客滿意度提高很難估算，但這仍是顧客關係管理是否成功的要素之一。

48. 關係報酬（Return On Relationship, ROR）：

衡量顧客關係管理貢獻和成本的比例，大部分之顧客關係管理帶來的效益是可以衡量的，但顧客關係管理當中也包括了一些無形的投資報酬，如顧客滿意度提高即很難量化或以實質形式計算，而這部分也應歸納在成功的結果中，即所謂關係報酬。

49. 銷售自動化（Sales Force Automation, SFA）：

各個銷售人員以電子方式追蹤和管理專案活動，銷售自動化資料必須在全公司的基礎下整合，才能提供企業顧客和潛在顧客完整的觀點。

50. 區隔（Segmentation）：

將顧客（或產品、業務標準等）分類為一個個族群，便於分析其共同特質和行為，以針對特定產品或服務對適合族群進行目標行銷。

51. 自助服務（Self-Service）：

顧客不經由人工即可自行詢問問題和解決疑難，通常是指用於網站上的方式。

52. 供應商關係管理（Supplier Relationship Management, SRM）：

外部顧客關係管理，焦點放在和廠商與經銷商關係上面，包括選擇成本最低的供應商，以及配合供應商做最佳的銷售通路和產品組合。

53. 供應鏈管理（Supply Chain Management, SCM）：

整合和改善企業的供應鏈，通常包括在企業流程自動化，可以將產品或服務直接推向市場，有助於加強企業和供應商及夥伴之間的整合與溝通。

54. 目標行銷（Target Marketing）：

將所有顧客根據不同項目分類，範圍可以從大（是否已經購買產品）到小（甚至可以小到個人）。

55. 接觸點（Touchpoint）：

企業和顧客溝通及互動的點，例如：顧客下訂單這項動作：光在網站上比較產品（接觸點1），接著檢查存貨水準（接觸點2），最後下單給銷售人員（接觸點3）。

56. 升級銷售（Up-Selling）：

刺激顧客購買價格更高或利潤更好的產品，邏輯是當知道顧客打算購買的產品項目時，或許可以鼓勵他購買其他利潤更好的款式，譬如珠寶商會想辦法說服買鑽石手鐲的顧客購買更大更貴的鑽石。

57. Other（CRM相關中英對照名詞）：

(1) 顧客關係管理（Customer Relationship Management, CRM）
(2) 關係行銷（Relationship Marketing）
(3) 以顧客為中心（Customer Focus）
(4) 留住顧客（Customer Retention）
(5) 資訊科技（Information Technonlgy）
(6) 顧客終生價值（Customer Lifetime Value）
(7) 最近購買時間、頻率、金額（R. F. M）
(8) 市場區隔（Market Segmentation）
(9) 一對一行銷（One-to-One Marketing）
(10) 客製化（Customization）
(11) 目標市場（Target Market）
(12) 人口統計區隔變數（Demographic Segmentation Variable）
(13) 線上分析處理（On-line Analytical Processing, OLAP）
(14) 資料倉儲（Data Warehouse）
(15) 資料庫管理系統（Data Management System, DMS）
(16) 資料市集（Data Mart）
(17) 接觸點（Contact Point, Touch Point）
(18) 資料維度（Data Dimension）
(19) 資料採礦／探勘（Data Mining）
(20) 心理資料（Psychological Data）
(21) 行為資料（Behavioral Data）
(22) 顧客忠誠度（Customer Loyalty）
(23) 品牌忠誠度（Brand Loyalty）
(24) 顧客生命週期（Customer Life Cycle）
(25) 顧客保留（維繫）（Customer Retention）

(26) 顧客贏回（Customer Win Back）
(27) 內部行銷（Internal Marketing）
(28) 以顧客為中心（Customer-Centric）
(29) 焦點團體訪談（Focus Group Interview）
(30) 獨特銷售賣點（Unique Selling Proposition, USP）
(31) 顧客抱怨（Customer Complaint）
(32) 關係銷售（Relationship Selling）
(33) 客服中心（Call Center）
(34) 交互式語音回答系統（Interactive Voice Response, IVR）
(35) 自動來電分配系統（Automatic Call Distribution, ACD）
(36) 決策支援系統（Decision Support System, DSS）
(37) 假設驗證（Hypothesis Verification）
(38) 決策樹（Decision Tree）
(39) 關係性線上分析處理（Relational On Line Analytical Processing, ROLAP）
(40) 多維度線上分析處理（Multidimensional On Line Analytical Processing, MOLAP）
(41) 顧客滿意度（Customer Satisfaction）

58. **大數據**（Big Data）：

Big Data是近年來最新崛起的專業名詞與新興實戰概念，它的框架比CRM還要大，整體觀也更宏偉。由於企業經營規模不斷地擴大，顧客資料的產生也更加龐大，每年的消費者交易筆數經常都有幾千萬、幾億筆的大數據。

國家圖書館出版品預行編目資料

顧客關係管理：精華理論與實務案例／戴國良. ——四版. ——臺北市：五南圖書出版股份有限公司, 2021.12
面； 公分
ISBN 978-626-317-399-6（平裝）

1.顧客關係管理

496.7 110019425

1FRT

顧客關係管理：精華理論與實務案例

作　　者 — 戴國良
發 行 人 — 楊榮川
總 經 理 — 楊士清
總 編 輯 — 楊秀麗
主　　編 — 侯家嵐
責任編輯 — 吳瑀芳
文字編輯 — 許宸瑞
封面設計 — 姚孝慈
出 版 者 — 五南圖書出版股份有限公司
地　　址：106台北市大安區和平東路二段339號4樓
電　　話：(02)2705-5066　　傳　　真：(02)2706-6100
網　　址：https://www.wunan.com.tw
電子郵件：wunan@wunan.com.tw
劃撥帳號：01068953
戶　　名：五南圖書出版股份有限公司

法律顧問　林勝安律師事務所　林勝安律師

出版日期　2013年8月初版一刷
　　　　　2016年9月二版一刷
　　　　　2019年8月三版一刷
　　　　　2021年12月四版一刷

定　　價　新臺幣490元